U0135244

王玉霞

著

汉魏晋南北朝的宴饮文化

齐鲁书社

·济南·

图书在版编目（CIP）数据

汉魏晋南北朝的宴饮文化 / 王玉霞著. -- 济南：
齐鲁书社, 2023.12
ISBN 978-7-5333-4795-6

Ⅰ. ①汉… Ⅱ. ①王… Ⅲ. ①饮食－文化－中国－汉
代-魏晋南北朝时代 Ⅳ. ①TS971.2

中国国家版本馆CIP数据核字(2023)第204830号

责任编辑　刘　强　刘　晨
装帧设计　亓旭欣

汉魏晋南北朝的宴饮文化

王玉霞　著

主管单位	山东出版传媒股份有限公司
出版发行	齐鲁书社
社　　址	济南市市中区舜耕路517号
邮　　编	250003
网　　址	www.qlss.com.cn
电子邮箱	qilupress@126.com
营销中心	（0531）82098521　82098519　82098517
印　　刷	山东临沂新华印刷物流集团有限责任公司
开　　本	787mm×1092mm　1/16
印　　张	23.25
插　　页	2
字　　数	375千
版　　次	2023年12月第1版
印　　次	2023年12月第1次印刷
标准书号	ISBN 978-7-5333-4795-6
定　　价	98.00元

《汉魏晋南北朝的宴饮文化》系北京市社会科学基金

一般项目《汉魏六朝宴饮文化研究》

（项目编号：16WXB013）成果

前　言

　　宴饮是古人社交场合交往行为的外在表现形式，通过宴饮间的食料、茶酒、器具等物质资料及诗赋、乐舞、娱乐等席间文化娱乐，可以一窥当时的经济发展、时政风气、社会时尚、礼制伦理、道德情操、节令习俗等物质与精神的发展变迁情况，见证或反映当时的社会风俗与生活面貌。

　　笔者基于以往研究现状，以汉魏晋南北朝的宴饮文化作为研究对象，在收集、整理文献典籍及出土实物中关于汉魏晋南北朝的宴饮记载、画像图示的基础上，分析、厘清汉魏晋南北朝关于宴饮物质文明和文化活动的发展流变和时代特点。

　　我国的饮食偏好基础，在汉代大致成型，由汉至南北朝，宴饮由室内扩至野外，成为娱乐休闲的主要方式；南方以茶为宴，提倡养廉；外来佛教和本土道教流行，素食养生得到发展。汉魏晋南北朝的节令与酒食结合紧密，大多数节令都有酒的身影。

　　建安以来文人的自觉从文学内部推动了文学的发展，游宴催生了宴饮诗赋的兴盛，形成"宴饮为文"的时代特色，魏晋南北朝，帝王公宴、文人雅宴、望族家宴、宫体诗宴等蓬勃发展，宴饮为文发展成游戏为文，成为新的社会风尚。宴饮兴盛促进了宴饮诗赋和席间艺术的发展，宴饮诗赋重现了当时的宴饮习俗和社会风气。由汉而南北朝，宴饮乐舞由先秦的礼乐和同发展到汉的以俗入雅、雅俗共赏再到南北朝的多种文化兼备，礼制约束松动并被寻求愉悦的乐舞形式所代替，这是民间文化、多民族文化、异域文化融合互通的结果。宴饮中的游戏如投壶、六博、酒令等的流变与乐舞相似。

我国宴饮方式分为席坐分食的席居阶段、围坐分食的床榻阶段、围桌而坐的桌案阶段三个时期。汉魏晋南北朝处于由席居向床榻、床榻向桌案的过渡期，其间其坐具、坐姿和用餐方式随之变化，呈现出不同的宴饮礼仪特点，体现为休闲娱乐、礼衰酒起人格平、蔑礼法而崇放达、禊宴尚雅、汰奢败风气、曲水流觞之清音、奢俭兼具地域色彩的宴饮风气演变过程。

本书体例，以汉魏晋南北朝宴饮的食饮器具及席间文娱活动分章，按历史朝代演进分节，力求全面、条理地对宴饮文化的发展演变进行因循分析，总结、归纳其时代风尚和演进特点。笔者在宴饮食材、饮品、器物等物质文化基础上，注重从宴饮诗赋唱和、乐舞表演、投壶娱戏、社会心理等文化层面进行分析研究，希望从中窥见时代变迁带来的礼制伦理、社会习俗、精神风貌等文化审美旨趣的迁衍变化。

囿于笔者学识、时间、精力及文献资料等因素限制，本书仅就汉魏晋南北朝宴饮中的物质文明和文化活动进行了梳理，并做了一些历时性和对比性研究，尚有不少欠缺之处：汉朝疆域广博，本书对中原文明的宴饮探讨相对较多，对西南、西北等地则相对较少；因汉魏晋南北朝时间跨度较大，笔者就典型事例进行分析，如考察了诗赋与宴饮的关系，而较少涉及宴饮文、笔记小说等其他文学体裁，研究尚不够全面、细致；对一些资料，也缺乏多角度、跨学科、系统性的研究；对宴饮服饰、宴饮家具等内容尚未充分挖掘。总之，本书尚有不少不足之处，还请各位专家学者及广大读者予以批评指正。

笔　者

2023年6月

目　录

绪　论

一、汉魏晋南北朝宴饮文化研究的基本概念与范畴

研究宴饮文化，应先探究"宴""饮"之意以及"宴饮文化"的内容和范畴。"宴"字，有安息意。《尔雅·释训》曰："宴宴、粲粲，尼居息也。"[①]含有盛貌、宴安、悠闲、关系亲近之意。《说文解字》曰："宴，安也。从宀晏声。段玉裁注：'引申为宴飨，经典多假燕为之。'"[②]可见，宴与飨意义相近。"飨"字，《说文解字》解释："乡人饮酒也。从食从乡，乡亦声。"[③]《玉篇》释"飨"为"设盛礼以饭宾也"。[④]可见，飨侧重场合正式、有盛大礼节的宴宾待客，宴则以娱乐嘉宾为主。饮指席间饮品，主要是酒以及东汉后走向历史舞台的茶饮。本文中的宴饮，既包括正式行礼场合的宴饮，也包含私人场合不以礼节居上、以娱乐嘉宾为主的宴饮。

文化，《辞海》有解释："广义指人类在社会实践过程中所获得的物质、精神的生产能力和创造的物质、精神财富的总和。狭义指精神生产能力和精神产品，

---

① （清）郝懿行著，吴庆峰等点校：《尔雅义疏》上之三《释训弟三》，济南：齐鲁书社，2010 年，第 3158 页。

② 王平、李建廷编著：《〈说文解字〉标点整理本附分类检索》弟七《宀部》，上海：上海书店出版社，2016 年，第 185 页。

③ 王平、李建廷编著：《〈说文解字〉标点整理本附分类检索》弟五《食部》，上海：上海书店出版社，2016 年，第 129 页。

④ （南朝梁）顾野王撰，吕浩校点：《大广益会玉篇·玉篇上十卷》卷第九《食部第一百十二》，北京：中华书局，2019 年，第 321 页。

包括一切社会意识形式，自然科学、技术科学、社会意识形态。"[①]本书采用广义概念。

本书研究的宴饮文化，包含宴饮间的酒食等物质文化、诗赋乐舞等精神文化以及主宾之间的礼仪行为三个层面内容。古代的宴饮聚会是最常见的交往形式之一，反映了当时的物质文明如食料、酒与茶、食器、酒具、坐具等的沿袭变迁，宴饮中的才艺助兴如吟诗作赋、奏乐舞蹈、观戏投壶等，还反映其伦理道德、社会制度等相应的意识形态，宴饮中的礼节礼数如迎宾送宾、地点选择、环境布置、献酬交错等还体现着主客间的互动关系——宴饮成为礼文化展示和体现的重要场域。古代宴饮有详细的礼制规定，目的是为了维护人伦的长幼尊卑之序及其相应的德行风度。此外，古代宴饮与政治有密切关系，使宴饮成为礼文化体现的重要场域，同时也成为饮食文化中较特殊的部分。

本书的研究时段是汉魏晋南北朝。

二、汉魏晋南北朝宴饮文化的研究现状

目前，国内对于宴饮文化研究，大致从饮食文化史、礼俗生活史和宴饮文化三个方面进行。

（一）饮食文化史角度的研究成果

从饮食文化史角度研究的成果，内容包含饮食的诸多方面，时间跨度也大，主要有林乃燊的《中国饮食文化》（上海人民出版社，1989年），林永匡、王熹的《食道、官道、医道——中国古代饮食文化透视》（陕西人民教育出版社，1989年），姚伟钧的《中国饮食文化探源》（广西人民出版社，1989年），中山时子的《中国饮食文化》（中国社会科学出版社，1992年），王学泰的《华夏饮食文化》（中华书局，1993年），王仁湘的《饮食与中国文化》（人民出版社，1993年），赵荣光的《中国饮食文化史》（上海人民出版社，2006年）等。上述著作对饮食生产、节日饮馔、进食方式、食礼与食风、古代饮食观、美食与美器、筵宴思想脉络等进行了系统论述，认为风俗习惯和礼仪制度起源于饮食活动，是调节和巩固君臣关系的重要手段，饮食礼制是饮食文化的集中展现。大部分书中阐述了饮食作为

---

① 夏征农、陈至立主编：《辞海》，上海：上海辞书出版社，2010年，第1975页。

中华文化重要组成部分的博大精深，知识性、学术性兼备，但对汉魏晋南北朝有关内容简要带过，未深入阐述和探究。朱凤瀚的《古代中国青铜器》（南开大学出版社，1995年），瞿明安、秦莹的《中国饮食娱乐史》（上海古籍出版社，2011年），俞为洁的《中国食料史》（上海古籍出版社，2011年），张景明、王雁卿的《中国饮食器具发展史》（上海古籍出版社，2011年）等专题饮食文化丛书，从侧面梳理了饮食器具、饮食娱乐、中国食料等发生、发展和演变的过程，对把握中国饮食文明演进规律具有提纲挈领的作用。

学术论文成果方面，主要有姚伟钧的《三国魏晋南北朝的饮食文化》[《中南民族学院学报（哲学社会科学版）》1994年第2期]，论述了变化动荡的该段历史时期，由社会演变引起的饮食文化的变化；柴波的《秦汉饮食文化》（西北大学2001年硕士学位论文）从饮食结构、烹饪方法、饮食风俗三个方面对秦汉饮食文化做出一系列探讨；刘春香的《魏晋南北朝时期饮食文化的发展及其原因》（《许昌学院学报》2003年第4期）分析了魏晋南北朝饮食文化发展变化的起因及缘故，探究多民族饮食的融合过程；张娟娟的《魏晋南北朝时期的酒文化探析》（山东师范大学2010年硕士学位论文）论述了该时期酒文化在酒政、酒令、酒宴、酒诗等方面的新发展以及在中国酒文化发展史上举足轻重的作用；黄秋凤的《魏晋六朝饮食文化与文学》（上海师范大学2013年硕士学位论文）从饮食与文学角度分析了魏晋六朝饮食结构的多元化进而呈现出的新风尚。此外，杨琼的《汉画像石中所体现的汉代礼仪和饮食文化》（《魅力中国》2009年第1期），杨瑞璟的《中古饮茶之风与士人审美情趣研究》[《湖南科技大学学报（社会科学版）》2011年第3期]，陈顺容的《舌尖上的文化——从马王堆汉墓遣策中管窥汉代饮食文化》（《淄博师专学报》2015年第1期），庄华峰、徐达标的《汉魏两晋南北朝胡汉饮食文化交流述论》（《安徽广播电视大学学报》2015年第2期），李修建的《论六朝南北审美文化的差异与交融——以饮食为例》（《中国文学批评》2017年第4期）等，对汉魏晋南北朝的饮食文化、饮食与文学等方面进行了专题研究，但对饮食所反映的社会文化、礼制礼俗等还有待进一步深入和细化。

（二）礼俗生活史角度的研究成果

在对饮食史角度研究基础上，进一步研究饮食活动蕴涵的思想内涵，挖掘如饮食礼仪、饮食风俗、饮食养生、饮食禁忌等活动中礼的要义,是目前相关领域的进一步研究方向。

何联奎的《中国礼俗研究》(中华书局,1983年),邹昌林的《中国古礼研究》(文津出版社,1992年),杨向奎的《宗周社会与礼乐文明》(人民出版社,1992年),谢谦的《中国古代宗教与礼乐文化》(四川人民出版社,1996年),王炜民的《中国古代礼俗》(商务印书馆,1997年),杨志刚的《中国礼仪制度研究》(华东师范大学出版社,2001年),顾希佳的《礼仪与中国文化》(人民出版社,2001年)等,从礼义、礼制、礼仪、礼乐思想等不同层面进行研究,宏观博大,为新时期礼学研究奠定了基础。礼学集大成者陈戌国的《中国礼制史(秦汉卷)》(湖南教育出版社,1993年)、《中国礼制史(魏晋南北朝卷)》(湖南教育出版社,1995年)从礼制礼学史的角度剖析秦汉、魏晋南北朝的政治、经济和思想文化,认为诸子百家皆有礼,武帝后尊崇儒术,儒家讲"礼"较多,而佛道也有礼但区别较大,宴饮婚俗亦皆有礼,少数民族礼制文明和中原的礼制文明由相互冲突逐步走向融合。龚书铎的《中国社会通史·秦汉魏晋南北朝卷》(山西教育出版社,1996年)将"日常消费生活方式"和"风俗节令与宗教生活"独立列出,让人们对此阶段的日常生活有了直观印象。张承宗、魏向东等的《中国风俗通史·魏晋南北朝卷》(上海文艺出版社,2001年),张承宗的《六朝民俗》(南京出版社,2002年),徐杰舜主编的《汉族风俗史》第二卷《秦汉·魏晋南北朝汉族风俗》(学林出版社,2004年)从生活中的礼仪、出行、居住、岁时节日、游艺、交际、婚俗、信仰等社会角度出发,对这段历史时期的风俗尤其是汉人风俗进行了一定程度上的探讨。朱大渭等的《魏晋南北朝社会生活史》(中国社会科学出版社,2005年)从魏晋南北朝的时代背景、阶级结构、基层政权和社会组织入手,从当时的衣冠服饰、饮食习俗、城市宫苑与园宅、婚葬、宗教信仰及鬼神崇拜等方面论述了各阶层社会及其世俗生活,从更为宏观的视角和深度,为了解两汉魏晋南北朝的社会生活提供了资料和借鉴。王凯旋的《秦汉社会生活史稿》(东北大学出版社,2016年)探究了秦汉时代的政治、经济、文化、城乡和世俗生活,对与人们生活密切相关的衣食住行、婚丧嫁娶、风物民俗等进行了描述和分析,通俗易懂,融知识性、趣味性于一体。

学术论文成果方面，昝风华的《汉代乐舞风俗与汉诗》[《阴山学刊（社会科学版）》2008年第6期]提出汉代乐舞风俗对同时期诗歌具有娱乐性、趣味性等影响，而汉代歌与舞、歌与戏相结合的乐舞表演方式，赋予汉诗一定的表演性；董晔的《论汉代俗乐舞风尚》（《北方论丛》2013年第3期）论述了汉代俗乐舞之繁荣，乐舞百戏普遍流行，形成官方与民间上下雅俗趋同的社会风尚；吕倩岚的《从古礼到游戏——投壶文献汇纂及研究》（山东大学2016年硕士学位论文），分析认为投壶在魏晋以后，逐渐演变成文人雅戏，戏要成分重而礼仪成分减弱；贺佳宁的《"魏晋风度"与礼教衰微——以士人娱乐活动为考察中心》（《安康学院学报》2017年第4期）表达了在礼教衰微和玄学盛行的大环境下，魏晋士人内心的剧烈冲突使他们更热衷于娱乐活动，投壶、摴蒱、弈棋等娱乐活动的兴起是儒学衰落的结果和表现；侯薇育的《考投博与投壶的"功能与需求"——会饮与宴饮游戏的文化通约性比较》（《开封教育学院学报》2019年第7期），指出作为文化衍生需求的娱乐形式投壶，与筵席上的游戏需求相联系，是人对社会环境控制和重组优化的结果。

（三）宴饮文化角度的研究

宴饮文化作为饮食文化和礼仪文化的一个交叉类别，相较于饮食文化和礼制礼俗研究来说成果少了很多。吕建文的《中国古代宴饮礼仪》（北京理工大学出版社，2007年），从宴饮活动的产生与发展、宴乐与宴舞、食器与宴饮方式、宴饮竞技游戏、历代名馔与酒、宴饮座次与礼等方面分析了古代宴饮文化活动的概貌和内涵，但其历史跨度大，难以窥得汉魏晋南北朝宴饮发展变化脉络；李华的《汉魏六朝宴饮文学研究》（山东大学2011年博士学位论文）探究了不同体式宴饮文学的发展轨迹和脉络以及当时的历史文化风气，对本书从文学角度研究宴饮文化提供了借鉴；王玉霞、丁桂莲的《大羹玄酒：先秦的宴饮礼仪文化》（北京理工大学出版社，2014年）除分析先秦宴饮的食材、酒水、器皿等物质性因素外，重点探究了先秦不同层次的飨礼、燕礼和乡饮酒礼的礼制差异。

学术论文方面，刘京虹的《流觞与日常：会饮中的魏晋士人》[《重庆交通大学学报（社会科学版）》2013年第4期]分析认为，流觞成为日常，与政治斗争、庄园经济、儒释道思想影响等密切相关，且好饮之风对当时的社会思想及社会生活的多方面产生了影响；张世磊的《〈世说新语〉与饮宴文学》（贵州师范大学2014年硕士学位论文）分析了大量饮宴活动所反映的统治者与士族文人的关系，以及文人之间文学交流所反映的文化生活、思想风貌和审美理想，探究汉魏六朝时期宴饮文学所反映的独特时代"玄韵"风貌；彭沈莉的《游宴生活与南朝文人的自然审美》（《绵阳师范学院学报》2014年第9期）指出，游宴促进了自然审美的自觉和唯美化，游宴集会的公私之别使自然审美呈现出不同的特点，游宴对南朝文人的自然审美对象、审美风格、艺术表现技巧起到重要作用。此外，刘学军的《魏晋六朝游宴雅集鉴赏心态研究》（《文学评论丛刊》2013年第1期），尚慧鹏的《魏晋南北朝游宴文化意义探析》[《盐城师范学院学报（人文社会科学版）》2017年第2期]等也具有参考和借鉴价值。

综上所述，从研究现状可以看出，对汉魏晋南北朝宴饮文化的研究，多从饮食文化、礼制礼俗、社会生活等领域展开。而饮食文化领域的研究为其他领域的研究提供了丰富的基础资料，为本课题的研究提供了思路和方法。已有成果对于汉魏晋南北朝的政治、经济、生活等方面的专题性探讨较多，但部分研究缺乏系统性，从宴饮角度的研究则不多见。本书聚焦于汉魏晋南北朝宴饮这一主题，综合文献研究、比较研究、案例研究等方法开展探讨。

三、汉魏晋南北朝宴饮文化的研究内容与方法

（一）研究内容

基于以上研究现状，本书以汉魏晋南北朝宴饮文化作为研究对象，探究以下问题：汉魏晋南北朝宴饮中的食材因循及其发展变化；汉魏晋南北朝宴饮中的酒饮轨迹及其时代风尚；汉魏晋南北朝宴饮中的食饮器具发展及时代特点；汉魏晋南北朝宴饮诗赋与宴饮的文化互动；汉魏晋南北朝宴饮乐舞的时代特点与历史影响；汉魏晋南北朝宴饮娱戏的发展变化和时政风气；汉魏晋南北朝宴饮映射出的礼乐变化及风气演变。

（二）研究思路与方法

本书主要通过对汉魏晋南北朝的正史野史、典志类书、笔记小说、诗赋民歌、出土实物等的细致梳理，呈现出汉魏晋南北朝宴饮文化的基本风貌，挖掘其所承载的时代内容和所显现的时代风尚。本书采用的研究方法主要有：

一是文献研究与考古发掘相结合。在研究过程中，注重文献资料与考古资料相结合。各种文献资料是本书进行研究的基础，考古资料是研究古代物质生活（包括饮宴生活）最具说服力的证据，本项目在重视文献资料的同时，充分重视出土文物、石刻壁画等考古资料，并将两种资料有机结合起来，相互参证，为项目研究提供可靠的资料基础。

二是历史梳理与同时代宴饮物质和精神文化展开的纵向、横向对比结合。在研究过程中，既要研究汉魏晋南北朝宴饮物质文明的整体发展演变，又要梳理宴饮诗文、乐舞、娱戏等的因循演变轨迹，以及不同时代宴饮文化与礼乐政治间的互动和影响。

三是微观个案研究与整体宏观研究的点面结合。研究过程中，大致以汉魏晋南北朝宴饮的食饮器具及席间文娱活动分章，按历史朝代演进分节，力求全面、有条理地对宴饮文化的发展演变进行因循分析。具体研究过程中，注意微观考察与宏观研究相结合，如以宴饮花费的典型个案分析时代背景；理论抽象与具体描述相结合，如汉魏晋南北朝的容量、酒精烈度与现代进行比较分析，突出个体的酒量之豪，使课题研究既有丰富充实的文献资料，又能坚持马克思主义的理论指导，实现二者的有机统一。

第一章　汉魏晋南北朝宴饮中的食

　　两汉在政治、思想、历法、文化上等的大一统，使之成为我国古代史上第一个黄金时期，是历史上最富有朝气的朝代之一，也是我国的民俗礼仪形成的重要时期。汉民族的许多礼仪和习俗都起源或形成于汉朝。魏晋南北朝上承秦汉，下启隋唐，处于中国封建社会前期的两大发展高峰之间，是我国历史上一段漫长且较为黑暗的大纷争时期，士族的兴起和佛教的兴盛，庄园经济和寺院经济成为占主导地位的新经济形态，文士阶层将注意力从参政议政转移到文化创作上，客观上带动了经济发展和文化繁荣，奠定了中华民族基本的审美风尚。宴饮聚会是常见的社会交往形式，饮宴中的食材、酒饮、器具等物质文明和诗文唱和、乐舞表演、六博娱戏等文化生活，展示了当时的礼制伦理、等级序列、社会习俗、精神生活等社会风尚。通过分析其宴饮，我们可以了解其时代精神的迁移及审美旨趣的变化。

第一节　汉代宴饮中的食

　　汉代政权统一，经济发达，社会稳定，疆域拓展，生产力的大力发展，多民族的交往融合，为人们的物质生活提供了丰厚的社会基础。经济基础决定上层建筑，汉代，农、林、牧、副、渔等行业快速发展，使得饮食原料丰富，来源多样。汉代的食物品种较前大幅增加，肉食所占比例快速上升，酒饮广为普及，来自边疆地区的食材如胡食、奶酪以及岭南的甘蔗、荔枝等水果，丰富着百姓的日常生活。此时，蔬菜品种增加，食品的加工、烹制多样，食材的丰富，促使人们注重食品的贮存。

与先秦相比，汉代饮食水平高出很多。汉民以谷类为主食，肉食、蔬菜及果类为副食，肉食在百姓日常饮食中的比重较前增大。北方游牧民族则以肉食为主。汉朝疆域拓展，北方、西北、西南、岭南等地域饮食特色鲜明。《史记·货殖列传》记载："楚越之地，地广人稀，饭稻羹鱼，或火耕而水耨，果隋嬴蛤，不待贾而足，地势饶食，无饥馑之患。"①汉代是中国饮食大大丰富的第一个时期，在物质充裕的情况下，民众首先开始追求美味，注重菜肴的烹制方法。食的享受与重要性在中国历史上上升到一个前所未有的高度。长沙马王堆西汉墓出土的竹简，记录了大量随葬食品，包括主食、副食、水果等，洋洋洒洒达几百种。汉代所形成的饮食风俗，奠定了中华民族的饮食基础。

一、主粮以五谷为主

两汉时期，主粮以五谷为主，北麦南稻的主粮格局大致形成。主食，主要指农作物。《汉书·食货志》记载为"《洪范》八政，一曰食，二曰货。食为农殖嘉谷可食之物"②。春秋战国时期，已有五谷概念，《论语·微子》："四体不勤，五谷不分，孰为夫子？"③此处五谷具体指哪几种作物尚存争议，但已有指代"百谷"之意。汉代的农作物，以"五谷"为代表，《周礼·夏官·疾医》郑玄注云："五谷，麻、黍、稷、麦、豆也。"④但郑玄在注《周礼·夏官·职方氏》时又据"谷宜五种"注曰："五种，黍、稷、菽、麦、稻。"⑤两者区别在于麻和稻。汉初，麻籽是食物的一种，后期麻多用于纺织，麻籽则退出了主粮系列。清代考证学家程瑶田在《通艺录》中小结道："颜师古注《汉书·食货志》之'五种'，卢辩《大

---

① （汉）司马迁撰，（南朝宋）裴骃集解，（唐）司马贞索隐，（唐）张守节正义：《史记》卷一百二十九《货殖列传第六十九》，北京：中华书局，1982年，第3270页。

② （汉）班固撰，（唐）颜师古注：《汉书》卷二十四上《食货志第四上》，北京：中华书局，1962年，第1117页。

③ 程树德撰，程俊英、蒋见元点校：《论语集释》卷三十七《微子下》，北京：中华书局，1990年，第1272页。

④ （清）孙诒让著，汪少华整理：《周礼正义》卷九《天官·疾医》，北京：中华书局，2015年，第397页。

⑤ （清）孙诒让著，汪少华整理：《周礼正义》卷六十三《夏官·职方氏》，北京：中华书局，2015年，第3200页。

戴礼注》亦皆同之。《素问·金匮真言》论五方之谷曰：麦、黍、稷、稻、豆。郑氏注《职方氏》之'五种'曰：黍、稷、菽、麦、稻。《汉书·地理志》引《职方氏》，师古注之全同后郑。《管子书》多周秦间人所傅益，其《地员》篇载五土所宜之种曰：黍、秫、菽、麦、稻。《淮南子》'五谷'注：菽、麦、黍、稷、稻。按：《淮南子·修务训》言神农播五谷，'相土地宜燥湿肥烧高下'。故高诱本《职方》郑氏所注以为之注。……不及高诱之精审矣。"①综上，主粮中的"五谷"，主要指黍、粟（稷）、菽、麦、稻。

1.黍。也称黄米、黏米，黄而黏，春秋以前是最重要的粮食作物，秦汉时期是人们食用的主要谷物之一。其食用方法，可做成黍米饭，也可熬成稀饭，或制成各种糕点，还是酿造芳香馥郁的谷物酒的原料之一。黍米主要产于黄河中上游的高原山区。汉以后黍种植面积随之减少，地位下降。

2.粟。也称稷，是我国最古老的谷食，俗称禾、谷子，其籽去壳后俗称小米。《汉书·食货志》中颜师古注"粱"是"好粟也"②。西汉晚期著名的农学家氾胜之曰粱是"秫粟"。③氾胜之总结了当时黄河流域的农业生产经验并汇录成书，现已佚失，《齐民要术》多有引用。古人言黏称秫，粱是带黏性的粟米，为上品粟。成语"黄粱美梦"的"粱"就是这种作物。对于食难果腹的百姓来说，能常吃黄粱饭，真像梦一样美好。粟米色黄，煮熟后黏性不大，多用为主食。

黍、稷，皆为黍属，黍的籽实较稷稍大，外皮光滑，呈鲜黄颜色，故又称"黄米"。黍、粟常被当作一般作物的总称。黍米黏性大，稷米黏性小，南方有零星种植，西北是重要产区。汉代出现了铁质农具如耧车、耦犁等，首先在粮食产区的关中使用，推动了作物产量的大幅提高。"谷"在汉代以前是粮食作物的总称，汉代开始专称为粟，是当时最普遍的主粮，也是朝廷支付官吏俸禄的实物。

3.菽。泛指豆类作物，《齐民要术》中引张揖《广雅》曰："大豆，菽

---

① （清）程瑶田撰，陈冠明等点校：《通艺录·九谷考·粱》，合肥：黄山书社，2008年，第14-15页。

② （汉）班固撰，（唐）颜师古注：《汉书》卷二十四上《食货志第四上》，北京：中华书局，1962年，第1133页。

③ （宋）司马光编著，（元）胡三省音注：《资治通鉴》卷二百六《唐纪二十二·则天顺圣皇后中之下·神功元年》，北京：中华书局，1956年，第6512页。

也。'"①《广雅》是增广的《尔雅》，益于考证周秦两汉的古词义。菽有大豆、小豆之分，汉以后始称大豆。秦汉时期，大豆的产量较小，其增长速度不及粟、麦、稻。菽的叶古称"藿"，是普通百姓常食之菜，灾荒之年，藿常被捣碎与野菜掺杂作为主粮，以度饥馑。《齐民要术》引《氾胜之书》曰"大豆保岁易为，宜古之所以备凶年也"，并倡导"谨计家口数；种大豆，率人五亩。此田之本也"。②菽的主产区在淮河秦岭以北。先秦时大豆是普通民众的主食，秦汉时普遍被视为粗粝之食，灾荒年景及贫苦家庭多用。食菽常被视为生活俭朴的象征，东汉节士闵仲叔常"含菽饮水"③。秦汉时期，大豆从主粮中逐渐淡出而成为蔬菜，用以制作豉、酱等。

4. 麦。五谷之一。《大戴礼记》言："麦者，继绝续乏之谷，夏时民乏食，麦最先登。"④青黄不接时，麦子先熟，可供人们食用。麦在我国种植很早，春秋战国时在黄河下游平原广泛种植，是为"五谷"之一。《汉书·食货志》记载了董仲舒上书汉武帝重农种麦的建议："《春秋》它谷不书，至于麦禾不成则书之，以此见圣人于五谷最重麦与禾也。今关中俗不好种麦，是岁失《春秋》之所重，而损生民之具也。愿陛下幸诏大司农，使关中民益种宿麦，令勿后时。"⑤董仲舒的上书得到了武帝的支持，促进了关中小麦的大量种植。之后，轻车都尉、农学家氾胜之又"督三辅种麦，而关中遂穰"⑥。东汉时，安帝"诏长吏案行在所，皆令种宿麦蔬食，务尽地力，其贫者给种饷"⑦。自汉之后，小麦与粟就成为黄河流域

① （北魏）贾思勰著，石声汉校释：《齐民要术今释》卷二《大豆第六》，北京：中华书局，2009年，第114页。

② （北魏）贾思勰著，石声汉校释：《齐民要术今释》卷二《大豆第六》，北京：中华书局，2009年，第117页。

③ （南朝宋）范晔撰，（唐）李贤等注：《后汉书》卷五十三《周黄徐姜申屠列传第四十三》，北京：中华书局，1965年，第1740页。

④ 黄怀信主撰，孔德立、周海生参撰：《大戴礼记汇校集注》卷二《夏小正第四十七》，西安：三秦出版社，2005年，第222页。

⑤ （汉）班固撰，（唐）颜师古注：《汉书》卷二十四上《食货志第四上》，北京：中华书局，1962年，第1137页。

⑥ （唐）房玄龄等撰：《晋书》卷二十六《志第十六·食货》，北京：中华书局，1974年，第791页。

⑦ （南朝宋）范晔撰，（唐）李贤等注：《后汉书》卷五《孝安帝纪第五》，北京：中华书局，1965年，第2765页。

最主要的农作物。东汉，普遍使用石磨加工谷物，麦磨成面不仅易于消化，还可制作多种面点保存，由此社会对麦类的需求急剧增长，小麦生产得到了大发展，在五谷中所占比重迅速上升，成为北方种植面积最大、产量最高的作物。中原、山东、淮北地区是当时最重要的小麦产区，通西域后西北开始成规模地种植小麦。石磨的出现和使用，将粮食由粒食发展为面食，品种显著增多。面食易于消化，有利健康，从而北方逐渐形成了喜好面食之俗。面食改变了人们原有的粒食进食方式，成为我国饮食史上的一个伟大创举。

5. 稻。我国是世界水稻栽培的起源地。汉代以前，水稻在汉水至淮河一线以南的区域种植。《汉书·地理志》记载："江南地广，或火耕水耨。民食鱼稻，以渔猎山伐为业，果蓏蠃蛤，食物常足。"①汉代，尤其是东汉后期，江南大量兴修水利，水稻大面积种植，产量迅速增加。北方水稻种植也有了较大发展，因产量少而珍贵。顺帝时，会稽太守马臻在会稽、山阴（约今浙江绍兴、上虞境内）带领当地人民蓄水种稻，开辟的鉴湖（又名镜湖、长湖）可浇田九千余顷。鉴湖经历代维修扩建，到唐代仍然可"决灌稻田，动盈亿计"②。秦时李冰在四川筑成都江堰，成都平原遂成为当时的重要稻产区。汉代稻已有现在稻科的三大品种粳、籼、糯，粳稻在当时写作"秔"，糯稻，秦汉文献中称"秫"。当时的稻，一般指粳稻，其米质黏性较强，胀性小。粳稻因对气候、土壤等条件的适应性强，产量高，种植也最广泛，其以耐低温的优势，在北方处于绝对高位。西汉的文学大家、被后人称为"赋圣"的司马相如，穷困潦倒时娶了富家女卓文君，生活状况大有改善，依然是"五味虽甘，宁先稻黍"③，表达了其对稻米的喜爱。

农作物种植因地制宜，《汉书·地理志》记载为："东南曰扬州……畜宜鸟兽，谷宜稻。正南曰荆州……畜及谷宜，与扬州同。河南曰豫州……畜宜六扰，其谷宜五种。正东曰青州……其畜宜鸡、狗，谷宜稻、麦。河东曰兖州……其畜宜六

---

① （汉）班固撰，（唐）颜师古注：《汉书》卷二十八下《地理志第八下》，北京：中华书局，1962年，第1666页。

② （清）董诰等编：《全唐文》卷六百九十五《韦瓘·修汉太守马君庙记》，北京：中华书局，1983年，第7141页。

③ 王叔岷撰：《史记斠证》卷四十二《郑世家第十二下》，北京：中华书局，2007年，第1579页。

扰，谷宜四种。正西曰雍州……畜宜牛、马，谷宜黍、稷。东北曰幽州……畜宜四扰，谷宜三种。河内曰冀州……畜宜牛、羊，谷宜黍、稷。正北曰并州……畜宜五扰，谷宜五种。"①大体上，西北、华北以黍和稷为主；中原、山东、淮北是黍稷及麦和菽等杂粮产区，还是最重要的小麦产区；南方主要产稻米。北方喜面食、南方偏稻米的饮食习惯，在汉代基本确立。

除了以上五谷，东汉郑玄有六谷之说："六谷，稌、黍、稷、粱、麦、苽。苽，雕胡也。"②稌，即稻。苽，古称菰，此处是有关人工栽培苽的最早记载。菰是多年生草本植物，长于沼泽浅水之中，须根粗壮，拔节抽穗结的籽实称为雕胡米。菰的根茎常被菰黑粉真菌感染寄生而不抽穗产生畸形，慢慢膨大后成为肥嫩的肉质茎，成为人们常吃的蔬菜——茭白，所以菰也称茭。野生菰米不用耕种就能食用且味美，受到人们的特别喜爱。西汉历史笔记小说《西京杂记》中记载了南方喜食雕胡之事："会稽人顾翱，少失父，事母至孝。母好食雕胡饭，常帅子女躬自采撷。还家，导水凿川，自种供养，每有赢储。"③会稽即今天的绍兴。司马相如《子虚赋》言云梦泽盛产"东蔷雕胡"。此外，张衡的《七辩》中，将"会稽之菰"与"冀野之粱"同列为"滋味之丽者"。著名才子曹植，在《七启》中云"芳菰精稗"，视菰为精细之米。

以上主粮中，黍类作物在秦汉时期地位大大下降，粟（稷）被用作口粮代称，地位稳固。《盐铁论·散不足》载："十五斗粟，当丁男半月之食。"④麦类地位逐步提高，成为北方最重要的农作物。被视为粗粝之食的菽地位下降。南方水稻稳步发展。

汉代农作物还包括荞麦、青稞、稗、芋、高粱、麻子及从西域引进的胡麻等，粮食品种结构改善，提高了汉代人的饮食生活水平。

---

① （汉）班固撰，（唐）颜师古注：《汉书》卷二十八上《地理志第八上》，北京：中华书局，1962年，第 1539–1542 页。

② （清）孙诒让著，汪少华整理：《周礼正义》卷七《天官·膳夫》，北京：中华书局，2015年，第 290 页。

③ （晋）葛洪撰，周天游校注：《西京杂记》卷第五《顾翱孝母》，西安：三秦出版社，2006年，第 212 页。

④ （汉）桓宽撰集，王利器校注：《盐铁论校注》卷第六《散不足第二十九》，北京：中华书局，1992年，第 351 页。

二、副食中肉类比重上升

副食泛指主食之外的食材，是佐饭食物，包括蔬菜、瓜果和肉食。

（一）蔬菜品种增加，且多数为人工栽培

蔬菜在中国饮食文化中占重要位置，食用历史非常悠久。《尔雅》记载："凡草可食者，通名为蔬。"蔬菜，通过野生采摘和人工栽培获得。汉代蔬菜，在种类和数量上都超过了前代，根据《急就篇》《说文解字》《尔雅》《方言》《释名·释饮食》《四民月令》《氾胜之书》《淮南子·说山训》《盐铁论·散不足》等秦汉文献和考古资料，黄河中游地区常吃的蔬菜品种至少有50种之多。① 西汉史游所著的识字读物《急就篇》中，有"葵韭葱䕟蓼苏姜，芜荑盐豉醯酢酱，芸蒜荠芥茱萸香，老菁蘘荷冬日藏"②的记载，《氾胜之书》中记载有瓜、瓠、芋、薤、荏、胡麻、小豆等，东汉崔寔《四民月令》中记有蜱豆、瓜、瓠、葵、大小葱、蓼、苏、牧宿（苜蓿）、杂蒜、芋、大豆、苴麻、胡麻、生姜、冬葵、芜菁、冬蓝、小蒜、薤、芥等。③ 西汉已种植竹子，《史记·货殖列传》记载："渭川千亩竹……千畦姜韭，此其人皆与千户侯等。"④ 小蒜原产中国，大蒜由西域传入，晋崔豹《古今注·草木》："蒜，卵蒜也，俗谓之为小蒜。胡国子有蒜，十许子共一株二箨，幂裹之，为名胡蒜，尤辛于小蒜，俗亦呼之为大蒜。"⑤ 马王堆三座汉墓中出土有芋、藕、菱角、笋、冬葵等蔬菜。《齐民要术》中记载的依靠栽培方法获得的蔬菜达30余种。张骞通西域后，西域多个物种进入中原，扩大了汉民的食物范围和营养来源。

1. 葵、韭、薤、葱、藿是当时本土常见的五种蔬菜。《灵枢经·五味》曰："五菜：葵甘，韭酸，藿咸，薤苦，葱辛。"⑥ 五菜之中，葵为首。《急就篇》概括当时的主要蔬菜，也将葵菜列在首位。现今葵的食用已大相径庭。

① 赵荣光主编，姚伟钧、刘朴兵著：《中国饮食文化史》（黄河中游地区卷），北京：中国轻工业出版社，2013年，第66页。

② （汉）史游著，曾仲珊校点：《急就篇》，长沙：岳麓书社，1989年，第11页。

③ （汉）崔寔撰，石声汉校注：《四民月令校注·内容提要表》，北京：中华书局，2013年，第1页。

④ （汉）司马迁撰，（南朝宋）裴骃集解，（唐）司马贞索隐，（唐）张守节正义：《史记》卷一百二十九《货殖列传第六十九》，北京：中华书局，1982年，第3272页。

⑤ （晋）崔豹撰，焦杰校点：《古今注》，沈阳：辽宁教育出版社，1998年，第15页。

⑥ 河北医学院校释：《灵枢经校释》（下册），北京：人民卫生出版社，1982年，第137页。

葵。属冬葵，又名冬寒菜，主要有紫茎葵、白茎葵、鸭脚葵、蜀葵、防葵等不同品种。汉代《古乐府诗》曰："青青园中葵，朝露待日晞。阳春布德泽，万物生光辉。"①开篇就是"青青园中葵"。北魏高阳太守贾思勰的《齐民要术》第三卷中，种葵排在第一位，对葵生产过程各环节如耕地、下种、浇水、施肥等的管理及收获、加工都有详细叙述，种植技术已很先进。由此推测葵是当时北方常见的一种蔬菜。北魏时，葵已有冬葵、秋葵之分，冬葵是农历十月末地还未冻上之时下种，春天收，秋葵是农历五六月种。就口味而言，冬葵味道较秋葵要好，史称"味尤甘滑"。古诗言"采葵莫伤根，伤根葵不生。结交莫羞贫，羞贫友不成"②。从此可看出，不伤葵根，可多次采摘。葵的种植广泛，且收益较高，一升葵可换一升米。晋代陶弘景《名医别录》中指出"葵叶犹冷利，不可多食"，唐代苏敬《新修本草》言"作菜茹甚甘美，但性滑利不益人"，种植减少。明代已很少有人种葵，李时珍的《本草纲目》中以"今人不复食之"为由，不再将其看作蔬菜。

韭。多年生草本植物，叶细长而扁，夏秋之际开小花，叶和嫩花均可食用。韭是我国驯化较早、栽培最久的蔬菜之一，因其易于栽植、剪短又生、生命力强，韭花可做酱，为汉人所推崇。先秦韭不仅供食用，还是重要的祭品，《诗经》有"四之日其蚤，献羔祭韭"③，韭是祭祀大典上的重要祭品。《周礼·天官·醢人》："醢人掌四豆之实。朝事之豆，其实韭菹、醓醢，昌本、麋臡，菁菹、鹿臡，茆菹、麋臡。"④汉代韭已成为重要菜蔬，出现了大规模的园圃，韭种植发展快速。《史记·货殖列传》中言及农业生产"及名国万家之城，带郭千亩亩钟之田，若千亩卮茜，千畦姜韭：此其人皆与千户侯等"⑤，"千畦姜韭"的规模已不小。西汉时，有了温室栽培技术，韭开始在温室中种植。《汉书·召信臣传》记载了长安皇家菜园中建有大房屋（即蔬菜暖室），室内昼夜生火，以"太官园种冬生葱韭菜茹"⑥。此

①（宋）郭茂倩编：《乐府诗集》卷第三十《相和歌辞五·平调曲一·长歌行》，北京：中华书局，1979年，第442页。

②（清）沈德潜选：《古诗源》卷四《汉诗·古诗二首》，北京：中华书局，1963年，第95页。

③周振甫译注：《诗经译注》卷二《国风·邶风·谷风》，北京：中华书局，2010年，第202页。

④（清）孙诒让著，汪少华整理：《周礼正义》，北京：中华书局，2015年，第478页。

⑤（汉）司马迁撰，（南朝宋）裴骃集解，（唐）司马贞索隐，（唐）张守节正义：《史记》卷一百二十九《货殖列传第六十九》，北京：中华书局，1982年，第3272页。

⑥（汉）班固撰，（唐）颜师古注：《汉书》卷八十九《循吏传第五十九·召信臣》，北京：中华书局，1962年，第3642页。

后，韭菜育苗方法得以改进，《齐民要术·种韭》记载："以铜铛盛水，于火上微煮韭子。须臾牙生者好。"[①]韭种子皮厚，遇水膨胀慢，且只可当年育活，短时间内发芽则成活好，否则就差。韭菜抗寒御热能力强，因此种植广泛，故育苗甚为关键。

薤。又称薍头、薍子，多年生草本植物，叶细长，开小花，不结果，以鳞茎繁殖。鳞茎和嫩叶均可作菜食，故名薤菜。薤种植广泛，贫瘠土壤也可生长。薤的干燥鳞茎可入药，称薤白，性温，味苦，主治胸痹心痛、泄痢等症。汉代著名的挽歌《薤露》唱道"薤上露，何易晞"[②]，形容人的生命短暂，犹如薤叶上的露珠，转瞬即逝，比喻人生苦短。

葱。又称茐，多年生草本植物，圆叶筒头，中空，开白色小花，茎、叶均辛辣，既是香辛料，也是秦汉时的主菜。今天，葱多用作调味，"大葱蘸酱""葱爆羊肉"，就是葱作主菜的历史遗留。《汉书·循吏传》记载渤海太守龚遂"劝民务农桑，令口种一树榆、百本薤、五十本葱、一畦韭，家二母彘、五鸡"[③]。

藿。豆类植物的叶子，《广雅·释草》云："豆角谓之荚，其叶谓之藿。"[④]战国时，"韩地险恶，山居，五谷所生，非麦而豆；民之所食，大抵豆饭、藿羹"[⑤]。藿这种菜较为粗粝，平民百姓以豆叶汤为主食菜品，说明底层人民生活艰苦。汉朝以后，随着蔬菜种类的增多，生活水平得到提高，藿菜成为饥馑时的选择。西晋陆机在《君子有所思行》中云"宴安消灵根，酖毒不可恪。无以肉食资，取笑藜与藿"[⑥]，还提到藜。藜、藿都是植物成分，代表粗劣的饭菜，代指平民百姓。

五菜中，首位的葵在晋以后地位明显下降，藿较粗粝，随着其他叶类菜蔬的

---

①（北魏）贾思勰著，石声汉校释：《齐民要术今释》卷二《大豆第六》，北京：中华书局，2009年，第246页。

②（清）沈德潜选：《古诗源》卷四《汉诗·古诗二首》，北京：中华书局，1963年，第71页。

③（汉）班固撰，（唐）颜师古注：《汉书》卷八十九《循吏传第五十九》，北京：中华书局，1962年，第3640页。

④（清）钱大昭撰，黄建中、李发舜点校：《广雅疏义》卷第十九《释草第十三》，北京：中华书局，2016年，第819页。

⑤ 何建章注释：《战国策注释》卷二十六《韩策一》，北京：中华书局，1990年，第974页。

⑥（宋）郭茂倩编：《乐府诗集》卷第六十一《杂曲歌辞一·君子有所思行》，北京：中华书局，1979年，第894页。

增多而退出。

2. 其他常食菜蔬。除五菜外，两汉时期，经常食用的还有其他菜蔬，如萝卜、蔓菁、笋、芋以及姜等。萝卜，秦汉时常称"芦菔"。《诗经》中有"采葑采菲，无以下体"[1]诗句，其中"葑"为蔓菁，"菲"一般认为是萝卜。萝卜和蔓菁的根、茎、叶都可以食用，但根、茎有苦味，不受欢迎。《后汉书·刘盆子传》中记载了人们食用萝卜一事：王莽末年，刘盆子随赤眉军进入长安，没找到吃的，于是宫女"掘庭中芦菔根，捕池鱼而食之"[2]。这可能是人们直接食用萝卜的首次记载。蔓菁，今称大头菜，先秦称葑，汉以后称蔓菁，其根和叶似萝卜和大头芥，产量较高，可替补主食，灾荒年多食用。笋，《尔雅》中记载："笋，竹萌。"[3]汉代食用的笋，已有春夏笋与冬笋的分别，西汉伏波将军南征"至荔浦，见冬笋名'苞笋'，上言：'《禹贡》厥苞橘柚，疑谓是也，其味美于春夏笋'"[4]。芋，淀粉含量较高，先秦多食用，汉代贫民常用来充饥，灾荒时还是救济主力。姜不仅是一种调味品，因其可御湿，还是南方潮湿地带的保健品，种植面积很大。

3. 外来瓜类、豆类蔬菜进入中原，丰富了汉民的生活。张骞出使西域后，将西域的一些瓜类、豆类及调味菜引入中原，如芝麻、西瓜、黄瓜、扁豆、胡豆，以及大葱、大蒜、胡荽（芫茜）、紫葱（洋葱）等，受到汉民欢迎，种植面积增加。《盐铁论》中提到，西汉时的冬季，市场上仍有葵菜、韭黄、蕈菜、紫苏（又称苏子，种子可榨汁，嫩叶可吃，还可入药，能镇咳、健胃、利尿）、木耳、辛菜等供应，且货源充足。王褒《僮约》中有"种瓜作瓟，别茄披葱"，其中茄即茄子，这是我国关于茄子的最早文献记载。[5]茄子，原产印度，大约西汉时引种至我国西南一带。西汉学者扬雄的《蜀都赋》中还介绍了天府之国出产的菱根、茱萸、竹笋、莲藕、瓜、瓟、椒、茄，以及果品中的枇杷、樱梅、甜柿与榛仁。东汉崔

---

① 周振甫译注：《诗经译注》卷二《国风·邶风·谷风》，北京：中华书局，2010年，第47页。

② （南朝宋）范晔撰，（唐）李贤等注：《后汉书》卷十一《刘玄刘盆子列传第一》，北京：中华书局，1965年，第482页。

③ （清）郝懿行著，吴庆峰等点校：《尔雅义疏》下之一《释草弟十三》，济南：齐鲁书社，2010年，第3475页。

④ （汉）刘珍等撰，吴树平校注：《东观汉记校注》卷十二《传七·马援》，北京：中华书局，2008年，第430页。

⑤ 叶静渊：《我国茄果类蔬菜引种栽培史略》，《中国农史》1983年第2期。

寔《四民月令》中载："三月……植禾、苴麻、胡豆、胡麻……七月，可种芜菁及芥、牧宿、大小葱子、小蒜、胡葱。"[①]可见，胡葱（大葱）、大蒜和胡豆（大豆）等来自西域的农作物，已逐渐进入普通百姓的生活。西域菜蔬中的葱、蒜等气味较为刺激，传入中原后多称"荤"，《说文解字》曰："荤，臭菜也。"[②]

据说西汉出现豆腐，豆制品相继问世。有"植物肉"美誉的豆腐，有说是西汉淮南王刘安所发明。当时的皇室追求长生多炼丹药，在炼丹过程中偶以石膏点豆汁做出了"菽乳"，后称"豆腐"。因未见文献说明，学界多不采信，姑妄听之。

两汉时期，随着外来蔬菜的引入，人工栽培技术的发展，蔬菜种类显著增多。蔬菜的发展，扩大了人们的食用范围，增加了人们的营养来源，保障了人们的日常饮食，生活水平较前显著提高。

（二）瓜果品种丰富，西域、南方的瓜果进入中原

据《诗经》记载，我国果树栽培，至少有四千年的悠久历史，果树种类繁多，是世界最大的果树发源中心。汉朝一统，疆域扩大，西北和岭南瓜果的引进和种植，极大丰富了汉民的口味。

1. 中原本土果品。《诗经》中，提及的果品有桃、李、梅、梨、枣、榛、栗、棣、桑、苌楚、木瓜等不下六十余种。《尔雅》中除上述之外还有山楂（楂、朹）、沙果（棪）、樱桃（楔、荆桃、含桃）、柿。《灵枢经·五味》中的五果是"枣甘、李酸、栗咸、杏苦、桃辛"[③]。汉武帝在长安修建的上林苑，面积阔绰，方圆三百余里，植株三千余种，果树优良，是当时国内植物品种最多的皇家园林，《上林赋》中司马相如提到的李树就有紫李、绿李、朱李、黄李、羌李、燕李、蛮李等十五个品种。果品不仅供食用，还可用以调味。

2. 来自西域及南方的果品。两汉时期，中原与西北、岭南间的果品交流丰富。根据《史记》《汉书》《后汉书》《齐民要术》《西京杂记》等记载及出土文物统计，由西域引进的果品主要有葡萄、安石榴、胡桃、瀚海梨、玉门枣、羌

---

① （汉）崔寔撰，石声汉校注：《四民月令校注·内容提要表》，北京：中华书局，2013年，第1—2页。

② 王平、李建廷编著：《〈说文解字〉标点整理本附分类检索》第一《艹部》，上海：上海书店出版社，2016年，第12页。

③ 河北医学院校释：《灵枢经校释》（下册），北京：人民卫生出版社，1982年，第137页。

李、羌查，南方果类在北方较难植活，多位于巴蜀、长江流域及岭南，主要有龙眼、荔枝、柑橘、香蕉、仁频（槟榔）、橄榄、胥邪（椰子）、薏苢（苔逻，似李的果子）等果品。^①扬雄的《蜀都赋》介绍了巴蜀产的枇杷、樱梅、甜柿与榛仁。巴蜀是皇室柑橘的供应基地。长沙马王堆三号墓和广西贵县罗泊湾一号墓，出土有芋头、小豆、菱角、葫芦、黄瓜、枣子、香橙、桔子、柿子、梨子、梅子、杨梅、李子、橄榄、乌榄、仁面、木瓜、西瓜等。

果树不同于菜蔬移植，受气候条件影响巨大。武帝破南越政权后，曾在长安上林苑建"扶荔宫"："宫以荔枝得名。……上木，南北异宜，岁时多枯瘁。荔枝自交趾移植百株于庭，无一生者。"^②果树栽植具有浓郁的地方特色，《史记·货殖列传》记载："安邑千树枣；燕、秦千树栗；蜀、汉、江陵千树橘……此其人皆与千户侯等。"^③安邑在今山西夏县、运城一带。西汉中期，已形成规模化生产的果园，年收益可观，可抵千户侯。安邑之枣、燕秦之栗、真定之梨、岭南之荔枝、蜀汉江陵之橘，名传四方。

3. 瓜开始种植。《史记·萧相国世家》记载了召平种瓜一事："种瓜于长安城东，瓜美，故世俗谓之'东陵瓜'，从召平以为名也。"^④召平原是秦的东陵侯，秦亡后为布衣，因家贫从事种植。后"召平瓜"成为安贫隐居之典。

汉朝畅达的交通，使瓜、葡萄、石榴等天山南北特产及巴蜀、岭南盛产的荔枝、柑橘、柚子、甘蔗、枇杷、杨梅等运往内地，多成为贡品。不易运送的时鲜水果也被做成果脯储藏和运输。

（三）肉类比重上升，猪肉成为肉类主角

汉代养殖技术的发展和畜牧业的发达，丰富了汉人的肉食营养，一改"古者，庶人粝食藜藿，非乡饮酒腶腊祭祀无酒肉。故诸侯无故不杀牛羊，大夫士无

---

① 陈敏学：《秦汉时期华夷之间饮食交流的途径和方式》，《美食研究》2016 年第 2 期。

② 何清谷校释：《三辅黄图校释》卷之三《甘泉宫·扶荔宫》，北京：中华书局，2005 年，第 208 页。

③ （汉）司马迁撰，（南朝宋）裴骃集解，（唐）司马贞索隐，（唐）张守节正义：《史记》卷一百二十九《货殖列传第六十九》，北京：中华书局，1982 年，第 3272 页。

④ （汉）司马迁撰，（南朝宋）裴骃集解，（唐）司马贞索隐，（唐）张守节正义：《史记》卷五十三《萧相国世家第二十三》，北京：中华书局，1982 年，第 2017 页。

故不杀犬豕"①、"七十可以食肉"等的饮食限制,民众食肉增多。节庆之日,富者"椎牛击鼓",中者"屠羊杀狗",贫者也有"鸡豕五芳"。②

肉类主要来自五畜禽和鱼。五畜在《灵枢经·五味》中载为"牛甘、犬酸、猪咸、羊苦、鸡辛"③,与五谷并列。另外有鸭、鹅、鸽、兔等小型动物及家禽。家禽中鸡、鸭、鹅成为三大品种。此外,鱼等水产品还是南方重要的肉食来源。

1.牛。牛是《周礼·天官·膳夫》说的"膳用六牲"之一,但《礼记·王制》有明文规定:"诸侯无故不杀牛,大夫无故不杀羊,士无故不杀犬豕,庶人无故不食珍。"郑玄注曰:"故,谓祭飨。"④牛肉营养价值高但生产不易,且牛对农业贡献至伟,故禁止无故宰杀。《后汉书·章帝纪》记载"比年牛多疾疫,垦田减少,谷价颇贵,人以流亡"⑤,清晰表明了牛的重要性。牛是关系国家安全的战略资源,牛肉的稀缺性和美味决定了牛肉的上等地位和食用不易,当然特权阶层可以"合法"宰杀并享用,百姓可在皇帝赐民百户牛酒以及社祭时有机会食用。《盐铁论》记载了对盗卖牛马的刑罚:"盗马者死,盗牛者加(枷)。"⑥

2.羊。羊肉质美,较贵,常作为朝廷赐品。《后汉书·儒林列传》曰:"建武中每腊,诏书赐博士一羊。"⑦其实,羊肉历来是"上品"。早在人类造字之初,羊便被列为重要牲畜。《说文解字》云:"羊,祥也,象头脚足尾之形。孔子曰:'牛羊之字以形举也。'"⑧《后汉书》引董仲舒《春秋繁露》言:"凡贽卿用羔,羔

① (汉)桓宽撰集,王利器校注:《盐铁论校注》卷第六《散不足第二十九》,北京:中华书局,1992年,第351页。

② (汉)桓宽撰集,王利器校注:《盐铁论校注》卷第六《散不足第二十九》,北京:中华书局,1992年,第351–352页。

③ 河北医学院校释:《灵枢经校释》(下册),北京:人民卫生出版社,1982年,第137页。

④ (清)孙希旦撰,沈啸寰、王星贤点校:《礼记集解》卷十三《王制第五之二》,北京:中华书局,1989年,第354页。

⑤ (南朝宋)范晔撰,(唐)李贤等注:《后汉书》卷三《肃宗孝章帝纪第三》,北京:中华书局,1965年,第132页。

⑥ (汉)桓宽撰集,王利器校注:《盐铁论校注》卷第十《刑德第五十五》,北京:中华书局,1992年,第566页。

⑦ (汉)范晔撰,(唐)李贤等注:《后汉书》卷七十九下《儒林列传第六十九下》,北京:中华书局,1965年,第2580页。

⑧ 王平、李建廷编著:《〈说文解字〉标点整理本附分类检索》弟四《羊部》,上海:上海书店出版社,2016年,第90页。

有角而不用，类仁者；执之不鸣，杀之不号，类死义者；羔饮其母必跪，类知礼者：故以为赘。"[1]羔集仁义礼于一身，所以古时初次见君臣一般要送羔羊。又因为羊群而不角，跪乳知礼义，还是祭祀的重要素材，古人以"羊"字引申为"美"字，是谓"羊大而美"。"美"字本义为"味美"，说明"羊在六畜，主寄膳也"。秦汉时期，羊肉"身价"颇高。汉朝养羊的人越来越多，据《史记·货殖列传》记载，当时不少人家都拥有"千足羊"（250只），富比千户侯。河南一个叫卜式的人，是"养羊能手"和"养羊大户"，武帝时期讨伐匈奴财政吃紧，提出捐五百只羊充军饷助战匈奴，被丞相公孙弘认为有捞官嫌疑拒纳。后匈奴投降，卜式又主动拿出二十万钱助河南太守安置徙民，带动了富户捐献，为国分忧。后武帝以其贤良拜御史大夫。

3. 狗。我国最早驯化的动物，早期主要用于狩猎和看护。不同于今天的宠物狗，秦汉时狗被大量饲养，主要是作为肉食来源。当时有以屠狗为业的屠夫，如西汉大将樊哙曾以屠狗为业。《淮南子》中将猪肉与狗肉并提，"剥狗烧猪"的成语即来源于此。《盐铁论·散不足》记载富裕的百姓常"屠羊杀狗"[2]。汉画像石中，山东诸城前凉台等地出土的"庖厨图"画像石，见图1-1，展现了汲水切菜、添柴烤肉、剖鱼宰羊的情景，富有浓郁的饮食文化特色。随着鸡、猪、羊等的大量养殖，魏晋南北朝养狗食肉之风快速衰减，唐以后狗肉逐渐淡出汉民餐桌。

图1-1　汉代庖厨图（山东诸城博物馆藏画像石）

4. 猪。也称彘、豕、豚。养猪业发展迅速，猪肉成为最主要的肉食来源，改

---

①（汉）范晔撰，（唐）李贤等注：《后汉书》卷五十三《周黄徐姜申屠列传第四十三·周燮》，北京：中华书局，1965年，第1743页。

②（汉）桓宽撰集，王利器校注：《盐铁论校注》卷第六《散不足第二十九》，北京：中华书局，1992年，第352页。

善了人们的膳食结构。《史记·货殖列传》记载养猪业时说"泽中千足彘"①，大规模养猪和大规模种植果类、蔬菜等皆可发家致富。东汉以后气候逐渐转冷，降水减少，牧猪转为舍养。西晋张华的《博物志》载，汉代有商丘子的《养猪法》和卜式的《养猪法注》②，现两书均已佚失，但可以想象汉代人民已积累了丰富的养猪经验。

5.鸡。以体小、放养、味美等优势受到民众喜爱。《西京杂记》记载，关中人陈广汉家中有"万鸡将五万雏"③，是当时文献记载中最大规模的养鸡记录。官方提倡养鸡，如西汉黄霸任河南颍川太守时，"选择良吏，分部宣布诏令，令民咸知上意。使邮亭乡官皆畜鸡豚，以赡鳏寡贫穷者"④。黄霸为官清廉，关心百姓疾苦，为人精明能干，文治有方，以用法宽和而知名，深受官吏和百姓敬重，被明朝开国皇帝朱元璋所推崇。龚遂任渤海太守时，劝民务农桑，令农民"口种一树榆、百本薤、五十本葱、一畦韭，家二母彘、五鸡"⑤。东汉僮种任山东不其（今青岛）县令时，"率民养一猪，雌鸡四头，以供祭祀"⑥。当时养一头猪，可抵半年种粮收入。《西京杂记》载："高帝既作新丰，并移旧社……放犬羊鸡鸭于通途，亦竟识其家。"⑦可见当时的种植养殖风尚。

6.鱼。重要的肉食水产品。《汉书·地理志》曰："民食鱼稻，以渔猎山伐为业。"⑧民间普遍养鱼，有渔民一年就能卖上千石鱼，按一百二十斤为一石计算，

---

① （汉）司马迁撰，（南朝宋）裴骃集解，（唐）司马贞索隐，（唐）张守节正义：《史记》卷一百二十九《货殖列传第六十九》，北京：中华书局，1982年，第3272页。

② （晋）张华著，唐子恒点校：《博物志》附录《佚文》，南京：凤凰出版社，2017年，第140页。

③ （晋）葛洪撰，周天游校注：《西京杂记》卷第四《曹元理算陈广汉资产》，西安：三秦出版社，2006年，第164页。

④ （汉）班固撰，（唐）颜师古注：《汉书》卷八十九《循吏传第五十九·黄霸》，北京：中华书局，1962年，第3629页。

⑤ （汉）班固撰，（唐）颜师古注：《汉书》卷八十九《循吏传第五十九·龚遂》，北京：中华书局，1962年，第3640页。

⑥ （北魏）贾思勰著，石声汉校释：《齐民要术今释·序》，北京：中华书局，2009年，第7页。

⑦ （晋）葛洪撰，周天游校注：《西京杂记》卷第二《作新丰移旧社》，西安：三秦出版社，2006年，第88页。

⑧ （汉）班固撰，（唐）颜师古注：《汉书》卷二十八下《地理志第八下》，北京：中华书局，1962年，第1666页。

十二万斤鱼可获利二十万钱，按东方朔向武帝谏言所提物价："鄠镐之间号为土膏，其贾亩一金。"①除了汉初、汉末战争时期和王莽时代，正常情况下，汉时"黄金一斤直万钱"②，二十万钱可买二十亩（优等）地，收入相当可观。皇宫的园池中也养鱼，如汉武帝修昆明池养鱼，周长达二十公里，除了用作陵庙祭祀，剩余的则由太监拿到长安街市售卖。南方水乡和沿海地区，水产品更为丰富，盛产鲤、鲋、蟹、鳝、鲐、虾等，仅鱼类就有一百多种。当时食用鲤鱼最为普遍，枚乘《七发》中将鲜鲤之脍视为天下至味。

汉人在饲养家禽家畜外，也会捕杀野生动物以补充其肉食来源。岭南的蛇虫、江浙的虾蟹、西南的山鸡、东北的熊鹿，以及如兔、虎、狼、猴、猫头鹰、雉、野鸭、鹧鸪、雁、鹤、鸽子、麻雀、鳖、蚌、螺等，都已在宴饮中出现，但野生兽类多由皇室贵族专享。五畜和鱼，是汉代的主要食肉来源。

三、烹饪品及烹饪方法

（一）基本烹饪品

脂膏、植物油为基本烹饪品，东汉末出现了植物油。汉代的烹饪方式，基本以蒸煮为主，烹饪介质，延续前秦，以脂膏为主。早期的油脂提取自动物，有角者提炼出来的称脂，无角的称膏。《周礼·天官·庖人》郑玄注"释者曰膏，凝者曰脂"，梓人注云："脂者牛羊属，膏者豕属。"③脂、膏区别在于质地软硬不同，东汉经学家郑众把有角动物如牛羊等脂肪炼制的凝固坚实的油制品称"脂"，无角动物如豕、犬等脂肪炼制的较稀软的为"膏"。芝麻自西域传入之后，凭借其清香出油率高之优势，种植迅速扩大，逐渐成为植物油中的主流，分布遍及南北方。东汉末年刘熙《释名·释饮食》记载："柰油，捣柰实，和以涂缯，上燥而发之，形似油也。"④这是利用植物柰油制做雨伞布的最早史料记载。三国时植物油还用

---

① （汉）班固撰，（唐）颜师古注：《汉书》卷六十五《东方朔传第三十五》，北京：中华书局，1962年，第2849页。

② （汉）班固撰，（唐）颜师古注：《汉书》卷二《惠帝纪第二》，北京：中华书局，1962年，第86–87页。

③ （清）孙诒让著，汪少华整理：《周礼正义》卷七《天官·庖人》，北京：中华书局，2015年，第324页。

④ （汉）刘熙撰，（清）毕沅疏证，（清）王先谦补，祝敏彻等点校：《释名疏证补》卷第四《释饮食第十三》，北京：中华书局，2008年，第146页。

于军事，《三国志·满宠传》记载宠拜征东将军后，"权自将号十万，至合肥新城。宠驰往赴，募壮士数十人，折松为炬，灌以麻油，从上风放火，烧贼攻具，射杀权弟子孙泰。贼于是引退"。①植物油（包括稍后出现的豆油、菜油等）出现后，促进了油烹法的诞生，成为后世食物烹饪的主要方法，为烹调技艺开辟了广阔空间。

（二）调味品

在饮食实践中，人们用各种调料丰富饮食口味。《礼记·礼运》云："五味，六和，十二食，还相为质也。郑玄注曰：'五味，酸、苦、辛、咸、甘也。'"②在咸、辛、酸、苦、甘五味之中，咸为首，地位最高。汉代辣椒还未传入我国，"辛"味以葱、姜、蒜、花椒、芜荑等解决。汉代的调味品主要有盐、酱、脂、萐、糖（饴糖，不是蔗糖，甘蔗制糖至唐代才传入）、蜜、豉、菽、姜、韭、芥等。汉代，调味品的生产规模扩大，酱由配食品变成了调味料，随着发酵技术的提高，出现了植物酱。除了辣椒之外，汉朝的调味品基本齐备。

1. 盐。古人调味，离不开盐，早期用盐和梅合用以调味，故《尚书》称："若作和羹，尔惟盐梅。"③汉朝的盐主要有海盐、湖盐及井盐。汉代起，开始用盐池取盐。《释名》记载："东有盐池，玉洁冰鲜，不劳煮泼，成之自然。"④汉武帝实行盐铁专营，禁止私产私营后，盐的价格比较高。

2. 酸。早期古人以梅制酸，捣碎梅子取其汁，做成梅浆调酸。后来也用粟米制酸浆，在酸浆的基础上加曲，做成苦酒。利用曲发酵制酸，相当于早期的醋，称"酢"。酢是浆。《说文解字》："醯，酸也。"⑤秦汉时，醋无明确记载。北魏醋的制做方法已较成熟。

---

① （晋）陈寿撰，（南朝宋）裴松之注，陈乃乾校点：《三国志》卷二十六《魏书二十六·满田牵郭传第二十六·满宠》，北京：中华书局，1982年，第725页。

② （清）孙希旦撰，沈啸寰、王星贤点校：《礼记集解》卷二十二《礼运第九之二》，北京：中华书局，1989年，第611页。

③ （清）阮元校刻：《十三经注疏》，清嘉庆刊刻本之《尚书正义》卷第十《说命下》，北京：中华书局，2009年，第372页。

④ （汉）刘熙撰，（清）毕沅疏证，（清）王先谦补，祝敏彻等点校：《释名疏证补》卷第一《释地第二》，北京：中华书局，2008年，第26页。

⑤ 王平、李建廷编著：《〈说文解字〉标点整理本附分类检索》弟五《皿部》，上海：上海书店出版社，2016年，第125页。

3. 甘。人们喜爱的滋味，汉时承前，从饴、蜜和蔗浆中提取甜味。早期的糖称"饴"，是原始的麦芽糖。《说文解字》："饴，糵米煎也。从食台声。"[1]蜂蜜是天然的甜味食料，食用历史很早，《神农本草经》把蜂蜜列为上品。石蜜指筑巢于山岩间的野蜂蜜，《西京杂记》中把石蜜当贡品："闽越王献高帝石蜜五斛，蜜烛二百枚，白鹇、黑鹇各一只。高帝大悦，厚报遣其使。"[2]这说明石蜜为上层社会享用。东汉时已出现养蜂业，《三辅决录》中，东汉汉阳上邽人姜岐，隐居山林养蜂和猪，"以畜蜂豕为事，教授者满于天下，营业者三百余人"[3]。市场上已有蜂蜜销售，《东观汉记》记载，光武帝"在长安时，尝与祜共买蜜合药。上追念之，赐祜白蜜一石"[4]。蜜还被当作滋补品。蔗浆是甘蔗汁。曹植《典论》云："时酒醑耳熟。方食芋蔗，便以为杖。"[5]这里的芋蔗就是甘蔗。

4. 辛。主要以葱、姜、蒜、花椒、芜荑等浓烈气味的植物调制。香味料有茱萸等。

5. 酱。酱由先秦的配食品变成了具体的调味品，这是个重要变化。《周礼》有"百酱"之说，用肉加工制成。新鲜的肉研碎后，用酒曲拌匀，入容器以泥封口，置太阳下曝晒两周，或置坑中培土，经火灼一宿，酒曲之味变成酱味即成，这种肉酱称为"醢"。《说文解字》云："酱，盬也。从肉从酉，酒以和酱也。"[6]酱是酒、肉和盐交合而成，味美，是当时的美食。汉代人食酱已很普遍，《汉书》中

---

① 王平、李建廷编著:《〈说文解字〉标点整理本附分类检索》重文类检《籀文》，上海：上海书店出版社，2016 年，第 543 页。

② （晋）葛洪撰，周天游校注:《西京杂记》卷第四《闽越献蜜鹇》，西安：三秦出版社，2006 年，第 172 页。

③ （汉）赵岐撰，（晋）挚虞注，（清）张澍辑，陈晓捷注:《三辅决录》，西安：三秦出版社，2006 年，第 18 页。

④ （汉）刘珍等撰，吴树平校注:《东观汉记校注》卷十一《传六·朱祜》，北京：中华书局，2008 年，第 403 页。

⑤ （清）严可均编:《全上古三代秦汉三国六朝文》之《全三国文》卷八《文帝·典论·自叙》，北京：中华书局，1958 年，第 1096 页。

⑥ 王平、李建廷编著:《〈说文解字〉标点整理本附分类检索》弟十四《酉部》，上海：上海书店出版社，2016 年，第 393 页。

记录张氏"以卖酱而隃侈"①，马王堆汉墓出土过肉酱。

以大豆作酱，称为"豉"。《汉书》记载："长安丹王君房，豉樊少翁、王孙大卿，为天下高訾。"②卖豉可以成为富翁，可见需求之大。两汉在牛、羊、兔、鱼等肉类酱的基础上，研制出芥子酱、榆子酱等植物酱，技艺进一步提高。酱经过发酵，滋味较盐更为厚重。东汉应劭言："酱成于盐而咸于盐，夫物之变，有时而重。"③枚乘《七发》中记载："熊蹯之臑，芍药之酱。"④酱和豉都是人工制做的调料，这是个重大突破和进步。

以大豆做酱，是汉朝的一项重大发明，对后世调味具有深远影响。《史记》中记载了商人酿制酒、醋等达一千多缸的情况。酱，由配食品发展为调味品，原料由肉扩展到植物，说明汉朝已基本掌握了利用微生物进行酿造的技术。《齐民要术》中载有"酱清""豆酱油"，生发出豆酱的分支，在各种酱的基础上，后世开发出酱油。宋代出现了关于酱油的文字记载。

（三）食材加工与烹饪

人类很早就注重食材加工与烹饪，关注食品的保鲜与保存。法国的社会人类学家列维·斯特劳斯（Levi. Strauss）有一个著名的烹饪公式：生＋熟＝自然＋文化。李泽厚在《华夏美学》中写道："饥饿的人常常不知食物的滋味，食物对他（她）只是填饱肚子的对象。只有当人能讲究、追求食物的味道，正如他们讲究、追求衣饰的色彩、式样而不是为了蔽体御寒一样，才表明在满足生理需要的基础上已开始萌发出更多一点的东西。"⑤这种"多一点的东西"首先体现在汉人对饮食物品的烹调制做上。饮食物品的制做，《吕氏春秋·本味篇》已有记载，大意是食物之味，以水为基础，使用甘、酸、苦、辛、咸五味和水、木、火三材加以烹饪。

---

① （汉）班固撰，（唐）颜师古注：《汉书》卷九十一《货殖传第六十一·宣曲任氏》，北京：中华书局，1962年，第3694页。

② （汉）班固撰，（唐）颜师古注：《汉书》卷九十一《货殖传第六十一·宣曲任氏》，北京：中华书局，1962年，第3694页。

③ （汉）应劭撰，王利器校注：《风俗通义校注·佚文·嘉号》，北京：中华书局，1981年，第616页。

④ （清）严可均编：《全上古三代秦汉三国六朝文》之《全汉文》卷二十《枚乘·七发》，北京：中华书局，1958年，第238页。

⑤ 李泽厚著：《华夏美学》（修订插图本），天津：天津社会科学院出版社，2001年，第19页。

这其中，火的大小急缓是关键，其次是调料的先后次序及量的大小。

食材加工日益精细化。汉代食材烹饪，已注重对原料的处理和加工，如蔬菜的拣洗、肉类的褪毛、鱼类的去鳞等，粗加工后是细化处理，切割成块、片、丝、末等不同形状加以烹饪，切成大块的叫胾，薄片的叫“牒”，细丝的叫“脍”。

菜肴烹制，有冷制和热制不同方法。冷制是指不用火加热，将原料用腌、糟、醉、酱、渍、泡等方法制成即可。汉代的凉食已较先前讲究许多，对食材简单加工后食用。熟制是将食材进行切配和加工，加热做熟后食用。当时常用的冷制法有脍、脯、腊、菹、鲊、醢，热制主要有蒸、煮、羹、煎、炮、熬以及由“夷”入“华”的炙法等。此时“炒”这一最具特色的烹制法还未出现。

食物贮存多样化。食材数量的增多与种类的丰富，使得如何保存食材与食物方便日后食用，成为时人关注的问题。汉朝时，食物的贮存，分别有藏、腌、晒等不同的脱水保存方法，主要有蜜藏、盐藏、曝藏、酱藏、醋藏等。对鱼等水产品，人们习惯腌制保存；吃不完的肉制品如牛、羊、狗、猪、雉、鸡、鹿等，放入姜、椒、豉等调料以沸水熬稠后晾晒风干成脯，味美可口，在市场中广受欢迎。沿海一带，有人用盐和酒糟裹于食物，发酵之后食用或贮存。南方一些地方，有的将鹿肉或鲍鱼埋在土里或淹在水中使其腐烂发酵后，再取而食之。这种特殊的保存和吃法在气候炎热的部分南方地区流行，北方少见。

四、汉代的珍馐与代表食品

不同朝代有自己的珍馐肴馔，代表周朝的是王室庖人烹制的八种美味，简称八珍。我国古老的儒家经典之一《礼记・内则》，记载了周八珍的名称和烹制方法，这也是我国典籍中所见最古老的一份菜谱。周八珍分别是淳熬（肉汁浇米饭）、炮豚（烤煎蒸乳猪）、炮牂（烤煎蒸羊羔）、捣珍（烧里脊）、渍（酒香牛肉片）、糁（煎肉饼）、为熬（风味腊肉）和肝膋（煎狗肝），不仅是当时的佳肴美馔，还是身份象征。后来，八珍逐渐成为珍贵肴馔的代名词，并逐渐演绎成各类珍稀原料组合的宴席。八珍中全为肉食，包括乳猪、乳羊、牛、羊、鹿、獐、猪、麋、狗等动物的肉，以家养为主，辅之以野味麋、獐等，未见鱼类和飞禽，加工细致，有的烹制费时费力，总体来看，没有太离谱的食材。

（一）汉代的珍馐与代表美食

代表汉代珍馐和烹调水平的肴馔，见著于文献的有《盐铁论·散不足》、辞赋家枚乘的《七发》、扬雄的《蜀都赋》等。除文献记载外，汉墓出土的随葬食材，也令人咂舌。

1. 经典文献记载的熟食市场与肴馔。西汉桓宽在《盐铁论·散不足》中谈到汉代民间市肆里流行的熟食情况是："古者，不粥饪，不市食。及其后，则有屠沽，沽酒市脯鱼盐而已。今熟食遍列，肴施成市，作业堕怠，食必趣时，杨豚韭卵，狗腥马朘煎鱼切肝，羊淹鸡寒，桐马酪酒，煎捕胃脯，胹羔豆赐，穀膹雁羹，臭鲍甘瓠，熟粱貊炙。"①汉之前，多是自给自足，汉代有了肉酒交易市场和熟食市场，民间市面上流行的熟食佳肴有烤猪肉，韭菜炒鸡蛋，狗鞭马鞭，煎鱼切肝，羊腊肉，酱风鸡，炸知了，鲔鱼（金枪鱼），驴肉干，熟胃脯，羊羔肉，甜豆汁，炖小鸟，雁肉羹，腌鲍鱼，甜瓠瓜，还有精熟的米饭和烤乳猪。对富裕阶层而言，他们的饮宴情况是"今民间酒食，肴旅重叠，燔炙满案，臑鳖脍鲤，麑卵鹑鷃橙枸，鲐鳢醢醯，众物杂味"②，民间富裕阶层设宴请客，是鱼肉重叠，烤肉满桌，有熟鳖鲜鲤、鹿胎鹑鷃拌橙丝蒟酱、鲐鱼（海鱼）、鳢鱼（淡水鱼），还有肉酱、酸醋等调味品，各色口味品种多样，物丰味美。幼兽飞禽水产品、嫩菜素酱调味品，受到富贾人士的青睐。枸是蒟酱，香气扑鼻，色如玛瑙，珍贵异常，原产于滇蜀一带，因珍贵，蜀地之人常偷卖至夜郎（贵州），后来推广到南越（今广东广西等地），南越国常以此为贡品进贡。此外，书中还提到富人肆意掠夺自然资源的野蛮饮食追求："今富者逐驱歼罔置，掩捕麑鷇，耽湎沈酒铺百川。鲜羔跳，几胎肩，皮黄口。春鹅秋雏，冬葵温韭浚，茈蓼苏，丰耆耳菜，毛果虫貉。"③有钱人不顾自然规律，偏爱幼兽小鸟、反季节蔬菜和各种虫鱼之类。汉之前百姓祭祀用

---

① （汉）桓宽撰集，王利器校注《盐铁论校注》卷第六《散不足第二十九》，北京：中华书局，1992年，第352-353页。

② （汉）桓宽撰集，王利器校注《盐铁论校注》卷第六《散不足第二十九》，北京：中华书局，1992年，第351页。

③ （汉）桓宽撰集，王利器校注《盐铁论校注》卷第六《散不足第二十九》，北京：中华书局，1992年，第349页。

鱼和豆类，汉代变成富人祭祀是击鼓杀牛，中等人家是屠羊杀狗，贫穷人家是用鸡猪，不同肉类的高低，依次是牛、羊、狗、鸡和猪。

2.文学作品《七发》中提到的奢侈佳肴。《七发》主题内容非常简单，通过虚构的人物吴客和太子之间的对话，对统治阶级的腐朽生活进行批判。《七发》是汉大赋成熟的标志作品，以楚国太子生病为线索，为帮其改善病体状况，以讽喻、劝诫的形式提出了抑郁亡身、明理救命的七种疗法，简称七发。

美食疗法中，"客曰：'犓牛之腴，菜以笋蒲。肥狗之和，冒以山肤。楚苗之食，安胡之饭，抟之不解，一啜而散。于是使伊尹煎熬，易牙调和。熊蹯之臑，芍药之酱。薄耆之炙，鲜鲤之鲙。秋黄之苏，白露之茹。兰英之酒，酌以涤口。山梁之餐，豢豹之胎。小飰大歠，如汤沃雪。此亦天下之至美也，太子能强起尝之乎？太子曰：'仆病未能也。'"[1]意思是，吴客给太子介绍了许多美食：肉类有牛腹、肥狗、兽脊、熊掌、鲜鲤、野鸡和豹胎等，水陆俱备，以猛兽野禽为主，肉类除了狗、牛相对常见一些，熊掌、豹胎、野鸡等野味今天也很罕见。主食中，香粳米、菰米饭都是稻米中的精品，前面介绍过菰米多为野生，产量极低。辅菜配料有竹笋、香蒲、秋苏、芍药酱等，还有兰英美酒，美不可言。这些绝品美食，代表当时的美食水平，还有著名的美食家烹饪和调味，病中的太子仍然吃不下，可见其精神疾病也很重。

游宴疗法中，置于"南望荆山，北望汝海，左江右湖，其乐无有"的旷世美景中，"乃下置酒于虞怀之宫……阳鱼腾跃，奋翼振鳞。淑濹莎蒿，蔓草芳苓……梧桐并闾，极望成林……列坐纵酒，荡乐娱心。景春佐酒，杜连理音。滋味杂陈，肴糅错该。练色娱目，流声悦耳。于是乃发激楚之结风，扬郑卫之皓乐。……揄流波，杂杜若。蒙清尘，被兰泽，嬿服而御。此亦天下之靡丽，皓侈广博之乐也。"[2]群芳芬郁，景象缤纷；美酒佳肴，练色娱目；流声悦耳，美女侍奉。奢侈华丽的游宴之乐，太子依然打不起精神。

---

[1] （清）严可均编：《全上古三代秦汉三国六朝文》之《全汉文》卷二十《枚乘·七发》，北京：中华书局，1958年，第238页。

[2] （清）严可均编：《全上古三代秦汉三国六朝文》之《全汉文》卷二十《枚乘·七发》，北京：中华书局，1958年，第238–239页。

七发中美食疗法和游宴疗法比例虽高但没有成功，最后明理疗法奏效，太子霍然病已。七发中的饮宴，主要是从宫廷的角度而言，他们的肉类，主要是野味、水产品及动物的特殊部位，然后配合调味酱及时鲜菜蔬。这和现代的追求并无二致，只不过现在熊、豹等野生动物因数量少被保护禁止猎取。

3. 西南蜀地的代表肴馔。西南蜀地，成都繁荣，物产丰富，扬雄在《蜀都赋》中提到了蜀地饮食业的发展："调夫五味，甘甜之和。勺药之羹，江东鲐鲍。陇西牛羊，籴米肥猪。麈麀不行，鸿獠獯乳。独竹孤鸧，炮鸮被纰之胎。山麇髓脑，水游之腴。蜂豚应雁，被鶂晨凫。戳鸦初乳，山鹤既交。春羔秋䏶，脍鲛龟肴。秔田孺鹭，形不及劳。五肉七菜，朦猒腥臊。可以颐精神养血脉者。"①西汉时的蜀宴，有甜食，有药膳，五肉（牛、羊、鸡、狗、猪）、七菜（葱、蒜、姜、韭、芹、蓼、芫荽）俱全外，还有珍馐奇材，如江东鲍鱼，陇西牛羊肉，以及幼鹿、獐、熊胎、竹鼠等走兽及爬行动物，野鹅、野鸭、野鸡、黄鹂、猫头鹰等飞禽，娃娃鱼等水中肥鲜。由此可见西汉时期的蜀宴，其调味方法、食材原料已相当丰富。不同于现代川菜的偏辣喜好，当时是把甜味放在首位。

4. 汉墓出土的随葬食材。除文献记载外，长沙马王堆汉墓出土轪侯家族的随葬食材，仅三号墓就装了38个竹笥，其中能辨认的动物性食材就有鹿、猪、牛、羊、狗、兔、鸡、雉、鸭、鹅、鹤、鱼、蛋13种；随葬香料有花椒、肉桂、高良姜、香茅草等；水果有枣、橙、梨、柿、梅、橄榄、菱角等。②更令人惊奇的是，考古挖掘出漆鼎内盛有莲藕片的汤，出土时莲藕片浸泡在汤中2100多年，仍清晰可辨，见图1-2。遗憾的是，暴露于空气中的藕片在搬运过程中因氧化而全部消失。因此有地质专家断定，长沙地区自汉以来的2000多年，没有发生过大的地震。这些出土的丰富的食物食材印证了文献记载，反映出汉代丰富的饮食文化和筵宴风格。

对于皇室来说，随着技术的发展和不限人力的满足，季节对他们饮宴食材的

---

① （清）严可均编：《全上古三代秦汉三国六朝文》之《全汉文》卷五十一《扬雄·蜀都赋》，北京：中华书局，1958年，第805页。

② 陈顺容：《从马王堆汉墓遣策中管窥汉代饮食文化》，《中华文化论坛》2015年第3期。

限制，已大大降低。汉末文学家、建安七子之一的徐幹曾记载，"在炎气酷烈"的夏季，即使是贵族也感到"身如漆点，水若流泉，粉扇靡效，宴戏鲜欢"[1]，暑热难耐，常人自是汗流浃背，而皇室凭借储冰器具，则可"坚冰常奠，寒馔代叙"[2]。汉代已有温室种植，太官"覆以屋庑，昼夜燃蕴火，待温气而生"[3]。冬季享用反季节菜如春季的葱、韭等蔬菜，已不再是难事，无非多费钱财而已。

图1-2　长沙马王堆汉墓出土之鼎内的藕片汤

5. 与名人有关的代表佳肴。一是与武帝有关的"鰿鮧"。鰿鮧是一种将鱼鳔、鱼肠等用盐或蜜渍成的酱，《齐民要术·作酱法》记载："昔汉武帝逐夷，至于海滨，闻有香气而不见物，令人推求。乃是渔父造鱼肠于坑中，以至土覆之，香气上达。取而食之，以为滋味。逐夷得此物，因名之，盖鱼肠酱也。"[4]武帝因"逐夷"而得此食，名之"鰿鮧"。后人在制作时将土炕中焖烤改进为腌制。二是与成帝舅舅有关的"五侯鲭"。汉成帝曾同一天封他的舅舅王谭、王商、王立、王根、王逢时五人为侯，时称"五侯"，但他们间关系不睦，《西京杂记》云："五侯不相能，宾客不得来往。娄护丰辩，传食五侯间，各得其欢心，竟致奇膳。护乃合以为鲭，世称'五侯鲭'，以为奇味焉。"[5]时为医生的娄护能言善辩，与五侯关系不错，为其座上宾。一次，娄护将五侯送来的鱼和肉一起烹制，没想到味道奇佳，成为名菜，后载入食谱。五侯鲭被认为是后世大杂烩的起源。

---

① （清）严可均编：《全上古三代秦汉三国六朝文》之《全后汉文》卷九十三《繁饮·暑赋》，北京：中华书局，1958年，第976页。

② （清）严可均编：《全上古三代秦汉三国六朝文》之《全后汉文》卷九十《王粲·大暑赋》，北京：中华书局，1958年，第958页。

③ （汉）班固撰，（唐）颜师古注：《汉书》卷八十九《循吏传第五十九》，北京：中华书局，1962年，第3642-3643页。

④ （北魏）贾思勰著，石声汉校释：《齐民要术今释》卷八《作酱法第七十》，北京：中华书局，2009年，第750-751页。

⑤ （晋）葛洪撰，周天游校注：《西京杂记》卷第二《五侯鲭》，西安：三秦出版社，2006年，第74页。

相对于前朝及周八珍来讲，汉代食材范围扩大，以肉食为主，蔬菜为辅。肉类除了猪、狗、鸡、牛、羊、鹿、獐等，多了驴肉、野味（野鸡、熊、豹等）、飞禽（雁、鹌鹑等）、鱼类（鲤鱼、鲍鱼等）、蛋类及动物内脏或器官（胃、肠、鞭等）。富人的饮宴更多追求幼兽、飞禽、水产品、反季节蔬菜和水果，皇家则更是追求熊掌、豹胎等罕见野味及特殊部位如牛腹、狗肠等。汉代，随着汉朝与西域的贸易与文化交往增加，来自西域的胡食、胡饮及其烹饪技术，更为上层社会带来新鲜的饮宴体验，这与汉朝强盛的国力、盛况空前的中西交流、新作物和烹饪技艺不断传入等密切相关。

第二节　魏晋南北朝宴饮中的食

三国混战，战乱、灾荒和疾疫频起，百姓流离，农田荒芜。粮食是重要的军需，魏蜀吴屯田盛行，特别是曹魏大规模屯田，解决了军粮问题，保障了战斗力。黄河流域积粟，江南收稻，蜀地种粮忙。两晋南北朝，大量屯田户变成自耕农，许多土地变成私有财产。战乱间隙，各地陆续修建的水利工程，一定程度上保障了农业恢复和发展，进入全面牛耕阶段，犁、耙、耧等铁制农具的普及和使用，推动农业走向精耕细作。

一、主粮品种增加

魏晋南北朝时期，北方以粟、麦为主，如小麦、燕麦、大麦、青稞等，兼种粱、黍、粟、豆、麻、稻等作物，小麦开始在江南推广种植。北魏前期，规定"千里内纳粟，千里外纳米……户调帛二匹、絮二斤、丝一斤、粟二十石"[1]，要求每户纳粟二十石。北魏实行均田制后，粟的种植面积进一步扩大，孝文帝下令"一夫一妇帛一匹，粟二石"[2]，交租以粟为标准，说明了粟在当时的重要地位。北齐时期，粟更成为备荒食粮，《北齐书·卢叔武传》中提到叔武"在乡时有粟千石，每至春夏，乡人无食者令自载取，至秋，任其偿，都不计校"[3]。受战乱影响，

---

①（北齐）魏收撰：《魏书》卷一百一十《食货志六第十五》，北京：中华书局，1974年，第2852页。

②（北齐）魏收撰：《魏书》卷一百一十《食货志六第十五》，北京：中华书局，1974年，第2855页。

③（唐）李百药撰：《北齐书》卷四十二《列传第三十四·卢叔武》，北京：中华书局，1972年，第560页。

中原地区水稻生产下滑，为避战乱，北方人民大量迁徙到长江下游地区，粟作为先锋作物得到了大量种植。秦郡人吴明彻在侯景之乱时"有粟麦三千余斛"[1]以济乡邻，由此看出，粟随着人口迁徙在长江下游地区得到栽种。

南方农业水旱并举。南方饭稻羹鱼，以水田稻作为主，兼有陆稻，部分地区有一年两熟的早稻，部分气候炎热的地方达到一年三熟。西南和岭南部分地区，芋、薯是重要的粮食作物。中原大量人士南迁后，北方旱作物和耕作技术也随之大举南移，江南农业不再是单一的水田作物，农业结构显著变化，形成水旱并举的农业模式。

两晋南北朝，育种技术提高，农作物品种增加迅速。最早记载水稻品种的晋代郭义恭的《广志》（已亡佚）一书，记有13个水稻品种和11个粟品种，北魏贾思勰的《齐民要术》记有粟品种97个（其中11个转录于《广志》）、水稻品种36个（其中糯稻11个）、黍品种12个、小麦品种12个及粱品种等4个。稻类新品种如小香稻、大香稻、乌稻、虎掌稻、紫芝稻、豫章青稻、蝉鸣稻等已有种植。[2]这一时期，南北方种植业在战乱间隙得到发展和成熟。

大豆在副食中地位逐渐上升。随着北方粟、麦产量大幅提高，作为粗粝之食的大豆逐渐退出。石磨等加工技术的发展，使得富含蛋白质的大豆更易于磨碎做豆粥。豆粥也称豆羹、豆糜等，因制作简单、成本低廉、营养丰富而广受欢迎。魏晋南北朝豆制品加工呈多样化发展趋势，《齐民要术》中有豆豉、豆酱的加工和发酵记载。大豆退出主粮选择转向副食是个缓慢过程，西晋文学家张翰《豆羹赋》中仍有痕迹："乃有孟秋嘉菽，垂枝挺荚，是刈是获，充簟盈筐。……空匮之厄，固不缀欢。追念昔日，啜菽永安。"[3]

粮食交易活跃。有"饭稻羹鱼"之称的吴越之地，远离战乱，粮食富庶，粮市交易活跃，所谓"凡自淮以北，万匹为市；从江以南，千斛为货"[4]。精于农商

① （唐）姚思廉撰：《陈书》卷九《列传第三·吴明彻》，北京：中华书局，1972年，第160页。

② 中华文化通志编委会编，汪子春、范楚玉撰：《中华文化通志·农学与生物学志》，上海：上海人民出版社，1998年，第67页。

③ （清）严可均编：《全上古三代秦汉三国六朝文》之《全晋文》卷一百七《张翰·豆羹赋》，北京：中华书局，1958年，第2077页。

④ （南朝梁）沈约撰：《宋书》卷八十二《列传第四十二·周朗》，北京：中华书局，1974年，第2093页。

的贾思勰总结出低买高卖的规律："凡籴五谷菜子,皆须初熟日籴,将种时粜,收利必倍。凡冬籴豆谷,至夏秋初雨潦之时粜之,价亦倍矣。盖自然之数。"①可见北方粮食交易之盛。粮食经营获利丰厚,士族、官吏倾心于粮食经营。"秦汉以来,风俗转薄,公侯之尊,莫不殖园圃之田,而收市井之利,渐冉相仿,莫以为耻。"②六朝时,官方鼓励民间贩运米粟调剂余缺,给以减免杂税等优惠方式,进一步促进了粮食经济的发展,交易的主食种类亦变得丰富。

二、副食品多呈规模化生产

（一）瓜类蔬菜种植普遍,蔬菜商品化生产

1. 蔬菜人工种植普遍。曹植《藉田赋》载:"大凡人之为圃,各植其所好焉。好甘者植乎芥,好苦者植乎荼,好香者植乎兰,好辛者植乎蓼。"③人们根据自己喜好种植菜蔬。西晋潘岳《闲居赋》中提到蔬菜时说:"菜则葱韭蒜芋,青笋紫姜,堇荠甘旨,蓼荾芬芳,蘘荷依阴,时藿向阳,绿葵含露,白薤负霜。"④谢灵运的《山居赋》中记载了蓼、蕺、葵、荠、葑、菲、苏、姜、绿葵、白薤、寒葱、春藿等12种蔬菜。魏晋间韭菜栽培取得进展,民间已大面积种植。今已佚失的《齐谐记》中记载了晋安帝初年,一个患嗜吃怪病的乡人,生吃大量大蒜和韭菜呕后恢复的故事。

2. 瓜类蔬菜异军突起,瓜类种植普遍。《齐民要术》记载的有冬瓜、越瓜、胡瓜等瓜类,还有茄子、瓠、芋、葵、蔓菁、菘、芦菔、蒜、泽蒜、薤、葱、韭、蜀芥、芸薹、芥子、胡荽、兰香、荏、蓼、姜、蘘荷、芹、蘧、马芹、菫、胡葸、苜蓿、椒和茱萸等30余种当时在黄河流域种植的蔬菜和调料。需要说明的是,苜蓿是汉朝作为马饲料从西域引进的,此时广为种植,兼作蔬菜。出现于西汉时的

---

① (北魏)贾思勰著,石声汉校释:《齐民要术今释》卷三《杂说第三十》,北京:中华书局,2009年,第296页。

② (唐)房玄龄等撰:《晋书》卷五十六《列传第二十六·江统》,北京:中华书局,1974年,第1537页。

③ (清)严可均编:《全上古三代秦汉三国六朝文》之《全三国文》卷十三《陈王植·藉田赋》,北京:中华书局,1958年,第1126页。

④ (唐)房玄龄等撰:《晋书》卷五十五《列传二十五·潘岳》,北京:中华书局,1974年,第1506页。

茄子，此时已是一种普通蔬菜，《齐民要术》将其栽种方法附在"种瓜"条下。菘，就是大白菜，此时在蔬菜中的地位提高得很快，梁陶弘景《名医别录》把菘列为上品，说其"味甘，温，无毒。主通利肠胃，除胸中烦，解酒渴"①。菘主要分布于南方地区。南方原来采集的莼、莲、芰（菱）等水生植物和竹笋，已初步进行人工栽培。瓜类蔬菜品种增多，冬瓜、胡瓜等类种植普遍。

3.蔬菜商品化生产。南朝宋时大臣柳元景，有菜园数十亩，不收守园人的卖菜所得，仅为自家食用："我立此园种菜，以供家中啖尔。乃复卖菜以取钱，夺百姓之利邪？"②表示不与民争利。梁朝人范元琰"家贫，唯以园蔬为业"③，以种菜卖菜维持生计。

（二）果品种类众多，异域果品珍贵，果园市场较成熟

经过汉朝西域或岭南果品的移栽、种植，魏晋南北朝的果品数量已大为丰富，根据《异物志》《齐民要术》和《艺文类聚》记载，果品有近40种：瓜、杏、桃、李、樱桃、枣、葡萄、梅子、梨、栗、榛、柰、林檎（黑檎）、甘薯、柿子、木瓜、沙棠、安石榴、茱萸、枇杷、甘蔗、橘、柚、杨梅、椰子、橄榄、槟榔、龙眼、荔枝、椹、芭蕉、燕薁、樧、益智、蒟子、枳、梽、杜梨、芋等。④

1.果树种植规模扩大，果品市场较成熟。三国时东吴为官清廉的李衡，晚年在武陵龙阳汜洲种桔千株，临终前叮嘱儿子看好桔园自足："汝母恶我治家，故穷如是。然吾州里有千头木奴，不责汝衣食，岁上一匹绢，亦可足用耳。"⑤这是"千头木奴"的典故由来。桔树长成后每年收益可得绢数千匹，收益可观。《齐民要术》中记载："案杏一种，尚可赈贫穷，救饥馑，而况五果蓏菜之饶，岂直助

① （南朝梁）陶弘景集，尚志钧辑校：《名医别录》（辑校本），北京：人民卫生出版社，1986年，第95页。

② （南朝梁）沈约撰：《宋书》卷七十七《列传第三十七·柳元景》，北京：中华书局，1974年，第1990页。

③ （唐）姚思廉撰：《梁书》卷五十一《列传第四十五·处士·范元琰》，北京：中华书局，1973年，第746页。

④ 黄秋凤：《魏晋六朝饮食文化与文学》，上海师范大学硕士学位论文，2014年。

⑤ （晋）陈寿撰，（南朝宋）裴松之注，陈乃乾校点：《三国志》卷四十八《吴书三·三嗣主传第三·孙休》，北京：中华书局，1982年，第1156页。

粮而已矣！注曰：'木奴千，无凶年。'盖言果实可以市易五谷也。"①贾思勰亦指依赖果园经济可丰衣足食。

2. 果品因南北气候差异而有不同产地。何晏《九州论》曰："安平好枣，中山好栗，魏郡好杏，河内好稻，真定好梨。"②同一品种因产地不同也有优劣之分，不同地区"特产"口感差异较大。魏文帝曾经诏群臣曰："南方有龙眼荔枝，宁比西国蒲萄石蜜乎？酢且不如中国。今以荔枝赐将吏，啖之则知其味薄矣。凡枣味莫若安邑御枣也。"③南北、异域果品的传入和种植，丰富了时人的口味。

3. 异域来的水果，仍相当珍贵。钟会《蒲萄赋》曰："余植蒲萄于堂前，嘉而赋之。"④朝廷重臣钟会种有葡萄，说明魏晋时期，源于西域的葡萄在内地初步种植。北魏大臣李元忠"曾贡世宗蒲桃一盘。世宗报以百练缣"⑤，世宗回赠不止数倍，除厚爱成分外，也可见葡萄身价不菲。成书于北魏年间的《洛阳伽蓝记》载："荼林实重七斤，蒲萄实伟于枣，味并殊美，冠于中京。帝至熟时，常诣取之。或复赐宫人，宫人得之，转饷亲戚，以为奇味。得者不敢辄食，乃历数家。京师语曰：'白马甜榴，一实直牛。'"⑥随着葡萄种植的发展，北魏时葡萄逐渐由上至下融入百姓生活。来自西域的石榴也是果中珍品，曾被潘岳赞为"天下之奇树，九州之名果"⑦的石榴，当时身价仍高。

---

① （北魏）贾思勰著，石声汉校释：《齐民要术今释》卷四《种梅杏第三十六》，北京：中华书局，2009 年，第 356 页。

② （清）严可均编：《全上古三代秦汉三国六朝文》之《全三国文》卷三十九《何晏·九州论》，北京：中华书局，1958 年，第 1274 页。

③ （清）严可均编：《全上古三代秦汉三国六朝文》之《全三国文》卷六《文帝·诏群臣》，北京：中华书局，1958 年，第 1082 页。

④ （清）严可均编：《全上古三代秦汉三国六朝文》之《全三国文》卷二十五《钟会·蒲萄赋》，北京：中华书局，1958 年，第 1188 页。

⑤ （唐）李百药撰：《北齐书》卷二十二《列传第十四·李元忠》，北京：中华书局，1972 年，第 315 页。

⑥ （北魏）杨衒之撰，周祖谟校释：《洛阳伽蓝记校释》卷第四《城西》，北京：中华书局，2010 年，第 135 页。

⑦ （清）严可均编：《全上古三代秦汉三国六朝文》之《全晋文》卷九十二《潘岳·河阳庭前安石榴赋》，北京：中华书局，1958 年，第 1990 页。

（三）肉食品种结构变化，肉类市场交易兴盛

魏晋南北朝，以鲜卑、羌等少数民族为主的北方游牧民族大举内迁，使得北方养羊业呈上升态势，超过养猪业；南方养猪业圈养普及，家禽饲养繁荣，渔业养殖进步。

1. 北方以养羊为主。在位于黄河中游地区的北方，游牧民族内迁带来大批牛羊，养羊业进入繁荣期，规模较大。北魏权臣尔朱荣父辈养殖兴旺，以山谷为单位计量，助朝廷征战："牛羊驼马，色别为群，谷量而已。朝廷每有征讨，辄献私马，兼备资粮，助裨军用。"[1]北齐时政府为鼓励生育人口，以羊奖励："生两男者，赏羊五口。"[2]《齐民要术·养羊》中有对羊的放牧时间、方法、冬季舍饲等经验的总结和归纳。

2. 养猪业由牧养过渡到圈养。《齐民要术·养猪》载："猪性甚便水生之草，耙楼水藻等，令近岸，猪则食之，皆肥。"[3]天然散养成本低，收益好。深秋之后草木枯萎，改为圈养不仅免去照看，还有利于催肥，为更多普通农户所采用。《齐民要术·养猪》有对添加饲料、幼崽饲养及分开饲养等经验的总结。

3. 家禽饲养普及，渔业生产进步。南方以养猪、鸡为主，近水地区则养鸭、鹅。为提高畜禽产量，猪、鸡由放养转为以圈养为主，产量增长很快。鸡是南北方最便宜和最常见的肉食动物，南方流行养鹅，烤鹅是有名的佳肴。东晋末年，江州刺史庾悦未给刘毅分享剩余之鹅，刘毅发达后记恨此事进行报复："既而悦食鹅，毅求其余，悦又不答，毅常衔之。义熙中，故夺悦豫章，解其军府，使人微示其旨，悦忿惧而死。"[4]书圣王羲之还有用字换一阿婆鹅的故事。烤鹅，至今仍是较贵的一道菜。南方水乡及北方水源地，鱼塘较多，《齐民要术》中记载了建鱼

---

[1] （北齐）魏收撰：《魏书》卷七十四《列传第六十二·尔朱荣》，北京：中华书局，1974 年，第 1644 页。

[2] （唐）李延寿撰：《北史》卷四十三《列传第三十一·邢邵》，北京：中华书局，1974 年，第 1592 页。

[3] （北魏）贾思勰著，石声汉校释：《齐民要术今释》卷六《养猪第五十八》，北京：中华书局，2009 年，第 581 页。

[4] （唐）房玄龄等撰：《晋书》卷八十五《列传第五十五·刘毅》，北京：中华书局，1974 年，第 2211 页。

塘、选鱼种、孵与捕等方面的知识，重点介绍了鲤鱼养殖"所以养鲤者，鲤不相食，易长，又贵也"[1]。北魏，洛水鲤鱼和伊水鲂鱼以肉质鲜美扬名朝野。南京六朝墓葬，发掘出不少陶制的鸡、鸭、鹅、鸽、犬、猪、羊、牛、马等动物模型。[2]虽然器型不大，但制作生动，说明当时人们饲养的动物种类较多。

魏晋时期的肉食动物来源，大致同前，有陆地上的猪、牛、羊、犬、马、驴等家畜动物和鸡、鸭、鹅等家禽，山野狩猎来的野兔、鹿、獐、雁、雀、鹌鹑等野味，以及水中的鱼、虾等水产品，结构有所变化，羊肉增多而狗肉减少。

4.南北方肉类市场交易兴盛。此时肉食变得更为普通，牛马市肉类实物交易兴盛，甚至有官员将皇上赏赐吃不完的肉食变卖。《洛阳伽蓝记》记载洛阳屠贩市场的发达："市东有通商、达货二里。里内之人尽皆工巧，屠贩为生，资财巨万。"[3]《洛阳伽蓝记》中记载的有酒市、马市、屠市等。南方的大城市建康城是六朝最大的城市和农产品集散地，也有牲畜市场，还细分为小市、牛马市、谷市、蚬市、纱市等。这些市场规模小、数量多，多以经营农产品为主，与官市性质不同。[4]其他大城市如长安、邯郸、临淄、成都、江陵、番禺等情况相类。

（四）调味品醋制作工艺提高，种类大幅度增加

魏晋南北朝，随着发酵技术的发展，调味品醋随之发展，种类大幅度增加。醋是烹饪、加工过程中常用的调味料。我国是世界上最早以谷物酿醋的国家，早在《周礼》中就有"醯人掌共五齐七菹"[5]的记载，醯人就是周王室掌管五齐七菹的官员。所谓"五齐"，是指酿酒过程中五个阶段的发酵现象，醯人必须熟悉制酒技术才能酿造出醋来。春秋战国时已有专门的酿醋作坊，汉代时醋已开始规模化生产，在上层社会流通。史游《急就篇》中载调味品有"芜荑、盐、豉、醯、

---

① （北魏）贾思勰著，石声汉校释:《齐民要术今释》卷六《养鱼第六十一》，北京：中华书局，2009年，第605页。

② 李蔚然著:《南京六朝墓葬的发现与研究》，成都：四川大学出版社，1998年，第98页。

③ （北魏）杨衒之撰，周祖谟校释:《洛阳伽蓝记校释》卷第四《城西》，北京：中华书局，2010年，第141页。

④ 秦冬梅:《略论六朝时期农产品的交换》，《中国农史》1997年第4期。

⑤ （清）孙诒让著，汪少华整理:《周礼正义》卷十一《天官·醯人》，北京：中华书局，2015年，第497页。

酢、酱"①，许慎《说文解字》言"醯，酸也"②，东汉崔寔《四民月令》中记醋的酿造时间是"四月四日可作酢"③，《齐民要术》曰"酢，今醋也"④。甘肃嘉峪关魏晋时期墓的壁画酿造图上，一条长案上摆有两三个大陶罐，从罐底的小孔流出一股液体，注入长案下面的陶盆里，发掘报告称液体为"醋"，如图1-3滤醋图所示。据此推测，带孔的罐为酿酒或滤醋用。魏晋南北朝，酿醋工艺趋于完美，醋的生产和销售具有一定规模，醋被视为当时的奢侈品，饮宴席间是否有醋还被视为筵席是否上档次的标准。《南齐书·刘怀慰传》载："怀慰持丧，不食醯酱。"⑤父母丧不食醋酱以示其孝，可见到南北朝时醋酱还被视为奢侈品。《齐民要术》有我国现存史料中对粮食酿醋的最早记载，书中总结了制醋的方法和成就，专辟"作酢法"，介绍了大酢、秫米神酢、粟米曲等主粮类、蜜梅类、豆类等不同原料的二十余种制醋方法。南朝陶弘景曾言："醋酒为用，无所不入，愈久愈良，亦谓之醯。以有苦味，俗呼苦酒。丹家又加余物，谓为华池左味。"⑥醋是通过发酵酿造而得，一定程度上，人们认为酒醋同源。时人认为醋还具有保健、药用、医用等多种功用，张仲景《伤寒论》等有相关记录。唐以前，以酢称醋，唐朝开始广泛称醋。

三、食材烹饪与加工

（一）植物油品种增多

植物油于东汉末出现，发展到魏晋南北朝，市面上的品种又增加了不少，价格也便宜，如杏仁油、柰实油、麻油等，

图1-3　甘肃嘉峪关新城墓魏晋壁画滤醋图

---

① （汉）史游著，曾仲珊校点：《急就篇》，长沙：岳麓书社，1989年，第11页。

② 王平、李建廷编著：《〈说文解字〉标点整理本附分类检索》弟五《皿部》，上海：上海书店出版社，2016年，第125页。

③ （汉）崔寔撰，石声汉校注：《四民月令校注·四月》，北京：中华书局，2013年，第33页。

④ （北魏）贾思勰著，石声汉校释：《齐民要术今释》卷八《作酢法第七十一》，北京：中华书局，2009年，第762页。

⑤ （南朝梁）萧子显撰：《南齐书》卷五十三《列传第三十四·良政·刘怀慰》，北京：中华书局，1972年，第917页。

⑥ （宋）李石撰，（清）陈逢衡疏证：《续博物志疏证》卷十，南京：凤凰出版社，2017年，第248页。

时人以荤油炒素，以素油做荤，烹饪进入了一个新境界。

西汉时，芝麻传入中原，直到元朝，芝麻一直是最主要的油料作物。在芝麻传入中原之前，本土的油料作物主要是荏子和大麻。

荏子又称苏子，有紫苏和白苏之分，紫苏多为菜用、药用，白苏可食用亦可用于榨油。荏，《尔雅》中曰"苏，桂荏"①，西汉学者扬雄《方言》中曰"苏亦荏也"②，说明至少战国之前荏已为人们所用。宋人罗愿《尔雅翼》中记载油料作物白苏："陶隐居（陶弘景）云：荏，状似苏而高大，白色，不甚香，其子研之，杂米作糜，甚肥美，下气补益，江东人呼为䔔。以其似苏字，但除禾边也。笮其子作油煎之，即今油帛及和漆所用者。服食断谷亦用之，名为重油。"③紫苏主要是药用价值，白苏更多是用来榨油。

大麻，是一种雄、雌分株植物，古称雄株为枲、牡，其茎皮剥离后可用于纺绩织布；雌麻称为苴，其子古称蕡，为油料作物。《尔雅》同样记载了麻以及雄、雌分株的苴、枲和麻子蕡。这表明，先秦时期人们已认识到大麻雌、雄株的不同，并加以区别利用，雌麻重在以结籽提炼油料，雄麻用于取麻纺织。

《齐民要术》对荏、芝麻、大麻等油料作物的特点和用法记述道，（荏）"收子压取油，可以煮饼。荏油色绿可爱，其气香美，煮饼亚胡麻油，而胜麻子脂膏（麻子脂膏，并有腥气）。然荏油不可为泽，（焦人发）。研为羹臛，美于麻子远矣。又可以为烛。"④同为油料，但三者差别较大，用途各有侧重。

《齐民要术》中专篇提到胡麻（即芝麻），北方各地广为种植。《荆楚岁时记》记载："今南人作咸菹，以糯米熬捣为末，并研胡麻汁和酿之，石笮令熟。菹既甜脆，汁亦酸美。"⑤可见，南北朝时期黄河流域、长江流域芝麻都有种植。东晋

---

① （清）郝懿行著，吴庆峰等点校：《尔雅义疏》下之一《释草第十三》，济南：齐鲁书社，2010年，第3485页。

② 周祖谟校笺：《方言校笺》第三，北京：中华书局，1993年，第19页。

③ （宋）罗愿撰，石云孙校点：《尔雅翼》卷七《释草七·荏》，合肥：黄山书社，2013年，第94页。

④ （北魏）贾思勰著，石声汉校释：《齐民要术今释》卷三《荏、蓼第二十六》，北京：中华书局，2009年，第267页。

⑤ （南朝梁）宗懔撰，（隋）杜公瞻注，姜彦稚辑校：《荆楚岁时记》，北京：中华书局，2018年，第68页。

末年桓玄攻荆州刺史殷仲堪，"仲堪既失巴陵之积，又诸将皆败，江陵震骇。城内大饥，以胡麻为廪"[①]。这表明，南北朝时期长江流域，特别是长江中游地带是胡麻的重要产区。

（二）发酵面食兴起，改进了面食口感

东汉中叶前后，开始利用酒酵发面，此时出现酸浆和酒酵两种新的发酵原料。《齐民要术·饼法》引《食经》（已佚）记载："作饼酵法：酸浆一斗，煎取七升。用粳米一升，着浆，迟下火，如作粥。六月时，溲一石面，着二升；冬时，着四升作。"[②]酵面即酵子，指酒酵法和酸浆酵法发成的面，同今天一样，可作为下次发面的酵头。酵法的发展和应用，提高了面食口感。西晋学者束皙的《饼赋》，详细记述了当时的面食品种和制做方法，发酵面食口感大大改善，受到时人的喜爱，《晋书·何曾传》记载何曾生活的奢豪，"蒸饼上不坼作十字不食"[③]，"蒸饼"类似于今天的馒头，发酵过的面粉能蒸出有十字状裂痕的饼，口味更好。

（三）出现"炒"这一新的标志性的烹制方法

据《齐民要术》记载，魏晋南北朝食材的烹饪，随着植物油的出现和使用，出现了"炒"这一新的烹制法，成为中式烹饪法与西式烹制法的主要区别。

随着金属炊具和植物油的普及，南北朝时开始出现炒菜。炒菜是在锅中放入少量植物油为介质，在烧热锅底后，把肉或蔬菜倒入锅中，根据需要加入不同调味料，不断翻搅至熟。炒菜的原料，多加工成体积较小的形状，如末、丁、片、丝、条、球、块等，以利入味。《齐民要术》首次记载了"炒"这一烹饪方法："炒鸡子法：打破，着铜铛中，搅令黄白相杂。细擘葱白，下盐米、浑豉，麻油炒之，甚香美。"[④]此即葱炒鸡蛋。此后"炒"这一烹制法，因其用时短、入味快、荤素搭配灵活、有利于保持菜肴的营养和口感，迅速发展成为中式菜肴的标志性

---

① （唐）房玄龄等撰：《晋书》卷八十四《列传第五十四·殷仲堪》，北京：中华书局，1974年，第2199页。

② （北魏）贾思勰著，石声汉校释：《齐民要术今释》卷九《饼法第八十二》，北京：中华书局，2009年，第921页。

③ （唐）房玄龄等撰：《晋书》卷三十三《列传第三·何曾》，北京：中华书局，1974年，第998页。

④ （北魏）贾思勰著，石声汉校释：《齐民要术今释》卷六《养鸡第五十九》，北京：中华书局，2009年，第587页。

烹制方法，牢牢占据中式烹饪的舞台中央。

四、魏晋南北朝的珍馐与代表食品

魏晋南北朝时期是我国历史上大动荡、大分裂持续最久的时期，也是中国饮食文化的交流融合期。这一时期，来自北方的少数民族所食酪饮、南方的素食腊味、江浙的脍鱼莼羹、西南滇蜀的蒟酱等不同地区的饮食习俗得到交流、传播和融合。魏晋南北朝时期，代表性的肴馔主要有以下种类。

（一）大受欢迎的北方少数民族食饮

《齐民要术》中记载的北方少数民族所食肴馔主要有羌煮貊炙、胡炮肉、胡羹、胡麻羹、胡饭、胡麻饮、酪、胡芹小蒜菹等。

羌煮貊炙。羌、貊是西北少数民族的代表，其肉类做法主要是炙，就是烤，当时极为流行。"羌煮"，《晋书》记载："泰始之后，中国相尚用胡床貊盘，及为羌煮貊炙，贵人富室，必畜其器，吉享嘉会，皆以为先。"[1]炙，《释名》解为"炙于火上也"[2]。"貊炙"，是"全体炙之，各自以刀割出，于胡貊之为也"[3]，就是将整只动物用火烤炙，众人围坐，用刀各自割食。"貊炙"相当于现今的烤全羊，自汉传入后，魏晋南北朝时经汉化后已文雅许多。魏晋时"羌煮貊炙"在富贵人家已很流行。《齐民要术·羹臛法》记载羌煮："好鹿头，纯煮令熟。着水中，洗治；作脔如两指大。猪肉琢作臛，下葱白，一长二寸一虎口。一细琢姜及橘皮各半合，椒少许。下苦酒。盐、豉适口。一鹿头用二斤猪肉作臛。"[4]类似于现今回族的水煮鹿头，也叫鹿头羹。羌煮貊炙经改进后，受到汉民的喜爱和欢迎，逐渐成为饮食文化交流的代名词。

胡炮肉。来自北方少数民族的典型肴馔，流行较广，是将一岁肥羊肚内装调

---

① （唐）房玄龄等撰：《晋书》卷二十七《志第十七·五行上·服妖》，北京：中华书局，1974年，第823页。

② （汉）刘熙撰，（清）毕沅疏证，（清）王先谦补，祝敏彻等点校：《释名疏证补》卷第四《释饮食第十三》，北京：中华书局，2008年，第140页。

③ （汉）刘熙撰，（清）毕沅疏证，（清）王先谦补，祝敏彻等点校：《释名疏证补》卷第四《释饮食第十三》，北京：中华书局，2008年，第141页。

④ （北魏）贾思勰著，石声汉校释：《齐民要术今释》卷八《羹臛法第七十六》，北京：中华书局，2009年，第841页。

味的精肉与脂肪条置坑中烤熟，类似于济南等地的"粉肚"。

胡羹。将羊肋与羊肉加水煮熟，去骨加葱、荽及石榴汁等煮成，鲜美十足。

胡麻羹。将胡麻（芝麻）捣碎后煮熟，加葱头、米等合煮成羹。

胡饭。北方少数民族面点，相当于卷饼，内卷酸味酱瓜、炙肥肉、生杂菜等，蘸以醋腌胡芹（也称飘齑）异域调味料，风味十足。

胡麻饮。一种佐食"粉饼"和"豚皮饼"时食用的稀软饮品。

酪。可以将饼等面食浸入的一种稀软奶制品。

胡芹小蒜菹。以焯胡芹和胡小蒜与蒜丁、盐、醋调和后腌制的酸味腌菜，普通百姓多食。

自汉代传入的北方少数民族诸多食品，魏晋南北朝时已逐渐在黄河流域普及，其特色是以羊肉为主，乳酪为辅，鹿肉是名贵的肉制品，烤乳猪是大型饮宴的主打菜肴。北方少数民族的饮食种类因为其独有的特色和口味，受到汉民尤其是上层社会的喜爱和欢迎。另一方面，汉族也不断向周边西域、北方少数民族聚居等地输出中原的饮宴文明，中原的蔬菜、水果、茶叶及食品制做也为他们所接受和喜爱。

（二）三国魏晋南北朝时期的代表肴馔与美食

三国魏晋南北朝时期，羹的品种更加丰富，驼蹄羹、鲈鱼莼羹等美食令人回味。南方的水产品、腌制品大放异彩，广受欢迎。

1.代表肴馔。主要有蒸豚、驼蹄羹、鲈鱼莼羹、鱼鲊、武昌鱼等。

蒸豚。即蒸小猪，魏晋宫廷的席上珍品，是将浸渍豆豉汁中的肥乳猪与秫米共煮，再淋以豆豉汁与姜、桔皮、葱白等密封于甑中蒸熟食用。

七宝驼蹄羹。曹植创制的"七宝驼蹄羹"，深受宫廷喜爱。驼蹄来自西域的骆驼，驼蹄、驼乳在元代八珍中占据两个席位，可见驼肉（乳）的珍贵与美味，可惜其技法失传。

鲈鱼莼羹。江南代表菜肴，晋时吴地的莼羹，因张翰"莼鲈之思"做《思吴江歌》，后弃官回乡获宁为美食不为官的雅名。以鲈鱼配莼菜为羹，鲜香馥郁。

鱼鲊。三国后流行的一种腌制鱼类，可存放较长时间。《晋书》记载了四大贤母之一的陶侃母亲湛氏封坛退鲊的故事："（陶）侃少为寻阳县吏，尝监鱼梁，以一坩鲊遗母。湛氏封鲊及书，责侃曰：'尔为吏，以官物遗我，非惟不能益吾，乃以增吾忧矣。'"①"封坛退鲊"虽是小事一桩，却给陶侃上了一课，关上了他官物私用的欲望闸门。陶母湛氏的言传身教培养了陶侃这个栋梁之材，其既能马上安天下，又可提笔定乾坤，襄助君王。东晋名将谢玄于军务之余结网钓鱼，自制鱼鲊寄给远方的妻子，被传为风流佳话。

武昌鱼。因毛泽东诗词"才饮长沙水，又食武昌鱼"而广为流传的武昌鱼，三国时就已较为知名，时民谣云："宁饮建业水，不食武昌鱼；宁就建业死，不就武昌居。"②将武昌鱼与建业水对举，且对武昌鱼有所贬低，但不改武昌鱼之名。武昌鱼学名叫团头鲂，旧称鳊鱼，味道鲜美，因地域而得命名为"武昌鱼"。孙权在武昌时，喜食武昌鱼并用来赏赐功臣。东晋皇室及上层贵族常以食清蒸武昌鱼为乐事。武昌鱼以其味醇、形美、富有营养伴随诗句传播而名扬四海。

2. 饼类品种多样，广泛流行。随着发酵技术的成熟，饼类品种丰富，大放异彩，迅速得以普及和推广。

蒸饼。蒸制的面食称蒸饼。经发酵蒸的饼，体积增大，松软可口，广受欢迎。西晋何曾生活豪奢，"蒸饼上不坼作十字不食"③。发面蒸熟后会有开裂。蒸饼内加馅，演变成后世的包子。

馒头属于蒸饼的一种。馒头相传为蜀地诸葛亮发明，宋人高承《事物纪原》载："诸葛公之征孟获，人曰：'蛮地多邪术，须祷于神，假阴兵以助之，然其俗必杀人以其首祭，则神享为出兵。'公不从，因杂用羊豕肉，而包之以面，象人头以祀，神亦享焉，而为出兵。后人由此为馒头。"④那时的馒头内夹牛、羊、猪等肉馅，个头大，类似头样。魏晋南北朝时的馒头有馅，多在春季制造。《饼赋》云："三春之初，阴阳交际，寒气既消，温不至热，于时享宴，则馒头宜设。"⑤这

① （唐）房玄龄等撰：《晋书》卷九十六《列传第六十六·列女·陶侃母湛氏》，北京：中华书局，1974 年，第 2512 页。

② （唐）许嵩撰，张忱石点校：《建康实录》卷第二《太祖下》，北京：中华书局，1986 年，第 38 页。

③ （唐）房玄龄等撰：《晋书》卷三十三《列传第三·何曾》，北京：中华书局，1974 年，第 998 页。

④ （三国）诸葛亮著，段熙仲、闻旭初编校：《诸葛亮集》故事卷四《制作篇》，北京：中华书局，1960 年，第 207 页。

⑤ （清）严可均编：《全上古三代秦汉三国六朝文》之《全晋文》卷八十七《束皙·饼赋》，北京：中华书局，1958 年，第 1962–1963 页。

是以馒头祭享，祈求风调雨顺。

汤饼。水煮的面食统称汤饼，如索饼、煮饼、水溲饼、水引饼等。索饼、水溲饼、水引饼类似今天的面条（面片），煮饼类卤煮火烧。曹魏时，魏明帝以热汤饼验证美男子何晏肤白是否傅粉："何平叔美姿仪，面至白，魏文帝疑其傅粉。正夏月，与热汤饼，既啖，大汗出，以朱衣自拭，色转皎然。"[①]汤饼在民间占有重要地位。唐宋以后，"汤饼"（面条）有了更多做法，有了擀、搓、切、抻、捏、卷、模压、刀削等多种制造方法，并出现了荤素菜浇汁（卤汁），蔚为大观。

烧饼。不同于今天的烧饼，内有馅。《齐民要术·饼法》介绍其制法："面一斗，羊肉二斤，葱白一合，豉汁及盐，熬令熟。炙之。面当令起。"[②]

《齐民要术》中提到的饼近二十种，还有胡饼、髓饼（和有动物骨髓烤制）、截饼（和以牛奶等炸成）、豚皮饼（在热锅中的圆钵浇粉粥烫熟后冷却，类似今天的粉皮）、胡麻饼（表面撒有芝麻）等，不一而足。

3.其他美食。主要有丸子、羹类、脯（干肉）、鱼类等。

跳丸炙。早期的肉丸子，混合羊肉与猪肉，杂以姜、橘皮、葱白等混合成弹丸大小后煮熟，是后世肉丸子的前身。

羹类。魏晋南北朝时羹的品种更多，《齐民要术》记有羹、臛（类羹而汤浓）等近三十个品种，如猪蹄酸羹、瓠叶羹、鸡羹、鳖臛、兔臛等。

五味脯。将牛、羊、獐、鹿、猪等骨头碎熬成汁，食材切长条（片）调味浸汁三日后晾干成脯，便于携带，食用方便，深受欢迎。

鳢鱼脯。以杂有生姜、花椒末的咸味汤灌满鳢鱼（俗称黑鱼、乌鱼）口，用竹竿过鱼眼穿起晾干晾透。食用前剐除五脏，加醋浸渍，味隽美。

第三节　汉魏晋南北朝的饮食特点与时代风尚

汉朝通西域后，外来作物种植范围进一步扩大，逐渐进入普通人家。东汉，

---

① （南朝宋）刘义庆撰，（梁）刘孝标注，杨勇校笺：《世说新语校笺》下《容止第十四》，北京：中华书局，2006 年，第 552 页。

② （北魏）贾思勰著，石声汉校释：《齐民要术今释》卷九《饼法第八十二》，北京：中华书局，2009 年，第 921 页。

石磨、蒸笼、筛、箩等专业面点制造工具的出现、使用和普及，提高了面粉加工技术，促进了食材的精细化，面食出现并广受欢迎，迅速成为主食。人口迁移带动了南北饮食文化的交流与融合。魏晋时期，善味成为博取名望的社会现象，出现了诸多饮食著作。受佛教、道教影响，素食快速发展。民族融合为汉魏晋南北朝饮食带来新气象和新特点。

一、汉代饮食的时代特点

汉代疆域广大，北麦南稻格局形成，主粮加工技术发展，西域和南方蔬果的引进，改进了饮食结构。

1. 麦饭仍是主食，但地位下降。麦饭，是颗粒状的麦子，在磨粉食用前，连同壳、皮、麦麸一起上锅蒸熟，不易蒸烂，难以下咽，口感差，被视为粗粮。《后汉书·井丹传》云：“丹不得已，既至，就故为设麦饭葱叶之食。丹推去之，曰：'以君侯能供甘旨，故来相过，何其薄乎？'更置盛馔，乃食。”①丹认为以麦饭招待客人礼薄失仪，说明麦饭地位低下。东汉石磨出现，便于麦粒加工成面食，因其精细、便于消化、口味多样而受到欢迎。

2. 饼食受欢迎，地位逐渐上升。汉之前饼不算美食。《墨子》云：“今有一人于此，羊牛刍豢，雍人但割而和之，食之不可胜食也，见人之作饼，则还然窃之，曰：'舍余食。'不知明安不足乎？其有窃疾乎？”②战国时饼品种单一，未经发酵口味不佳，墨子怀疑弃牛羊肉不食而偷饼行为令人费解。汉代的饼主要是蒸饼，用麦粉蒸的叫饼，用米粉蒸的叫饵，此外有用糯米粉做的糍粑。宫廷中还设有“汤官”一职，职责就是“煮饼饵”。西汉后期的《急就篇》将饼和饵列为食物之首，可见其普及程度。东汉中叶，面食发酵技术萌芽，东汉著名政论家崔寔在《四民月令》中提醒百姓：“距立秋，勿食煮饼与水溲饼（过硬的面条）。此处注曰：'夏月饮水时，此二饼得水即强坚难消，不幸便为宿食作伤寒矣。试以此二饼置水中，即见验。唯酒溲饼，入水则烂也。'”③酒溲饼是用酒酵发面制成，没有

---

① （南朝宋）范晔撰，（唐）李贤等注：《后汉书》卷八十三《逸民列传第七十三·井丹》，北京：中华书局，1965年，第2765页。

② （清）孙诒让撰，孙启治点校：《墨子间诂·墨子后语上·墨子传略第一》，北京：中华书局，2001年，第689页。

③ （汉）崔寔撰，石声汉校注：《四民月令校注·五月》，北京：中华书局，2013年，第44页。

韧劲，入水即烂。汉时饼大多是未经发酵的"死面"制造，不宜消化，性凉，秋后不宜食用。汉代前期麦饭、素粥是主食，粉食的普遍运用，丰富了以饼为主的面食品种，很快与饭、粥平起平坐。

3. 粥是普通百姓主食和备荒品种。与饭相比，粥的果腹程度要差。粥主要用粟、稷、麦、稻等主粮煮成，是流质或半流质的食物，易消化，不耐解决饿的问题。东汉光武帝刘秀一次作战，"时天寒烈，众皆饥疲，异上豆粥。明旦，光武谓诸将曰：'昨得公孙豆粥，饥寒俱解。'"[①]豆粥是以豆类为主煮成的粥，自古就是穷苦百姓的主食。《后汉书·献帝纪》记载，兴平元年（194），蝗旱肆虐，"是时谷一斛五十万，豆麦一斛二十万，人相食啖，白骨委积。帝使侍御史侯汶出太仓米豆，为饥人作糜粥，经日而死者无降"[②]。糜粥就是多种谷物如稻米、小米或豆类等混合在一起熬煮的稀饭。居丧时还以食粥为礼。

4. 羹是重要菜品。羹以肉或菜为主材，用蒸煮等方法做成糊状。汉代，羹种类增多，长沙马王堆一号汉墓出土的遣策上，记有牛、羊、豕、豚、犬、雉、鸡、鹿、鱼等制成的20多种羹。[③]此外，汉代楚地有猴羹，岭南有蛇羹，更为名贵。肉羹里会放少许菜，所谓"牛藿，羊苦，豕薇，皆有滑"[④]，用于中和肉性和调味。品种多样的羹汤，反映了汉人对羹的钟爱及对烹调方法的讲究。《急就篇》言："饼饵麦饭甘豆羹。……甘豆羹，以洮米泔和小豆而煮之也。一曰：以小豆为羹，不以醯酢，其味纯甘，故云甘豆羹也。麦饭、豆羹皆野人农夫之食耳。"[⑤]豆羹、藿羹是用豆叶做的汁状、糊状食品，味粗粝，多为贫寒百姓及备荒食用。

有钱人家吃的是用上等粟米或稻米蒸成的饭，或是面粉这类细粮，与肉羹相配，滋味比"麦饭""豆饭"与搭配的"藿羹"好很多，而贫苦百姓多是食糜、

---

① （南朝宋）范晔撰，（唐）李贤等注：《后汉书》卷十七《冯岑贾列传第七·冯异》，北京：中华书局，1965年，第641页。

② （南朝宋）范晔撰，（唐）李贤等注：《后汉书》卷九《孝献帝纪第九》，北京：中华书局，1965年，第376页。

③ 陈顺容：《从马王堆汉墓遣策中管窥汉代饮食文化》，《中华文化论坛》2015年第3期。

④ （清）孙诒让著，汪少华整理：《周礼正义》卷八《天官·亨人》，北京：中华书局，2015年，第348页。

⑤ 张传官撰：《急就篇校理》卷第二《十》，北京：中华书局，2017年，第156–157页。

吃糙米麦饭之类的粗粮。把煮熟的饭晒干,以便于保存与携带,称为干饭。汉代,南北饮食差异明显,黄河流域以小麦、黄米饭为主食,而长江流域主要以稻米饭为食,带黏性的糯米饭更受到欢迎。

5. 汉代经济发展,饮食市场形成。汉代社会相对稳定,生产力进一步发展,民间较为富足,城市手工业者活跃,饮食市场形成并不断发展,呈现出"熟食遍列,肴旅城市"的繁荣景象。

专门的饮食市井出现。城市中商肆集中从事买卖交易的地方,古称"市井"。《管子·小匡》曰:"处商必就市井。"尹知章作注解释曰:"立市必四方,若造井之制,故曰市井。"[1]市井建筑的形制,多是按方形结构设置的,这种设置约从商周开始,到汉唐更为完备。四川新繁镇出土的市井画像砖中,市井的四方形结构,由外而里的市门、市肆、市座、市楼、市隧等设施一目了然。

饮食市场分工较细。汉代已有菜市、食市、羊市、屠市、酒市等,食市也有酒店、菜馆、熟食店、饼店等之分。食肆中菜肴丰富,《盐铁论·散不足》中记载的有关菜肴就有:豚(烤乳猪)、韭卵(韭菜炒鸡蛋)、狗摺(酱狗肉切片)、马朘(马鞭)、煎鱼、切肝、羊淹(盐渍羊肉)、鸡寒(冷盘酱鸡)、塞(驴)脯(驴肉干)、胃脯(酱肚)、腼羔(焖炖羊羔)、觳膢(炖小鸟)、雁羹、炙(烤肉)、白鲍(腌鲍鱼)等肉菜,以及甘瓠、马酪、酒、豆饧(甜豆浆)等不下二十款美馔佳肴。汉代食肆中,饮食内容的丰富程度远超先秦,早不可同日而语。

二、魏晋南北朝饮食的时代特点

魏晋南北朝时期,粮食加工技术进步,因战乱灾荒、故土沦陷等原因,民众大量迁移,带动了不同民族、南北方不同饮食习俗的交流和融合,带来礼制文化的冲突和同化,呈现出鲜明的时代特征。

1. 饭食品种不断丰富,稻比麦贵。魏晋南北朝时期,随着主粮结构变化,饭食品种增加不少,百姓日常饭食是主粮加蔬菜,经济好时有米饭副食,不景气时则是麦饭、粟米饭、蔬饭或豆饭。

---

① 黎翔凤撰,梁运华整理:《管子校注》卷第八《小匡第二十》,北京:中华书局,2004年,第400页。

稻比麦贵，官员俸禄常以大米折算。稻米，主要做法是熬粥或蒸米饭，属于高级饭食。《宋书·何子平传》记载，刘宋时代的绍兴官员何子平，侍母至孝，每月领的俸禄是南方人爱吃的大米，领了后不吃，而是拿去换小米和麦子。有人觉得奇怪，问他"所利无几，何足为烦"，子平曰："尊老在东，不辨常得生米，何心独飨白粲。"①他义正词严地说老母亲住在会稽，不一定能经常买到大米吃，自己不忍心独自享用。可见，在江南产稻区，稻米也比麦子要贵，普通人难以常食。

麦饭是贫苦、战乱时的主食。魏晋南北朝时期，面粉加工技术有了重大进步，北方中原地区主要用来做麦饭和饼。以麦磨粉损耗较多，贫苦、战乱时麦粒饭仍是北方中原地区人们的主食。《魏书·卢义僖传》记载："义僖性清俭，不营财利，虽居显位，每至困乏，麦饭蔬食，忻然甘之。"②

蔬饭。米中掺杂蔬菜烹制而成。主粮不足情况下，以菜补充，下层百姓常食。部分官员为表清廉也常食用。

豆饭。以豆类为主做成的饭，粗粝寡淡，是下层百姓和灾荒年景的备饭。

2. 饼食地位快速提高，成为重要主食。魏晋南北朝时期，随着麦类、稻米等产量的增加，加工技术的进步，发酵技术的成熟，饼的地位日益提高。蒸、煮、炙、烤、烙等不同烹饪方式，带来饼食品种的多样化。束皙曾专门写过一篇《饼赋》："礼仲春之月，天子食麦，而朝事之笾，煮麦为酏。内则诸馔不说饼。然则虽云食麦，而未有饼，饼之作也，其来近矣……薄而不绽，巂巂和和，胧色外见。弱如春绵，白如秋练，气勃郁以扬布，香飞散而远遍。行人失涎于下风，童仆空嚼而斜眄，擎器者舐唇，立侍者干咽。"③各种饼食热气腾腾，香味远播，引人驻足。当时的饼主要有蒸饼、汤饼、胡饼、烧饼、髓饼、乳饼、膏环等。

3. 粥仍是普通百姓主食和备荒品种。用米煮粥比蒸饭省粮，粥仍是普通百姓

---

① （南朝梁）沈约撰：《宋书》卷九十一《列传第五十一·孝义·何子平》，北京：中华书局，1974年，第 2257 页。

② （北齐）魏收撰：《魏书》卷四十七《列传第三十五·卢玄·卢义僖》，北京：中华书局，1974年，第 1054 页。

③ （清）严可均编：《全上古三代秦汉三国六朝文》之《全晋文》卷八十七《束皙·饼赋》，北京：中华书局，1958 年，第 1962–1963 页。

的主食，灾荒年月更是如此。官府赈济，施粥是主要方式。韦朏任北魏雍州（今西安）主簿时，"时属岁俭，朏以家粟造粥，以饲饥人，所活甚众"①。麦粥以其价廉，还成为守丧期间孝子们哀戚的象征。

4. 乳酪成为面点新宠和饮品。魏晋南北朝时，中原人食酪已较为普遍。当时的乳制品主要有酪（发酵乳）、酥（酥油）、乳腐（干酪）等，用法主要是掺入面点之中或直接食用。三国时期，曹操就将他人送的一杯酪与下属一起分享，以示亲民。西晋时期尚书令荀勖身体虚弱，"既久羸毁"，于是武帝下诏"赐乳酪，太官随日给之"②。《晋书》言："乳酪养性，人无妒心。"③《魏书》曰："常饮牛乳，色如处子。"④一次，晋武帝女婿王武子指着羊奶酥问南方的陆机江南可有堪比之食，陆机曰："千里莼羹，未下盐豉。"⑤陆机把莼羹与酪酥相提并论，可见，北方以奶酪为美，南方以莼羹为鲜，各有特色，各有所长。《世说新语·排调》记载了王导以酪宴请南方贵族陆玩的故事："陆太尉诣王丞相，王公食以酪。陆还，遂病。明日，与王笺云：'昨食酪小过，通夜委顿。民虽吴人，几为伧鬼。'"⑥陆玩食酪过多竟引发身体不适。此时汉民已接受北方游牧民族的乳酪。随着时间的推移，产量的增多，乳酪已不似初入中原之时贵重，贾思勰的《齐民要术》、崔浩的《食经》、虞悰的《食珍录》等当时食谱中，对乳制品的营养价值已有充分认识，并收录了添加乳品制造的点心、面饼、米粥、菜肴，如玉露团、乳酿鱼、仙人弯、牛乳粥等，乳制品在汉民的餐桌上已较常见。

① （北齐）魏收撰：《魏书》卷四十五《列传第三十三·韦珍》，北京：中华书局，1974年，第1015页。

② （清）严可均编：《全上古三代秦汉三国六朝文》之《全晋文》卷六《武帝·赐荀勖诏》，北京：中华书局，1958年，第1496页。

③ （唐）房玄龄等撰：《晋书》卷八十六《列传第五十六·张轨·张天锡》，北京：中华书局，1974年，第2252页。

④ （北齐）魏收撰：《魏书》卷九十四《列传阉官第八十二·王琚》，北京：中华书局，1974年，第2015页。

⑤ （宋）王钦若等编纂，周勋初等校订：《册府元龟》卷八百《总录部（五十）敏捷》，南京：凤凰出版社，2006年，第9291页。

⑥ （南朝宋）刘义庆撰，（梁）刘孝标注，杨勇校笺：《世说新语校笺》卷下《排调第二十五》，北京：中华书局，2006年，第708页。

5. 以善味而闻达，成为一种社会现象。魏晋时人特别注重名誉，一为博得社会关注，赢取名望，以社会关注获取进身机会；二是展现个人专长与魅力。时人自觉或不自觉地因善辨味、知味在饮宴场合闻名，并传播于世，成为突出的社会现象。

苻朗以少数民族善辨味而留名。《晋书·苻朗传》记载苻朗擅味："会稽王司马道子为朗设盛馔，极江左精肴。食讫，问曰：'关中之食孰若此？'答曰：'皆好，惟盐味小生耳。'既问宰夫，皆如其言。或人杀鸡以食之，既进，朗曰：'此鸡栖恒半露。'检之，皆验。又食鹅肉，知黑白之处。人不信，记而试之，无毫厘之差。时人咸以为知味。"[1]苻朗是当时的少数民族氐人，著名武将，其因出色的辨认食材信息能力和美食鉴赏能力被称为"苻朗皂白"。

王羲之以席间低龄先啖始知名。《晋书》记载，王羲之拜访显贵周颛时十三岁，宴请时周颛"察而异之。时重牛心炙，坐客未啖，颛先割啖羲之，于是始知名"[2]。周颛觉王羲之虽少年但非常人，先把珍馐烤牛心给他，引众人关注，少年王羲之以此扬名。王羲之还因"东床袒腹食饼"被郗鉴选为女婿而成为历史佳话。

南齐贵族虞悰因擅味而升迁。《南齐书·虞悰传》记载："悰善为滋味，和齐皆有方法。豫章王嶷盛馔享宾，谓悰曰：'今日肴羞，宁有所遗不？'悰曰：'恨无黄颔臛，何曾《食疏》所载也。'"[3]虞悰是名重一时的美食鉴赏大咖，他亲手制做的美食是一绝，御厨都比之逊色。皇帝曾向其索要"诸饮食方，悰秘不肯出，上醉后体不快，悰乃献醒酒鲭鲊一方而已"[4]。虞悰做的鲭鲊醒酒汤得圣上大悦，获升迁，"出为冠军将军，车骑长史，转度支尚书，领步兵校尉"。除了虞悰，孙廉、毛修等也因擅烹调而升迁。

---

① （唐）房玄龄等撰：《晋书》卷一百十四《载记第十四·苻坚下·苻朗》，北京：中华书局，1974年，第2937页。

② （唐）房玄龄等撰：《晋书》卷八十《列传第五十·王羲之》，北京：中华书局，1974年，第2093页。

③ （南朝梁）萧子显撰：《南齐书》卷三十七《列传第十八·虞悰》，北京：中华书局，1972年，第655页。

④ （南朝梁）萧子显撰：《南齐书》卷三十七《列传第十八·虞悰》，北京：中华书局，1972年，第655页。

魏晋南北朝时期，门阀势力得到稳固和发展，东晋士族甚至比肩皇权，充沛的经济实力，使他们对饮食极为考究。他们对美食善味追求的精益求精，也带动了饮食文化的发展，提高了饮食审美的新境界。

三、受佛教影响，素食快速发展

佛教自东汉末传入中国，在魏晋南北朝时得到发展，尤其是梁武帝中晚年提倡尊儒崇佛，佛教达到第一个发展高峰。佛教自西向东、由南向北传播，受众大增，势力劲盛。北朝时除太武帝拓跋焘、周武帝宇文邕两度毁佛外，其他帝王都大力提倡佛教。受佛教文化影响，素食发展迅速。

1. 提倡食素，禁荤禁酒禁肉。东汉时佛教徒可食肉，僧徒化缘求食，不分荤素，但不得杀生和食用看见杀生之肉，同时禁荤，即禁葱、蒜等辛辣气味。魏晋南北朝传入的大乘佛教，反对食肉、饮酒和吃五辛。南朝时虔诚的佛教徒梁武帝萧衍，痛斥出家人饮酒吃肉，认为此举是不守戒律，不修善业，所谓"入道即以戒律为本，居俗则以礼义为先"[①]。不但禁止僧尼食肉，梁武帝在《断酒肉文》里还提出，禁食影响净心的"小五荤"（小五荤指韭、蒜、葱、花椒、大料，大五荤指鸡、鸭、鱼、肉、蛋等），认为酒、肉等荤食是患病之因，首次提倡斋僧、民众吃素，并带头吃素（以蔬菜果品代替原来的牛羊肉），还首创以麸代鸡豚。麸，即素食中的面筋，据明代黄正一《事物绀珠》载："面筋，梁武帝作。"[②]沈括将麸比为铁中之钢："凡铁之有钢者，如面中有筋，濯尽柔面则面筋乃见，炼钢亦然。"[③]

2. 食素成为南朝梁后佛教的最显著特征。梁武帝晚年日常饮食非常简单，史书上说他"日止一食，膳无鲜腴，惟豆羹粝食而已"[④]，虽长期吃素，但他身体清瘦康健，将自己四十多年不生病不吃药归因于坚持素食，寿终八十六。皇帝的倡导，使素食发展迅速，《梁书·贺深传》记载，建业寺一僧厨，做素食能"变一

① （南朝梁）释慧皎撰，汤用彤校注，汤一玄整理：《高僧传》卷十一《明律·齐京师建初寺释僧保祐》，北京：中华书局，1992年，第443页。

② （清）陈元龙撰：《格致镜原》卷二十五《饮食类五·面》，清文渊阁《四库全书》本。

③ （宋）沈括撰，金良年点校：《梦溪笔谈》卷三《辩证一》，北京：中华书局，2015年，第22页。

④ （唐）姚思廉撰：《梁书》卷三《本纪第三·武帝下》，北京：中华书局，1973年，第97页。

瓜为数十种，食一菜为数十味"[①]，被誉为"天厨"。佛教的"戒杀放生"观念与儒家传统的"仁"有相似之处，素食之风由此蒙上"庄严""清高"色彩，带动了"寺院素食"的发展和繁荣。隋唐时期是素食又一次大发展时期，形成单独菜系，颇具特色。

3.素食成为别具一格的菜肴体系。除僧尼、居士和信徒食素外，贵族、百姓中也不乏素食爱好者。《齐民要术》中有《素食篇》，记载了葱韭羹、瓠羹、油豉、膏煎紫菜、薤白蒸、密姜、酥托饭等十余道素食，涉及的食材有冬瓜、紫菜、韭菜、芹菜、茄子、薤瓜、地鸡（一种菌类）等，素食来源扩大，注重色香味搭配，成为相对独立的菜系。素食宴讲究颇多，如烹饪技术要求，葱韭羹要"下油水中煮。葱、韭，五分切，沸，俱下，与胡芹、盐、豉、研米糁糁——大如粟米"[②]；注重摆盘造型，如膏煎紫菜，"以燥菜下油锅中煎之，可食则止。擘擘如脯"[③]，熟紫菜撕开后像脯一样平铺在盘中。素食中较有特色的菜，唤作"酥托饭"，以白米和酥油等为原料烹制而成，味道香浓。南朝齐文惠太子曾问常年吃素的周颙："'菜食何味最胜？'颙曰：'春初早韭，秋末晚菘。'"[④]韭是韭菜，菘是大白菜。一种蔬菜能做出数味佳肴，说明烹制工艺的成熟和发展。主动食素，食素人群的扩大，在素菜、素食中发现美味，反映了此时人们饮食审美意识的进步和提高。

4.佛教徒饮茶静心，过午不食。佛教徒饮茶最初目的是为了坐禅修行，僧徒单道开在后赵邺城昭德寺，"日服镇守药数丸，大如梧子，药有松蜜姜桂伏苓之气，时复饮茶苏一二升而已"[⑤]。茶有助消化、清心寡欲之效，还有助于坐禅，成

①（唐）姚思廉撰：《梁书》卷三十八《列传第三十二·贺琛》，北京：中华书局，1973年，第548页。

②（北魏）贾思勰著，石声汉校释：《齐民要术今释》卷九《素食第八十七》，北京：中华书局，2009年，第957页。

③（北魏）贾思勰著，石声汉校释：《齐民要术今释》卷九《素食第八十七》，北京：中华书局，2009年，第957页。

④（南朝梁）萧子显撰：《南齐书》卷四十一《列传第二十二·周颙》，北京：中华书局，1972年，第732页。

⑤（唐）房玄龄等撰：《晋书》卷九十五《列传第六十五·艺术·单道开》，北京：中华书局，1974年，第2492页。

为不可或缺之物。僧徒一般过午不食，一日两餐，早粥午饭，病者可加餐。

四、道教影响下的服食养生延寿文化

道教是我国本土宗教，在道家思想和汉代文化影响下，东汉后期道教诞生并流行于下层百姓，在晋代葛洪等人的改革下，逐步贵族化。南北朝时期道教日趋成熟、壮大，为官方所承认。李养正说："对神和仙及其所统治的神仙世界的信仰与向往，乃是道教信仰的基础。"[①]道教以其重视生命、食丹长生、神仙信仰的鲜明特色在统治阶级和普通民众中广有市场，其饮食习俗表现为服食、绝谷和饮食有节等，以此养生延寿。

1. 服食治病兼气清。服食，指服用各种药饵的养生术。道教所服药饵主要分为草木药和金石药二类，而尤重后者，即多种金石炼制而成的金丹，认为服金丹"炼人身体，故能令人不老不死"[②]。受道教文化影响，魏晋南北朝文人服食药饵五石散风行。五石散中的五石，葛洪述为"丹砂、雄黄、白礜、曾青、慈石也"[③]，其后及现代认为是石钟乳、硫黄、白石英、紫石英、赤石脂。尽管五石配方各不相同，但其药性皆燥热而烈，服后全身发热，或有玄幻之感，需吃冷饭、步行、冷水浴、饮热酒、着薄衣以散热解毒，故又名寒食散。服散后着宽衣博带、松散飘逸，成为魏晋风度的外在表现。五石散药方托始于汉人，魏时美男子何晏改造药方首先服用，"服五石散，非惟治病，亦觉神明开朗"[④]。服散不仅可用来治疾，还容光焕发，神清气朗，与道教不谋而合。隋代医家巢元方言："近世尚书何晏，耽声好色，始服此药，心加开朗，体力转强，京师翕然，传以相授。……晏死之后，服者弥繁，与时不辍，余亦豫焉。"[⑤]何晏是著名的清谈家，曹操的养子、女婿，时任吏部首长，其带头服散功效显著，引众人效尤，嵇康、裴秀等人也服散。

---

① 李养正著：《道教概说》，北京：中华书局，1989年，第237页。

② （晋）葛洪著，王明校释：《抱朴子内篇校释》卷之四《金丹》，北京：中华书局，1985年，第71页。

③ （晋）葛洪著，王明校释：《抱朴子内篇校释》卷之四《金丹》，北京：中华书局，1985年，第78页。

④ （南朝宋）刘义庆著，（南朝梁）刘孝标注，余嘉锡笺疏，周祖谟等整理：《世说新语笺疏》卷上之上《言语第二》，北京：中华书局，2007年，第87页。

⑤ （隋）巢元方等著：《诸病源候论》，北京：人民卫生出版社，1955年，第33页。

魏晋时上流社会食散为治病养生、健身纵情，为追求感官刺激而寻求暂时的精神解脱，继而成为他们重要的生活内容和方式。王伟萍结合余嘉锡《论学杂著·寒食散考·魏晋南北朝人服散故事》考证，魏晋南北朝服药有事迹可寻考者，两晋约31例，相当于魏及南北朝所有人数总和，其中魏约7例，宋约9例，齐约3例，梁约4例，陈1例，后魏、北周约4例，隋约2例，晋宋之交为服药高峰期。[①]

西晋医学家"针灸鼻祖"皇甫谧指出，五石散有毒，裴秀（地图学之父）、晋哀帝司马丕、北魏道武帝拓跋珪、北魏献文帝拓跋弘等因大量服食而丧命，皇甫谧本人也因服散而残疾。服五石散会引起慢性中毒，今人已验证，五石散中礜石有毒性，小量服食可促进消化，改善血象，超过一定剂量则全身麻痹，神志昏迷，严重者会腹痛而亡。自魏晋开始风靡一时的五石散，隋唐之后渐销声匿迹。

2. 绝谷以养生延寿。葛洪的炼丹服食方中，并没有五石散方。在道家理论中，上层社会炼丹求仙，普通民众也可服用植物性原料延年益寿，乃至长生不老。这与北方少数民族以动物性原料为主的饮食呈明显对比。葛洪《抱朴子·内篇》中《仙药》《至理》《极言》等篇，除讲述丹药炼制和效用外，指出"养生以不伤为本"[②]；"夫气出于形，用之其效至此，何疑不可绝谷治病，延年养性乎？……行气可以不饥不病"[③]；服食天然植物如菊花、菖蒲、茯苓、菌类等保健性食物，以达到"长生不死"的目的。绝谷亦称辟谷、却粒等，是配合气练、严格控制摄入谷物的养生手段，若不食五谷断绝谷气，就可灭体内邪魔，可益寿长生。养生延寿理念涉及谷物与植物选择、饮食分量、时间与禁忌等内容。嵇康是服食养生的追随者，主张"悟生理之易失，知一过之害生。故修性以保神，安心以全身。……又呼吸吐纳，服食养身，使形神相亲，表里具济也"[④]。道教的服食养生观念

---

① 王伟萍：《药与魏晋南北朝山水诗之关系》，《上海师范大学学报（哲学社会科学版）》2007年第1期。

② （晋）葛洪著，王明校释：《抱朴子内篇校释》卷之十三《极言》，北京：中华书局，1985年，第244页。

③ （晋）葛洪著，王明校释：《抱朴子内篇校释》卷之五《至理》，北京：中华书局，1985年，第115页。

④ （三国魏）嵇康著，戴明扬校注：《嵇康集校注》卷第三《养生论一首》，北京：中华书局，2014年，第253页。

在士大夫阶层受众广泛。

3. 饮食有节以养生。南朝梁道家学者、炼丹家、医药学家陶弘景继承并发扬了饮食养生理论，强调"饮食有节，起居有度"[①]，"食不欲过饱，故道士先饥而食也；饮不欲过多……食毕行数百步中益也。暮食毕，行五里许乃卧，令人除病"[②]。"春不食肝，夏不食心，秋不食肺，冬不食肾，四季不食脾。如能不食此五藏，尤顺天理。""饮酒不欲多，多即吐，吐不佳。……白蜜勿合李子同食，伤口五内。"[③]这些饮食养生观点为后来孙思邈所继承发展，现代仍然适用。

4. 茶由药用而演化成日常饮品。魏晋南北朝时，茶的药性被认为有养生、延年益寿之效。关剑平说："事实上，在晋代，弃金石从草木的服食倾向已经颇为明显。"[④]宋人吴淑在《事类赋注》中引陶弘景《杂录》曰："苦茶轻身换骨，昔丹丘子、黄山君服之。言'茶荈之利，其功若神'。……《天台记》曰：'丹丘出大茗，服之生羽翼'。"[⑤]丹丘子、黄山君是道教传说中的汉代仙人，这些记载虽荒诞不经，但将茶这种草木类药饵与道教神仙思想进行茶药仙化的联想，进一步推动了饮茶的日常化、嗜好化，使茶成为日常饮品。

受道教影响的服食养生习俗，既满足了士绅们修炼养性的精神追求，也符合贫寒百姓的维生需要，在魏晋南北朝的分裂动荡年代，给予了人们生存希望，对饮食文化影响深刻而久远。

五、南北方饮食文化的交流与融合

北方少数民族南迁，晋室南渡，我国历史上第一次人口迁移高潮出现，北方形成以少数民族鲜卑、羌、氐族等为主，与汉民族杂居、融合的局面，逐渐接受汉民的饮食习俗。南迁的汉民带动了南方经济、文化的发展，正如梁启超先生在

---

① （南朝梁）陶弘景集，王家葵校注：《养性延命录校注》卷上《教诫篇第一》，北京：中华书局，2014 年，第 56 页。

② （南朝梁）陶弘景集，王家葵校注：《养性延命录校注》卷上《食戒篇第二》，北京：中华书局，2014 年，第 92 页。

③ （南朝梁）陶弘景集，王家葵校注：《养性延命录校注》卷上《食戒篇第二》，北京：中华书局，2014 年，第 94–95、97–98 页。

④ 关剑平著：《茶与中国文化》，北京：人民出版社，2001 年，第 73 页。

⑤ （宋）吴淑撰注，冀勤等点校：《事类赋注》卷之十七《饮食·茶》，北京：中华书局，1989 年，第 347–351 页。

《中国地理大势论》中所言："大抵自唐以前，南北之界最甚，唐后则渐微。"[1]魏晋南北朝时南北文化得到交流与融合，促进了经济与社会的大发展。

1. 北方少数民族食肉饮酪，南迁后逐渐接受汉民农桑文化。北方少数民族南迁黄河流域中最突出的两个部族是鲜卑和乌桓。鲜卑族以狩猎食肉为生，《三国志·鲜卑传》注引王沈《魏书》谓鲜卑"亦东胡之余也，别保鲜卑山，因号焉。其言语习俗与乌丸同"[2]。"乌桓者，本东胡也。汉初，匈奴冒顿灭其国，余类保乌桓山，因以为号焉。俗善骑射，弋猎禽兽为事。随水草放牧，居无常处。以穹庐为舍，东开向日。食肉饮酪，以毛毳为衣。贵少而贱老，其性悍塞。怒则杀父兄，而终不害其母，以母有族类，父兄无相仇报故也。"[3]乌桓、鲜卑习俗与中原思想和饮食习俗迥异。其他少数民族如氐、羌等族，风俗相类。《后汉书·窦固传》引《东观记》曰："羌胡见客，炙肉未熟，人人长跪前割之，血流指间，进之于固，固辄为啖，不秽贱之，是以爱之如父母也。"[4]一些民族烤肉带血而啖，以手抓食。汉人因其不卫生、不文雅而议为"秽"，不合汉仪则"贱"，改进后自上而下得到传播。

魏晋时南安、陇西等地的羌人已开始种植谷、麦等食物。他们"性贪婪，忍于杀害。好射猎，以肉酪为粮。亦知种田，有大麦、粟、豆"[5]。《晋书·慕容廆载记》记载鲜卑人"教以农桑，法制同于上国"[6]，受汉影响归化，逐步接受农桑作为资生之业。北方少数民族的畜牧技术带动了中原畜牧业的发展。

2. 各民族杂居，互相借鉴、融合对方的饮食文化。《邺中记》记载羯人过寒

① （清）梁启超著:《饮冰室文集》之十《中国地理大势论》，北京:中华书局，2015年，第87页。

② （晋）陈寿撰，（南朝宋）裴松之注，陈乃乾校点:《三国志》卷三十《魏书三十·乌丸鲜卑东夷传第三十·鲜卑》，北京:中华书局，1982年，第836页。

③ （南朝宋）范晔撰，（唐）李贤等注:《后汉书》卷九十《乌桓鲜卑列传第八十·乌桓》，北京:中华书局，1965年，第2979页。

④ （南朝宋）范晔撰，（唐）李贤等注:《后汉书》卷二十三《窦融列传第十三·窦固》，北京:中华书局，1965年，第811页。

⑤ （唐）李延寿撰:《北史》卷九十六《列传第八十四·吐谷浑》，北京:中华书局，1974年，第3186页。

⑥ （唐）房玄龄等撰:《晋书》卷一百八《载记第八·慕容廆》，北京:中华书局，1974年，第2804页。

食节时做粥："寒食三日为醴酪，又煮粳米及麦为酪，捣杏仁，煮作粥。"①少数民族在烤制肉类食品前，受汉族烹饪技术影响，先在豉汁中浸泡以祛除腥味，或是添加奶酪，这种饮食制造方式创新使食物口感更好。汉人在烹制牛羊肉时，为祛除腥味多加入酒、姜、葱、醋等中式味料，这种做法对后世产生了重要影响。

3. 南北方饮食文化的融合与交流。羊肉酪浆与鱼羹茶茗分别成为南北方饮食代表。三国时著名的经学家王肃对北方的食羊浆酪与南方的鱼羹茶茗有过经典论述。北魏杨衒之在《洛阳伽蓝记》中记载："肃初入国，不食羊肉及酪浆等物，常饭鲫鱼羹，渴饮茗汁。京师士子道肃一饮一斗，号为漏卮。经数年已后，肃与高祖殿会，食羊肉酪粥甚多。高祖怪之，谓肃曰：'卿中国之味也，羊肉何如鱼羹？茗饮何如酪浆？'肃对曰：'羊者是陆产之最，鱼者乃水族之长。所好不同，并各称珍。以味言之，甚是优劣。羊比齐鲁大邦，鱼比邾莒小国，唯茗不中与酪作奴。'"②"怪"字和他们的论说，反映出当时各族之间、南北地域在饮食习俗上的显著差异，表明了汉人逐渐适应、接受北方少数民族的饮食习俗。

在南北不同的地域文化、不同的民族风俗交流过程中，南北方饮食得以互通有无，融入对方的饮食生活。北方的面食、奶制品等逐渐走进南方，南方的稻米、鱼蟹等水产品丰富了北方的餐桌。《南齐书》中云："太祖为领军，与戢来往，数置欢宴。上好水引刌，戢令妇女躬自执事以设上焉。"③此处"水引刌"就是汤饼（面条的前身），说明北方食物已传入南方，为南朝生活增添了新鲜元素。此时北方亦逐渐接受南方食鱼羹之风，"洛鲤伊鲂，贵于牛羊"④。来自西域等地的饼、饭、葡萄酒以及热带水果等在交流过程中受到中原民众的喜爱，并经过文学作品的描述、传播，形成了多民族融合后特有的葡萄酒文化、石榴文化等。

---

① （南朝梁）宗懔撰，（隋）杜公瞻注，姜彦稚辑校：《荆楚岁时记》，北京：中华书局，2018年，第30页。

② （北魏）杨衒之撰，周祖谟校释：《洛阳伽蓝记校释》卷第三《城南》，北京：中华书局，2010年，第109–110页。

③ （南朝梁）萧子显撰：《南齐书》卷三十二《列传第十三·何戢》，北京：中华书局，1972年，第583页。

④ （北魏）杨衒之撰，周祖谟校释：《洛阳伽蓝记校释》卷第三《城南》，北京：中华书局，2010年，第117页。

　　魏晋南北朝时，本土特有的习俗与浓郁的异域风情，以饮食为载体，以宴饮为中心进行展示、传播，碰撞出绚丽的饮食文化之花，在历史上第一次呈现出丰富的饮食著作，如何曾的《食谱》，虞悰的《食珍录》，崔浩的《食经》，宗懔的《荆楚岁时记》及贾思勰的《齐民要术》等。以《齐民要术》为代表的饮食著述的大量涌现，是饮食文化发达的重要标志，它们既是对前人经验的总结，也是饮食文化持续发展的可靠依据。

　　汉魏晋南北朝时期，社会风尚在饮食方面孕育出绚丽花朵：素食的兴起是佛教、道教教义在饮食上的折射；茶饮兴起也是魏晋玄学清谈之风的文化体现；石榴酒、葡萄浆、奶酪芳炙肉香体现了汉人对少数民族文化的吸纳和演化；善滋味是时人对饮食精益求精的重要体现。不同地域和不同民族的饮食习惯和饮食文化相互借鉴、交流、融合，形成魏晋南北朝特有的饮食文化现象。魏晋南北朝这个"最富于智慧、最浓于热情的时代"①，其独特的饮食风景，热烈而芳香，映照出时人的生活。

---

　　①　宗白华著：《美学散步》，上海：上海人民出版社，1981 年，第 177 页。

第二章　汉魏晋南北朝宴饮中的酒与茶

汉代社会生产力发展，农业生产技术大幅进步，粮食产量不断提高，"岁数丰穰，谷至石五钱，农人少利"①。粮食产量增加，奠定了造酒的基础。经济条件稍加好转，人们对酒的需求增加，相对宽松的酒禁与榷酒，促进了酿酒和饮酒之风的盛行。太史公司马迁谈到都市平民适合经营的三十多个赢利品种中，把酿酒列在第一位："凡编户之民，富相什则卑下之，伯则畏惮之，千则役，万则仆，物之理也。夫用贫求富，农不如工，工不如商，刺绣文不如倚门市，此言末业，贫者之资也。通邑大都，酤一岁千酿，醯酱千瓨，浆千甔……佗杂业不中什二，则非吾财也。"②《汉书·食货志》记载了酒的广泛用途："酒者，天之美禄，帝王所以颐养天下，享祀祈福，扶衰养疾。百礼之会，非酒不行。……今绝天下之酒，则无以行礼相养。"③汉代，民众的社会交往活动增多，祭祀、节日、婚嫁、保健、送别等不同宴饮场合均借酒行礼，上自皇室贵族、官僚臣属，下至贩夫走卒、普通百姓，各个人群都有涉及，饮酒成为社会各阶层普遍参与的活动。酒，已经渗透汉代社会生活的各个层面，日益成为生活中不可或缺之物。

---

① （汉）班固撰，（唐）颜师古注：《汉书》卷二十四上《食货志第四上》，北京：中华书局，1962年，第1141页。

② （汉）司马迁撰，（南朝宋）裴骃集解，（唐）司马贞索隐，（唐）张守节正义：《史记》卷一百二十九《货殖列传第六十九》，北京：中华书局，1982年，第3274页。

③ （汉）班固撰，（唐）颜师古注：《汉书》卷二十四下《食货志第四下》，北京：中华书局，1962年，第1182页。

汉魏晋南北朝宴饮中的饮品，除了最基本的水，还有浆、乳、酒和茶。浆是在水的基础上发展出来的一种饮品，多由动物乳汁或植物果实茎叶等汁水发酵而来，如米浆、梅浆、桂浆等，制作简单，在宴饮中不如酒和茶使用范围广且有特色，故不赘述。

第一节　汉代宴饮中的酒

汉代酿酒业发达，酒的种类日益增多。汉初，饮酒之风主要在贵族和富人中流行，武帝时至西汉后期、东汉后期饮酒之风盛行，民间普遍饮酒。其他时间受战乱、天灾等影响饮酒之风衰微。汉代酿酒出现了新工艺，用曲逐渐取代蘗酿酒，加之补料发酵法的应用，推动了酒类生产，促进了酒肆繁荣，丰富了酒俗活动。

一、酿酒制曲技术的进步

我国的酿酒发酵工艺，经历了漫长的发展过程，大致可分为三个阶段：秦汉以前是酿酒生产的萌芽期，人们受谷物发霉发芽现象启发，用曲蘗制醴，以曲蘗为糖化剂用谷类酿成醴这种甜酒。这一阶段，以曲蘗并用的糖化发酵技术酿造甜酒，用料多，产量小，度数低，即"若作酒醴，尔惟曲蘗"。秦汉至元朝为第二阶段，酿酒工艺出现重大革新，曲逐渐取代蘗，使得粗粮（非黏谷物）亦可酿酒，生产规模扩大，出酒率提高，酒的度数亦随之提高。西汉经济繁荣，《汉书·食货志》中官方规定："一酿用粗米二斛，曲一斛，得成酒六斛六斗。"[1]可见已经用曲代蘗酿酒。就酒的产量而言，《史记·货殖列传》记载西汉初"通邑大都，酤一岁千酿"[2]，西汉末《汉书·食货志》记载"以二千五百石为一均，率开一庐以卖"[3]，产酒规模快速提高。王充的《论衡》、曹操的《上九酝法奏》书中多有新工

<hr />

[1]（汉）班固撰，（唐）颜师古注：《汉书》卷二十四下《食货志第四下》，北京：中华书局，1962年，第1182页。

[2]（汉）司马迁撰，（南朝宋）裴骃集解，（唐）司马贞索隐，（唐）张守节正义：《史记》卷一百二十九《货殖列传第六十九》，北京：中华书局，1982年，第3274页。

[3]（汉）班固撰，（唐）颜师古注：《汉书》卷二十四下《食货志第四下》，北京：中华书局，1962年，第1182页。

艺记载，发酵对原料处理、原料投入方法、用水、原料与水之比例、火候、温度等有严格的要求。这一阶段可以酿造出高度的酎酒，"能饮好酒一斗者，唯禁得半升"，若超量多饮，就可以"醉死人"，"三升不'浇'必死"。①这在秦汉之前是不可能的。元朝以后为第三阶段，出现了蒸馏器和蒸馏技术，使用蒸馏法酿酒，是现代意义上的高度烧酒，即白酒。

先秦酿酒，以曲和蘖两种酒母为主。曲是用发霉的谷物造的，用曲酿造的称为酒；蘖是用发芽的谷物造的，用蘖酿造的称醴。"蘖"酿是利用发芽谷物产生糖的糖化原理造酒，所造酒酒力弱、浓度低、酒味薄。用"曲"酿造则是"糖化"与"酒化"同步，互相催化，所酿酒较之前的糖化酒劲强、浓度高、颜色清，成为酿酒的主要方式。西汉时用曲酿酒成为主流，已可把之前的"散曲"改进为团状的"块曲"，所酿酒的度数逐步提高，质量得到提升。汉代制曲主要以麦为原料。

汉代基础酿酒法，与先秦差别不大。《礼记·月令》记载："仲冬之月……乃命大酋秫稻必齐，曲蘖必时，湛炽必洁，水泉必香，陶器必良，火齐必得。兼用六物，大酋监之，毋有差贷。"②好的高粱和黏稻米等原料，比例适当的曲蘖，清澈甘甜的水，晴好天气，密封严实的盛酒器及火候掌握好，是酿造好酒的基本条件。

汉代已掌握一些关键酿酒技术。王充《论衡》中言："蒸谷为饭，酿饭为酒。酒之成也，甘苦异味。"③"非厚与泊殊其酿也，曲蘖多少使之然也。是故酒之泊厚，同一曲蘖。"④他指出酒的好坏与曲蘖投放量密切相关，否则"酒暴熟者易酸"⑤。此后，曹操改进为补料发酵。汉代制曲技术提高，各地区因地制宜，以本地谷物制曲，酒的品种增多。曹操喜爱饮酒，东汉建安年间，将家乡亳州产

---

① （北魏）贾思勰著，石声汉校释：《齐民要术今释》卷七《笨曲并酒第六十六》，北京：中华书局，2009年，第686页。

② （清）孙希旦撰，沈啸寰、王星贤点校：《礼记集解》卷十七《月令第六之三》，北京：中华书局，1989年，第492–495页。

③ （汉）王充著，黄晖撰：《论衡校释》附编四《王充的论衡》，北京：中华书局，1990年，第1288页。

④ （汉）王充著，黄晖撰：《论衡校释》卷第二《率性篇》，北京：中华书局，1990年，第81页。

⑤ （汉）王充著，黄晖撰：《论衡校释》卷第十四《状留篇》，北京：中华书局，1990年，第624页。

的"九酝春酒"进献给汉献帝刘协，在《上九酝法奏》中说明酒的制法："臣县故令，九酝春酒法：用曲三十斤，流水五石。腊月二日渍曲。正月冻解，用好稻米……漉去曲滓便酿。'法饮曰：譬诸虫，虽久多完。'三日一酿，满九石米，正。臣得法酿之，常善。其上清，滓亦可饮。若以九酝苦，难饮，增为十酿，易饮不病。"[1]九酝法一般是每隔三天投一次米，分九次投完九斛米。该酒原是南阳县令郭芝的私家酒，曹操加以改进，使酒味更醇厚浓烈，达到了"上清，滓亦可饮"，以及使人"不病"的效果。贾思勰解释，九酝法酿出来的酒稍有些苦，是因曲多酒苦，米多酒甜，增到十酿后，米十斛曲三十斤，九酝酒用三十斤曲"杀"九斛米，多投一斛米即增一酿，使得曲、米比例恰当，酒味正好。在一个发酵周期中，分多次投入原料，称补料发酵法。补料发酵法改进了酿酒工艺，提升了酒的醇度，在酒史上具有重大意义，成为我国后世黄酒酿造最主要的加料方法。

二、酒类增多，外来葡萄酒名贵

汉代酿酒的原料主要是谷物，以稻、黍、秫、粟等原料酿造并命名。较之于先秦，汉代酒的种类更多，还有果酒、配制酒、乳酒等不同类型。

（一）谷物酒

米在古代泛指各类谷物果实，如稻米、粟米、稷米等。《说文解字》中云："米，粟实也。"[2]据此推测，以谷物酿造的酒称米酒，以示与果酒之别。汉代的谷物酒主要有稻酒、秫酒、黍酒。

1. 稻酒。用稻米酿造的酒，《汉书·平当传》："使尚书令谭赐君养牛一，上尊酒十石。颜师古注引如淳曰：'律，稻米一斗得酒一斗为上尊，稷米一斗得酒一斗为中尊，粟米一斗得酒一斗为下尊。'师古曰：'稷即粟也。中尊者宜为黍米，不当言稷。'"[3]汉代酿酒质量，与酿制时间和选用谷物有关，一般而言酿制时间长

---

① （北魏）贾思勰撰，石声汉校释:《齐民要术今释》卷七《笨曲并酒第六十六》，北京：中华书局，2009年，第691-692页。

② 王平、李建廷编著:《〈说文解字〉标点整理本附分类检索》弟七《米部》，上海：上海书店出版社，2016年，第180页。

③ （汉）班固撰，（唐）颜师古注:《汉书》卷七十一《疏于薛平彭传第四十一·平当》，北京：中华书局，1962年，第3051页。

较短好，稻、麦、黍、粟、菽等谷物中，前者较后者为好。考古发掘的汉代诸侯王、后级别的河北满城大型崖洞墓，出土了大量的金、银、铜、陶等陪葬品，其中陶质储酒器上刻有"稻酒十一石"文字。汉代酒是常见的陪葬品，说明其在现实生活中的普遍性。

2．秫酒。指用秫米这种带有黏性的米酿造的酒。秫米包括秫稻和秫粟。从酿酒角度而言，黏性高的谷物酿制的酒品质较好。《周礼》中有"杜康作秫酒"①的记载。长沙马王堆汉墓一号内的遣策上有"稻白秫米一石"②。一般来说，黏性秫谷（粱）的出酒率高于普通谷物，所以"秫"也成为酿酒谷物的代名词。粱也较为常用，所制酒即现在称的高粱酒。

3．黍酒。用黍米（即大黄米）酿制的酒。《广雅》引《说文解字》曰："八月黍成，可为酎酒。"③酎酒，酿制时间较长的酒。河北满城汉墓出土的陶器上刻有文字"黍酒""黍上尊酒"。

除了按照酿造原料分类，汉人还会根据酿造时间将酒分为"春酿""秋酿""春醴""冬酒"，按照酿酒方法将酒分为"酎酒""酘酒""清酒""浊酒"，根据酒的颜色和口味分为"黄酒""白酒""金浆""甘酒""香酒"等，种类众多，可见汉代酒业之繁盛。"酎"是三次酿造、时间长、酒味烈的上等酒，文献中常"酎醇"并用，有名的如中山冬酿；酘酒是多次补料酿造的酒，如曹操的九酘酒。浊酒酿造时间短，酒浊味甜，属于醴，相当于今天的米酒，实质是饮料；清酒属于今天意义上的酒，酒清醇冽，但度数较现代低得多。

（二）配制酒

为提高酒的口感和效用，在发酵过程中加入植物的花果茎叶或中草药酿酒，称为配制酒。配制酒和谷物酒酿制方法相同而功效有异，主要用于祭祀、辟邪、养生、备用药、节日及日常保健饮用。《史记·扁鹊仓公列传》提到"治病不以

---

① （清）孙诒让著，汪少华整理：《周礼正义》卷一《天官·叙官》，北京：中华书局，2015年，第40页。

② 陈顺容：《从马王堆汉墓遣策中管窥汉代饮食文化》，《中华文化论坛》2015年第3期。

③ （清）钱大昭撰，黄建中、李发舜点校：《广雅疏义》卷第五《释诂第一》，北京：中华书局，2016年，第195页。

汤液醪醴酒"①的医药作用，"医"古字为"醫"从"酉"，即指酒的药用功效。汉代人认为，常饮甘醪于身体有益，如《潜夫论》曰："夫生饭粳粱，旨酒甘醪，所以养生也。"②可见"甘醪"是汉代人喜爱的养生饮品。

汉代的配制酒主要以所加配料区分，有旨酒、菊花酒、兰英酒、桂酒、椒酒、柏叶酒等。

1. 旨酒。旨酒代指美酒，属于清酒，在汉代及之前的文献及诗文中经常出现。《乐府诗集·郊庙歌辞》中多次提及"旨酒"，如"奠歆旨酒，荐享珍羞""大庖载盈，旨酒斯醇""旨酒告洁，青苹应候"③等，表达出对旨酒的青睐。《后汉书·班固传》有"于是庭实千品，旨酒万钟"④，美酒与佳肴常成对出现，俗称"旨酒甘肴"。"旨酒"中的上品是"百末旨酒"。《汉书·礼乐志》载："百末旨酒布兰生。"⑤添加百草之末后酿出的酒，香美芬芳，仿若兰生。

2. 菊花酒。浸渍有菊花的酒称菊花酒、菊酒。汉代第一本中药学著作《神农本草经》中将菊花列为上品，有消肿、明目、延年之效："味苦，平。主风，头眩肿痛，目欲脱，泪出，皮肤死肌，恶风湿痹。久服利血气，轻身，耐老延年。"⑥汉代开始有重阳节饮菊花酒之俗，用以祛灾祈福，延年益寿。《西京杂记》记载汉高祖时宫中每逢九月九日，"佩茱萸，食蓬饵，饮菊华酒，令人长寿。菊华舒时，并采茎叶，杂黍米酿之，至来年九月九日始熟，就饮焉，故谓之菊华酒"⑦。汉代应劭《风俗通义》记载："南阳郦县有甘谷，谷中水甘美，云其山上大有菊

① （汉）司马迁撰，（南朝宋）裴骃集解，（唐）司马贞索隐，（唐）张守节正义：《史记》卷一百五《扁鹊仓公列传第四十五》，北京：中华书局，1982年，第2788页。

② （汉）王符撰，汪继培笺，彭铎校正：《潜夫论笺校正》，北京：中华书局，1985年，第76页。

③ （宋）郭茂倩编：《乐府诗集》卷第六《郊庙歌辞六》，北京：中华书局，1979年，第78、83、84页。

④ （南朝宋）范晔撰，（唐）李贤等注：《后汉书》卷四十下《班彪列传第三十下·班固》，北京：中华书局，1965年，第1364页。

⑤ （汉）班固撰，（唐）颜师古注：《汉书》卷二十二《礼乐志第二》，北京：中华书局，1962年，第1063页。

⑥ （三国魏）吴普等述，（清）孙星衍、孙冯翼撰，戴铭等点校：《神农本草经》卷一《上经·鞠华》，南宁：广西科学技术出版社，2016年，第12页。

⑦ （晋）葛洪撰，周天游校注：《西京杂记》卷第三《戚夫人侍儿言宫中事》，西安：三秦出版社，2006年，第146页。

华，水从山上流下，得其滋液，谷中三十余家，不复穿井，仰饮此水，上寿者百二三十，中者百余岁，七八十者，名之为夭，菊华轻身益气，令人坚强故也。司空王畅、太尉刘宽、太傅袁隗为南阳太守，闻有此事，令郦县月送水三十斛，用之饮食；诸公多患风眩，皆得瘳。"①饮菊花滋养过的甘泉谷水，少则七八十岁，长者一百余岁，明显高寿，且可治疗或改善眩晕类病症。

3. 兰英酒。浸渍有兰花的酒称兰英酒。屈原的《楚辞·湘夫人》中就有记载："沅有芷兮澧有兰，思公子兮未敢言。"②可见战国已有兰英酒。西汉枚乘的代表作《七发》描述了家乡兰英酒之美："兰英之酒，酌以涤口。"③

4. 桂酒。浸渍有桂花的酒。《汉书·礼乐志》云："牲茧栗，粢盛香，尊桂酒，宾八乡。"颜师古注引应劭曰："桂酒，切桂置酒中也。"④可见，桂酒酿制可采用桂树枝干，也可以花入酒。汉代人认为饮桂酒能长寿，常用以晚辈向长辈敬酒，故桂酒广受喜爱。《汉书·礼乐志》载："尊桂酒。"注引晋灼曰："尊，大尊也。元帝时大宰丞李元记云：'以水渍桂，为大尊酒。'"⑤可知桂花酒为"上尊酒"。

5. 椒酒。浸渍有花椒的酒，汉代常见。《后汉书·边让传》："兰肴山竦，椒酒渊流。李贤注曰：兰肴，芳若兰也。椒酒，置椒酒中也。"⑥正月旦以椒酒敬长者，寓意除百疾、健康与长寿。东汉崔寔的《四民月令·正月》云："正月之旦……各上椒酒于其家长，称觞举寿，欣欣如也。"⑦即元旦饮椒酒。

---

① （汉）应劭撰，王利器校注:《风俗通义校注·佚文·辑事》，北京：中华书局，1981年，第598页。

② （宋）朱熹集注，夏剑钦等校点:《楚辞集注》卷第二《九歌第二·湘夫人》，长沙：岳麓书社，2013年，第30页。

③ （清）严可均编:《全上古三代秦汉三国六朝文》之《全汉文》卷二十《枚乘·七发》，北京：中华书局，1958年，第238页。

④ （汉）班固撰，（唐）颜师古注:《汉书》卷二十二《礼乐志第二》，北京：中华书局，1962年，第1052-1053页。

⑤ （汉）班固撰，（唐）颜师古注:《汉书》卷二十二《礼乐志第二》，北京：中华书局，1962年，第1052-1053页。

⑥ （南朝宋）范晔撰，（唐）李贤等注:《后汉书》卷八十下《文苑列传第七十下·边让》，北京：中华书局，1965年，第2642-2643页。

⑦ （汉）崔寔撰，石声汉校注:《四民月令校注·正月》，北京：中华书局，2013年，第1页。

6. 柏酒。柏叶浸制的酒。汉代应劭《汉官仪》载："正旦以柏叶酒上寿。"①柏树四季长青，寓长寿之意，正旦常与椒酒同饮。

配制酒因具有养生和药用价值，被人们大量使用，除用以消毒，还常佐以其他药物用以治病或延年益寿。东汉张仲景将药酒发扬光大。

（三）果酒

果酒，主要是甘蔗酒和西来的葡萄酒。

1. 甘蔗酒。甘蔗酒在汉代非常有名，原产地在梁国，即窦太后最宠爱的小儿子刘武所在的封地。《西京杂记》记载枚乘《柳赋》写道："于是樽盈缥玉之酒，爵献金浆之醪。其注曰：'梁人做诸蔗酒，名金浆。'"②这种酒色泽金黄，梁王府宴饮招待经常用到。甘蔗酒因颜色金黄也称"金酒"或金浆醪。

2. 葡萄酒。西汉张骞出使西域，除军事考察外，还引进了当地的一批农作物和种植技术，蒲陶（葡萄）种植及果实加工技术就是其一。由于葡萄生产具有季节性，且保存困难，葡萄酒的酿造并未有效推广。《史记·大宛列传》记载："宛左右以蒲陶为酒，富人藏酒至万余石，久者数十岁不败。俗嗜酒。马嗜苜蓿。汉使取其实来，于是天子始种苜蓿、蒲陶肥饶地。"③葡萄酒在汉时是西域来的美饮，葡萄酒比中原的谷物酒味道更甘甜，度数高，容易醉人。汉代葡萄酒主要是西域进贡或贸易而来，酿制工艺特殊，路途遥远，运输不易，珍贵非常，直到东汉后期，仍是送礼珍品，多是统治阶级享用的珍品，普通百姓难以享用。民间有"美酒菖蒲香两汉，一斛价抵五品官"之说。《后汉书》有载："（孟佗）以蒲萄酒一斗遗（张）让，让即拜佗为凉州刺史。"④东汉后期扶风人孟佗送给权势显赫的中常侍宦官张让"蒲萄酒一斗"（斗疑为斛），竟被封为凉州刺史，孟佗前期有各种送

---

① （宋）吴淑撰注，冀勤等点校：《事类赋注》卷二十五《木部·柏》，北京：中华书局，1989 年，第 490 页。

② （晋）葛洪撰，周天游校注：《西京杂记》卷第四《忘忧馆七赋·枚乘为柳赋》，西安：三秦出版社，2006 年，第 179 页。

③ （汉）司马迁撰，（南朝宋）裴骃集解，（唐）司马贞索隐，（唐）张守节正义：《史记》卷一百二十三《大宛列传第六十三》，北京：中华书局，1982 年，第 3173 页。

④ 曹金华著：《后汉书稽疑·〈后汉书〉卷七十八宦者列传第六十八》，北京：中华书局，2014 年，第 1050 页。

礼铺垫，也可见当时葡萄酒身价不菲，类似前几年热炒的82年法国波尔多拉菲葡萄酒。

（四）乳酒挏马酒

挏马酒，汉朝的乳品酒，是用家畜马的乳汁经酵母发酵而成。因用马奶制成，故称"挏马"。因马酪味如酒，故称"酒"。汉武帝非常喜欢马，《西极天马歌》就是他爱马的表达，命张骞出使西域也有获取西域天马的心愿。马奔跑得快，是军事决胜力量的重要因素，也是时人出行的交通工具。西汉太仆下设"家马令"，汉武帝太初元年（前104）更名为挏马令，执掌酿造马奶酒，因而其酒也称为挏马酒。《汉书·百官公卿表》应劭注曰："主乳马，取其汁挏治之，味酢可饮，因以名官也。如淳曰：'主乳马，以韦革为夹兜，受数斗，盛马乳，挏取其上肥，因名曰挏马。'《礼乐志》丞相孔光奏省乐官七十二人，给大官挏马酒。今梁州亦名马酪为马酒。"[1]颜师古注："马酪味如酒，而饮之亦可醉，故呼马酒也。"[2]凉州为农业牧业并行地区，民间或有挏马酒。汉代皇宫有专人制作挏马酒，《汉书·地理志》中颜师古注引臣瓒曰："汉有家马厩，一厩万匹，时以边表有事，故分来在此。家马后改曰挏马也。"[3]汉代马匹多由西域引进，服务于军事及朝廷交通出行，民家少有能力大肆养马，且挏马酒不宜保存，故而民间少有，局限于宫廷内部饮用。

两汉时期，一些质量上乘的好酒美名得以传播，如曹操献给献帝的"九酝春酒"，"何以解忧，唯有杜康"的杜康酒，曹操与刘备一起"煮酒论英雄"的青梅酒，以及中山冬酿、关中白薄等。

三、尚酒之风与时禁时弛的酒政

酒是佳酿，所用原料主要来源于粮食这一关系国计民生的重要资源，因酿酒获利大而占用过多粮食资源会导致饥荒影响社会稳定，历史上因饮酒误事、荒政

---

① （汉）班固撰，（唐）颜师古注：《汉书》卷十九上《百官公卿表第七上》，北京：中华书局，1962年，第729–730页。

② （汉）班固撰，（唐）颜师古注：《汉书》卷二十二《礼乐志第二》，北京：中华书局，1962年，第1075页。

③ （汉）班固撰，（唐）颜师古注：《汉书》卷二十八上《地理志第八上》，北京：中华书局，1962年，第1552页。

之事不在少数，为避免酿酒大户大量采购粮食用于酿酒，与民争食，当酿酒原料与口粮发生冲突时，朝廷会采取强有力的行政手段，对酒的生产、流通、销售和使用制订政策，加以干预，称为酒政。历史上大名鼎鼎的周公就颁布过《酒诰》。商朝被灭，其中一个原因就是纣王纵酒无度。出于巩固政权，稳定社会秩序的政治、经济考量，在吸收前朝灭亡教训的基础上，自西汉初年到东汉末期，不同的执政者制订过不同酒政，来干预或调节酒的生产、销售和使用，以增加财政收入，减少安全隐患，巩固统治。禁酒、榷酒等酒政，贯穿了整个汉朝，统治阶级常抓不懈，既防止聚众闹事以维护社会治安，又赐酒以显示恩惠，巩固政权。两汉时期的酒政，主要有"禁无故群聚饮酒""天灾禁酤酒""禁私酿私酤"等措施。

1. 禁无故群聚饮酒时行时废。汉初禁无故群饮的初衷，是为了维护社会治安，防止聚众闹事，维护自身统治，同周公的酒政目的一样。汉初丞相萧何制律规定"三人已上无故群饮，罚金四两"①。古人以"三"为多数，够三人就视为"群"。汉初经济萧条，天子出行都找不到四匹同样颜色的马，人民生活更为贫困。律令偏重限制皇室宗亲及权贵，要勤俭节约，恢复生产。罚金四两在当时的处罚力度算是很重的。在节日、乡聚会、祭祀、帝王大酺日及特定节日等则网开一面，不夺民之乐，文帝登基时"赐民爵一级，女子百户牛酒，酺五日"。司马贞注曰："《说文解字》云：'酺，王者布德，大饮酒也。'出钱为醵，出食为酺。"②此外，景帝、武帝、昭帝、宣帝、明帝、章帝期间都有赐酺记录。皇帝赐酺除饮酒外，还会有肉、帛等其他赏赐，以显仁德、施民泽、饰太平，以此聚拢民意，安定人心，维护统治。赐酺是聚众大饮酒，人虽多但并非混乱无序，是按尊卑有序、长幼相酬的礼俗进行的，也是礼教形式之一，满足了统治者以孝悌治天下的需要。

文帝也考虑过酒醪靡谷问题，下诏曰："无乃百姓之从事于末以害农者蕃，为酒醪以靡谷者多，六畜之食焉者众与？"③武帝时国力强盛，粮食富足，出现了

①（汉）司马迁撰，（南朝宋）裴骃集解，（唐）司马贞索隐，（唐）张守节正义:《史记》卷十《孝文本纪第十》，北京：中华书局，1982年，第417页。

②（汉）司马迁撰，（南朝宋）裴骃集解，（唐）司马贞索隐，（唐）张守节正义:《史记》卷十《孝文本纪第十》，北京：中华书局，1982年，第417页。

③（汉）班固撰，（唐）颜师古注:《汉书》卷四《文帝纪第四》，北京：中华书局，1962年，第128页。

全民宴饮的高潮，上述禁三人以上群饮的律令实已取消。东汉后期社会动荡，天灾人祸频仍，统治者屡次实行酒禁。禁群饮政策颁布易，但监督、执行难，有关文献中律令的执行情况少见，这也是造成汉代饮酒之风盛行，令行难止的原因所在。

禁酒禁饮与赐酒赐饮，是汉代酒政措施张、驰结合的表现，也是天子统治的仁义举措：灾荒时节为减少粮食歉收引起社会动荡而禁酒禁饮，是为"义"；岁谷丰登、皇家喜事则弛禁赐饮、施惠于民，是为"仁"。政道与酒道往往此消彼长，反映了不同时期的社会状况。

2. 天灾禁酤酒。禁群饮是出于政治目的，禁酤酒则是出于经济考量。西汉初期的修养生息，奠定了良好的经济基础，社会经济稳步发展，经济上相对宽松，时人对酒的需求亦随之逐渐增长。随着谷物产量提高，为饮"美酒"，人们不惜多消耗粮食。为避免灾荒时由粮食短缺引发的动荡，在水、旱、虫等自然灾害严重时，朝廷多次发布禁止酤酒诏令。如景帝中元三年（前147）："夏旱，禁酤酒。"[①]东汉桓帝永兴二年（154）："朝政失中，云汉作旱，川灵涌水，蝗虫孽蔓……其禁郡国不得卖酒，祠祀裁足。"[②]献帝时，"时年饥兵兴，操表制酒禁，融频书争之，多侮慢之辞"[③]。曹操常年征战，军队需大量食粮，加之各地闹饥荒，曹操禁酒严厉，时人甚至不敢提"酒"字，孔融因反对禁酒被曹操记恨，加之常和曹操唱反调，后被诛杀。灾荒已过，粮食储备有余后，禁酒政策自行解除。

3. 禁夜乐夜饮范围有限。汉制"禁民夜作"[④]，出于治安考虑，官方对夜间活动严格管控，禁止民众夜间外出走动，《淮南子·时则训》记载："北方之极……颛顼玄冥之所司者二千里。其令曰：申群禁，固闭藏，修障塞，缮关梁，禁外徙，

① （汉）班固撰，（唐）颜师古注：《汉书》卷五《景帝纪第五》，北京：中华书局，1962年，第147页。

② （南朝宋）范晔撰，（唐）李贤等注：《后汉书》卷七《孝桓帝纪第七》，北京：中华书局，1965年，第299–300页。

③ （南朝宋）范晔撰，（唐）李贤等注：《后汉书》卷七十《郑孔荀列传第六十·孔融》，北京：中华书局，1965年，第2272页。

④ （南朝宋）范晔撰，（唐）李贤等注：《后汉书》卷三十一《郭杜孔张廉王苏羊贾陆列传第二十一·廉范》，北京：中华书局，1965年，第1103页。

断罚刑，杀当罪，闭关间，大搜客，止交游，禁夜乐，早闭晏开，以塞奸人，已得执之必固。"①作为社交活动的宴饮，一般在白天进行，禁止不眠不休、夜间作乐。《史记·魏其武安侯列传》记载了魏其侯窦婴宴请丞相田蚡一事："平明，令门下候伺。至日中，丞相不来。魏其谓灌夫曰：'丞相岂忘之哉？'灌夫不怪……丞相卒饮至夜，极欢而去。"②田蚡过午不至，为失礼，高居丞相，却至夜乃归。汉成帝时丞相张禹与弟子戴崇亲厚，"禹将崇入后堂饮食，妇女相对，优人筦弦铿锵极乐，昏夜乃罢"③。由于夜乐的禁令存在，即使是高官贵戚，宴饮尽欢，昏夜时也当罢酒撤宴。

需要说明的是，禁夜乐下夜饮情况不普遍。禁夜乐禁民易，禁权贵难，广陵王刘胥"置酒显阳殿，召太子霸及子女董訾、胡生等夜饮……左右悉更涕泣奏酒，至鸡鸣时罢"④。吏民夜间私自饮酒也难以禁止，《史记·李将军列传》记载了李广私自外出夜饮："尝夜从一骑出，从人田间饮。还至霸陵亭，霸陵尉醉，呵止广。"⑤由于夜间照明不便和禁令的存在，汉代人夜饮并不普遍。

4. 禁私酿私酤的酒榷制度时禁时弛。汉代，酒业与盐铁业一样，利润丰厚，因而政府有专门政策和管理机构，称官酤或酒榷。无论是武帝时的官酿官销，还是昭帝时期的民酿民销，国家都严厉打击私酿私酤的行为。武帝时为战事筹措军费，扩充财政收入，于天汉三年（前98）春二月颁布"初榷酒酤"，由官府进行酒类专卖，控制酒的生产和流通，官酿官卖，私人不得自由酿酒酤卖。汉昭帝时榷酤被废除，"罢榷酤官，令民得以律占租，卖酒升四钱"⑥。王莽时为摆脱财政困

---

① （汉）刘安编，何宁撰：《淮南子集释》卷五《时则训·五位》，北京：中华书局，1998年，第436页。

② （汉）司马迁撰，（南朝宋）裴骃集解，（唐）司马贞索隐，（唐）张守节正义：《史记》卷一百七《魏其武安侯列传第四十七》，北京：中华书局，1982年，第2848页。

③ （汉）班固撰，（唐）颜师古注：《汉书》卷八十一《匡张孔马传第五十一·张禹》，北京：中华书局，1962年，第3349页。

④ （汉）班固撰，（唐）颜师古注：《汉书》卷六十三《武五子传第三十三·广陵厉王刘胥》，北京：中华书局，1962年，第2762页。

⑤ （汉）司马迁撰，（南朝宋）裴骃集解，（唐）司马贞索隐，（唐）张守节正义：《史记》卷一百九《李将军列传第四十九》，北京：中华书局，1982年，第2871页。

⑥ （汉）班固撰，（唐）颜师古注：《汉书》卷七《昭帝纪第七》，北京：中华书局，1962年，第224页。

境，又实行酒榷。东汉末年实行酒类专卖即税酒，官府所得利润丰厚。

税酒是将官酿官销改为民酿民销，由酒业经营者自报数字按官府规定交纳酒税，若不实申报则依法惩处，严厉打击。《汉书·赵广汉传》记载了赵广汉得知权臣霍光之子霍禹私自酿酒，"广汉心知微指，发长安吏自将，与俱至光子博陆侯禹第，直突入其门，搜索私屠酤，椎破卢罂，斧斩其门关而去"①。作为执法者，赵广汉不畏霍禹权势，严厉打击官员私酿私销的行为。随后，当他发现自己的门客私自在长安酤酒，乃驱逐之。

榷酒政策具有一定的积极意义，因酒为非生活必需品，酒业垄断不损害不饮酒人的利益，国家通过榷酒或税酒把豪富手中的财富转移到中央，充盈了国库，调剂了贫富差距，故司马迁说："民不益赋而天下用饶。"②但禁酤政策奏效不明显。需要指出的是，禁酤是禁止卖酒，日常家酿自用不进入市场交易，不属于社会商品，不在禁酒范围之内，且免于课税，因而家庭酿酒很是普遍。汉代女性当垆酿酒、酤酒较为普遍，酿酒成为妇功的一项重要内容，因此女人酿酒成俗，女性用曲酿酒称女酒。再者，禁饮是禁"民"不禁"官"，对皇亲国戚、权贵阶层的限制有限。《汉书·外戚传》记载武帝之母王太后"武帝即位，为皇太后，尊太后母臧儿为平原君，封田蚡为武安侯，胜为周阳侯。王氏、田氏侯者凡三人。盖侯信好酒，田蚡、胜贪，巧于文辞"③。汉成帝"湛于酒色，赵氏乱内，外家擅朝，言之可为于邑。建始以来，王氏始执国命，哀、平短祚，莽遂篡位，盖其威福所由来者渐矣！"④上行下效，"无故饮酒"大量存在，饮酒作乐已成为生活的一部分。

汉代农业生产水平逐步提高，粮食产量不断增加，"百姓安土，岁数丰穰，谷至石五钱，农人少利"⑤。粮食富余促进了酿酒业的发展，人情走动、社会往来

---

① （汉）班固撰，（唐）颜师古注：《汉书》卷七十六《赵尹韩张两王传第四十六·赵广汉》，北京：中华书局，1962年，第3204页。

② （汉）司马迁撰，（南朝宋）裴骃集解，（唐）司马贞索隐，（唐）张守节正义：《史记》卷三十《平准书第八》，北京：中华书局，1982年，第1441页。

③ （汉）班固撰，（唐）颜师古注：《汉书》卷九十七上《外戚传第六十七上·孝景王皇后》，北京：中华书局，1962年，第3947页。

④ （汉）班固撰，（唐）颜师古注：《汉书》卷十《成帝纪第十》，北京：中华书局，1962年，第330页。

⑤ （汉）班固撰，（唐）颜师古注：《汉书》卷二十四上《食货志第四上》，北京：中华书局，1962年，第1141页。

多以酒为媒介，这些都带动了酒的发展。在禁酒与尚酒的循环中，尚酒之风渐露头角，酒这种先秦之前的奢侈品，武帝后逐渐进入寻常百姓家，嗜酒、尚酒之风蔚然兴起。

第二节 魏晋南北朝宴饮中的酒与茶

魏晋南北朝时，政权更迭频繁，社会长期动荡，南北分裂对峙。汉末曹操与其他势力连年征伐，战多休少，魏、蜀、吴三国鼎立，最后归于司马西晋；西晋短暂统一，不久八王生乱，社会凋敝；北方少数民族南迁，中原士族十不存一，越半数南迁；东晋、南朝相对富庶，与北方少数民族政权隔江而治，长期对峙。魏晋南北朝时期，南北交流增多，南方经济发展较快；民族交流增强，多民族相互融合；思想自由开放，玄学兴起，佛教传入并日益兴盛，本土道教得到发展，儒佛道间相互影响。战争不断，生命无常，前途难料，文士们自我意识觉醒，轻礼教，谈玄学，或借酒避祸，或借酒放浪，或借酒斗富，或借酒发泄，通过饮酒来实现物我两忘、回归自然，达到超然脱俗的境界。经济在战争间隙中缓慢发展，民间酿酒兴盛，各地涌现名酒，上至王公贵族，下至黎民百姓，无不与酒发生着密切联系，人们享受美酒、体会酒趣，在酒饮中品味人生真谛，酒与礼、酒与时政、酒与命运结合得日趋紧密。魏晋南北朝时期的酒，在中国酒文化历史上留下了最具特色、最浓墨重彩的一笔，酒，也成为时人追求本质、彰显身份、表达志向的一个渠道。

一、酒曲多样，名酒增多

西汉酒的度数相对较低，《汉书·食货志》记载："一酿用粗米二斛，曲一斛，得成酒六斛六斗。"[①]这是我国酿酒技术史上，有关酿酒原料和成品比数的最早记录。该酿酒比例中曲用量较大，占酿酒用米的一半，说明当时酒曲的糖化发酵力不高。沈括在《梦溪笔谈》中说："（酿酒）若如汉法，则粗有酒气而已，能饮者

---

① （汉）班固撰，（唐）颜师古注：《汉书》卷二十四下《食货志第四下》，北京：中华书局，1962年，第1182页。

饮多不乱，宜无足怪。"①东汉末期，曹操上书献帝"九酝春酒法"，是用曲三十斤，流水五石，酿满九石米，用曲量由过去的50%大幅减少到8%，说明酒曲的发酵能力大幅提高。这种情况下，酿得的酒更醇厚浓烈，度数随之提高。

用酒曲酿酒是中国特色。曲是糖化发酵剂，是发酵引物。酿酒首先要造酒曲。《齐民要术》记述了当时广泛采用的制曲法和酿酒法。小麦是制曲的主要原料，以小麦制作的酒曲有神曲、白醪曲、笨曲三类，神曲得酒率最高，笨曲最低。就神曲中的三斛神曲而言，该曲的用麦量是蒸小麦、炒小麦和生小麦各一斛（十斗为一斛）配制，炒小麦要黄而不焦，生小麦选好的，三者磨细混合，过些时日加水调和制成曲饼，在密闭的环境经加工制成。饼曲较汉之前的散曲进了一大步，更适于复式发酵法，其操作相对复杂，工序也多。神曲用曲一斗能化（俗称杀）米三石，而笨曲一斗仅能杀米六斗，神曲的使用量占酿酒原料的三十分之一，笨曲约为六分之一，消耗原料差距悬殊。由此可见当时的制曲技术在今天仍不过时，对后世酿酒业有很大影响。笨曲是用炒小麦制成，其他工艺相似。除小麦外，以谷子（粟）制成的酒曲叫白堕曲，将生、熟谷料按1∶2比例配制。以小麦、谷（粟）等做成的酒是粮食酒，是酒类主流。稻米、玉米等也可用作制曲原料，制成米酒或黄酒，主要做药酒。

原料与酒曲按不同方法配制，具有不同的功效与用途。不同地区利用各自地理资源，在不同时间酿制出各有特色的好酒。魏晋南北朝时，酒的种类丰富多彩，出现了酿酒大师和名品佳酿，主要有以贡酒闻名的酃酒，酿酒大师酿造的擒奸酒、桑落酒，帝王惦记的山阴甜酒，受众广泛的夏鸡鸣酒等。

1. 酃酒。酃县（今湖南衡阳东）取酃湖之水酿的酒称酃酒，其原料采用糯稻中的精品麻矮糯或大糯（濒临绝种），用曲少，工艺复杂，质量上乘，魏晋时名满天下，是我国历史上最早的名酒，也是我国古代十大贡酒之一。《后汉书》曾记载："酃湖，周回三里。取湖水为酒，酒极甘美。"②西汉邹阳《酒赋》中提及的名酒就有酃酒。酃酒在三国吴时闻名遐迩，左思《吴都赋》介绍江南名产时言"飞

① （宋）沈括撰，金良年点校：《梦溪笔谈》卷三《辩证一》，北京：中华书局，2015年，第23页。

② （南朝宋）范晔撰，（唐）李贤等注：《后汉书》志第二十二《郡国四·荆州·长沙》，北京：中华书局，1965年，第3485页。

轻轩而酌绿酃，方双辔而赋珍羞”[①]。西晋平吴后，将此酒作为战利品献于太庙。晋代文学家张载四百余字的《酃酒赋》，就是皇室贡品美酒衡阳酃酒的写照，成为历史上最早记载名酒的诗赋，赞其“播殊美于圣代，宣至味而大同”[②]。除作为祭祀用酒，两晋南北朝时，酃酒还会被作为贡酒，也是朝廷赏赐、外交馈赠、文人雅宴必备之物，声名显赫。东晋葛洪云：“密宴继集，醽、醁不撤。”[③]北魏郦道元《水经注·耒水》记载：“（酃县）有酃湖，湖中有洲，洲上民居，彼人资以给酿，酒甚醇美，谓之酃酒。”[④]

2. 擒奸酒。又名白堕春醪、鹤觞、骑驴酒，北魏时产自洛阳的名酒。刘白堕是北魏河东（今山西西南部，黄河以东）人，后迁居到洛阳，当时有名的酿酒大师，其所酿之酒，可使人醉一月不醒，胜过以刀枪剑戟伤人。洛阳人喜爱“白堕春醪”，以之作为馈赠亲友的首选礼品，因酒带到千里之外赠人，似仙鹤一飞千里，故别名“鹤觞”。时人出远门主要靠骑驴，又别名“骑驴酒”。《洛阳伽蓝记·法云寺》记载了擒奸酒的得名：“河东人刘白堕善能酿酒。季夏六月，时暑赫晞，以瓮贮酒，暴于日中，经一旬，其酒味不动。饮之香美，醉而经月不醒。京师朝贵多出郡登藩，远相饷馈，逾于千里。以其远至，号曰‘鹤觞’，亦名‘骑驴酒’。永熙年中，南青州刺史毛鸿宾赍酒之藩，路逢贼盗，饮之即醉，皆被擒获，因此复名‘擒奸酒’……游侠语曰：‘不畏张弓拔刀，唯畏白堕春醪。’”[⑤]擒奸酒成为《水浒传》中“智取生辰纲”时盗贼们喝的“白堕春醪”，饮后倒也！

3. 桑落酒。桑叶凋落（农历九、十月间）时以黍米酿造得名，后专指蒲州（今山西运城永济）桑落名酒。《齐民要术》记载其制造方法：“以九月九日日未出前，

---

①（清）严可均编：《全上古三代秦汉三国六朝文》之《全晋文》卷七十四《左思·吴都赋》，北京：中华书局，1958 年，第 1886 页。

②（清）严可均编：《全上古三代秦汉三国六朝文》之《全晋文》卷八十五《张载·酃酒赋》，北京：中华书局，1958 年，第 1949–1950 页。

③（晋）葛洪著，杨明照撰：《抱朴子外篇校笺》卷四十九《知止》，北京：中华书局，1991 年，第 614 页。

④（北魏）郦道元著，陈桥驿校证：《水经注校证》卷三十九《耒水》，北京：中华书局，2007 年，第 916 页。

⑤（北魏）杨衒之撰，周祖谟校释：《洛阳伽蓝记校释》卷第四《城西》，北京：中华书局，2010 年，第 144 页。

收水九斗，浸曲九斗。当日，即炊米九斗为馈（即饭）。下馈注空瓮中，以釜内炊汤，及热沃之；令馈上游水深一寸余便止，以盆合头。"①作为名酒，桑落酒的选料、用水、酿造时间等都有严格要求，风味独特，受人喜爱，为当时名酒，对后世影响较大。郦道元在《水经注·河水》中记载了桑落酒名的来历："民有姓刘名堕者，宿擅工酿，采挹河流，酿成芳酎，悬食同枯枝之年，排于桑落之辰，故酒得其名矣。"②《魏书·汝南王悦传》载，北魏时"清河王怿为元叉所害，悦了无仇恨之意，乃以桑落酒候伺之，尽其私佞"③。这说明桑落酒是权贵心目中的好酒。北周大诗人庾信多次作诗提到桑落酒"蒲城桑叶落，灞岸菊花秋"④，"秋桑几过落，春蚁未曾开"⑤。"桑落"由酒的代称成为专指蒲城的桑落酒。清初，桑落酒的制法失传，改革开放后经重新发掘而再现于世。

4. 山阴甜酒。南北朝时，产自绍兴的名酒，其原料主要是当地的精白米和麦曲，选取十月到来年二月的鉴湖水酿造，其酒液色泽橙黄透明，味道甘甜醇厚。该酒享有盛名，质量稳定，可贮存少则三年，多则一二十年，久藏不坏，愈久弥香。南朝梁元帝萧绎在其所著《金楼子》中称，他少年读书时有"银瓯一枚，贮山阴甜酒"⑥，伴美酒而读，一大乐事。清人梁章钜在《浪迹三谈》中认为，后来的绍兴黄酒就是以这种"山阴甜酒"为基础发展而成的，并说："彼时即名为甜酒，其醇美可知。"⑦

① （北魏）贾思勰著，石声汉校释：《齐民要术今释》卷七《笨曲并酒第六十六》，北京：中华书局，2009 年，第 682 页。

② （北魏）郦道元著，陈桥驿校证：《水经注校证》卷四《河水》，北京：中华书局，2007 年，第 106 页。

③ （北齐）魏收撰：《魏书》卷二十二《孝文五王列传第十·汝南王悦》，北京：中华书局，1974 年，第 593 页。

④ （北周）庾信撰，（清）倪璠注，许逸民点校：《庾子山集注》卷之四《诗·就蒲州使君乞酒》，北京：中华书局，1980 年，第 345 页。

⑤ （北周）庾信撰，（清）倪璠注，许逸民点校：《庾子山集注》卷之四《诗·蒲州刺史中山公许乞酒一车未送》，北京：中华书局，1980 年，第 346 页。

⑥ （南朝梁）萧绎撰，许逸民校笺：《金楼子校笺》卷六《自序篇第十四·萧绎年谱》，北京：中华书局，2011 年，第 1422 页。

⑦ （清）梁章钜撰，陈铁民点校：《浪迹三谈》卷之五《绍兴酒》，北京：中华书局，1981 年，第 481 页。

春酒多在春季酿造，此时万物生发，水质较好，酿造时间较长而口感上佳，多成为佳酿代称。《齐民要术》中记载有正月酿成的秦州春酒、九酝春酒。

上面所述名酒，有以酿酒时节知名的，如桑落酒、春酒等；有以酿酒产地而得名的，如鄝酒、山阴甜酒等；还有酿酒名师酿造的，如擒奸酒、桑落酒等，这些酒多以谷物酿造，质量上乘，各有特色。

二、配制酒养生祛病，葡萄酒独领风骚

魏晋南北朝常见的配制酒，主要有屠苏酒、菖蒲酒、椒柏酒、菊花酒、毕拨酒等。

1.屠苏酒。农历元日全家团聚饮用的节令酒及避疫用的药酒，有避疫温阳、祛风散寒、辟邪健体之效，东汉已有，魏晋南北朝及之后盛行。南宋洪迈的《容斋随笔》载："今人元日饮屠酥酒，自小者起，相传已久，然固有来处。后汉李膺、杜密以党人同系狱，值元日，于狱中饮酒，曰'正旦从小起'。"[1]东晋医学家葛洪在《肘后备急方》中记载了屠苏酒的饮法、配方和令人不感瘟疫的功效，言为汉末名医华佗所创并献给曹操。关于屠苏酒名的来历，多数认为其辟疫气，有"屠绝鬼气，苏醒人魄"之效，故名屠苏酒。《荆楚岁时记》有言："于是长幼悉正衣冠，以次拜贺。进椒柏酒，饮桃汤。进屠苏酒、胶牙饧。下五辛盘。进敷于散，服却鬼丸。各进一鸡子。造桃板著户，谓之仙木。凡饮酒次第，从小起。"[2]之后，元日饮屠苏酒一直是辞旧迎新的节俗之一。屠苏酒于清末民初失传，被品质兼优的绍兴黄酒所替代。

2.菖蒲酒。菖蒲，一种具有毒性的喜水植物，被认为是防疫驱邪的灵草，以其入药，有性温味辛特点，饮之可提神、化痰、理气、活血，对肺胃有益，可健身延年。《荆楚岁时记》载："（五月五日）以菖蒲或镂或屑，以泛酒。"[3]南朝医药学家陶弘景称菖蒲"叶如剑刀"，剑刀有利避邪。端午时节蚊虫出没，菖蒲可预

---

① （宋）洪迈撰，孔凡礼点校：《容斋随笔》之《续笔》卷二《岁旦饮酒》，北京：中华书局，2005年，第233页。

② （南朝梁）宗懔撰，（隋）杜公瞻注，姜彦稚辑校：《荆楚岁时记》，北京：中华书局，2018年，第2页。

③ （南朝梁）宗懔撰，（隋）杜公瞻注，姜彦稚辑校：《荆楚岁时记》，北京：中华书局，2018年，第45页。

防蚊虫叮咬。魏晋南北朝后，端午饮菖蒲酒、挂菖蒲叶辟邪杀毒已成习俗。宋朝之后，菖蒲酒更成为高级滋补药酒。

3. 椒柏酒。渍有花椒和柏叶的酒，具有避邪功效，花椒味香独特，柏叶象征长寿，元日朝贺多用此酒。大诗人庾信在《正旦蒙赵王赉酒》中描写了元日朝贺受赏椒柏酒的喜悦之情："正旦辟恶酒，新年长命杯。柏叶随铭至，椒花逐颂来。"①

4. 菊花酒。汉代已有菊花酒，具有保健功效，时人不仅日常饮用，更成为重阳节俗的必饮之酒。魏晋南北朝时，饮酒酿酒成为时尚，《西京杂记》中载，酿制菊花酒，"菊华舒时，并采茎叶，杂黍米酿之，至来年九月九日始熟，就饮焉，故谓之菊华酒"②。菊花酒不仅益于长寿，据李时珍的《本草纲目》记载，还具有治头风、明耳目、去痿痹、消百病的药用价值。东晋陶渊明称颂"酒能祛百虑，菊为制颓龄"③，陶渊明嗜酒爱菊成痴，达到菊文化的高峰。《荆楚岁时记》载："九月九日，四民并籍野饮宴。按杜公瞻云：九月九日宴会，未知起于何代。然自汉至宋未改。今北人亦重此节。佩茱萸，食饵，饮菊花酒，云令人长寿。"④

5. 毕拨酒。传自西域，在粮食酒内混入干姜、胡椒、石榴汁制作而成，颇具特色。《齐民要术》记载其酿造方法："以好春酒五升；干姜一两，胡椒七十枚，皆捣末；好美安石榴五枚，押取汁。皆以姜椒末，及安石榴汁，悉内着酒中，火暖取温。亦可冷饮，亦可热饮之。温中下气。若病酒，苦，觉体中不调，饮之。能者四五升，不能者可二三升从意。若欲增姜椒亦可；若嫌多，欲减亦可。欲多作者，当以此为率。若饮不尽，可停数日。此胡人所谓荜拨酒也。"⑤毕拨酒具有

① （北周）庾信撰，（清）倪璠注，许逸民点校：《庾子山集注》卷之四《诗·正旦蒙赵王赉酒》，北京：中华书局，1980年，第343页。

② （晋）葛洪撰，周天游校注：《西京杂记》卷第三《戚夫人侍儿言宫中事》，西安：三秦出版社，2006年，第146页。

③ （晋）陶渊明著，丁福保笺注，郭滿、施心源整理：《陶渊明诗笺注》卷二《九日闲居一首》，上海：华东师范大学出版社，2017年，第33页。

④ （南朝梁）宗懔撰，（隋）杜公瞻注，姜彦稚辑校：《荆楚岁时记》，北京：中华书局，2018年，第65页。

⑤ （北魏）贾思勰著，石声汉校释：《齐民要术今释》卷七《笨曲并酒第六十六》，北京：中华书局，2009年，第693–694页。

治病功效，且口感颇佳，受到汉人喜爱。

6. 葡萄酒。魏晋南北朝时，上层人士喜爱葡萄酒，时称蒲桃酒，是酒中珍品，独领风骚。汉朝与西域贸易往来中最受欢迎的物品就有葡萄酒。曹丕喜欢吃葡萄、饮葡萄酒，说葡萄的优点是"甘而不饴，酸而不脆，冷而寒，味长汁多，除烦解渴。又酿以为酒，甘于曲蘖，善醉而易醒"，并以"道之固已流涎咽唾，况亲食之耶"①表达自己的感受。张华说："西域有蒲萄酒，积年不败，彼俗云：'可十年饮之，醉弥月乃解。'"②西晋陆机时已是四季有葡萄酒，其《饮酒乐》曰："蒲萄四时芳醇，琉璃千钟旧宾。夜饮舞迟销烛，朝醒弦促催人。"③南北朝著名文学家庾信《燕歌行》将葡萄酒饮与神仙并论："蒲桃一杯千日醉，无事九转学神仙。"④在上层社会的生活中，葡萄酒少不了身影，魅力日增。当时的葡萄酒，要么来自西域，要么是西域商人于内地酿制，价格昂贵，是少数人享用的奢侈品。

魏晋南北朝时，酿酒方法得以改进，技术提高，酿酒饮酒成为时尚，有养生和祛病功效，配制酒兼具药性。酒随着养生热潮盛行，对日本、朝鲜半岛及后世都产生了深远影响。

三、常禁常开的酒政

魏晋南北朝政权更迭频繁，但对酒的态度，基本延续东汉的税酒制，在灾荒、战争等特殊时期内实行酒禁，禁酒期间又有赐民酺。税酒制向有钱人征收消费税，对平民负担小，有利于社会稳定；另外，税酒制准许私人酿制售卖，为各阶层广泛饮酒创造了条件。税酒制对后世影响非常大，至今仍有沿用。

1. 三国时期灾荒及财政吃紧时常禁酒。酿酒需耗用大量粮食，故灾荒之年，禁酒诏令屡见不鲜。曹操时就明令禁酒，以"七岁让梨"闻名的孔融本人好酒，

---

① （清）严可均编：《全上古三代秦汉三国六朝文》之《全三国文》卷六《文帝·诏群臣》，北京：中华书局，1958年，第1082页。

② （晋）张华著，范宁校证：《博物志校证》卷之五《服食》，北京：中华书局，2014年，第64页。

③ （宋）郭茂倩编：《乐府诗集》卷第七十四《杂曲歌辞十四·饮酒乐》，北京：中华书局，1979年，第1049页。

④ （北周）庾信撰，（清）倪璠注，许逸民点校：《庾子山集注》卷之五《乐府·燕歌行》，北京：中华书局，1980年，第407页。

上书反对曰："天有酒旗之星，地列酒泉之郡，人有旨酒之德，故尧不饮千钟，无以成其圣。"①孔融无视曹操的命令，喝至大醉不说，还写文章进行抨击，结怨曹操，最后被杀。曹丕在位时曾实行榷酤制，由官酿官卖，因而酒的质量不高，被称为"苦酒"。中书监刘放上书言："今官贩苦酒，与百姓争锥刀之末，宜其息绝。"②请求废止酒榷。刘蜀政权也曾实行酒禁。《三国志·简雍传》记载："时天旱禁酒，酿者有刑。吏于人家索得酿具，论者欲令与作酒者同罚。雍与先主游观，见一男女行道，谓先主曰：'彼人欲行淫，何以不缚？'先主曰：'卿何以知之？'雍对曰：'彼有其具，与欲酿者同。'先主大笑，而原欲酿者。"③家有酿酒工具竟欲与酿酒者同罪，可知蜀汉酒禁政策之严厉。孙权在财政紧张时也实行榷酤制度，《三国志·顾雍传》记载在中书吕壹、秦博主持下，"遂造作榷酤障管之利，举罪纠奸，纤芥必闻"④。

2. 西晋税禁结合，常赐民酺。西晋施行税酒，允许私人酿酒酤卖，政府征酒税，灾年时禁酒；在改元或立后、立太子等重大事件时常"赐民酺"，普天同庆。《晋书·武帝纪》记载，晋武帝太康元年（280）"大赦，改元，大酺五日"⑤；《晋书·惠帝纪》中晋惠帝永康元年（300）"立皇后羊氏，大赦，大酺三日"；永兴元年（304）"大赦，赐鳏寡高年帛三匹，大酺五日"。⑥

3. 北魏统一后，酒政相对宽松。《魏书·刑罚志》记载文成帝太安四年（458）"始设酒禁。是时年谷屡登，士民多因酒致酗讼，或议主政。帝恶其若此，故一切

---

① （晋）陈寿撰，（南朝宋）裴松之注，陈乃乾校点：《三国志》卷十二《魏书十二·崔毛徐何邢鲍司马传第十二·崔琰》，北京：中华书局，1982 年，第 372 页。

② （汉）刘熙撰，（清）毕沅疏证，（清）王先谦补，祝敏彻等点校：《释名疏证补》卷第四《释饮食第十三》，北京：中华书局，2008 年，第 145 页。此条更详细记载可参见（唐）元稹著，吴伟斌辑佚编年笺注：《新编元稹集·虫豸诗七篇·蜘蛛三首》，西安：三秦出版社，2015 年，第 4712 页。

③ （晋）陈寿撰，（南朝宋）裴松之注，陈乃乾校点：《三国志》卷三十八《蜀书八·许麋孙简伊秦传第八·简雍》，北京：中华书局，1982 年，第 971 页。

④ （晋）陈寿撰，（南朝宋）裴松之注，陈乃乾校点：《三国志》卷五十二《吴书七·张顾诸葛步传第七·顾雍》，北京：中华书局，1982 年，第 1226 页。

⑤ （唐）房玄龄等撰：《晋书》卷三《帝纪第三·武帝》，北京：中华书局，1974 年，第 71 页。

⑥ （唐）房玄龄等撰：《晋书》卷四《帝纪第四·惠帝》，北京：中华书局，1974 年，第 102 页。

禁之，酿、沽饮皆斩之"①。此次的酒禁政策，非灾非荒，只因粮食丰足，故酒禁严厉，导致"酗讼"和乱议政现象增多，乃为巩固统治。后规定"吉凶宾亲，则开禁，有日程"②，即遇喜庆丧葬事则开禁。不久献文帝即位（466）重申酒禁。孝明帝时内忧外患，国用不足，令"有司奏断百官常给之酒"③，估计粮食歉收，酒禁严厉。之后政权，酒禁也是根据政情时禁时开。

4. 东晋和南朝早中期，酒政以税酒为主、禁酒为辅，逢灾遇荒短暂禁酒。东晋和南朝早中期，皇权势弱，门阀士族握有大量财富，肆意酿酒牟利、饮宴享乐，酒类由政府专卖受到抵制和反对，政府让步以税酒取代榷酤，只灾荒时短暂禁酒。《晋书·孝武帝纪》记载："太元八年（383）十二月，以寇难初平，大赦。……开酒禁。"④《晋书·安帝纪》："隆安五年（401）……是岁，饥，禁酒。……义熙三年（407）……大赦，除酒禁。"⑤东晋会稽王司马道子曾"使宫人为酒肆，沽卖于水侧，与亲昵乘船就之饮宴，以为笑乐"⑥，"酒肆"买卖兴盛。《宋书·文帝纪》："（元嘉）二十一年（444）春正月己亥，南徐、南豫州、扬州之浙江西，并禁酒。……二十二年（445）九月己未，开酒禁。"⑦南朝齐武帝在永明十一年（493）五月下诏，曰："水旱成灾，谷稼伤弊……京师二县、朱方、姑熟，可权断酒。"⑧酒禁禁民难禁官，葛洪《抱朴子·酒诫》分析道："曩者既年荒谷贵，人有醉者相杀，牧伯因此辄有酒禁，严令重申，官司搜索，收执榜徇者相辱，制鞭而死者太半。防之弥峻，犯者至多。至乃穴地而酿，油囊怀酒。民之好此，可谓笃矣。……又临民者虽设其法，而不能自断斯物，缓己急人，虽令不从，弗躬弗亲，庶民弗信。以此而教，教安得行？以此而禁，禁安得止哉！沽卖之家，废业则困，遂修饰赂遗，依凭权右，

①（北齐）魏收撰：《魏书》卷一百十一《刑罚志七第十六》，北京：中华书局，1974年，第2875页。

②（北齐）魏收撰：《魏书》卷一百十一《刑罚志七第十六》，北京：中华书局，1974年，第2875页。

③（北齐）魏收撰：《魏书》卷一百一十《食货志六第十五》，北京：中华书局，1974年，第2861页。

④（唐）房玄龄等撰：《晋书》卷九《帝纪第九·孝武帝》，北京：中华书局，1974年，第232页。

⑤（唐）房玄龄等撰：《晋书》卷十《帝纪第十·安帝》，北京：中华书局，1974年，第254–259页。

⑥（唐）房玄龄等撰：《晋书》卷六十四《简文三子·会稽文孝王道子》，北京：中华书局，1974年，第1734页。

⑦（南朝梁）沈约撰：《宋书》卷五《本纪第五·文帝》，北京：中华书局，1974年，第91–93页。

⑧（南朝梁）萧子显撰：《南齐书》卷三《本纪第三·武帝》，北京：中华书局，1972年，第60–61页。

所属吏不敢问。无力者独止，而有势者擅市。张垆专利，乃更倍售，从其酤买，公行靡惮，法轻利重，安能免乎？"①官府酒禁在执行中也面临禁小不禁大、禁明不禁暗的情况，酒禁难以坚持。侯景之乱，社会经济严重破坏，门阀遭到毁灭性打击。面对现实，陈朝重拾酒类榷酤政策，以期增加财政收入。《陈书·武帝纪》载："（大臣虞荔、孔奂）以国用不足，奏立煮海盐赋及榷酤之科，诏立施行。"②

四、茶饮从药引向饮用保健过渡，由南而北推广

茶的产生很早，但字出现较晚。《尔雅·释木》云："槚，苦茶。郭璞注曰：'树小如栀子，冬生叶，可煮作羹饮。今呼早采者为茶，晚取者为茗。一名荈，蜀人名之苦茶。'"③唐代陆羽在《茶经·一之源》中云："（茶）其名，一曰茶，二曰槚，三曰蔎，四曰茗，五曰荈。"④魏晋时期，"茶"字还未出现和使用，历史上茶、槚、蔎、茗、荈曾为茶的别用字。唐代以前"茶"写作"荼"，自陆羽《茶经》中将"荼"字少写一笔后，"荼"变成"茶"字并一直沿用。为便于理解，本文以茶代"荼"。

1. 汉代茶由药引向茶饮过渡，南方上层社会流行茶饮。我国是茶的故乡，煎茶饮以解毒，传说始于黄帝时代，有"神农始尝百草，始有医药"⑤之说。由此可知，最早的茶（荼）是一种解毒的药用植物。饮茶习俗，源自巴蜀之地。顾炎武《日知录·茶》中有记载："是知自秦人取蜀而后始有茗饮之事。"⑥可见，秦汉时期巴蜀之地已开始了茶的种植和使用。汉王褒《僮约》中有"脍鱼炰鳖，烹茶尽具……牵犬贩鹅，武都买茶"⑦的记载，可见烹茶、买茶在西汉巴蜀已是仆从的日

---

① （晋）葛洪著，杨明照撰：《抱朴子外篇校笺》卷二十四《酒诫》，北京：中华书局，1991年，第584–585页。

② （唐）姚思廉撰：《陈书》卷三《本纪第三·世祖》，北京：中华书局，1972年，第54页。

③ （清）邵晋涵撰，李嘉翼、祝鸿杰点校：《尔雅正义》卷第十五《释木第十四》，北京：中华书局，2017年，第850页。

④ （唐）陆羽著，王麓一编著：《茶经》，北京：中国纺织出版社，2018年，第20页。

⑤ （三国魏）吴普等述，（清）孙星衍、孙冯翼撰，戴铭等点校：《神农本草经·序二》，南宁：广西科学技术出版社，2016年，第4页。

⑥ （清）顾炎武撰，严文儒、戴扬本校点：《日知录》卷七《茶》，上海：上海古籍出版社，2012年，第338页。

⑦ （清）严可均编：《全上古三代秦汉三国六朝文》之《全汉文》卷四十二《王褒·僮约》，北京：中华书局，1958年，第359页。

常劳役。由此亦可推知，在巴蜀产茶区，上层社会已盛行饮茶。出自巴蜀的司马相如、扬雄也留下了有关茶的记载，唐代陆羽《茶经·七之事》记载："司马相如《凡将篇》：'乌喙、桔梗、芫华、款冬、贝母、木檗、蒌、芩草、芍药、桂、漏芦、蜚廉、藋菌、荈诧、白敛、白芷、菖蒲、芒消、莞椒、茱萸。'《方言》：'蜀西南人谓茶曰蔎。'"①长沙马王堆一号墓和三号墓中，有"槚一笥"和"槚笥"的随葬品竹简木牍，说明当时以槚代茶。用成箱的茶叶随葬，说明墓主生前嗜好饮茶，死后以茶陪葬。1954年，长沙魏家大院第四号汉墓（约文景帝年间）里，发掘出一枚石质官印，上有"荼陵"二字，这是西汉时期设置的唯一一个以茶命名的县级行政单位——茶陵县。出土文物说明，长沙上层社会流行饮茶。唐代以后，茶业空前繁荣，茶饮进入寻常百姓家，南北方都很普遍。

2. 魏晋茶饮转向饮用保健。西晋以前，"茶"是一种珍贵的药引和饮料，上层社会多用，之后，自巴蜀向南方继而北方传入。《太平寰宇记》按曹魏时张揖《广雅》云"荆、巴间采茶作饼成，以米膏出之。欲煮饼，先炙令色赤，捣末至瓷器中，以汤浇覆之，用葱姜芼之，即茶始说也"②，介绍了茶，尤其是芼茶的制作、煮饮方式和功效。此时人们煮茶与煮汤无异，饮茶以药用和品茗兼具，先烤再捣，茶末加上葱、姜、橘子等作调味饮，饮茶器具和食具混用。《三国志·韦曜传》中记载了嗜酒的孙皓宠韦曜以茶代酒之事："皓每飨宴，无不竟日，坐席无能否率以七升为限，虽不悉入口，皆浇灌取尽。曜素饮酒不过二升，初见礼异时，常为裁减，或密赐茶荈以当酒，至于宠衰，更见逼强，辄以为罪。"③韦曜参加孙皓举行的宴会，因他不善饮酒，孙皓"或密赐茶荈以当酒"。三国时期，江南地区饮茶进一步盛行，上层社会饮茶已很普遍。孙吴据有东南半壁江山，也是茶业传播和发展的主要区域。

3. 两晋茶饮在南方发展快速，北方多不识茶。《世说新语·纰漏》记录了丞相琅琊人王导不擅饮茶一事："王丞相请先度时贤共至石头迎之，犹作畴日相待，

---

① （唐）陆羽著，王麓一编著：《茶经》，北京：中国纺织出版社，2018年，第113、116页。

② （宋）乐史撰，王文楚等点校：《太平寰宇记》卷一百三十九《山南西道七·巴州》，北京：中华书局，2007年，第2704-2705页。

③ （晋）陈寿撰，（南朝宋）裴松之注，陈乃乾校点：《三国志》卷六十五《吴书二十·王楼贺韦华传第二十·韦曜》，北京：中华书局，1982年，第1462页。

一见便觉有异。坐席竟，下饮，便问人云：'此为茶为茗？'觉有异色，乃自申明云：'向问饮为热为冷耳。'"①王导因饮茶少，不辨茶之优劣，故问是热饮还是冷饮。这从侧面说明了北方茶饮普及不广，只在重大聚会或宴饮中可见。《世说新语》中还记载了东晋名士司徒长王濛以茶待客被称为"水厄"的由来："晋司徒长史王濛好饮茶，人至辄命饮之，士大夫皆患之。每欲往候，必云：'今日有水厄。'"②"水厄"一词初指不习饮茶，后成为嗜茶的代名词。《世说新语》中还记载了太傅褚裒被"作弄"的故事："褚太傅初渡江，尝入东，至金昌亭，吴中豪右燕集亭中。褚公虽素有重名，于时造次不相识别。敕左右多与茗汁，少著粽，汁尽辄益，使终不得食。"褚裒由北入南，吴地豪族不了解他，在宴请中不停给他续茶使他吃不上佐茶的粽子。魏晋时期茶饮在南方盛行，当地豪门名士喜好品茶，常以茶待南渡名士并予以"戏弄"，是因为北方不习茶。此时南方茶饮已较流行。左思《娇女诗》云"止为茶荈据，吹嘘对鼎䥶。脂腻漫白袖，烟熏染阿锡"③，形象描绘了娇女对茶炉吹火的生动形象。《晋书》有言：吾人采茶煮之，曰茗粥。东晋《广州记》载："皋卢，茗之别名。出西平县。叶大而涩，南人以为饮。"④可见两广一带已知饮茶，用皋卢做茶或伴茶饮用。《广陵耆老传》记载："晋元帝时，有老姥，每旦独提一器茗，往市鬻之。市人竞买，自旦至夕，其器不减。所得钱散路傍孤贫乞人。"⑤晋代街市已出现茶水、茶粥买卖等事，类似今天的茶摊。

4. 两晋南北朝，茶饮由南而北推广。南齐秘书丞王肃入降北魏之初，对北方

---

① （南朝宋）刘义庆撰，（梁）刘孝标注，杨勇校笺：《世说新语校笺》卷下《纰漏第三十四》，北京：中华书局，2006 年，第 819 页。

② 周兴陆辑著：《世说新语汇校汇注汇评》附录一《〈世说新语〉佚文》，南京：凤凰出版社，2017年，第 1625 页。

③ （南朝陈）徐陵编，（清）吴兆宜注，程琰删补，穆克宏点校：《玉台新咏笺注》卷二《左思·娇女诗一首》，北京：中华书局，1985 年，第 93 页。

④ （唐）皮日休、陆龟蒙等撰，王锡九校注：《松陵集校注》卷第一《往体诗一十二首·吴中苦雨因书一百韵寄鲁望·校记》，北京：中华书局，2018 年，第 139 页。

⑤ 熊明辑校：《汉魏六朝杂传集》之《南北朝杂传》卷六《广陵耆老传》，北京：中华书局，2017 年，第 2246 页。

的食羊浆酪与南方的鱼羹茶茗有过经典论述，北魏杨衒之在《洛阳伽蓝记》中记：
"肃初入国，不食羊肉及酪浆等物，常饭鲫鱼羹，渴饮茗汁。京师士子道肃一饮
一斗，号为漏卮。经数年已后，肃与高祖殿会，食羊肉酪粥甚多。高祖怪之，谓
肃曰：'卿中国之味也，羊肉何如鱼羹？茗饮何如酪浆？'肃对曰：'羊者是陆产
之最，鱼者乃水族之长。所好不同，并各称珍。以味言之，甚是优劣。羊比齐鲁
大邦，鱼比邾莒小国，唯茗不中与酪作奴。'"①如前文所述，这段文字反映出茶饮
被北人所逐步接受的过程。南北朝时还出现提供喝茶住宿的茶寮，是茶馆的雏形。

　　总之，魏晋南北朝时期，茶以不同方式逐渐进入人们的生活。

第三节　汉魏晋南北朝酒饮的时代风尚

一、"百礼之会，以酒为媒"的汉代宴饮

　　酒在汉代具有重要的象征意义和实际功效，被称作"天之美禄"，不再为鬼
神和贵族所独享，而是快速从上层社会向民间普及，有"百会之礼，以酒为媒"
之说。汉承秦制，吸取秦亡法苛的教训，不再单纯严法苛政，而是以法为后盾，
实行德政，以酒为媒，以此密切君臣关系，恩泽广大百姓；与此同时，酒也渗透
于民间社会交往的各个方面，饮酒、尚酒之风兴起，以酒致礼，以酒助兴，广为
盛行，勾勒出以酒宴调和人伦的差序格局。

　　（一）朝廷宴饮，以酒致礼

　　汉代的饮宴活动，上至朝廷，下至百姓，从官方到民间，都离不开酒的身影，
酒充当着重要的礼敬角色和载体作用。

　　1. 朝觐礼酒宴，尊尊敬上，显威异邦。朝觐是汉代皇帝接受百官、诸侯王、
邦交方等的集体朝贺，"有尊尊敬上之心，为制朝觐之礼"②。《后汉书·礼仪志》
云："每岁首正月，为大朝受贺。其仪：夜漏未尽七刻，钟鸣，受贺。……百官贺

---

　　①（北魏）杨衒之撰，周祖谟校释：《洛阳伽蓝记校释》卷第三《城南》，北京：中华书局，2010年，
第109-110页。

　　②（汉）班固撰，（唐）颜师古注：《汉书》卷二十二《礼乐志第二》，北京：中华书局，1962年，
第1028页。

正月。二千石以上上殿称万岁。举觞御坐前。司空奉羹，大司农奉饭，奏食举之乐。百官受赐宴飨，大作乐。其每朝，唯十月旦从故事者，高祖定秦之月，元年岁首也。"[1]百官饮酒祝寿是成礼的重要组成部分。百官朝贺天子，君臣饮酒共乐，饮酒必不可少。朝堂之上，对饮酒的监督，都由酒监、酒史管理，不许饮酒过度，不许有失礼仪，违者予以惩处，在尽显皇帝尊贵地位的同时，亦维护了朝廷的统治秩序。正如白居易在《叔孙通定朝仪赋》中的慨叹："表一人之贵，知万乘之尊。"[2]规格盛大、礼仪周全的宴请，气氛庄重且严肃，强调了君臣之别，疏离了君臣之情，因而汉代广泛饮用的酒，充当着维系、融洽君臣间的媒介作用。

和睦宗族，亲近群臣。天子家宴，兄弟亦要行君臣礼，否则违礼事大，《汉书·齐悼惠王刘肥传》记载了吕后因齐王刘肥与惠帝如兄弟间平等行礼而起杀心一事："孝惠二年（前193），入朝。帝与齐王燕饮太后前，置齐王上坐，如家人礼。太后怒，乃令人酌两卮鸩酒置前，令齐王为寿。齐王起，帝亦起，欲俱为寿。太后恐，自起反卮。齐王怪之，因不敢饮，阳醉去。"[3]可见皇家饮酒礼仪的重要性。《汉书·窦婴传》记载了景帝款待母弟的家宴："帝弟梁孝王，母窦太后爱之。孝王朝，因燕昆弟饮。是时上未立太子，酒酣，上从容曰：'千秋万岁后传王。'太后欢。婴引卮酒进上曰：'天下者，高祖天下，父子相传，汉之约也，上何以得传梁王！'太后由此憎婴。"[4]此次燕宴因景帝酒后失言，窦婴直言惹太后憎恨，但从侧面说明燕宴是和睦宗族关系的常见方式。汉代叔孙通制礼后等级森严，君臣之间界限分明，为和睦上下关系，重睦亲的宴饮常成为首选方式。《东都赋》中有"皇欢浃，群臣醉"[5]，《东京赋》中的"君臣欢康，具醉熏熏"[6]，都展现了君主与臣

① （南朝宋）范晔撰，（唐）李贤等注：《后汉书》志第五《礼仪中·朝会》，北京：中华书局，1965年，第3130页。

② （唐）白居易撰，顾学颉校点：《白居易集》外集卷下《文·叔孙通定朝仪赋》，北京：中华书局，1979年，第1540页。

③ （汉）班固撰，（唐）颜师古注：《汉书》卷三十八《高五王传第八·齐悼惠王刘肥》，北京：中华书局，1962年，第1987页。

④ （汉）班固撰，（唐）颜师古注：《汉书》卷五十二《窦田灌韩传第二十二·窦婴》，北京：中华书局，1962年，第2375页。

⑤ （南朝宋）范晔撰，（唐）李贤等注：《后汉书》卷四十下《班彪列传第三十下·班固》，北京：中华书局，1965年，第1364页。

⑥ 赵逵夫主编：《历代赋评注·汉代卷·东京赋》，成都：巴蜀书社，2010年，第657页。

下开怀尽饮皆一醉方休的景象。宴饮中，天子以高级别的礼节厚待臣子，臣子以饮醉之态回报天子，以显示对天子的忠诚，双方关系通过宴饮得到改进。宴饮增进了双方的情感交流。

炫耀国势，显威异邦。汉武帝时"设酒池肉林以飨四夷之客"①。《汉书·宣帝纪》记载了甘露三年（前51）呼韩邪单于来朝，"置酒建章宫，飨赐单于，观以珍宝"②。在藩属觐见天子后，天子宴请必不可少，朝觐礼除酒宴款待还会观赏奇珍异宝，以彰显大汉的繁华丰饶和国力雄厚。

2. 征伐校猎以酒劳军慰军。将士征伐，关乎社稷安危，朝廷往往"祖道"送行，设宴拜酒辞行，以激励士气。《汉书·刘屈氂传》记载武帝征和三年（前90）出征一事："贰师将军李广利将兵出击匈奴，丞相为祖道，送至渭桥，与广利辞决。颜师古注曰：'祖者，送行之祭，因设宴饮焉。'"③大军告捷返归，更要庆功，举行饮宴，彰显武功，告于宗庙。《汉书·元帝纪》载建昭四年（前35）春正月，"以诛郅支单于告祠郊庙。赦天下。群臣上寿置酒，以其图书示后宫贵人"④。凡征伐，离不开以酒劳军。征伐之外，平时的校猎练兵，冬闲狩猎娱乐，具有检验、宣扬武功性质，也以酒慰军。班固《西都赋》里畋猎的宏大场面是"陈轻骑以行炰，腾酒车以斟酌，割鲜野食，举燧命醳"⑤，论功行赏，以酒慰军，气氛热烈，好不热闹。

3. 射礼以胜敬负饮明尊卑。射礼，秦汉之前就有，分大射礼和乡射礼，大射礼由皇帝或诸侯王主持，乡射礼则主要是乡大夫比试射箭，有胜者敬、负者饮之

---

① （汉）班固撰，（唐）颜师古注：《汉书》卷九十六下《西域传第六十六下·车师后国》，北京：中华书局，1962年，第3928页。

② （汉）班固撰，（唐）颜师古注：《汉书》卷八《宣帝纪第八》，北京：中华书局，1962年，第271页。

③ （汉）班固撰，（唐）颜师古注：《汉书》卷六十六《公孙刘田王杨蔡陈郑传第三十六·刘屈氂》，北京：中华书局，1962年，第2883页。

④ （汉）班固撰，（唐）颜师古注：《汉书》卷九《元帝纪第九》，北京：中华书局，1962年，第295页。

⑤ （清）严可均编：《全上古三代秦汉三国六朝文》之《全后汉文》卷二十四《班固·西都赋》，北京：中华书局，1958年，第604页。

规，明尊卑之分，示谦恭、揖让之节。《史记·儒林列传》记载了高祖刘邦时期的射礼："及高皇帝诛项籍，举兵围鲁，鲁中诸儒尚讲诵习礼乐……然后诸儒始得修其经艺，讲习大射乡饮之礼。"①《后汉书·礼仪志》载汉明帝"行大射之礼"②。《后汉书·鲍永传》载鲍永为鲁郡太守，"乃会人众，修乡射之礼"③。两汉时期的射礼，仍是以武之名，以酒为媒，表谦恭之节，明尊卑之礼。

4. 大酺赐酒，恩泽百姓。秦汉以降，"赐酺"通常与当朝重大政治事件相关。"赐酺"多逢国家重大的政治喜庆事件，与其他聚饮行为相比，具有普及范围广、与民同乐、持续天数长的特征，是一种超大型的社会性群聚饮宴活动。在京师，天子往往亲临其间，直接参与赐酺活动，以赐酺志庆并推恩，体现"海内太平，欲与民偕乐"的思想；在地方，则是里闾邻右或乡党宗族的集体饮食聚会。乡中的耆老长者，则由官府设宴聚食。皇权以各种酒宴方式，对外显威异邦，对内笼络臣民，构建了宴饮调和人伦的差序格局。

（二）宴饮阶层广泛，相与酒欢

汉代实施的是编户齐民制度，包括地主、自耕农、佣工、雇农等平民，消除了先秦原分封采邑制下国人与野人之异、公民（臣属于国君）与私人（臣属于卿大夫）之别，社会趋向平民化，社交活动更加多元。先秦之前，日常饮酒还只是皇室、臣僚和豪富阶层的生活专利。随着经济的发展、粮食的富足，酿酒业日益繁荣，饮酒成本日益降低，饮酒人增多。

1. 统治阶级相与群饮。作为生物链的最顶层，皇家条件优渥，从不缺酒，名优佳品不在话下。中高级官员俸禄优厚，郡守以上官员年俸折合谷物二千石以上，大致相当于二十家农户的田地收入，加之各种赏赐，日常饮酒普遍。中下级官吏也常饮酒，如《史记·滑稽列传》记载："王先生徒怀钱沽酒，与卫卒仆射

① （汉）司马迁撰，（南朝宋）裴骃集解，（唐）司马贞索隐，（唐）张守节正义：《史记》卷一百二十一《儒林列传第六十一》，北京：中华书局，1982年，第3117页。

② （南朝宋）范晔撰，（唐）李贤等注：《后汉书》志第四《礼仪上·养老》，北京：中华书局，1965年，第3108页。

③ （宋）吴淑撰注，冀勤等点校：《事类赋注》卷之二十四《草部·木部·木》，北京：中华书局，1989年，第482页。

饮，日醉，不视其太守。"①《汉书·朱买臣传》载："直上计时，会稽吏方相与群饮，不视买臣。"②

2. 豪富饮宴普遍。汉代重农抑商，富商地主社会地位低下，与今不同。《史记·货殖列传》记载："凡编户之民……夫用贫求富，农不如工，工不如商，刺绣文不如倚市门，此言末业，贫者之资也……贪贾三之，廉贾五之，此亦比千乘之家……千金之家比一都之君，巨万者乃与王者同乐。"③富贾地位虽低微，但经济优越，日常交游、饮宴较多。

3. 普通民众斗酒自劳。处于下层的农民、平民、私家奴婢等，他们地位低下，生活困苦，饮食不厌糟糠，处于"田家作苦，岁时伏腊，亨羊炰羔，斗酒自劳"④的生活境况。对他们来说，逢节日庆祝，饮酒是一种犒劳和享受。

4. 军中吏卒集体饮乐。汉代国家统一，实力强盛，军队规模不小，不管是战前出征，还是劳军犒赏，饮酒必不可少，群体生活决定了他们群体饮酒的行为特色。《后汉书·寇恂传》记载了东汉开国名将寇恂避开报复者贾复的故事："乃敕属县盛供具，储酒醪，执金吾军入界，一人皆兼二人之馔。恂乃出迎于道，称疾而还。贾复勒兵欲追之，而吏士皆醉，遂过去。"⑤汉代战事不少，士卒集体畅饮必不可少。

5. 普通女性参加宴饮，男女杂坐是常事。汉代女性社会地位较后世为高，她们改嫁再嫁、当垆沽酒并不少见。武帝母亲王娡改嫁当时太子、富家女卓文君私奔后当垆卖酒等不以为怪。汉朝虽有儒家男女之防的礼教限制，但礼教之规在士

---

① （汉）司马迁撰，（南朝宋）裴骃集解，（唐）司马贞索隐，（唐）张守节正义：《史记》卷一百二十六《滑稽列传第六十六》，北京：中华书局，1982年，第3210页。

② （汉）班固撰，（唐）颜师古注：《汉书》卷六十四上《严朱吾丘主父徐严终王贾传第三十四上·朱买臣》，北京：中华书局，1962年，第2792页。

③ （汉）司马迁撰，（南朝宋）裴骃集解，（唐）司马贞索隐，（唐）张守节正义：《史记》卷一百二十九《货殖列传第六十九》，北京：中华书局，1982年，第3274、3282—3283页。

④ （汉）班固撰，（唐）颜师古注：《汉书》卷六十六《公孙刘田王杨蔡陈郑传第三十六·杨恽》，北京：中华书局，1962年，第2896页。

⑤ （南朝宋）范晔撰，（唐）李贤等注：《后汉书》卷十六《邓寇列传第六·寇恂》，北京：中华书局，1965年，第623页。

大夫阶层更为盛行，民间普通女性限制相对较少。社交活动中女性常参与宴饮，日常生活中她们多从事酒酿，饮酒亦不少见。汉初刘邦置酒沛宫，"沛父兄诸母故人日乐饮极欢，道旧故为笑乐"[1]，郑地"男女亦亟聚会"，卫地"男女亦亟聚会，声色生焉，故俗称郑卫之音"[2]。虽具地方特色，但西汉的宴饮聚会、男女欢会杂坐的风气，延续至东汉。东汉光武帝刘秀幸章陵，"置酒作乐，赏赐。时宗室诸母因酺悦，相与语曰：'文叔少时谨信，与人不款曲，唯直柔耳。今乃能如此！'"[3]帝王宴请，男女同饮欢言，畅叙无忌。民间风气，也是男女杂处，饮宴戏谑。东汉哲学家、政论家仲长统曾言："今嫁娶之会，捶杖以督之戏谑，酒醴以趣之情欲，宣淫佚于广众之中，显阴私于族亲之间，污风诡俗，生淫长奸，莫此之甚，不可不断者也。"[4]当时的婚礼宴席上，男女宾客常有杂处戏谑现象。汉代，饮酒遍及日常生活的各个方面，酒在社会交往中的作用日益显著，逐渐成为人际关系的润滑剂，各阶层都会饮酒。饮酒风气与当时人们的迎来送往、交结宾朋的世俗人情，请托权贵等的功利心理密切相关，尤其是东汉中后期，浮华奢侈之风盛行，察举选官制度化，社会普遍逐利求富、邀名结党，东汉王符《潜夫论·浮侈》中描述："今举世舍农桑，趋商贾，牛马车舆，填塞道路，游手为巧，充盈都邑。治本者少，浮食者众。商邑翼翼，四方是极。"[5]交游结党风气兴盛，各阶层饮酒欢会亦蔚为风气。

（三）人生关键礼仪，以酒贯穿始终

人生礼仪，是指人在成年、成家、丧葬等生命过程中，进入或离开社会的几个重大环节时所经历的具有一定仪式的行为过程。人生关键礼仪，主要包括生诞、成人、婚礼和葬礼，这些仪式中都有酒的身影。

①（汉）司马迁撰，（南朝宋）裴骃集解，（唐）司马贞索隐，（唐）张守节正义：《史记》卷八《高祖本纪第八》，北京：中华书局，1982年，第389页。

②（汉）班固撰，王继如主编：《汉书今注》卷二十八下《地理志第八下》，南京：凤凰出版社，2013年，第979页。

③（南朝宋）范晔撰，（唐）李贤等注：《后汉书》卷一下《光武帝纪第一下》，北京：中华书局，1965年，第68页。

④（汉）仲长统撰，孙启治校注：《昌言校注·问题二》，北京：中华书局，2012年，第331页。

⑤（汉）王符撰，（清）汪继培笺，彭铎校正：《潜夫论笺校正》，北京：中华书局，1985年，第120页。

1. 诞子以酒庆贺。"添丁进口"历来是家族大事，婴儿出生，亲朋邻里及好友会送羊酒表示祝贺。《史记·韩信卢绾列传》记载："卢绾亲与高祖太上皇相爱，及生男，高祖、卢绾同日生，里中持羊酒贺两家。"[①]汉高祖刘邦和卢绾于同一天出生，里中（居民社会单位，相当于后世的"坊"）持羊酒贺两家。清代考据学家钱大昕言此处"只是贺生子，非贺生日也"[②]。钱大昕指出，古文献中最早提到生日活动的是南北朝时期的颜之推，其《颜氏家训》中说到，按照儒家礼教，父母去世后，生日是感伤的，借生日设宴欢庆的，被斥为"无教之徒"。南朝梁武帝时，佛教盛行。受佛诞节即"浴佛节"影响，有了过生日概念，为儿童庆生习俗在江南流行。盛唐以后，中华文化看待生日从哀悼转变为欢庆。

2. 成人礼以酒成礼。成人礼指因孩童长大成人、具有进入社会的能力和资格而举行的人生仪礼，男性的成人礼是冠礼，束发戴冠（帽），故称加冠，一般是二十岁举行。冠礼自周朝开始，仪式讲究，过程繁琐，冠礼前做好准备工作：筮日（选冠日）、戒宾（告宾）、筮宾、宿宾、宿赞（冠前三天通过占卜选好正宾和赞冠者）。冠礼开始，主人（一般是受冠者之父）、族亲们着礼服即位后迎宾，主宾各自行礼、还礼后进入堂前东西两侧站好后行加冠礼，分始加（缁布冠）、再加（皮弁冠）、三加（爵弁冠），每次加冠伴有束发、祝辞、加冠、易服环节，每加仪礼大致相似，稍有区别；加冠后是宾醴冠者，即正宾向冠者敬酒（吸取商末酗酒亡国教训，只礼仪场合可行饮酒礼），表示冠者成人，具备了祭祀和饮酒资格；酒礼后冠者见母，意味男子从此脱离家庭，走向社会、朝堂，母庆子为成人；正宾为冠者取字，除国君和父祖外，其他人需称其字，以示尊敬；冠者见在场的赞者、兄弟和姑姊妹，表祝贺和答谢之意；冠者换服后携不同礼物拜见国君、乡大夫和乡先生，禀告成人；最后是醴宾、酬宾、送宾、归俎，在场人员饮酒庆祝冠礼顺利完成，主人以帛、肉酬宾。成人礼的核心是三加、取字、见尊者，以酒礼见证礼成。成人礼是在家庭、社会和国家的共同参与下，以典礼形式见证从孩童过渡

---

① （汉）司马迁撰，（南朝宋）裴骃集解，（唐）司马贞索隐，（唐）张守节正义:《史记》卷九十三《韩信卢绾列传第三十三》，北京：中华书局，1982年，第2637页。

② （清）钱大昕著，杨勇军整理:《十驾斋养新录新注》卷十九《生日》，上海：上海书店出版社，2011年，第378页。

到成人，认清自己角色的转换，承担相应的家庭和社会责任。相比于贵族士大夫，平民的成人礼简单得多。《释名·释首饰》言："二十成人，士冠庶人巾。"[①] 成人的标识是戴头巾而非头冠。

成人礼男子是加冠，女性是笄礼，一般是十五岁左右。女子成年要盘发插笄（簪），故称及笄，其程序类似冠礼，相对简约，由主妇组织、女宾主持，插笄后行醴礼，并取字。封建社会女子的政治地位和社会地位都较低，女子成人主要是"主内"，大多局限于婚姻、家庭，社会领域活动相对较少。

汉朝尊崇儒学，上层行冠礼普遍。汉代"冠礼"在沿袭周朝"冠礼"的基础上有所变化，《后汉书·礼仪志》记载："乘舆初（加）缁布进贤，次爵弁，次武弁，次通天。（冠讫），皆于高祖庙如礼谒。王公以下，初加进贤而已。"[②] 汉朝天子的冠礼较周时多加一冠，而王公以下只加"贤冠"，强调了皇权的至高无上，拉开了冠礼仪式的差距，更彰显出制度的等级性。皇帝冠礼着元服，天子冠礼又称"元服礼"。汉惠帝行冠礼，宣布"赦天下"，首开帝王行冠礼而大赦天下的先河。汉昭帝加冠后，大加赏赐，减免税赋，普天同庆，此外还撰写冠辞，开辟了后世帝王另撰冠辞先例。《汉书·东方朔传》载董偃"至年十八而冠"。汉代规定，庶民只能戴巾帻，不可戴冠，颜色限黑、青两色，故庶人又称为"黔首""苍头"。冠礼中以酒酬宾必不可少，仪式中饮酒以成礼。汉朝后战乱较频，隋唐时"冠礼"已较衰弱，宋、明得到复兴，清朝湮灭。

3. 婚宴具酒食，亲友相贺。周代以前，婚礼并不热闹，无亲友相庆贺之礼。根据《仪礼·士昏礼》记载，婚礼有纳采、问名、纳吉、纳征、请期、亲迎六个步骤，有饮醴酒以成礼之规，但无亲友庆贺，即《礼记·郊特牲》云"昏礼不贺，人之序也"[③]。婚礼是人生正常进入新阶段的仪礼，认为没必要特别祝贺，汉初仍

---

① （汉）刘熙撰，（清）毕沅疏证，（清）王先谦补，祝敏彻等点校：《释名疏证补》卷第四《释首饰第十五》，北京：中华书局，2008年，第158页。

② （南朝宋）范晔撰，（唐）李贤等注：《后汉书》志第四《礼仪上·冠》，北京：中华书局，1965年，第3105页。

③ （清）孙希旦撰，沈啸寰、王星贤点校：《礼记集解》卷二十六《郊特牲第十一之二》，北京：中华书局，1989年，第711页。

禁止婚礼相贺。《史记·魏其武安侯列传》记载，丞相田蚡迎娶燕王女，太后召大家前往相贺："有太后诏，召列侯宗室皆往贺。"[①]田蚡是太后的同母异父弟，官至丞相，身份显赫，其婚礼享特殊恩宠，太后下诏才可庆贺饮宴。冠礼程序繁杂，平民无力操办，但婚礼乃人生大事，百姓嫁娶，设宴饮酒，人之常情，平民百姓也勉力为之，上采民意，致婚礼可相贺。《汉书·宣帝纪》云："秋八月，诏曰：'夫婚姻之礼，人伦之大者也；酒食之会，所以行礼乐也。今郡国二千石或擅为苛禁，禁民嫁娶不得具酒食相贺召，由是废乡党之礼，令民亡（无）所乐，非所以导民也……'"[②]至此，婚礼相贺变得合理合法，成为后世喜宴合法化之滥觞，即今天的凑份子由来。此后，婚礼亲朋饮酒庆贺蔚然成风，《后汉书·王符传》载王符言："而今京师贵戚……其嫁娶者，车轪数里，缇帷竟道，骑奴侍童，夹毂并引。富者竞欲相过，贫者耻其不逮，一飨之所费，破终身之业。"[③]可见汉代婚礼中宴饮风气之盛。

4. 新婚夫妻合卺饮酒，交杯好合。卺是瓠类，纵剖两半后可盛酒，新婚夫妇两人各执其一，交杯共饮，象征合为一体，永结同心，传自周朝。《礼记·昏义》中就有"合卺而酳"的记载："主人筵几于庙，而拜迎于门外。……妇至，婿揖妇以入，共牢而食，合卺而酳，所以合体、同尊卑，以亲之也。孔颖达疏曰：'以一瓠分为两瓢，谓之卺。婿与妇各执一片以酳，故云合卺而酳'。"[④]所以婚礼又称"合卺礼"。饮合卺酒，除用瓠剖开的瓢外，还有专用的合卺杯，形象各异。合卺饮酒，交杯好合，是汉代婚宴中最重要的仪式之一。

5. 士大夫丧葬禁酒肉娱乐。丧礼是生命终点，为寄托哀思，其间不得饮酒食肉，所谓"三年之丧如斩，期之丧如剡。"《礼记·杂记》载曰："丧食虽恶，必

---

①（汉）司马迁撰，（南朝宋）裴骃集解，（唐）司马贞索隐，（唐）张守节正义：《史记》卷一百七《魏其武安侯列传第四十七》，北京：中华书局，1982年，第2849页。

②（汉）班固撰，（唐）颜师古注：《汉书》卷八《宣帝纪第八》，北京：中华书局，1962年，第265页。

③（南朝宋）范晔撰，（唐）李贤等注：《后汉书》卷四十九《王充王符仲长统列传第三十九·王符》，北京：中华书局，1965年，第1635页。

④（清）孙希旦撰，沈啸寰、王星贤点校：《礼记集解》卷五十八《昏义第四十四》，北京：中华书局，1989年，第1417–1418页。

充饥。饥而废事，非礼也；饱而忘哀，亦非礼也。视不明，听不聪，行不正，不知哀，君子病之。故有疾饮酒食肉，五十不致毁，六十不毁，七十饮酒食肉。皆为疑死。……功衰，食菜果，饮水浆，无盐、酪。不能食食，盐、酪可也。"①长辈离世，服丧者安葬及服丧期间禁止娱乐，禁食酒肉，只能蔬食饮水；若身体有病或年七十以上，方可饮酒食肉。皇帝驾崩为大丧，全国禁娱乐禁酒肉。昌邑王刘贺被选入京登基，竟在为昭帝服丧期间"与从官官奴夜饮，湛沔于酒。诏太官上乘舆食如故"②，这成为他被废的诸多理由之一。东汉时张表父丧后几年难抑悲伤，《东观汉记·张表传》记载："张表，字公仪，奉之子也。遭父丧，疾病旷年，目无所见，耳无所闻。服阕，医药救疗，历岁乃瘳。每弹琴恻怆不能成声，见酒肉未尝不泣，宗人亲厚节会饮食宴，为其不复设乐。"③

6. 民间丧葬以酒食娱宾旅。民间丧葬，不同于士大夫丧葬礼仪。《盐铁论·散不足》曰："今俗因人之丧以求酒肉，幸与小坐而责辨，歌舞俳优，连笑伎戏。"④西汉早期丧葬娱宾飨客之风较为多见，禁而不绝，东汉儒家思想已明确确立统治地位，亦难禁此风。崔寔在《政论》中批评厚葬之风："乃送终之家亦大无法度，至用辒梓黄肠，多藏宝货，飨牛作倡，高坟大寝。是可忍也，孰不可忍？而俗人多之，咸曰'健子'！天下跂慕，耻不相逮。"⑤崔寔认为民间丧礼大飨宾客有违儒家礼制，痛心疾首，从侧面反映出民间丧葬崇尚盛飨宾旅，以至"天下跂慕"。对百姓来说，丧礼规模越大则表明孝心越重，在亲朋邻里相帮后难免飨宾饮酒食肉，乃民间人情所好。民俗如此，儒家礼制亦难以约束管制。

酒馔器具普遍随葬。汉人社会存在"事死如事生"的观念，相信死后另有

① （清）孙希旦撰，沈啸寰、王星贤点校：《礼记集解》卷四十一《杂记下第二十一之一》，北京：中华书局，1989 年，第 1100–1101 页。

② （汉）班固撰，（唐）颜师古注：《汉书》卷六十八《霍光金日磾传第三十八·霍光》，北京：中华书局，1962 年，第 2944 页。

③ （汉）刘珍等撰，吴树平校注：《东观汉记校注》卷十六《传十一·张表》，北京：中华书局，2008 年，第 736–737 页。

④ （汉）桓宽撰集，王利器校注：《盐铁论校注》卷第六《散不足第二十九》，北京：中华书局，1992 年，第 353–354 页。

⑤ （汉）崔寔撰，孙启治校注：《政论校注·阙题三》，北京：中华书局，2012 年，第 89 页。

一个生活世界，为孝敬死者，安葬时"厚资多藏，器用如生人"①，备死者享用。《后汉书·礼仪志》记载大丧的陪葬品有："东园武士执事下明器。笥八盛，容三升……瓮三，容三升，醯一，醢一，屑一。黍饴。载以木桁，覆以疏布。甒二，容三升，醴一，酒一。载以木桁，覆以功布。……卮八，牟八，豆八，箧八，形方酒壶八。……瓦酒樽二，容五斗。瓝勺二，容一升。"②这是随葬使用不同容量的酒具组合。考古发现，汉代不仅贵族墓中随葬有大量酒器，平民墓、女性和儿童墓葬也都有酒器随葬。作为秦汉之前贵族奢侈生活和特权象征的酒及酒器，在汉代成为民众的随葬必备物品，反映了汉代人的饮酒风气和时代特征。

宴请是人们借以联络感情和维系人际关系的常见方式，以酒成席，推杯换盏之间，调和人伦、情感交流得以完成，王粲《酒赋》中总结酒的功能很到位："章文德于庙堂，协武义于三军。致子弟之孝养，纠骨肉之睦亲。成朋友之欢好，赞交往之主宾。"③在这种集聚宴饮的场合，人们潜移默化地受到礼仪、礼法的影响，"庶民以为欢，君子以为礼"，为宴饮增添"礼"的文化色彩。汉代本质上继承了周礼，既有周礼"等级""尊卑"等关系的继承，又受酒的催化，逐渐摆脱、淡化了宴饮中的礼仪色彩，不再恪守饮酒有度的古训，谦谦之风减少，转而追求精神享受，饮酒场合随处可见，饮酒形式丰富多彩，上下饮酒之风盛行，以酒助兴、歌舞助娱突出，更多一层豪爽、快乐之风，从一个侧面展示出汉代的公众形态和社会风气，在中国传统饮酒习俗中起到承前启后的作用。今日的许多饮酒习俗，都起源于汉代。

二、汉魏晋名士的豪酒量

汉代处于逐渐用曲代蘖酿酒的阶段，酒的度数不及现代烧酒的度数高，故而汉人饮酒量较今人大得多。汉代文献中，对时人的饮酒量，多以升、斗、斛（石）等容器计量，《汉书·律历志》中曰："量者，龠、合、升、斗、斛也，所以量多

① （汉）桓宽撰集，王利器校注：《盐铁论校注》卷第六《散不足第二十九》，北京：中华书局，1992 年，第 353 页。

② （南朝宋）范晔撰，（唐）李贤等注：《后汉书》志第六《礼仪下·大丧》，北京：中华书局，1965 年，第 3146 页。

③ 赵逵夫主编：《历代赋评注·魏晋卷·酒赋》，成都：巴蜀书社，2010 年，第 60 页。

少也。……合龠为合，十合为升，十升为斗，十斗为斛，而五量嘉矣。"①石为重量单位，汉代多用重量单位的石指代有容量意义的斛，一石为十斗。据近人刘复测量推算，汉代一升容200毫升，一斤重226.7克。②据此，汉一升酒合现代约200毫升，重约453.4克；一斗酒则为2000毫升，重4534克约9斤。汉时的酒为发酵酒，一般不超过20度，配制酒可能不超过10度。以此看，汉代的斗酒相当于现代三瓶多葡萄酒的量。

1. 汉代普通人的酒量，大致在一斗内。汉代四季更换的节俗伏日与腊日，一项重要的活动是饮酒，一般不超过一斗。类似的记载较多，如《后汉纪》云："陈蕃尝为豫章太守，以礼请署功曹，稚为之起，既谒而退。……千里赴吊，斗酒只鸡，藉以白茅，酹毕便退，丧主不得知也。"③古诗十九首《青青陵上柏》言："人生天地间，忽如远行客。斗酒相娱乐，聊厚不为薄。"④由此可见，一般人饮酒一斗左右，便可尽兴。无故多饮或醉酒闹事，官方也会惩罚，《太平经》中记载了惩罚措施："凡人一饮酒令醉，狂脉便作，买卖失职，更相斗死，或伤贼；或早到市，反宜乃归；或为奸人所得，或缘高坠，或为车马所剋贼。推酒之害万端，不可胜记。"为杜绝醉酒失节，"但使有德之君，有教敕明令，谓吏民言：从今已往，敢有市无故饮一斗者，笞三十，谪三日；饮二斗者，笞六十，谪六日；饮三斗者，笞九十，谪九日。各随其酒斛为谪。"⑤处罚的目的在于认识并减少醉酒后的危害，处罚起点为饮一斗酒，可知普通人饮一斗酒多半会醉。《史记·袁盎传》中记载吴王欲杀袁盎，看守袁盎的校尉司马为救其脱围，"使一都尉以五百人围守盎军中。……及袁盎使吴见守，从史适为守盎校尉司马，乃悉以其装赍置二石

①（汉）班固撰，（唐）颜师古注：《汉书》卷二十一上《律历志第一上》，北京：中华书局，1962年，第967页。

②丘光明著：《中国古代度量衡》，北京：商务印书馆，1996年，第112页。

③（晋）袁宏撰，张烈点校：《后汉纪·孝桓皇帝纪下》，北京：中华书局，2002年，第419页。

④（清）沈德潜选：《古诗源》卷四《汉诗·古诗十九首》，北京：中华书局，1963年，第88页。

⑤王明编：《太平经合校》卷五十六至六十四《阙题》，北京：中华书局，2014年，第222–223页。

醇醪，会天寒，士卒饥渴，饮酒醉，西南陬卒皆卧"①。五百人围守八个方位，平均每个方位约六十人，二石醇醪合每人三升多，饥渴加醇酒，饮醉亦不难。

2. 汉个别名士酒量可大至一石（斛）。正如现代常饮酒可长酒量一样，汉代人中不乏豪酒量者。汉末袁绍设宴欢迎经学大儒郑玄，"大会宾客，玄最后至，乃延升上坐。身长八尺，饮酒一斛"②。郑玄名望高，袁绍待其很是敬重："袁绍辟玄，及去，饯之城东，欲玄必醉。会者三百余人，皆离席奉觞，自旦及暮，度玄饮三百余杯，而温克之容，终日无怠。"③郑玄一天饮三百余杯，且不论杯之大小，对年已七十的老人来说，这酒量已很惊人，且郑玄保持大师的本色"温克之容"。这也是后世李白名句"会须一饮三百杯"的典故由来。郑玄酒量大到能饮一斛，是普通人的十倍，令人咋舌，抛去夸张成分，也着实惊人。卢植是东汉末年名臣，作为武将的他酒量甚好："身长八尺二寸，音声如钟。……性刚毅有大节，常怀济世志，不好辞赋，能饮酒一石。"④《汉书·韩延寿传》记载韩延寿坐弃市，"吏民数千人送至渭城，老小扶持车毂，争奏酒炙。延寿不忍距逆，人人为饮，计饮酒石余"⑤。韩延寿临刑前慷慨无忌，饮酒无节，量至"石余"，此为特殊情况。

3. 魏晋名士酒量以斗起步。魏晋名士以竹林七贤为代表。竹林七贤据《晋书·嵇康传》记载是"陈留阮籍、河内山涛，豫其流者河内向秀、沛国刘伶、籍

---

① （汉）司马迁撰，（南朝宋）裴骃集解，（唐）司马贞索隐，（唐）张守节正义:《史记》卷一百一《袁盎晁错列传第四十一》，北京：中华书局，1982年，第2743页。

② （南朝宋）范晔撰，（唐）李贤等注:《后汉书》卷三十五《张曹郑列传第二十五·郑玄》，北京：中华书局，1965年，第1211页。

③ （南朝宋）刘义庆撰，（梁）刘孝标注，杨勇校笺:《世说新语校笺》上《文学第四》，北京：中华书局，2006年，第170页。

④ （南朝宋）范晔撰，（唐）李贤等注:《后汉书》卷六十四《吴延史卢赵列传第五十四·卢植》，北京：中华书局，1965年，第2113页。

⑤ （汉）班固撰，（唐）颜师古注:《汉书》卷七十六《赵尹韩张两王传第四十六·韩延寿》，北京：中华书局，1962年，第3216页。

兄子咸、琅邪王戎，遂为竹林之游，世所谓'竹林七贤'也"①。竹林七贤的领军人物阮籍是一饮二斗，山涛是八斗止饮，刘伶则自称"天生刘伶，以酒为名。一饮一斛，五斗解酲"②，五斗才刚解酒瘾。东晋名臣周颛"在中朝时，能饮酒一石，及过江，虽日醉，每称无对"，后来官至尚书仆射，"略无醒日，时人号为'三日仆射'"。③时风尚酒，名士更得好酒量才可引领潮流。

三国两晋时期，度量衡基本沿袭汉制。两晋短暂统一后进入更加动荡的南北朝，南北朝时度量衡有了显著变化，丘光明总结有两大特点："（1）单位量值增长速度为历朝之冠。其200年间，尺度、容量和权衡单位量值的增长率占两千多年封建社会总增长率的一半以上。（2）制度混乱。各个时期、各个地区量值相差悬殊的现象十分突出。"④《隋书·律历志》言："梁、陈依古。齐以古升一斗五升为一斗。"⑤此处的"古"指的是汉制。北魏每升"于古二而为一"，缩水一倍。此为后话。

魏晋南北朝时期，除了南北朝度量衡变化剧烈，汉魏晋则大体一致。从这个角度看，魏晋名士的酒量至少是汉代的二至八倍，确实是碾压前人、风华绝代。

三、汉魏晋休闲的园宴与游宴流行

汉末征伐不断，战乱不休，儒学衰微，玄学、老庄之学兴起，频繁的战争，扩大了文人的活动范围，从厅堂、园林到野外，优美的自然环境进入他们的视野，文人将目光逐渐从朝堂之上转移到自然界的山水之中，重心从治国转移到愉悦自我，注重生活享受和生命体验，追求精神欢愉和置身自然山水的恬淡、闲适。园宴的清新环境、游宴的山水风光带动了预宴者的兴致，广受欢迎和喜爱。

---

① （唐）房玄龄等撰：《晋书》卷四十九《列传第十九·嵇康》，北京：中华书局，1974年，第1370页。

② （唐）房玄龄等撰：《晋书》卷四十九《列传第十九·刘伶》，北京：中华书局，1974年，第1376页。

③ （唐）房玄龄等撰：《晋书》卷六十九《列传第三十九·周颛》，北京：中华书局，1974年，第1851页。

④ 丘光明著：《中国古代度量衡》，北京：商务印书馆，1996年，第123页。

⑤ （唐）魏徵等撰：《隋书》卷十六《志第十一·律历上·嘉量》，北京：中华书局，1973年，第410页。

（一）园宴

汉代园林规模扩大，成为宴饮聚会的好去处。梁王常在其封地兔园举行聚会，宴饮赋诗，历史留名。汉魏晋南北朝，除兔园宴聚外，以金谷园宴和华林园宴最负盛名。

1. 金谷园宴。金谷园是西晋官员、富豪石崇修建的别墅园林，依邙山、临谷水而建，园内楼台亭阁，修竹亭亭，百花竞艳，茂树郁郁，池沼碧波，交辉掩映，犹如天宫琼宇。贾后擅权时，石崇阿附外戚贾谧，经常在园内举办以贾谧为首的"二十四友"聚宴，成员包括大名鼎鼎的左思、潘岳、陆机、刘琨等人，但大多是"贵游豪戚浮竞之徒"，政治名声不佳，除了吃喝玩乐，文人之间难免诗赋酬酢，作有《金谷雅集》，但现存篇数不多。《世说新语》记载了爱斗富的石崇，常在金谷园中设宴豪饮，以美女劝酒，客不饮则杀劝酒者，这种草菅人命的故事："石崇每要客燕集，常令美人行酒；客饮酒不尽者，使黄门交斩美人。王丞相与大将军尝共诣崇，丞相素不能饮，辄自勉强，至于沉醉。每至大将军，固不饮以观其变，已斩三人，颜色如故，尚不肯饮。丞相让之，大将军曰：'自杀伊家人，何预卿事！'"①在土豪权贵眼中，女婢只是私有财产，竟至于任意物化处理。

2. 华林园宴。华林园是东汉、曹魏、西晋及北魏时期显赫的皇家园林，东汉时名"芳林园"，曹魏加以扩建，并更名"华林园"，是继秦汉"一池三山"模式后仿仙山模式建造的新皇家园林，西晋、北魏继之，并修旧增新。园中植物丰富，包含来自西域和南方的品种。时皇帝常临幸、宴集，其中以晋武帝华林园宴集最为有名。晋武帝常在华林园举办宴集、射箭等活动，席间群臣赋诗，武帝品鉴，《晋书·应贞传》载："（晋武）帝于华林园宴射，贞赋诗最美。"②魏末北方华林园毁于战火。晋室南渡后，在东吴旧苑基址修建园林，仍名"华林园"。之后各朝依次承袭，不时增建，成为南朝有名的皇家园林。梁武帝时国势最盛，君臣常于此

① （南朝宋）刘义庆撰，（梁）刘孝标注，杨勇校笺：《世说新语校笺》下《汰侈第三十》，北京：中华书局，2006 年，第 785 页。

② （唐）房玄龄等撰：《晋书》卷九十二《列传第六十二·文苑·应贞》，北京：中华书局，1974 年，第 2370 页。

地宴集、诗赋唱和，刘孝绰的《三日侍华安殿曲水宴诗》、庾信的《华林园马射赋》等描写了华林园宴集的盛况。此外陈朝宠臣侯安都曾借华林园设宴示宠，《隋书·五行志》记载南朝"陈司空侯安都，自以有安社稷之功，骄矜日盛，每侍宴酒酣，辄箕踞而坐"[①]。侯安都自恃有功常向皇帝借华林园宴请，后以貌不恭被赐死，下场悲惨。陈被灭时华林园随之化为乌有。

（二）游宴

游宴也称野宴，指官僚同属、亲朋好友外出游玩，在野外进行的宴饮。游宴环境不同于朝堂庭院，以优美的自然风光为主。汉末三国间，曹操及其文人集团在战争间隙，常在野外宴聚，吟诗作赋，放松身心，南皮游宴等活动孕育了"文学自觉"的种子，推动了文学自觉的进程，也促进了人的觉醒。

清代郎廷极在《胜饮编》中，专门谈到宴饮环境的重要性，以"良时""胜地"两节论述宴饮环境美的必要性。"良时"，是清和景明、明月高照，是风和日丽、欢喜佳节等好天气好日子；"胜地"，是不同于庭院室内的广阔天地，别有一番情趣。[②]野外宴饮，亭台上、竹林下、舟船内、曲水边等各有特色。

1. 亭台宴。曹操修成铜雀台时，在此大宴群臣，席间文赋歌颂必不可少，曹植下笔成章，写就《铜雀台赋》，得到曹操赞赏。孙权曾于武昌临钓台饮宴大醉，令人"以水洒群臣曰：'今日酣饮，惟醉坠台中，乃当止耳。'昭正色不言，出外车中坐。权遣人呼昭还，谓曰：'为共作乐耳，公何为怒乎？'昭对曰：'昔纣为糟丘酒池长夜之饮，当时亦以为乐，不以为恶也。'权默然，有惭色"[③]。楼台高阁，视界高远，天宇茫茫，置身其中，必不同于平地，心情舒畅。南朝时登高宴饮成为一种风尚，齐武帝曾下诏"九日出商飙馆登高宴群臣"[④]，九月九日重阳日更是要登高赏菊宴饮，成为普遍的社会风俗。西晋末年，迫于内迁的北方少数民

①（唐）魏徵等撰：《隋书》卷二十二《志第十七·五行上·貌不恭》，北京：中华书局，1973年，第624页。

②（清）郎廷极著：《胜饮编》（上），上海：进步书局，1919年，第1—6页。

③（晋）陈寿撰，（南朝宋）裴松之注，陈乃乾校点：《三国志》卷五十二《吴书七·张顾诸葛步传第七·张昭》，北京：中华书局，1982年，第1221页。

④（南朝梁）萧子显撰：《南齐书》卷三《本纪第三·武帝》，北京：中华书局，1972年，第54页。

族的战争与内政腐败，北方士族大量南迁，南渡后常心怀故国，闲暇时到城外长江边的新亭宴饮，成为他们思念故土的方式。《晋书》记载了少有贤名的周颢"风景不殊，举目有山河之异"①之叹，举座落泪，忧思感伤，王导的厉声喝问"当共戮力王室，克复神州，何至作楚囚相对泣邪"②犹如当头棒喝，众人羞愧乃振作。新亭因此名声大振。不过，北方终未收复，新亭宴饮却因着有了与众不同的意义，具有客座他乡、不忘故土的情感寄托和文化意义。对于六朝人而言，新亭是宴集、饯行、迎宾之所，也是慰藉、思乡的代名词。

2. 竹林宴。竹林宴因魏晋之际的"竹林七贤"常在竹林聚饮而得名。司马氏代曹夺取政权后，为巩固统治，大力倡导儒学，对同情曹魏、不愿为司马氏服务的玄学名士极力打压，动辄杀害。为苟全性命，一些名士借以遨游山林，饮酒作乐，远离政治迫害，其中最出名的就是"竹林七贤"。"竹林七贤"的共同特点是好酒，饱读诗书，各有所长。阮籍是音乐大咖，《广陵散》为天下绝响，为躲避晋武帝司马氏联姻，竟一醉六十余日；刘伶随身携带酒壶，历史形象是"常乘鹿车，携一壶酒，使人荷锸而随之，谓曰'死便埋我'"③。七子常在竹林相会，弹唱赋诗，聚众而饮。竹林宴也成为后来画家绘画的原本及世间千古流传的佳话。

3. 流觞宴。魏晋后，上巳节固定为三月三日，祭祀被禊等内容逐渐淡出，踏青、饮宴、游乐等成为主要内容，其中以东晋王羲之在兰亭的流觞宴最为有名。王羲之《兰亭集序》开篇即言："暮春之初，会于会稽山阴之兰亭，修禊事也。群贤毕至，少长咸集。此地有崇山峻岭，茂林修竹，又有清流激湍，映带左右，引以为流觞曲水。列坐其次，虽无丝竹管弦之盛，一觞一咏，亦足以畅叙幽

---

① （南朝宋）刘义庆著，（南朝梁）刘孝标注，余嘉锡笺疏，周祖谟等整理：《世说新语笺疏》卷上之上《言语第二》，北京：中华书局，2007 年，第 111 页。

② （唐）房玄龄等撰：《晋书》卷六十五《列传第三十五·王导》，北京：中华书局，1974 年，第 1747 页。

③ （唐）房玄龄等撰：《晋书》卷四十九《列传第十九·刘伶》，北京：中华书局，1974 年，第 1376 页。

情。"①上巳日，人们相约山水溪边，举杯畅饮，逐酒杯于溪上任其漂流，漂到谁面前谁需赋诗一首，赋不出诗则罚酒，《兰亭集》以书圣和畅叙幽情而名声大噪。这种流杯游宴的方式为后世文人所沿用。此风在唐尤甚，至宋渐无闻。

4. 舟船宴。南方多水域，乘舟而行，欣赏沿岸风景和江海波光，临水而宴别有风致。《三国演义》中诸葛亮宴鲁肃，草船借箭千古流芳。三国吴时郑泉的愿望是舟中快饮："愿得美酒满五百斛船，以四时甘脆置两头，反覆没饮之，惫即住而啖肴膳。酒有斗升减，随即益之，不亦快乎！"②东晋权臣桓玄船上设宴招待王忱："桓南郡（桓玄）被召作太子洗马，船泊荻渚；王大（忱）服散后已小醉，往看桓。桓为设酒，不能冷饮，频语左右令'温酒来'，桓乃流涕呜咽。王便欲去，桓以手巾掩泪，因谓王曰：'犯我家讳，何预卿事。'"③南朝宋明帝时期的阮佃夫"于宅内开渎东出十许里，塘岸整洁，泛轻舟，奏女乐"④。且行且宴，是南朝人的一大乐事。

汉魏晋南北朝游宴风行，此外，曹丕曹植兄弟的西园游宴、谢氏家族的乌衣游宴等，北魏文成帝的辽西黄山宫游宴等，慰劳、寻访、游历等不一而足，但多以游乐为主，开启了不同于以往人情宴饮的休闲游乐新方式。

四、东晋后茶宴初盛，提倡养廉

魏晋南北朝是我国历史上极为特殊的一个时期，政权更替频繁，南北方差异显著。儒学不再一家独大，佛教在南方开始盛行。士子思想上的苦闷，催生了老庄与清谈的盛行。西晋短暂的大一统（公元280年灭吴至316年晋室南迁，仅37年），使得豪门大族以张扬奢侈、攀比奢靡来粉饰太平；大道至简，物极必反，疯狂的奢靡后，东晋出现了简约的茶宴，以茶代酒，提倡养廉。

---

① （宋）桑世昌集，白云霜点校：《兰亭考》卷一《兰亭修禊序》，杭州：浙江人民美术出版社，2019 年，第 12 页。

② （晋）陈寿撰，（南朝宋）裴松之注，陈乃乾校点：《三国志》卷四十七《吴书二·吴主传第二》，北京：中华书局，1982 年，第 1129 页。

③ （南朝宋）刘义庆撰，（梁）刘孝标注，杨勇校笺：《世说新语校笺》下《任诞第二十三》，北京：中华书局，2006 年，第 684 页。

④ （唐）李延寿撰：《南史》卷七十七《列传第六十七·阮佃夫》，北京：中华书局，1975 年，第 1922 页。

1. 西晋宴饮豪奢斗富，甚于天灾。西晋豪门斗富，史留恶名。《世说新语·汰侈篇》记载："（晋）武帝尝降王武子家，武子供馔，并用琉璃器。婢子百余人，皆绫罗绮褥，以手擎饮食。烝猳肥美，异于常味。帝怪而问之，答曰：'以人乳饮猳。'帝甚不平，食未毕，便去。"[1] 王武子是晋武帝的女婿，食器用琉璃（贵过金银），更荒谬荒唐的是以人乳喂养乳猪然后蒸之食用。作为主政者的晋武帝，未有厉语，未加指责，只是不高兴地离席而去。更有甚者，晋武帝还资助舅父王恺与石崇争豪，助长了社会斗富、糜奢风气。皇亲国戚如此，大臣何曾是"食日万钱，犹曰无下箸处"[2]，其子何劭史称"骄奢简贵，亦有父风。衣裘服玩，新故巨积。食必尽四方珍异，一日之供以钱二万为限。时论以为太官御膳，无以加之。然优游自足，不贪权势"[3]。一万钱的食饮还抱怨无下筷之处，其子更是有过之而无不及，难怪当时的大臣傅玄愤怒而言："奢侈之费，甚于天灾！"[4] 权贵豪门在生活中讲究排场、追求创新、奢侈浪费，极大败坏了社会风气，有识之士针对其危害提出"养廉"，以茶为宴、以茶待客成为士人社交、待客的一股清流。

2. 东晋后兴起茶宴，推崇俭行。东晋著名的权将桓温，将茶宴视为俭行。《晋书》记载桓温喜茶："温性俭，每宴惟下七奠盘茶果而已。"[5] 任扬州太守时，桓温常以茶代酒，宴请客人，以示"清廉"。东晋廉臣陆纳与桓温相类，《晋书》记载陆纳辞别桓温道："'公致醉可饮几酒？食肉多少？'温曰：'年大来饮三升便醉，白肉不过十脔。卿复云何？'纳曰：'素不能饮，止可二升，肉亦不足言。'后伺温闲，谓之曰：'外有微礼，方守远郡，欲与公一醉，以展下情。'温

---

① （南朝宋）刘义庆著，（南朝梁）刘孝标注，余嘉锡笺疏，周祖谟等整理：《世说新语笺疏》卷下之下《汰侈第三十》，北京：中华书局，2007年，第1029页。

② （唐）房玄龄等撰：《晋书》卷三十三《列传第三·何曾》，北京：中华书局，1974年，第998页。

③ （唐）房玄龄等撰：《晋书》卷三十三《列传第三·何曾·何劭》，北京：中华书局，1974年，第999页。

④ （唐）房玄龄等撰：《晋书》卷四十七《列传第十七·傅玄·傅咸》，北京：中华书局，1974年，第1324页。

⑤ （唐）房玄龄等撰：《晋书》卷九十八《列传第六十八·桓温》，北京：中华书局，1974年，第2576页。

欣然纳之。时王坦之、刁彝在坐，及受礼，唯酒一斗，鹿肉一盘，坐客愕然。纳徐曰：'明公近云饮酒三升，纳止可二升，今有一斗，以备杯勺余沥。'温及宾客并叹其率素，更敕中厨设精馔，酣饮极欢而罢。"①陆纳赴外任前量度请客，只少不多，其俭约令人感叹。

3. 茶宴相对酒肉之宴，素食居多，倡导节俭。《事类赋注》记载了陆纳杖罚撤其茶宴的侄子："为吴兴太守时，卫将军谢安尝欲诣纳，纳兄子俶怪纳无所备，不敢问，乃私为具。安既至，纳所设唯茶果而已。俶遂陈盛馔，珍羞必具。及安去，纳杖俶四十，云：'汝既不能光益叔父，奈何秽吾素业？'"②陆纳在大咖谢安拜访他时，只以茶果款待，他的侄儿陆俶觉得寒酸，便准备了美味佳肴。谢安走后，陆纳以其坏己"素业"而责罚他。自此时代，以茶代酒，以茶为宴，以茶示廉，以茶养廉，便在上层士人群体中开始流传。

宴饮中茶和酒有着截然不同的氛围。中国古话道出茶茗与酒饮之别："茶如隐逸，酒如豪士。酒以结交，茶当静品。……茶须静品，而酒则须热闹……饮茶以客少为贵，客众则喧，喧则雅趣乏矣。"酒宴讲喧闹，而茶宴重逸趣。魏晋时期，人们对酒与茶已赋以不同的文化品味。

五、魏晋南北朝各阶层嗜酒成风

魏晋南北朝是我国历史上饮酒相对突出、疯狂的时期，上至帝王，下至贫民，嗜酒不辍，士大夫放浪形骸，从而形成了历史上特有的整个社会阶层饮酒成风的现象。经济发展，粮食增产，为酿酒、饮酒提供了丰厚的物质基础。自汉以降，除了贵族仕宦，平民也饮酒广泛。晋代之后，酒在人们的生活中价值日益多元，成为社会交往中增进友谊、扩大交往、调和人伦、表达情感、寄托理想之不可或缺的琼浆玉液。

1. 君王嗜酒，不沉湎者掌时局。三国时孙权年纪虽轻，但已执掌东吴大政，

---

① （唐）房玄龄等撰：《晋书》卷七十七《列传第四十七·陆晔·陆纳》，北京：中华书局，1974 年，第 2027 页。

② （宋）吴淑撰注，冀勤等点校：《事类赋注》卷十七《饮食·茶》，北京：中华书局，1989 年，第 349 页。

与老谋深算的曹操、刘备较量而不落下风，政绩斐然，以至曹操有"生子当如孙仲谋"①的慨叹，这与他虽嗜酒但不沉湎的自我克制有关。孙权富有政治远见，为保东吴周全，能屈能伸，既能联刘结盟抗曹，又能翻脸夺回荆州，还能俯首曹魏称臣，这样一个有儒雅外表的能君，喝酒劝酒方式也颇为剽悍。如上文《三国志》中记载的关于孙权宴饮群臣的故事，"昭对曰：'昔纣为糟丘酒池长夜之饮，当时亦以为乐，不以为恶也。'"孙权意识到问题的严重性，故有惭愧之色，想其此后必有收敛。②喝酒要喝到从高台上掉下去方能尽兴，劝酒方式着实霸气。对于饮酒装醉之人不容忍，对臣属的忠言逆耳却能听从，可见孙权对酒的喜爱及酒品的看重。孙权虽嗜酒喜酒，但不沉湎，靠着超强的自制力，创造了骄人政绩。曹丕称帝后嗜饮，盖闻"千钟、百觚，尧、舜之饮也。唯酒无量，仲尼之能也。姬旦酒肴不彻，故能制礼作乐。汉高婆娑巨醉，故能斩蛇鞭旅"③。诗人曹丕效仿古代的先贤君王之好饮，常与大臣欢酒，但不沉湎，执政期间经济向好，史书评价："文帝天资文藻，下笔成章，博闻强识，才艺兼该；若加之旷大之度，励以公平之诚，迈志存道，克广德心，则古之贤主，何远之有哉！"④曹丕有文采，有政绩，若能再大度些，几可媲美先贤君主。威震西域的后凉帝王吕光，酒酣时亦能听政，一次大宴群臣后，"酒酣，语及政事。时刑法峻重，参军段业进曰：'严刑重宪，非明王之义也。'光曰：'商鞅之法至峻，而兼诸侯；吴起之术无亲，而荆蛮以霸，何也？'业曰：'明公受天眷命，方君临四海，景行尧舜，犹惧有弊，奈何欲以商申之末法临道义之神州，岂此州士女所望于明公哉！'光改容谢之，

---

①（晋）陈寿撰，（南朝宋）裴松之注，陈乃乾校点：《三国志》卷四十七《吴书二·吴主传第二》，北京：中华书局，1982年，第1119页。

②（晋）陈寿撰，（南朝宋）裴松之注，陈乃乾校点：《三国志》卷五十二《吴书七·张顾诸葛步传第七·张昭》，北京：中华书局，1982年，第1221页。

③（晋）葛洪著，杨明照撰：《抱朴子外篇校笺》卷二十四《酒诫》，北京：中华书局，1991年，第588页。

④（晋）陈寿撰，（南朝宋）裴松之注，陈乃乾校点：《三国志》卷二《魏书二·文帝纪第二》，北京：中华书局，1982年，第89页。

于是下令责躬，及崇宽简之政”[1]。吕光在酒酣之际仍能听劝，不因臣下直言而怪罪或杀害。时局动荡，君王虽嗜酒但能保持清醒头脑，克制自己，不因嗜饮而酿祸事。

2. 君王嗜酒，湎于酒者误事亡国。三国时孙坚年少有为，其后代孙皓主政时，粗暴骄盈，多忌讳，好酒色：“初，皓每宴会群臣，无不咸令沉醉。置黄门郎十人，特不与酒。侍立终日，为司过之吏。宴罢之后，各奏其阙失，迕视之咎，谬言之愆，罔有不举。大者即加威刑，小者辄以为罪。后宫数千，而采择无已。又激水入宫，宫人有不合意者，辄杀流之。或剥人之面，或凿人之眼。”[2]孙皓沉湎于酒，设置黄门郎，职责是席间不饮酒专门查检醉酒有过失的官员，对大者施以严刑，小者记罪过。孙皓后宫庞大仍不断选民女入宫，对不合意者处罚残酷，致上下离心，亡国日近。此外孙皓在喝酒劝酒方面也很激烈：“皓每飨宴，无不竟日，坐席无能否率以七升为限，虽不悉入口，皆浇灌取尽。曜素饮酒不过二升，初见礼异时，常为裁减，或密赐茶荈以当酒，至于宠衰，更见逼强，辄以为罪。”[3]吴主孙皓宴客，对不善饮酒者或饮不够量的，都灌酒劝尽。韦曜是四朝重臣，不善饮酒，孙皓暗中赐茶以当酒，这也是以茶代酒的典故由来。后来孙皓认为韦曜不受命，嫌隙忿恨之下，诛杀了韦曜。前赵皇帝刘曜文武双全，大战之前酣饮致落马，结局悲惨。《晋书》记载：“曜少而淫酒，末年尤甚。勒至，曜将战，饮酒数斗，常乘赤马无故跼顿，乃乘小马。比出，复饮酒斗余。至于西阳门，㧑阵就平，勒将石堪因而乘之，师遂大溃。曜昏醉奔退，马陷石渠，坠于冰上，被疮十余，通中者三，为堪所执，送于勒所。”[4]刘曜盲目自负，大战前滥饮导致昏醉落马，马陷石渠，坠于冰上被俘。著名的亡国之君南唐后主陈叔宝，主

---

① （唐）房玄龄等撰：《晋书》卷一百二十二《载记第二十二·吕光》，北京：中华书局，1974年，第3058页。

② （晋）陈寿撰，（南朝宋）裴松之注，陈乃乾校点：《三国志》卷四十八《吴书三·三嗣主传第三·孙皓》，北京：中华书局，1982年，第1173页。

③ （晋）陈寿撰，（南朝宋）裴松之注，陈乃乾校点：《三国志》卷六十五《吴书二十·王楼贺韦华传第二十·韦曜》，北京：中华书局，1982年，第1462页。

④ （唐）房玄龄等撰：《晋书》卷一百三《载记第三·刘曜》，北京：中华书局，1974年，第2700页。

政后常日夜饮，《南史·陈本纪》记载："后主愈骄，不虞外难，荒于酒色，不恤政事，左右嬖佞珥貂者五十人，妇人美貌丽服巧态以从者千余人。"[①]陈叔宝日常诗酒为伴，留恋女色，溺于行乐，罔顾国家安危，危亡关头仍纵酒不辍，终致亡国。

3. 诸侯士大夫喜饮酒，雅好复雅量。三国时期，称雄荆州的刘表有三个大酒杯，分别称为伯雅（容酒七升）、中雅（容酒六升）、季雅（容酒五升），因此刘表也被称为"三爵刘表"。曹丕在《典论·酒诲》中言："荆州牧刘表，跨有南土，子弟骄贵，并好酒。为三爵，大曰伯雅，次曰中雅，小曰季雅；伯雅受七胜，中雅受六胜，季雅受五胜。又设大针于杖端，客有醉酒寝地者，辄以劖刺之，验其醒醉。是酷于赵敬侯以筒酒灌人也。大驾都许，使光禄大夫刘松北镇袁绍军，与绍子弟日共宴饮，松常以盛夏三伏之际，昼夜酣饮极醉，至于无知。云以避一时之暑，二方化之，故南荆有三雅之爵，河朔有避暑之饮。"[②]刘表称雄荆州，擒杀孙坚，北抗曹操，从容自保，而无远志。刘表豪饮，他有"三雅"酒杯，意指能够饮下"三雅"任何一爵（最少五升）而不醉，谓有"雅量"。此为"雅量"一词的由来，后"雅量"引申为"容人之量"和"气度"之意。刘表有雅杯，但以尖锐之器验证是否醉酒，则绝非"雅"事。除了豪饮是雅量，酒杯是雅器，酒宴中对别人的敬酒因故未饮而致的报复行为从容自若，也是雅量。《世说新语·雅量》记载东晋裴遐在周馥处作客："裴遐在周馥所，馥设主人。遐与人围棋，馥司马行酒，正戏，不时为饮，司马恚，因曳遐坠地。遐还坐，举止如常，颜色不变，复戏如故。王夷甫问遐：'当时何得颜色不异？'答曰：'直是暗当故耳。'"[③]裴遐专注于下棋没顾上及时饮对方的敬酒，被对方拽到地上仍举止如常继续下棋，面无异色。魏晋士人讲究雅量，就是要有名士风度，要有宽宏气量，内心活动不外

---

① （唐）李延寿撰：《南史》卷十《陈本纪第十·后主》，北京：中华书局，1975 年，第 306 页。

② （清）严可均编：《全上古三代秦汉三国六朝文》之《全三国文》卷八《文帝·典论·酒诲》，北京：中华书局，1958 年，第 1095 页。

③ （南朝宋）刘义庆撰，（梁）刘孝标注，杨勇校笺：《世说新语校笺》中《雅量第六》，北京：中华书局，2006 年，第 319 页。

露，保持宽容、平和的心态，处变不惊。只要不虚伪，不为外物所累，都被认为是雅量。看来，雅量大小和酒宴相关，魏晋名士风流，尤其如此。类似的事还有很多，如顾雍在宾客满座的情况下，得知儿子已死，心中哀痛，"以爪掐掌，血流沾褥"①，但神色自若。当然众多的面不改色中，有的是故作旷达，有的是脸皮真厚。

4. 士人任诞放浪、唯酒是务、以酒留名。魏晋时期的名士饮酒之风，是我国历史文化中的独特一幕，酒旗猎猎。政权更替频繁，为安身立命，文士们以酒为名，任达放诞，醉酒乖张，以酒避仕，正如东晋王恭所言："名士不必须奇才，但使常得无事，痛饮酒，熟读《离骚》，便可称名士。"②魏晋文士狂放不羁，他们特立独行的行为艺术中，处处弥漫着酒的身影，如影随形。竹林七贤的嗜酒，是以醉酒、任诞方式而出名，其实是对不理想社会现状和政治制度的逃避，是以消极避世的放荡行为表达对社会的不满。用鲁迅先生的话说，更像是对权贵的敷衍、对政治的敷衍。

借酒之名行事乖张者不乏其人。阮籍的侄子阮咸为人旷放，不拘礼法，是"竹林七贤"之一，通音律，擅琵琶，发明了"阮"这种乐器，是中国乐器史上唯一以人名命名的乐器。阮咸与族人皆能饮酒："至宗人间共集，不复用常杯斟酌，以大瓮盛酒，围坐，相向大酌。时有群猪来饮，直接去上，便共饮之。"③阮咸作为当时的文化名人，竟与猪共饮，这种超越物种的放诞不羁境界，着实让人大跌眼镜。刘伶酒后，脱衣裸形在屋中，面对讥笑之人，曰："我以天地为栋宇，屋室为裈衣，诸君何为入我裈中？"④种种任诞放浪，不遵礼制。满足于有酒有蟹

① （南朝宋）刘义庆撰，（梁）刘孝标注，杨勇校笺：《世说新语校笺》中《雅量第六》，北京：中华书局，2006年，第313页。

② （南朝宋）刘义庆著，（南朝梁）刘孝标注，余嘉锡笺疏，周祖谟等整理：《世说新语笺疏》卷下之上《任诞第二十三》，北京：中华书局，2007年，第897页。

③ （南朝宋）刘义庆著，（南朝梁）刘孝标注，余嘉锡笺疏，周祖谟等整理：《世说新语笺疏》卷下之上《任诞第二十三》，北京：中华书局，2007年，第863页。

④ （南朝宋）刘义庆著，（南朝梁）刘孝标注，余嘉锡笺疏，周祖谟等整理：《世说新语笺疏》卷下之上《任诞第二十三》，北京：中华书局，2007年，第858页。

的毕卓的人生追求："得酒满数百斛船，四时甘味置两头，右手持酒杯，左手持蟹螯，拍浮酒船中，便足了一生矣。"①山涛之子山简"唯酒是耽"，时人歌唱道："山公时一醉，径造高阳池。日莫倒载归，茗艼无所知。复能乘骏马，倒箸白接篱。举手问葛强，何如并州儿。"②文学家张翰不求富贵，任心自适，在他看来，"使我有身后名，不如即时一杯酒"③。《陈书·新安王伯固传》记载："伯固性嗜酒，而不好积聚，所得禄俸，用度无节，酣醉以后，多所乞丐，于诸王之中，最为贫窭。"④伯固作为王爷竟不以乞讨为耻。有以酒避事（世）者。为逃避与皇权司马氏联姻，阮籍曾一连大醉六十日，竟使对方无法与醉酒之人言事。以隐逸闻名的东晋名士陶渊明，对酒有着特殊情感，饮酒不仅令其忘却了尘世混浊，还享受着远离嘈杂尘嚣的超脱豁达，其酒诗酒文返璞归真，闲适平和，一片洁净。

5. 因酒亡命的臣僚。君王有以酒亡国者，臣属也有因酒而亡命者。曹魏时的丁冲是丁仪的父亲，因建议曹操迎奉天子受到信任和赏识，升任司隶校尉后爱饮酒，《三国志》引《魏略》曰："丁仪字正礼，沛郡人也。父冲，宿与太祖亲善，时随乘舆。……后数来过诸将饮，酒美不能止，醉烂肠死。"⑤丁冲经常与诸将领豪饮，沉溺于美酒不能自拔，后因肠坏而死。丁冲是喝酒喝坏了身体而亡，东吴的天文学家、数学家王蕃则是饮宴中酒醉得罪君王被杀："甘露二年（266），丁忠使晋还，皓大会群臣，蕃沉醉顿伏，皓疑而不悦，舆蕃出外。顷之请还，酒亦不解，蕃性有威严，行止自若，皓大怒，呵左右于殿下斩之。"⑥孙皓大宴群臣，王

---

① （唐）房玄龄等撰：《晋书》卷四十九《列传第十九·毕卓》，北京：中华书局，1974 年，第 1381 页。

② （南朝宋）刘义庆著，（南朝梁）刘孝标注，余嘉锡笺疏，周祖谟等整理：《世说新语笺疏》卷下之上《任诞第二十三》，北京：中华书局，2007 年，第 866 页。

③ （唐）房玄龄等撰：《晋书》卷九十二《列传第六十二·文苑·张翰》，北京：中华书局，1974 年，第 2384 页。

④ （唐）姚思廉撰：《陈书》卷三十六《列传第三十·新安王伯固》，北京：中华书局，1972 年，第 497 页。

⑤ （晋）陈寿撰，（南朝宋）裴松之注，陈乃乾校点：《三国志》卷十九《魏书十九·任城陈萧王传第十九·陈思王植》，北京：中华书局，1982 年，第 561–562 页。

⑥ （晋）陈寿撰，（南朝宋）裴松之注，陈乃乾校点：《三国志》卷六十五《吴书二十·王楼贺韦华传第二十·王蕃》，北京：中华书局，1982 年，第 1453 页。

蕃大醉倒地，被抬出殿外后，请求回殿，举止自若，自带威严气势，孙皓疑其不敬而斩杀之，这个天文学家、数学家卒年仅三十九岁。东吴的两大知名学者韦曜和王蕃，其死因皆与酒有关，当然更深层的原因是学者对当权者的态度等种下祸根。

6. 赊酒、截发易酒招待的民众。对于普通民众而言，受经济条件限制，难以经常饮酒，但不影响他们对酒的喜爱，以酒上席是他们的待客之道，钱不凑手时则可赊酒或变卖物品换酒。三国时期吴国将领潘璋，年轻时家贫但嗜酒："性博荡嗜酒，居贫，好赊酤，债家至门，辄言后豪富相还。"[①] 当时赊账饮酒，较为普遍。还有留下"截发易酒肴"美谈的陶侃母亲。《晋书》记载："陶侃母湛氏……乃彻所卧新荐，自锉给其马，又密截发卖与邻人，供肴馔。逵闻之，叹息曰：'非此母不生此子！'侃竟以功名显。"[②] 陶侃出身贫寒，一个下雪天无力招待贵客时，其母湛氏剪掉头发换酒食待客，以免失礼，留下"截发易酒肴"的美谈。

魏晋南北朝社会动荡，生命无常，饮酒不仅可以一饱口福，可借醉委婉逃避不情愿之事，还可因各种酒诞扬名浊世，博取"名士"名声，因而众人将注意力转移至现时的怪诞与享受，所谓"服食求神仙，不如饮美酒"，自汉以来以酒成礼发展演变成无酒不名士的怪圈。魏晋南北朝时期帝王嗜酒、士大夫诞酒、百姓易酒的社会饮酒风尚，在我国酒文化史上留下了浓墨重彩的一笔。

---

① （晋）陈寿撰，（南朝宋）裴松之注，陈乃乾校点：《三国志》卷五十五《吴书十·程黄韩蒋周陈董甘凌徐潘丁传第十·潘璋》，北京：中华书局，1982 年，第 1299 页。

② （唐）房玄龄等撰：《晋书》卷九十六《列传第六十六·列女·陶侃母湛氏》，北京：中华书局，1974 年，第 2512 页。

第三章　汉魏晋南北朝宴饮中的器具

追求宴饮器具是饮食文化成熟的一种重要表现。所谓美食不如美器。清代著名文人、美食家袁枚在所著《随园食单》器具须知中言："古语云：美食不如美器。斯语是也。然宣、成、嘉、万窑器太贵，颇愁损伤，不如竟用御窑，已觉雅丽。惟是宜碗者碗，宜盘者盘，宜大者大，宜小者小，参错其间，方觉生色。若板板于十碗、八盘之说，便嫌笨俗。大抵物贵者器宜大，物贱者器宜小；煎炒宜盘，汤羹宜碗；煎炒宜铁铜，煨煮宜砂罐。"①这段话是对美食与美器关系的精炼总结之一，指出了器皿在提高饮食审美和感受中的重要性。时代在变迁，不同朝代，器皿也在发展演变，佳肴美馔、精致餐具、宴娱助兴、主人盛情，呈现出完美的宴饮效果。

第一节　汉代宴饮中的器具

汉朝政治上的一统、经济上的发展、儒学地位的确立，使得区域文化加速融合，与西域的经贸交往，为中西文化交流开辟了新纪元。经过战争的礼乐崩坏，作为礼制载体的饮食器具鼎，丧失了礼仪含义，进入了人们的日常生活，逐渐成为单纯食器。汉初，青铜器和漆器并重发展，北方主要是青铜器，南方主要是漆器，青铜器简朴粗陋，随着新兴漆器的发展迅速衰落。漆器生产工序复杂，耗工

---

① （清）袁枚著，别曦注译：《随园食单》，西安：三秦出版社，2005年，第16-17页。

耗时，价格昂贵，主要作为器皿、文具、乐器、艺术品及丧葬用具等，以饮食器皿为主，主要有鼎、盘、盂、盒、盆等。漆器以其体轻、隔热、耐腐、易洗、色彩艳丽、色泽光亮等因素，受到新兴诸侯的喜爱，成为身份象征和礼制器物。东汉中后期时局不稳，中央制漆机构衰败，出现许多地方机构，漆制食器流入民间，有了更广泛的发展空间。汉朝的礼器与商周时期的相比已大为减少，生活用品的种类和数量增加。汉代的器皿中已有瓷器，瓷器经历了白陶、印纹硬陶及原始瓷的发展过程，至东汉出现了相对成熟的瓷器。汉代统治阶级和豪富阶层为追求长生功效，大量使用金银玉器。自西域贸易而来的玻璃器皿，珍稀名贵，是中西文化交流的见证。汉代宴饮器具的品类超过前代，造型丰富多彩，是汉代物质文化的重要组成部分，为汉代物质文化增添了一抹靓丽色彩。

一、饮食器

说到食器，人类文明的一个重要标志就是会使用火加工食物，加工食物从最初的直接投入火中，到放在烧过的石头上炙烤，再到具体的烹饪器和炊食器加工，这中间不仅改进了食物口味，增加了食材营养，改善了人们生活，更重要的是反映了人们对器具制作的不断追求和审美品味的变化。汉代高台火灶与铁釜普及，以釜、甑蒸饭，很少使用鬲、甑合体之甗，使得三足鼎在蒸煮用具中退居次要地位。饮食器主要包括烹制用的炊煮器、存放用的盛食器、挹取及进食器以及贮藏器等。

（一）炊煮器

汉代的炊煮器主要有甑、釜、鍪、镬、烤炉等，用于蒸煮烤制食物。

1. 甑。蒸食炊具，呈口大底小的盆形状，或底部留有蒸汽孔，或无底置箅子以蒸煮。甑底部蒸孔有不同数量，《周礼·考工记·陶人》记载甑有"七穿"，即七孔。汉墓考古发现，马王堆一号西汉墓所出陶甑有五孔，云南大关岔河东汉崖墓所出陶甑有六孔，说明甑底"七穿"之制，汉代已不完全遵循。《说文解字·瓦部》云："甗，甑也，一穿。案：甗、盆、甑皆容一斛二斗八升。"[①]《释名·释

---

① （清）孙诒让著，汪少华整理：《周礼正义》卷八十一《冬官·陶人》，北京：中华书局，2015年，第4065页。

山》中也记载："甗，甑也，甑一孔者。"①先秦的甗是上下贯通的，使用时在相当于甑底的束腰处置箅。《说文解字》曰："箅，蔽也，所以蔽甑底。"②一孔之甑指甗上的甑而言。甑底有一孔与多孔的不同形式。汉甑之孔有聚合于底心及满布于底面的不同格式，有些多孔者可排列成对称的几何形或美观的图案。先秦的甑有陶制、青铜制，后渐用铜制、铁制，用木、竹制称蒸笼。宴饮素材中做酱和做酒曲时都离不开"蒸"这道工序，可见甑的重要性。

2. 釜。釜从鬲演化而来。战国时期，秦国陶器中已大量出现圜底、圆腹、敛口、外折沿的陶釜，敛口的釜便于和甑相连接。但由于釜口沿外折，与甑相接时，只能将甑的圈足插在釜口里面，导致部分蒸汽从甑足外的隙缝中逸出。经过改进，釜口部高起直领，铜甑的圈足可套于其外，因而釜、甑的接合更为紧密，这样釜口居于内，甑足环于外，蒸汽不易泄漏，效率得以提高。其形参见图3-1所示。河北满城出土的甑上刻铭有"御铜金雍（甕）甗甑一具，盆备"。可见西汉时釜、甑、盆的组合已成形。釜自腹中分上下两半：下半部似平沿盆，上半部似覆钵；两部分用铜钉铆合，必要时可以拆开，从而解决了之前釜口较小、不便清除腹内水垢的问题。釜之前多用青铜，云南昭通桂家院子东汉墓出土两件铜釜，一釜内有鸡骨，一釜内有羊骨（或猪骨）。③随着冶铁业的发展，铁釜以其低成本、传热快等优势逐渐成为主流。考古工作者在河北、广西等地汉墓都发掘有东汉铁釜，说明东汉铁釜已很普及。

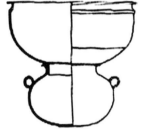

图 3-1　西汉釜甑

3. 鍪。一种炊煮器或温器，与釜相近。《急就篇》颜师古注："釜，所以炊煮也。大者曰釜，小者曰鍑。鍪，似釜而反唇。一曰：鍪者，小釜类，即今所谓

---

① （汉）刘熙撰，（清）毕沅疏证，（清）王先谦补，祝敏彻等点校：《释名疏证补》卷第一《释山第三》，北京：中华书局，2008年，第29页。

② 王平、李建廷编著：《〈说文解字〉标点整理本附分类检索》第五《竹部》，上海：上海书店出版社，2016年，第113页。

③ 葛季芳：《云南昭通桂家院子东汉墓发掘》，《考古》1962年第8期。

锅也。"①鋚与釜体积相近，口比釜略小，肩部多装环耳，肩以上逐渐收缩成显著的颈，口沿外奢。战国时，鋚多用于承甑蒸饭。汉代鋚与甑很少配套使用，多数情况下鋚单独使用。汉代出现了腹下加三足的鋚，名锜，《方言》卷五郭（璞）注锜"或曰三足釜也"②。广东广州南越王墓出土了铜鋚十一件，大小相若，排列有

图3-2　西汉温鋚

序。鋚外底部有烟炱痕，有的还黏附着铁三足架的圆箍，鋚旁有叠放的铁三足架九具，说明鋚是放置在铁三足架上进行炊煮。此外，鋚内发现有青蚶、龟足等海产品，说明南越国靠海，经常烹煮并食用介壳类食物。汉代青铜鋚多作为一种温器单独使用，广西贵县罗泊湾一号西汉墓出土的木椟《从器志》中，称之为"温督（鋚）"③。如图3-2所示。可见它可作为温器使用。东汉时期鋚逐渐消亡。

4. 镬。青铜镬主要用来煮肉，类似现在的锅。《汉书·刑法志》载："鼎大而无足曰镬，以鬻人也。"④《周礼·亨人》郑注："镬，所以煮肉及鱼、腊之器。"⑤镬，口径较大不便承甑，常用来煮肉及其他食物。《说文解字·鬲部》："䰞，鍑属。从鬲甫声。"⑥䰞通釜，釜口相对镬口要小。《说文解字·金部》："鍑，釜大口者。"⑦

①（清）钱大昭撰，黄建中、李发舜点校：《广雅疏义》卷第十三《释器第六》，北京：中华书局，2016年，第516页。

② 华学诚汇证，王智群、谢荣娥、王彩琴协编：《扬雄方言校释汇证·第五》，北京：中华书局，2006年，第330页。

③ 蒋廷瑜、邱钟岜等：《广西贵县罗泊湾一号墓发掘简报》，《文物》1978年第9期。

④（汉）班固撰，（唐）颜师古注：《汉书》卷二十三《刑法志第三》，北京：中华书局，1962年，第1096页。

⑤（清）孙诒让著，汪少华整理：《周礼正义》卷八《天官·亨人》，北京：中华书局，2015年，第345页。

⑥ 王平、李建廷编著：《〈说文解字〉标点整理本附分类检索》第三《鬲部》，上海：上海书店出版社，2016年，第70页。

⑦ 王平、李建廷编著：《〈说文解字〉标点整理本附分类检索》第十四《金部》，上海：上海书店出版社，2016年，第368页。

《馈食礼》郑注：“亨，煮也。煮豕、鱼、腊以镬，各一爨。”①《汉书·匈奴传》：“胡地秋冬甚寒，春夏甚风，多赍鬴鍑薪炭，重不可胜。”②行军时要携带鬴和鍑，二者用途有所不同。河北满城一号墓所出铜镬，口沿刻铭云：“中山内府铜镬，容十斗，重卅一斤。”镬为大口之器，不用于蒸饭，多用于煮肉。

5. 烤炉。汉代烤炉流行，主要用于烤食肉串，类似现在的肉串烤炉。广州南越王墓出土有铜烤炉、铜煎炉，其中铜烤炉三件，大小不同，平面略呈方形，如图3-3所示。炉上配多种烤炙工具，如悬炉用的铁链，烤肉用的铁钎、铁钩和长叉。大烤炉底部装有四个轴轮，便于移动，用于大型宴饮。铜煎炉类似现在的“铁板烧”。烤炉和煎炉反映了南越地区烤和煎两种烹饪技艺。

（二）盛食器及承托器

汉代的盛食器种类较多，形制多样，质地随着时代发展而不断更新。盛食器主要有锅、鼎、碗、盘、盒、魁、桮等，承托器主要是案。

1. 锅。《说文解字》曰：“锅，小盆也。”②锅的器形变化较小，一般为圆腹，腹以上器璧较直，肩、颈不明显。有的刻有铭文，说明容积、重量以及购买人、购买时间和地点等信息。河北满城二号墓出土的同器形则名为“铜锅”，高12.5厘米，如图3-4所示。一号汉墓出土的铜锅，刻铭为“铜盆”。汉代锅与盆用途相近。

图3-3 西汉铜烤炉（南越王博物院藏）

图3-4 西汉中山内府铜锅（河北博物院藏）

---

① （清）孙诒让著，汪少华整理：《周礼正义》卷八《天官·亨人》，北京：中华书局，2015年，第345页。

② （汉）班固撰，（唐）颜师古注：《汉书》卷九十四下《匈奴传第六十四下》，北京：中华书局，1962年，第3825页。

② 王平、李建廷编著:《〈说文解字〉标点整理本附分类检索》弟十四《金部》，上海：上海书店出版社，2016年，第369页。

2．鼎。鼎最初为炊器，商周时期是重要的礼器，汉代则演变为日常饮食用具。南朝文人虞荔的《鼎录》，记述了汉代君主的铸鼎和用鼎事例："汉孝景帝铸一鼎，名曰食鼎，高二尺，铜金银杂为之，形若瓦甑，无足。中元六年（前144）造，其文曰：'五熟是滋，君王膳之。'小篆书。……'哀帝元寿元年（前2），铸一鼎贮酒，高四尺，三足。其文曰：'群臣元日用醴鼎。'小篆书。"[1]汉代的鼎，已作为食器或酒器出现。经过春秋战国的残酷战争，传统礼制受到猛烈冲击，礼崩乐坏，西汉初用鼎制度名存实亡。湖南长沙马王堆一号墓出土的遣策，记录有酥羹九鼎、白羹七鼎、巾羹三鼎、逢羹三鼎、苦羹二鼎等。[2]从记录中看，此墓用了九、七、三牢及三套陪鼎，其中九鼎中所盛的羹，与礼制规定较接近，而盛白羹的大牢七鼎中，却出现了如"鹿肉鲍鱼笋白羹"之类异味，与礼制规定的七羹之制不符。令考古工作者啧啧称奇的是，历经千年，鼎内的汤和莲藕片清晰可见，见图1-2所示。南方有汉式鼎、越式鼎、楚式鼎。广州南越王墓出土的越式鼎，三足修长，足根撇，造型简洁，外底部大多有烟炱痕，器内多有禽畜骸骨，如图3-5所示。汉式鼎属于中小型鼎，有的器表有"蕃禺"或"蕃"字铭文，扁圆腹，圜底，矮圈足，同出的铜勺或置鼎内，或置鼎旁，表明中小型鼎用于盛放牲肉类。楚式鼎为深圆腹，圜底，长方形附耳，子口，缺盖，高蹄足，足根雕羊头。随着漆器的盛行，漆鼎也较为常见，多三足，长沙马王堆一号汉墓出土的云纹漆鼎，高28厘米，口径23厘米，较为低矮，盛放方便，如图3-6。

图3-5 西汉越式鼎（广州南越王博物院藏）　　图3-6 西汉云纹漆鼎（湖南博物院藏）

① （南朝陈）虞荔纂：《鼎录》，北京：中华书局，1985年，第2-5页。
② 贺强：《马王堆汉墓遣策整理研究》，西南大学硕士学位论文，2006年。

3. 碗。古代常写为"盌",用以盛食、饮水。碗的形制为小底大口,壁有弧度,矮圈足,无耳,多为圆形。《说文解字·皿部》:"盌,小盂也。"[①]碗是人们最常使用的食器,盛饭、吃羹、饮酒、喝茶等,都可使用。汉代碗的材质,以陶、瓷为主,辅之以木碗,大致成为普通百姓日常饮食的主要器具。上层社会常使用贵重、精美的漆碗、金银碗、玉碗和琉璃碗。汉代漆碗盛行,胎质变薄,多为轻巧的薄木胎或夹纻胎,装饰方面多绘彩色纹饰,有的还镶饰有银扣,有的底部刻以文字。皇家贵胄还使用西域贸易来的琉璃碗,极其珍贵稀有。

4. 盘。本作"槃",《说文解字·木部》:"槃,承槃也。"[②]饮食器盘主要用来容纳、承受或盛放,较浅,具有盛具和食具两大功能。大盘类似如今的托盘,便于拿取食物,其上放置小盘、碗、箸等,方便进食。小盘多用于直接盛放食物。从盘的质地看,主要有青铜盘、铜盘、漆盘、玉盘等。《后汉书·左慈传》记载左慈"因求铜盘贮水,以竹竿饵钓于盘中,须臾引一鲈鱼出"[③]。漆盘多为平底盘,长沙马王堆一号汉墓出土有西汉卷云漆盘,盘内髹红漆,盘心在黑漆地上朱绘卷云纹,卷云纹中间以朱漆书"君幸食"三字,口沿朱绘波折纹和点纹,口沿内绘朱线纹和B形图案。盘外髹黑漆,近底部朱书"一升半升"四字。如图3-7所示。有的漆盘刚出土时还盛有牛排、雉鸡骨、鳜鱼骨、面点等多种食品残余。另外,还有金银盘、陶瓷盘、木盘、牙盘等。

图 3-7 西汉"君幸食"小漆盘(湖南博物院藏)

---

① 王平、李建廷编著:《〈说文解字〉标点整理本附分类检索》弟五《皿部》,上海:上海书店出版社,2016年,第124页。

② 王平、李建廷编著:《〈说文解字〉标点整理本附分类检索》弟六《木部》,上海:上海书店出版社,2016年,第148页。

③ (南朝宋)范晔撰,(唐)李贤等注:《后汉书》卷八十二下《方术列传第七十二下·左慈》,北京:中华书局,1965年,第2747页。

5. 盒。日常储存食物或外出携带食物所用器具，其上有盖，与盒身子母扣合而成，主要有陶盒、漆盒、银盒等材质种类。汉代漆盒造型多样，有圆形、方形、动物造型等不同形状。漆鼎中盛肉食，和它相配合的盛米食的为盒，称为盛。《说文解字·皿部》："盛，黍稷在器中以祀者也。"[1]马王堆一号汉墓出土的遣策记录有"黄粢食四器盛。白粢食四器盛。稻食六器，其二桧、四盛。麦食二器盛。右方食盛十四合、桧二合"[2]。这里的盛就指出土物中的漆盒和陶盒。长沙马王堆一号汉墓出土的凤纹漆盒，如图3-8所示，腹径20.6厘米，高18厘米，以木为胎，内壁髹红而外表涂黑漆，黑地上绘红色凤鸟纹样，内壁上墨书"君幸食"三字，外壁底部又题铭"六升半升"，标明用途和容量。图3-9是广州南越王墓出土的玉盒，子母口相扣，器形大方，色泽温润。

图3-8 西汉凤纹漆盒（湖南博物院藏）

图3-9 西汉玉盒（南越王博物院藏）

6. 魁。魁用于盛羹，与勺相配。《说文解字·斗部》曰："魁，羹斗也。"[3]其名来自于天上北斗星之名，形与匜相似。器物口部呈圆形或圆角方形，平底或带圈足，可平置案几之上；一侧有柄，柄较短，宜拿放不宜

---

① （清）孙诒让著，汪少华整理：《周礼正义》卷八《天官·甸师》，北京：中华书局，2015年，第354页。

② 贺强：《马王堆汉墓遣策整理研究》，西南大学硕士学位论文，2006年。文中"桧"字可作"衾"字。

③ 王平、李建廷编著：《〈说文解字〉标点整理本附分类检索》第十四《斗部》，上海：上海书店出版社，2016年，第375页。

挹取，柄端多雕成龙首，可平置于案几之上。参见图3-37。

7. 奁。多漆质，直壁，平底，盖微成圜形。图3-10是马王堆一号汉墓出土的彩绘漆奁，直径23.5厘米，高9厘米，器身外髹黑褐色漆，内髹红漆，出土时器内还有饼状类食物。遣策记"髹食检一合、盛稻食"[①]，此处"检"即"奁"。

图 3-10　西汉彩绘漆奁（湖南博物院藏）

8. 案。指承食用的无足或有很低托梁的器具，原名梜。《周礼·冬官·玉人》中郑注曰："'梜之制，上有四周，下无足。'盖如今承盘。"[②]"上有四周"即案四周有浅沿。无足之案，或有很低的托梁，呈长方形的木承盘，汉代称为梜案，原为古代的礼器之一。梜案是较大型的浅盘，可连同放在上面的食器一道端起来。有足之案多为长方形，长约1米，宽约半米，高在1米左右，下有柱状或蹄状案足。秦汉之际常是"席地而坐"，案足一般不高。《史记·田叔列传》中刘邦经过赵国，"赵王张敖'自持案进食'"[③]，《汉书·外戚传》中宣帝许后朝皇太后，"亲奉案上食"[④]，说的都是使用食案的情况。表示夫妻恩爱的著名成语"举案齐眉"，就出现在东汉，《后汉书·梁鸿传》云："每归，妻为具食，不敢于鸿前仰视，举案齐

---

① 贺强：《马王堆汉墓遣策整理研究》，西南大学硕士学位论文，2006年。

② （清）孙诒让著，汪少华整理：《周礼正义》卷八十《冬官·玉人》，北京：中华书局，2015年，第4039页。

③ （汉）司马迁撰，（南朝宋）裴骃集解，（唐）司马贞索隐，（唐）张守节正义：《史记》卷一百四《田叔列传第四十四》，北京：中华书局，1982年，第2775页。

④ （汉）班固撰，（唐）颜师古注：《汉书》卷九十七上《外戚传第六十七上·孝宣霍皇后》，北京：中华书局，1962年，第3968页。

眉。"①图3-11是长沙马王堆汉墓出土的漆案，长78厘米，宽48厘米，高5厘米，上可承小型食器。除了长方形案，还有圆形案，称圜案。汉代的食案有陶、铜、漆等不同质地。

图 3-11 西汉漆案（湖南博物院藏）

（三）进食及挹取器

进食器为小件器具，主要有箸、匕、柶、勺等。

1.箸。今称筷，用来夹取食物进食。"箸"在我国有漫长的使用历史。早在战国后期，《韩非子·喻老》就记载："昔者纣为象箸，而箕子怖。"②商纣王以象牙制筷，其叔父箕子为这种奢侈行为深感不安。先秦以前，进餐或直接以手取食，不借助器物，《礼记·曲礼》郑注曰："礼，饭以手。……干肉坚，宜用手。"③汉朝时人们已普遍使用箸进食，《汉书·周亚夫传》："上居禁中，召亚夫赐食，独置大胾，无切肉，又不置箸。亚夫心不平，顾谓尚席取箸。"④上级请客，单独赐

———————

① （南朝宋）范晔撰，（唐）李贤等注：《后汉书》卷八十三《逸民列传第七十三·梁鸿》，北京：中华书局，1965年，第2768页。

② （清）王先慎撰，钟哲点校：《韩非子集解》卷七《喻老第二十一》，北京：中华书局，1998年，第162页。

③ （清）孙希旦撰，沈啸寰、王星贤点校：《礼记集解》卷三《曲礼上第一之三》，北京：中华书局，1989年，第57、59页。

④ （汉）班固撰，（唐）颜师古注：《汉书》卷四十《张陈王周传第十·周亚夫》，北京：中华书局，1962年，第2061页。

名将周亚夫大块肉食，看似优待，却不给箸令其内心不快，认为皇上对自己心有不满。这说明汉朝以箸进餐已成习俗。东汉亡佚《通俗文》云："以箸取物曰敁。"[①]箸的材质主要是木和竹，贵族阶层偏爱漆箸。长沙马王堆汉墓出土有众多饮食器具，其中一号墓漆案上出土时放置有杯、盘和竹箸等，竹箸髹漆，两端朱，中部黑。

2. 匕。类似现代的羹匙，挹取食物用，由匕面和柄组成。匕的头部多为扁平薄片，有的叶面较浅，凹陷如勺。汉代常以匕盛取鼎内的羹和米食，扁平的匕不便舀取，从实用角度出发，加深了匕面深度，逐渐演化为匙的形状。《说文解字·匕部》："匙，匕也。"[②]汉时，箸匕相互配合，同时使用。《三国志·先主传》记载曹操和刘备煮酒论英雄，刘备使用的就是匕箸："是时曹公从容谓先主曰：'今天下英雄，唯使君与操耳。本初之徒，不足数也。'先主方食，失匕箸。"[③]刘备听闻曹操视己为英雄，心事被曹识破，惊得掉落了进食用的匕箸，恰遇打雷下雨才掩饰过去。肴馔放进盛食器，再摆放在食案上，便可进食。马王堆汉墓出土的漆绘云纹匕，斫木胎（胎骨利用刨、削、剜、凿等方法加工），长柄，柄端和柄中间各有一道朱绘宽带纹，其余为黑色，髹红色和灰绿色云纹。柄背面全黑无纹饰；斗呈簸箕形，斗内红漆无纹饰，背面黑色，上髹红色和灰绿色组成的云纹，柄长36.4厘米，斗宽8.5厘米，如图3-12所示。考古发掘中常发现匕与鼎共出，或匕置于鼎中，是来舀取鼎中食物的工具。匕的材质，有铜、漆、玉、木等。

图 3-12　西汉漆绘云纹匕（湖南博物院藏）

---

① 华学诚汇证，王智群、谢荣娥、王彩琴协编：《扬雄方言校释汇证·第五》，北京：中华书局，2006年，第347页。

② 王平、李建廷编著：《〈说文解字〉标点整理本附分类检索》弟八《匕部》，上海：上海书店出版社，2016年，第208页。

③ （晋）陈寿，（南朝宋）裴松之注，陈乃乾校点：《三国志》卷三十二《蜀书二·先主传第二》，北京：中华书局，1982年，第875页。

3.柶。挹取饭食或酌醴使用。《说文解字》云："柶，《礼》有柶。柶，匕也。段玉裁注：'常用器曰匕，礼器曰柶，匕下曰：一名柶。'"[1] "柶"，《说文解字·匕部》云："匕，亦所以用匕取饭，一名柶。"[2] 柶之前常作为祭祀及礼器使用，以兽角制成。汉代礼器逐渐向食用器皿发展，柶由礼器转向日常生活所用。柶柄端形状似匙，用来酌醴，用角质或木质；"柶"匙扁平，可平置于觯口，或挹取饭食。

4.勺。类似现在的勺，为舀取液体时所用，有短柄和长柄两种，长柄如图3-13所示，柄长53厘米，斗径7.8厘米。勺由勺头与勺柄组成，勺头多呈圆形，不宜平置，柄为流状，与勺头平齐或斜直向上。图3-21中的勺是西汉铜勺。勺有时与魁（带小柄的盛酒器）相伴出土，配套使用。

图3-13 西汉漆绘龙纹勺（湖南博物院藏）

二、酒器

西汉初期，青铜业得到发展，中期后作为礼器的青铜酒器逐渐消亡，瓷器等新兴酒器发展起来。东汉青瓷的创烧，是中国陶瓷器发展史上的里程碑，是真正意义上的瓷器，汉朝因而成为中国陶瓷史上的一个重要转折点。汉朝的酒器，除了功能多样的锅、鼎，还有壶、钟、钫、罍、镳斗、樽、扝、勺、杯等，作为盛酒、温酒、舀酒、饮酒之用。根据功能不同，分别有盛酒器、温酒器、饮酒器。

（一）盛酒器

盛酒器器形较大，多为瓠形、圆形，也有方形的，主要有壶、钟、钫、榼、罍、尊、鋞等器具。

1.壶。常用来盛酒，也用来盛放粮食。《说文解字·壶部》："壶，昆吾圜器

也，象形。从大，象其盖也。"[1]《说文解字·缶部》："匋……古者昆吾作匋。"[2]壶本陶质，以器形似瓠（葫芦）得名。汉代，壶多用于盛酒。马王堆一号墓的遣策中说："粜画壶二，皆有盖，盛米酒。"[3]洛阳烧沟汉墓出土的陶壶部分用来盛粮食，河北满城一、二号墓出土的陶壶中有动物骨骼，可见壶也用于盛其他食物。西汉前期，壶口和圈足上段饰鎏金带纹，肩、腹和圈足下端饰鎏银带纹，西汉晚期壶常做成假圈足，东汉的壶，腹部趋扁，圈足有真有假且较高，常呈多棱形。西汉前期，秦式蒜头壶等仍流行，武帝后渐消亡。提梁壶于商末出现，周初流行，西汉时提梁壶已不多见，其基本形态为侈口、细长颈、鼓腹、高圈足。图3-14是西汉蟠螭蕉叶纹提梁铜壶，腹径15.7厘米，高29.8厘米，现藏河北博物院。西汉早期的提梁壶多延续战国晚期风格，中期过渡，晚期逐渐形成自己的风格，颈变长，圈足变高，腹变扁，为东汉提梁壶的发展奠定了基础。图3-15是无提梁的鎏金银蟠龙纹铜壶，腹径37厘米，口径20.2厘米，高59.5厘米，端庄大气。

图 3-14 西汉蟠螭蕉叶纹提梁铜
壶（河北博物院藏）

图 3-15 西汉鎏金银蟠龙纹铜壶
（河北博物院藏）

---

① 王平、李建廷编著：《〈说文解字〉标点整理本附分类检索》弟十《壶部》，上海：上海书店出版社，2016 年，第 269 页。

② 王平、李建廷编著：《〈说文解字〉标点整理本附分类检索》弟五《缶部》，上海：上海书店出版社，2016 年，第 131 页。

③ 贺强：《马王堆汉墓遣策整理研究》，西南大学硕士学位论文，2006 年。

2. 钟。圆形或椭圆形的盛酒器。《说文解字·壶部》："钟，酒器也。"①《后汉书·班固传》载："于是庭实千品，旨酒万钟，列金罍，班玉觞，嘉珍御，大牢飨。"②钟又叫圆壶，早期多延续战国风格，呈侈口、短颈、耸肩、鼓腹、喇叭状高圈足，中晚期后逐渐形成自己的风格，基本形制为长细颈、扁鼓腹、高圈足，对三国两晋时期的圆壶形态产生了深远影响。西汉早期铜钟流行，晚期后在中原地区大致消失。西汉初期一改钟体复杂的花纹和富丽的装饰为简素大方，重实用，成为当时新风尚。钟的肩颈处多有纹饰和铭文，铭文常刻有拥有者、容量、重量、制造时间、制造者和编号等信息。河北满城汉墓出土的早期中山府钟，上刻铭文曰："中山内府钟一，容十斗，重□（缺文）。卅六年，工充国造。"如图3-16，这个钟口径18厘米，圈足径19.5厘米，高45.3厘米，制作方是"充国"，容量是"十斗"，制造时间是"卅六年"，属于"中山内府"所有。此钟无盖，但马王堆一号墓遣策记载："綵画種（钟）二，皆有盖。"③陪葬品钟为木质，故为木子旁。钟还可代表一定容量，汉代钟和石大约等量。

图3-16　西汉铜钟（河北博物院藏）

3. 钫。方形的盛酒器，器形以钟为基准，器身的横断面为方形或椭方形。《说文解字·壶部》："钫，方钟也。"④作为礼制酒器的钫，于战国中期出现，战国末

---

① 王平、李建廷编著:《〈说文解字〉标点整理本附分类检索》第十四《金部》，上海：上海书店出版社，2016年，第368页。

② （南朝宋）范晔撰，（唐）李贤等注:《后汉书》卷四十下《班彪列传第三十下·班固》，北京：中华书局，1965年，第1364页。

③ 贺强:《马王堆汉墓遣策整理研究》，西南大学硕士学位论文，2006年。

④ 王平、李建廷编著:《〈说文解字〉标点整理本附分类检索》第十四《金部》，上海：上海书店出版社，2016年，第371页。

至西汉初流行，东汉逐渐凋落。钫的铭文同钟一样，含属有者、容量、重量、制作时间、制作方及地名等。河北满城一号汉墓出土有无盖铜钫，如图3-17，方口边长11厘米，高36厘米，器身方形，小口，鼓腹，高圈足，上腹有铺首衔环一对，颈部刻铭为："中山内府铜钫一，容四斗，重十五斤十两。第十一。卅四年，中郎柳市雒阳。"钫的演变与钟、提梁壶相似，早期多延续战国铜钫的形态，长颈、深鼓腹，中晚期逐渐转变为短颈、浅腹，晚期在中原地区大致消失。

　　长沙马王堆一号汉墓出土有漆画钫，精美艳丽，木胎斫制，方口，方腹微弧，方圈足，如图3-18所示，高52厘米，腹边长23厘米，顶盖上分列橙黄色四钮，盖为朱漆绘云纹组成的米字形图案。器内朱漆，器表黑漆绘朱红或灰绿花纹。口沿上绘朱红色鸟头纹，颈部绘朱红色宽带纹和勾云纹，上腹部为朱红、灰绿相结合的云气纹，下腹饰红色勾云纹，圈足上饰一道宽带纹和一周鸟头纹。器底朱书"四斗"二字。遣策中竹简分别记载有"髹画钫二，有盖，盛白酒。髹画钫一，有盖，盛米酒。髹画钫一，有盖，盛米酒。"[①]经检测，漆画钫内有酒渣残物，说

图3-17 西汉铜钫（河北博物院藏）　　　图3-18 西汉云纹漆钫（湖南博物院藏）

---

① 贺强：《马王堆汉墓遣策整理研究》，西南大学硕士学位论文，2006年。

图 3-19 西汉云纹漆钟
（湖南博物院藏）

明是装白酒或米酒的盛酒器。器形同青铜钫，因木制也称枋。长沙马王堆汉墓还出土有云纹漆钟，如图3-19，高57厘米，腹边长35厘米，光彩照人，是典型的酒钟。

4. 榼。汉代盛酒壶的统称。汉代的壶有扁壶、蒜头壶、茧形壶、筒形壶等。《说文解字·金部》曰："榼，酒器也。"[1]《说文解字·酉部》："酋，榼上塞也。"[2]榼这种酒器上面无盖，口小，可用草之类的东西塞堵。西安北郊刘北村西汉墓出土的铜扁壶自名为"河间食官榼"。榼中最常见的是扁壶，扁壶专名为椑。《广雅·释器》："匾榼谓之椑。"[3]椑字本身含有椭圆形之意。山西平朔考古队发掘的西汉墓，出土有铜扁壶，口小颈长，器身正面鼓腹圈足，背面则通体平直，似将圆壶纵削去半，应为适应骑乘出行携带的酒器。扁壶始见于春秋，西汉盛行，东汉延续。西汉早期的扁壶，多扁鼓腹、圈足，中晚期逐渐演变成长颈、高圈足，对东汉及三国两晋的扁壶产生了深远影响。东汉时的陶、瓷扁壶，常在腹壁饰以相连的两段弧纹，下附高圈足，开启了晋式瓷扁壶的先河。

5. 罍。自战国以来一直沿用的酒器。《尔雅》云："《毛诗》说，金罍，酒器也。"[4]罍在商周已经出现，到了春秋战国时器形已变为颈部缩短、腹部鼓起、比较矮胖的模样。西汉时，罍成为王公贵胄们喜爱的藏品。《史记·梁孝王世家》记

① 王平、李建廷编著：《〈说文解字〉标点整理本附分类检索》第六《木部》，上海：上海书店出版社，2016年，第148页。

② 王平、李建廷编著：《〈说文解字〉标点整理本附分类检索》第十四《酉部》，上海：上海书店出版社，2016年，第392页。

③ （清）钱大昭撰，黄建中、李发舜点校：《广雅疏义》卷第十三《释器第六》，北京：中华书局，2016年，第518页。

④ （清）郝懿行著，吴庆峰等点校：《尔雅义疏》中之二《释器第六》，济南：齐鲁书社，2010年，第3244页。

载，梁孝王刘武深受窦太后喜爱，还是当时有名的文物收藏家，他临死前立下遗嘱，"诫后世，善保罍樽，无得以与人"[①]，其孙梁平王刘襄不顾祖训，将罍送给自己王后，祖母不愿，此事被告至武帝处，武帝认为梁王不孝，王后被斩首，史称"梁王争罍"。满城一号汉墓出土有铜罍，小口，宽唇外平折，细短颈，圆鼓腹，矮圈足，上腹部有铺首衔环一对。罍多用青铜、陶制成。

6.尊。汉代最主要的酒水容器，出现于战国，盛行于汉代，魏晋后消失。《说文解字·酉部》解释说："尊，酒器也。"[②]汉代以前，多为肖形尊，即做成动物形状的尊。汉代以后多是非肖形尊，有盆形和筒形两种。盆形尊有三足、圈足两类，圈足者多见，多放地上。筒形尊也有三足、圈足两种，以三足者为多，圈足者非常少见，多置圆形的"承旋"上，放于案上。孙机认为，盆形尊多用以盛酒，筒形尊多用于盛冷的酎酒（酒度较高的酒）。[③]盛行于商周时期动物形状的肖形尊，用于存放酒或水，汉代已不大流行。东汉后期出现有伏兽形陶尊，流行至南北朝。考古发掘中曾出土过兽形陶尊，如云南昭通白泥井曾出土东汉鸡尊，东汉晚期还出现了绿釉伏兽形陶尊，河南陕县刘家渠八号东汉墓出土有绿釉伏羊陶尊和伏鹿陶尊。汉朝的尊，铭文少见，内容也多含属有者、重量、生产年号、制作方以及器物编号等信息。西汉晚期至东汉晚期的酒尊，其形制，顶部更加凸起呈穹隆状。图3-20是西汉兽面纹尊，高22.7厘米，口径22.8厘米，底

图 3-20　西汉兽面纹尊（湖南博物院藏）

① （汉）司马迁撰，（南朝宋）裴骃集解，（唐）司马贞索隐，（唐）张守节正义：《史记》卷五十八《梁孝王世家第二十八》，北京：中华书局，1982年，第2087页。

② 王平、李建廷编著：《〈说文解字〉标点整理本附分类检索》弟十四《酉部》，上海：上海书店出版社，2016年，第393页。

③ 孙机著：《汉代物质文化资料图说》（增订本），上海：上海古籍出版社，2008年，第362-363页。

图3-21 西汉乳钉纹尊与勺（海昏侯墓出土）

图3-22 西汉龙首青铜提梁鋞（郑州市华夏文化艺术博物馆藏）

图3-23 西汉铜镳壶（海昏侯墓出土）

径15.3厘米，湖南博物院藏。图3-21是近些年大名鼎鼎的海昏侯墓出土的西汉乳钉纹尊与勺。这两个尊一个无盖，一个有盖，风格截然不同。

7. 鋞。西汉时的盛酒兼盛食器，中原地区多用，一般呈带三个矮蹄足的圆筒形，形似筒形温酒尊，体积较小，器身瘦而高，常有数道竹节状凸棱，两侧有半环耳以装提梁，口上覆盖，具有时代特色。图3-22是西汉龙首青铜提梁鋞，高25厘米。有学者认为，鋞由"卣"演化而来。东汉时，鋞逐渐消亡。鋞类似于我们现在上班族携带的提梁保温桶。

（二）温酒器

酒需热饮为好。温酒器是对酒进行加热的器具，典型的有镳壶、镳斗、铛。

1. 镳壶。温酒器，由战国时的盉演变而来，器形为壶状，带盖，有流，下有三足。早期镳壶多素文、曲柄，中晚期多直柄。西汉中期后，温器流行镳斗，折沿小盆形，平底或圜底，以三足置炭火上加热。西汉早期镳造型简朴，多为直柄，光素无纹，下有三尖足或扁足；西汉末期至东汉，直柄多变成弯柄，也有些直柄由实心变空心，用以插入木柄。还有新款式，在正对柄的口沿处及鋬子上的环与弯柄间穿入链条，将镳壶悬挂起来加热。图3-23是海昏侯墓出土的铜镳壶，铜把手便于端放，造型古朴。东汉末期后，造型更为复杂，柄端装饰多样，或鸟首或鸡首，以龙首居多，足部也变弯呈蹄状足。

2. 镳斗。外形似舀酒的斗，由镳简化而来，或有汉时一斗的容量，无盖，无流，有直柄或曲柄，下三足。如图3-24所示，汉龙柄镳斗，高9.7厘米，长21.7厘米，口径12.4厘米，造型纤巧。西汉史游《急就篇》曰："锻铸铅锡镫锭镳。……镳谓镳斗，温器也。"[1]还有一种类似镳斗的用于军中夜行可敲击的刁斗。《史记·李将军列传》记载："及出击胡，而广行无部伍行陈，就善水草屯，舍止，人人自便，不击刁斗以自卫。《集解》孟康曰：'以铜做镳器，受一斗，昼炊饭食，夜击持行，名曰刁斗。'"[2]古无刁，刀通刁。军中刁斗可用于做饭，可行夜敲击，铜制一斗大，形状如镳，下无足。镳斗南北朝时仍盛行，隋唐时已少见，铛转而兴起。

图3-24　汉龙柄镳斗（国家博物馆藏）

3. 铛。参见盛食器"铛"。《急就篇》曰："铛亦温器也。"[3]江苏徐州狮子山西汉楚王墓出土的银铛，铭文中自明为"沐铛"，供沐浴时温水之用。

（三）饮酒器及挹酒器

相比于盛酒器和温酒器，饮酒器体形小，便于手拿把握，主要有卮、杯、匜等。挹酒器一般较饮酒器容量要大。

1. 卮。汉代常用的饮器，原是用木片卷屈而成。《礼记·玉藻》郑玄注："圈，屈木所为，谓卮、匜之属。"[4]战国时期，由于制木胎工具的改进，出现了卷制胎新工艺，汉代更加流行。卷制胎是先用薄木板卷成筒形，其衔接处很薄，用漆液

① 张传官撰：《急就篇校理》卷第三《十二·12-8》，北京：中华书局，2017年，第200页。

② （汉）司马迁撰，（南朝宋）裴骃集解，（唐）司马贞索隐，（唐）张守节正义：《史记》卷一百九《李将军列传第四十九》，北京：中华书局，1982年，第2869–2870页。

③ 张传官撰：《急就篇校理》卷第三《十三·13-1》，北京：中华书局，2017年，第204页。

④ （清）孙希旦撰，沈啸寰、王星贤点校：《礼记集解》卷三十《玉藻第十三之二》，北京：中华书局，1989年，第830页。

黏合后，用木钉钉接，再在接缝处安上把手，使之牢固，底部用厚木斫斩后再黏合而成。这一制作工艺既需精细锋利的刀具，又需高超的技术配合才能完成。轻巧精美的卮等饮酒器，就是用此方法加工制成的。《史记·吕太后本纪》载："太后怒，乃令酌两卮酖，置前，令齐王起为寿。"[①]西汉卮作为饮酒器盛极一时，但其功用逐渐被更简单的耳杯、碗、钵等饮酒器代替，东汉时逐渐消亡。

图3-25 西汉云纹小漆卮（湖南博物院藏）

图3-26 西汉象牙卮（南越王博物院藏）

西汉的卮主要有筒形卮和盆形卮。筒形卮，纽盖，筒形腹，平底下附三足或厚足，推测起源于筒形酒尊。盆形卮估计由盆形尊演化而成，其大体形制为侈口、颈稍内收、弧腹、平底、矮圈足。出土的卮材质有陶、铜、银、漆、象牙等，大多为圈器形制。长沙马王堆一号汉墓出土的漆卮，直口，直壁，有盖或无盖，均有耳，器内黑漆书"君幸酒"，图3-25所示为云纹小漆卮，直径13.4厘米，高13.5厘米，较现代的酒杯要大，与水杯大小相似。据遣策及器底铭记，有"斗卮""七升卮""二升卮""小卮"[②]四种，容量最大为一斗。铜卮出土数量不多，大都为实用器。图3-26是南越王墓出土的象牙卮，高5.8厘米，厚0.3厘米，美轮美奂，反映了南越地区的高度文明。

2.杯。古字又作桮、棓、盃，是一种盛饮料或流食的器皿，常作酒具。"杯"字源于手掬之抔。《礼记·礼运》

---

① （汉）司马迁撰，（南朝宋）裴骃集解，（唐）司马贞索隐，（唐）张守节正义：《史记》卷九《吕太后本纪第九》，北京：中华书局，1982年，第398页。

② 贺强：《马王堆汉墓遣策整理研究》，西南大学硕士学位论文，2006年。

曾言"抔饮",郑注:"抔饮,手掬之也。"[①]后来以"杯"代"抔",杯形类似于双手合掬形成的椭圆,左右拇指似杯耳。先秦杯多称羽觞,战国时《楚辞·招魂》中有"瑶浆蜜勺,实羽觞些"[②]。《汉书·外戚传》有"顾左右兮和颜,酌羽觞兮销忧"[③],此处羽觞指杯或杯中酒。《汉书·朱博传》说西汉末宰相朱博为人廉俭,"食不重味,案上不过三杯"[④],此处"杯"即杯。

耳杯,由杯耳得名。汉朝的杯,多是耳杯。耳杯大致出现于战国晚期,汉代盛行,材质多样,多为漆质,此外有青铜、铜、陶、木、漆、玉质等。汉墓中出土耳杯数量众多,可见当时使用非常广泛。六朝以后,瓷器流行,铜耳杯逐渐退出了历史舞台。在杯耳方面,有的使用鎏金银工艺,通体鎏金,有的还在杯口镶一圈银扣,与鎏金的杯耳相和配成"银口黄耳"。《盐铁论·散不足》载:"今富者银口黄耳,金罍玉钟。"[⑤]此处的"银口黄耳"是指漆耳杯镶嵌有鎏金的铜耳和白银的口缘,富裕之家多用。

耳杯,常与案、盘一起成组,有的还配有执炉,兼作食器。《汉书·地理志》载:"都邑颇仿效吏及内郡贾人,往往以杯器食。"[⑥]墓葬出土的耳杯,其内或盛鱼骨、或盛鸡骨。长沙马王堆一号汉墓出土的云纹漆耳杯,如图3-27,长22.3厘米,宽27.5厘米,器内底上题

图3-27 西汉"君幸酒"云纹漆耳杯(湖南博物院藏)

① (清)孙希旦撰,沈啸寰、王星贤点校:《礼记集解》卷二十一《礼运第九之一》,北京:中华书局,1989年,第586页。

② (宋)朱熹集注,夏剑钦等校点:《楚辞集注》卷第七《招魂第九》,长沙:岳麓书社,2013年,第112-113页。

③ (汉)班固撰,(唐)颜师古注:《汉书》卷九十七下《外戚传第六十七下·孝成班婕妤》,北京:中华书局,1962年,第3987页。

④ (汉)班固撰,(唐)颜师古注:《汉书》卷八十三《薛宣朱博传第五十三·朱博》,北京:中华书局,1962年,第3407页。

⑤ (汉)桓宽撰集,王利器校注:《盐铁论校注》卷第六《散不足第二十九》,北京:中华书局,1992年,第351页。

⑥ (汉)班固撰,(唐)颜师古注:《汉书》卷二十八下《地理志第八下》,北京:中华书局,1962年,第1658页。

"君幸酒"。还有一只稍大耳杯题"君幸食"字样。题字意为请饮美酒、尝美食，由此可知，小耳杯盛酒，大耳杯盛食。

据《盐铁论》记载，漆杯需用百人之力方可制成，故价格十分可观，一个漆杯的价格甚至相当于十个铜杯。漆饮食器皿比青铜器具有轻便、富丽、温质等优越性，为宫廷及贵族官僚所爱好，漆器也因此成了地位和财富的象征。

图 3-28 西汉漆匜（湖南博物院藏）

3.匜。用于挹取酒、水等液体。长沙马王堆一号汉墓出土的漆匜，如图3-28所示，长28厘米，宽23厘米，斫木胎，瓢形，一侧有流，直口，圆唇，平底，流底平坦。该匜造型简单自然，壁上画有凤鸟，勾勒简洁，曲线流畅，画面清晰利落，情趣盎然。

三、珍稀精美的金银玉石器

汉代统治阶级和贵富阶层还使用金银玉器，以享长生之效。《汉书·郊祀志》记载，汉武帝时，方士李少君进言皇上丹药可长寿："少君言上'祠灶皆可致物，致物而丹沙可化为黄金，黄金成以为饮食器则益寿，益寿而海中蓬莱仙者乃可见之，以封禅则不死，黄帝是也。'……于是天子始亲祠灶，遣方士入海求蓬莱安期生之属，而事化丹沙诸药齐为黄金矣。"[1]汉代权贵追求长生，认为以金银器为饮食器皿可以延年益寿。宋代《太平广记》记载，东汉光武皇后之弟郭况"累金数亿，家童四百人，以金为器皿，铸治之声，彻于都鄙"[2]。汉代出土的金银饮食器具数量不多，以盒、盘、碗、卮为主。广州南越王墓出土有玉盒、玉觥、玉卮。卮中以玉卮最为高贵。《史记·高祖本纪》记载："未央宫成。高祖大朝诸侯

① （汉）班固撰，（唐）颜师古注：《汉书》卷二十五上《郊祀志第五上》，北京：中华书局，1962年，第1216-1217页。

② （宋）李昉等编：《太平广记》卷二百三十六《奢侈一·郭况》，北京：中华书局，1961年，第1811页。

群臣，置酒未央前殿。高祖奉玉卮，起为太
上皇寿。"①说明使用玉卮的人身份高贵。

汉代玉石饮食器在继承战国时代传统之
上有新发展，玉容器增加，花纹减少，以现
实主义为主，治玉采用高浮雕和圆雕手法，
镂空花纹与表面游丝刻纹更趋成熟。广州
南越王墓出土一件西汉玉角杯，造型仿犀角
（相传犀牛角可以溶解毒物）形状，中空盛
酒，如图3-29所示，高18.4厘米，口径5.9-
6.7厘米，口缘厚0.2厘米。玉杯上纹饰精美，
立姿夔龙由口沿处向后展开，龙体修长，环
绕杯身，杯身有勾连雷纹补白。这件玉杯无
法直立，饮酒时要拿起酒杯一饮而尽。专家

图3-29 西汉角形玉杯（南越王博物院藏）

称其为稀世珍奇："形如犀角，器身浮雕卷云纹，制作精美，为汉代玉器中之稀
世珍奇。"②该玉杯令人叹为观止，为禁止出国（境）展览文物。

外来珍稀的琉璃食饮器。汉代开始出现来自西方的琉璃（现代意义上的玻璃）
容器，是中西文化交流的滥觞。河北满城刘胜墓中曾出土口径19.7厘米、高3.2厘
米的琉璃盘，呈湖绿色，微有光泽，半透明，晶莹如玉，局部因土锈侵蚀碱化，
有白色风化层和凹坑，残破处有玻璃光，见图3-30。器形呈奢口，浅腹折收，平
折沿，平底。为以示区别，来自西域的称琉璃，本土制造的称玻璃。自先秦至汉，
受尚玉观念影响，本土制造玻璃的目的主要是仿玉器，因而在"仿玉"领域取得
了精彩成就。另一方面，从汉代起，波斯、罗马等西方生产的半透明琉璃器进口
到中国，被珍视为奇宝。道士们在烧制本土玻璃探索中发现，玻璃制品可产生多
种颜色，比真玉更加美观，于是刻意烧炼成各种不透明的彩色玻璃，时称"五色

① （汉）司马迁撰，（南朝宋）裴骃集解，（唐）司马贞索隐，（唐）张守节正义：《史记》卷八《高
祖本纪第八》，北京：中华书局，1982年，第386页。

② 文物编辑委员会编：《文物考古工作十年（1979～1989）》，北京：文物出版社，1991年，第
222页。

玉"，亦即彩色玉、多彩玉。唐宋以后，五色玉一词渐被遗忘。汉代凿空西域，架设了中西方的贸易和文化交流之路，域外琉璃制品随着贸易传入中国。考古工作者在江苏邗江县东汉墓中曾发掘出三块紫白相间的琉璃残片，经复原才发现是带

图 3-30 西汉琉璃盘（河北博物院藏）

凸棱条饰的平底钵，分析其成分、器形与搅胎技法，认为是典型的罗马琉璃器，是西方琉璃传入中国的实物证据。

轻巧瑰丽的漆器繁盛。商周以后，青铜食器逐渐衰落，秦汉之后，青瓷碗盘逐渐普及，取代了之前的粗陶和竹木餐具。上流社会，漆器盛行。两汉漆器繁荣昌盛，种类和品目繁多，是漆器史上的黄金时代。汉代达官显贵们普遍使用漆器，以拥有漆器的数量和精美为荣，凸显漆器纹样的造型、色彩、纹样、镶嵌材料等，彰显自己的审美趣味。漆器轻巧美观，色彩瑰丽，以红漆为主色调，大多在黑漆底上用朱红描绘，色泽光亮，器形典雅。西汉中期以后，流行在盘、樽、盒、奁等器物口沿上镶镀金或镀银的铜箍，比如杯、碗、盘、盒、樽、壶、盂、勺等口沿，娱乐用的六博、乐器等小件边缘，居室常用的几、案、枕等陈设，即"银口黄耳"，或称扣器，东汉更为臻美。此时漆器的胎骨多种多样，有木胎、竹胎、皮胎、藤胎、铜胎、陶胎和砂胎等，其中木胎、铜胎最为常见。西汉中期后逐渐流行夹纻胎，又称"脱胎"，纻即麻布，做法是以木或泥做成内胎，再以涂漆灰的麻布等裱糊若干层，干透后去掉内胎，最后在麻布壳上髹漆。这种胎体轻巧，初见于战国，秦代尚不多见，西汉中期以后成为最普及的制胎方法。汉代漆器的装饰，主要采用彩绘、针刻和镶嵌等工艺，多彩艳丽。

《周礼·考工记》记载："天有时，地有气，材有美，工有巧，合此四者，然

后可以为良。"①好工匠会将天时、地气、材料、工艺这四者有机结合，设计、制作出好物件。汉代武帝后崇尚儒家学说，受儒家色彩观的影响，以色彩来区分等级、贵贱，体现"礼"之尊卑有别的设计主线。汉朝由刘邦建立，刘邦及其亲信来自楚地，继承了楚人尚赤的传统，器物多为红色，漆器是对楚文化继承与发扬的典型器物。汉代漆器纹样，多反映当时的现实生活或重大事件，我们今天看到的汉墓室壁画、画像石上的内容多是车马出行、宴乐歌舞等凡间生活图景，这也是漆器纹样的重要内容和特征。

　　汉代的艺术特征，鲁迅先生用"博大雄沉"来赞誉，而汉代饮食器具也确实很好地体现出这种艺术特征，无论是北方地区的彩绘陶器和釉陶器或实用的青铜食饮器，还是南方楚人富丽空灵的木漆器，都透出汉朝博大雄沉的大气风范。汉代统治区域广阔，饮食器具发现的地域同样广泛，如广州南越王墓出土的饮食器具种类及造型，多数与中原地区同期出土的器类相同，表明中原地区的饮食器具对南越政权产生深刻影响。同时，南越地区还保留有地方特色的饮食器具，这是融合了当地越人习俗的结果。只有贵族才消费得起的豪华精美饮食器，它们或是灿烂夺目的金银器，或是晶莹剔透的玉制品，或是异域风格的外来品，为两汉时期的饮食器具文化增添了一抹最绚丽的色彩。

第二节　三国西晋时期的宴饮器具

　　曹魏与蜀吴两国呈三足鼎立之势，后归西晋。三分时期，北方沿袭传统，南方出现釉下彩绘瓷，比之釉上彩色泽更加稳固，不易剥落。釉下彩开拓了陶瓷装饰的新领域，在瓷器发展史上具有划时代的意义，为之后西晋和东晋的瓷器流行奠定了基础。南北不同的文化特色，推动宴饮器具继续发展。三国西晋时东汉出现的瓷器得到发展，逐渐脱离陶器独立发展，并奠定了主流地位。漆器迅速败落，不复汉时荣光。玉石器逐步繁荣，造型别致，玲珑剔透。金银酒器争奇斗艳，富

---

　　① （清）孙诒让著，汪少华整理：《周礼正义》卷七十四《冬官·总叙》，北京：中华书局，2015年，第 3754 页。

丽堂皇。此外，民间宴饮用具以陶瓷器为主，上层社会则以漆器、瓷器及金银玉石为主，铜器仍有但已少见。随着经济发展和民族融合，异域器具如车渠、琉璃等新材质的食饮器，受到贵族追捧。

一、陶瓷类饮食器具

曹魏时饮食器基本承袭东汉，西晋的陶质饮食器，以罐、壶、尊、盘、碗、耳杯、勺、甑、釜等为主，翻口罐、多子榼为具有时代特征的食器。南方陶瓷业发展迅速，浙江上虞窑口分布密集。上虞是越州辖地，故称为越窑，建于东汉，是瓷器的发源地，烧制的瓷质饮食器具有胎质细腻、坚硬、胎釉牢固、釉色纯净、薄厚均匀等优点。此后，瓷器逐渐摆脱陶器影响，胎薄而釉色晶莹，成为当时社会的新风尚。以动物形象为轮廓或作局部装饰的鸡首罐、鸡首壶、羊尊等，造型生动，富有生活情趣，受到名门望族的喜爱。

西晋青瓷碗常见。西晋的碗多敞口，弧腹，平底或假圈足，有的内饰花纹；盘为圆唇，斜壁，平底内凹。空柱盘为敞口，方唇，弧腹，圜底内凹，底部中央起圆柱，柱中空，柱口呈喇叭形。图3-31是典型的越窑青瓷小碗，高3.9厘米，口径8.4厘米，底径4.7厘米，造型简约。

图3-31　西晋越窑青瓷小碗（浙江省博物馆藏）

图3-32　西晋越窑青瓷格盘（浙江省博物馆藏）

1. 具有时代特征的盛食器榼流行。此时榼多陶瓷制品，少数为漆质。榼是越式食器，扁圆形盒，盒中以隔梁分成若干小格，统称格盒，若无盖则成格盘。图3-32是西晋越窑青瓷格盘，高4.5厘米，口径21.3厘米，底径21.6厘米，颇有特色。考古发现，三国时吴墓中出土的槅数量大增，不仅有圆形的，还有方形的。1974年，江西南昌晋墓考古出土的长方形漆槅，因底书"吴氏槅"而命名。文献中槅正式名称为"樏"，《世说新语校笺》引《玉篇》云："扁榼谓之樏。"[1]南朝宋刘义庆《世说新语·任诞》记："（罗友）在益州，语儿云：'我有五百人食器。'家中大惊。其由来清，而忽有此物，定是二百五十沓乌樏。"[2]其内小格称为"子"，分成多少格，就称为几子樏。长方形槅较为常见，内分一大格八小格或六小格，初期是平底，稍后变为方圈足，足壁下部切割出花座。

2. 酒器中鸽形青瓷较为常见。图3-33是西晋鸽形青瓷杯，杯体呈圆形钵状，直口无稍敛，微鼓腹，底内凹。器身高4厘米，口径10.5厘米，底径5.5厘米，器内底饰多组同心凹弦纹，外壁上腹部划两道凹弦纹，一侧是昂首展翅的鸽子，另一侧是宽而上翘的鸽尾作柄，生动活泼，稚趣可爱。鸽子很早就被人类驯化，更因"飞鸽传书"受到人们喜爱，成为吉祥之鸟。东汉至西晋，越窑瓷器中多有鸽子器形，寄托着人们祈求平安吉祥的美好寓意。

图3-33 西晋越窑青瓷鸽形杯（浙江省博物馆藏）

---

① （南朝宋）刘义庆撰，（梁）刘孝标注，杨勇校笺：《世说新语校笺》中《雅量第六》，北京：中华书局，2006年，第319页。

② （南朝宋）刘义庆撰，（梁）刘孝标注，杨勇校笺：《世说新语校笺》下《任诞第二十三》，北京：中华书局，2006年，第678页。

3. 西晋青瓷出现了鸡首壶、扁壶等新器形。鸡首壶以壶嘴做成鸡首状而得名，用以满足人们祈求吉祥的心理愿望。鸡首壶是在东汉盘口壶基础上创新的品种，最早出现于三国、西晋之交的南方地区，后传入北朝，流行至唐初，多为瓷器，胎质与汉朝、三国相比显得细腻，体薄精巧。另有些许釉陶器。鸡首壶造型为盘口，细颈，鼓腹，平底，肩部有鸡头状的流，对应的柄侧饰以鸡尾。西晋时，鸡首壶从无柄发展为圆环形柄，器形以小件为主，肩部一侧为鸡头，鸡头短小无颈，另一侧的尾部相应短小。鸡首壶盘口直径较大且浅，腹部较圆，鸡头虽神情毕肖，但不能倾注，头与尾纯粹是装饰品，没有实用意义。学界认为鸡首壶为茶器或酒器，寓意"吉祥"。西晋鸡首壶处于早期阶段，器形特征是较为矮小，风格朴素显拙，装饰简略。东晋，鸡首壶由低矮走向高大，实用性大大增强，鸡形刻画更为生动，做工更显精致，处于发展变化的过渡期。东晋鸡首壶在墓葬中常见。

魏晋南北朝，鸡首壶的演变过程，呈现出壶体由低到高，把手、口由不通到通，鸡头由小到大，由无颈到有颈，手柄由无到有、由短变长呈龙形的过程，其演变过程如图3-34所示。①南北朝时佛教盛行，纹饰中带有浓重宗教色彩的莲花纹、忍冬纹，器表釉彩由青釉到以青釉为底、褐斑点彩，自东汉出现的黑釉得到发展，功能由单纯装饰到装饰与实用兼具等。北朝的鸡首壶在器形、纹饰等方面与南朝的差别较大，体现在器形更高、口径增大、宗教纹饰、厚重质朴、异域风采等。随着北朝鲜卑人汉化影响的深入，鸡首壶器形更加注重外观美化，唐中后

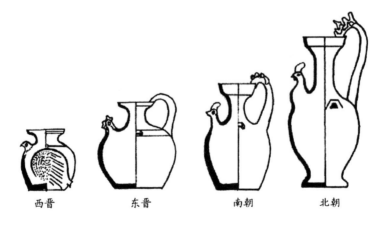

西晋　　　　东晋　　　　南朝　　　　北朝

图3-34　鸡首壶概略演变图示

① 任静：《北朝三种酒器特色探析》，山西大学硕士学位论文，2013年。

期后，鸡首壶多用以装饰并逐渐退出历史舞台。

东吴西晋流行的瓷质扁壶酒器，仿青铜器烧造，扁圆腹，高圈足或两侧高足，

器腹两侧对称双系，便于系绳背挂。图3-35是三国东吴时期的青釉瓷扁壶，口沿6.3厘米，腹宽21厘米，通高23.2厘米，器形典型，便于携带。1983年，江苏南京长岗村吴末晋初墓出土的青瓷釉下彩带盖盘口壶，如图3-36所示，盘口，细颈，鼓腹，有系，平底，圆弧形盖，盖钮雕成回首卧鸟状，器高32.1厘米。此器是我国目前发现最早的釉下彩瓷器，说明我国早在三国时，就已发明和掌握了釉下彩的制瓷技术。

图3-35　三国吴青釉瓷扁壶（镇江博物馆藏）

4.魁状类盛物或盛酒器的持柄已简化成弯曲的小柄状。南京西善桥官山南朝墓的"竹林七贤与荣启期"砖拼壁画中，见图3-37，阮籍、山涛和王戎面前均放一带曲状小柄的魁，人物手中还举着小圈足耳杯。画中人为山涛，手持饮酒器杯。魏晋士人，豪饮时不限于杯、碗，《晋书·阮咸传》记载："诸阮皆饮酒，咸至，宗人间共集，不复用杯觞斟酌，以大盆盛酒，圆坐相向，大酌更饮。时有群豕来饮其酒，咸直接去其上，便共饮之。"①

图3-36　三国吴青瓷釉下彩盘口壶（南京六朝博物馆藏）

---

① （唐）房玄龄等撰：《晋书》卷四十九《列传第十九·阮籍·阮咸》，北京：中华书局，1974年，第1363页。

图 3-37 南朝墓"竹林七贤与荣启期"砖拼壁画·山涛像（局部）（南京博物院藏）

二、漆木类饮食器具

东汉中期以后，由于政治动乱，漆器的地位已然下降，瓷器转而兴起。三国西晋时期，南方地区的漆木器仍沿袭汉代的传统造型，色彩多为内朱表墨，漆槅流行。在案、槅、盒和盘上绘有装饰图案和精美的漆画，以人物故事为题材的画面大量出现，此外有流畅生动的鱼水图案、云气及回曲连续的植物纹图案，在注重写实的同时，更加流畅活泼，富于情趣，与汉代风格迥异。三国时的漆器以东吴为主，南北朝时期的漆器则以北魏为主，漆器向多样化和实用化方向发展，漆器的镶嵌和彩绘技术更加成熟。东吴朱然墓出土的漆器代表了东吴的漆器发展水平，种类也多，除了常见的耳杯、奁、盘、盒等器形，还有凭几、砚等新器形。其中一款凭几呈曲面，下设三蹄足，始于三国，流行于两晋南北朝，新颖别致。安徽宣城出土的西晋漆木器，种类有槅、盘、碗、耳杯、勺、盒等日用饮食器，制作工艺简单，多无纹饰。[1]

三、铜、玉石饮食器具

此时生活用具以陶瓷、漆器为主，铜质器物虽有但已少见，制作也较粗糙，以素面为主，类别主要有铜洗、铜双耳釜、铜耳杯、铜镶壶、铜镶斗、铜碗、铜

---

[1] 黄胜桥：《宣城出土的西晋漆木器》，《美与时代（上旬）》2014 年第 8 期。

钵等。湖北鄂城一口古井中出土了"黄武元年作
三千四百八十枚"铭的双耳铜罐，高20厘米，口
径12.8厘米，如图3-38所示，腹上有"武昌"和
"官"两处铭文，表明东吴曾在武昌设有官府控制
的铸铜作坊，生产实用器物，仅罐的数量即有数
千。铜罐体表无装饰，只是腹下有均匀的制作时
留下的细密旋纹；靠近罐底处还有破损后以生铁
铸补的补丁，表明实用铜器得之不易才修补再用，
同时又可看到此时铜器重实用，装饰简朴。马鞍
山朱然墓出土物中仅有四件铜器：三足盆炉、熨
斗、水注和鸡首镰壶，温酒器镰壶仍是沿袭汉代
传统。

图 3-38　三国吴青铜铭文罐
（湖北鄂州博物馆藏）

　　汉代传统的玉容器此时仍旧摆在官宦权贵家
的案几之上。河南洛阳市文物工作队收藏的三国
魏的玉酒杯，高13厘米，口径5厘米，见图3-39，
由温润洁白的和田玉雕琢而成，白色中泛青，圆
筒形杯身，束柄，下有圆饼形高足，通体光素无
纹。其器形规整，曲线流畅，光洁细腻，凝玉润
脂，富有汉代遗风。

　　随着民俗的渐进和东西贸易的发展，饮食器
物也逐渐丰富起来，出现了异域及不同于以往材
质的器皿。曹植的《车渠碗赋》名闻遐迩："何
明丽之可悦，起群宝而特章。俟君子之闲宴，酌

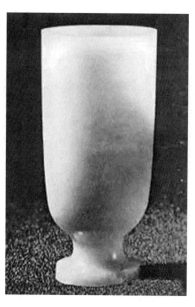

图 3-39　三国魏玉杯（河南洛阳
文物工作队藏）

甘醴于斯觞。既娱情而可贵，故求御而不忘。"[1]车渠是一种来自西域的宝石，纹
理细腻柔和，颜色明快艳丽，无比珍贵，斟满美酒，欢乐娱情，饮之令人开怀。

————————
　　① （清）严可均编：《全上古三代秦汉三国六朝文》之《全三国文》卷十四《陈王植·车渠碗赋》，
北京：中华书局，1958年，第1128页。

四、异域的琉璃类珍品

来自西域的琉璃制品成为新鲜的奢侈品。从汉代开始，随着陆上丝绸之路与海上丝绸之路的开拓，中亚与西亚的琉璃制品作为昂贵的进口货运抵中国，成为上层社会奢侈生活的标志。汉代就有与西域贸易而来的琉璃，《汉书·西域传》云："（罽宾国）出封牛、水牛、象、大狗、沐猴、孔爵、珠玑、珊瑚、虎魄、璧流离。"①此外，《魏略·西戎传》载："（大秦）出赤、白、黑、绿、黄、青、绀、缥、红、紫十种流离（琉璃）。"②这些来自异域的稀罕器物，成为时人新宠，《世说新语·排调》记载："王公（导）与朝士共饮酒，举琉璃碗谓伯仁（周颉）曰：'此碗腹殊空，谓之宝器，何邪？'答曰：'此碗英英，诚为清澈，所以为宝耳。'"③盛放美酒的琉璃碗清澈、英英，说明透明度好，更能彰显酒液的光泽。《世说新语·汰侈篇》记，晋武帝司马炎临幸王济家，"武子供馔，悉用琉璃器"④。《晋书·崔洪传》记载："汝南王亮常宴公卿，以琉璃钟行酒。酒及洪，洪不执。"⑤崔洪反对奢侈，不用琉璃钟。晋人潘尼的《琉璃碗赋》则具体介绍，这些沿着陆上丝绸之路万里远来的琉璃器皿，具有"凝霜不足方其洁，澄水不能喻其清"⑥的特点，清澈透明，与本土的五色玉迥然不同，成为当时特别新鲜受宠的宝贝。外来琉璃器造型充满异域风格，晋代廉吏兼净臣傅咸《污卮赋》记载："人有遗余琉璃卮者，小儿窃弄，堕之不洁……逞异域之殊形。"⑦此语感叹晶莹剔透的宝物

---

① （汉）班固撰，（唐）颜师古注：《汉书》卷九十六上《西域传第六十六上·罽宾国》，北京：中华书局，1962年，第3885页。

② 余太山撰：《两汉魏晋南北朝正史西域传要注》五《〈魏略·西戎传〉要注》，北京：中华书局，2005年，第348页。

③ （南朝宋）刘义庆撰，（梁）刘孝标注，杨勇校笺：《世说新语校笺》下《排调第二十五》，北京：中华书局，2006年，第710页。

④ （南朝宋）刘义庆撰，（梁）刘孝标注，杨勇校笺：《世说新语校笺》下《汰侈第三十》，北京：中华书局，2006年，第786页。

⑤ （唐）房玄龄等撰：《晋书》卷四十五《列传第十五·崔洪》，北京：中华书局，1974年，第1288页。

⑥ （清）严可均编：《全上古三代秦汉三国六朝文》之《全晋文》卷九十四《潘尼·琉璃碗赋》，北京：中华书局，1958年，第2000页。

⑦ （清）严可均编：《全上古三代秦汉三国六朝文》之《全晋文》卷五十一《傅咸·污卮赋》，北京：中华书局，1958年，第1753页。

掉入污秽处，不如普通酒器，也用以隐喻不要同流合污。此后，异域琉璃不断东来，《魏书·西域传》云："波斯国……土地平正，出金、银、鍮石、珊瑚、琥珀、车渠、马脑，多大真珠、颇梨（玻璃）、琉璃、水精、瑟瑟、金刚、火齐……"[①]

　　来自异域的琉璃颜色鲜亮，色泽透明，光彩照人，受到时人钟爱，其成分相当于现代意义上的玻璃。为便于区分，来自西方的透明光泽器皿称琉璃。中国古代也生产玻璃，但不透明，主要用于仿玉。据《广雅》《韵集》记载，相当长的时间内，"琉璃"是作为火烧的玻璃质珠子和其他一些透明物质的统称。现代专家根据光谱鉴定，中国本土的玻璃是"铅钡玻璃"，与西方琉璃的"钠钙玻璃"不同，是两个不同的玻璃系统。中国古代玻璃器制作一直追求"真玉"境界，器物不进行"退火"处理，遇高温易裂，所以本土的铅钡玻璃不适合于宴饮场合，常用作各种装饰、礼器和随葬用品，来自西域的琉璃制品因不易爆裂而备受珍视。

五、文人的雅致饮具

　　魏晋时期，曲水流觞兴起，文人雅士喜好碧筒饮。所谓碧筒饮，也叫"碧筒杯"，是采摘刚冒出水面、卷拢如盏的新鲜荷叶盛酒而饮，用来盛酒的荷叶，称为"荷杯"、"荷盏"或"碧筒杯"，因为茎管弯曲状若象鼻，故有"象鼻杯"之称。据《酉阳杂俎》记载："历城北有使君林，魏正始中，郑公悫三伏之际，每率宾僚避暑于此。取大莲叶，置砚格上。盛酒三升，以簪刺叶，令与柄通，屈茎上轮菌如象鼻，传噏之，名为'碧筒杯'。历下敩之，言酒味杂莲气香，冷胜于水。"[②]三伏天郑悫与幕僚门客在历城（济南）使君林避暑，以簪刺透新鲜莲叶叶柄，使莲叶和莲茎贯通，弯曲莲茎成象鼻状，内置美酒，名曰"碧筒杯"。"酒味杂莲气香，冷胜于水"，酒味与莲气混合在一起，更有一番情趣，是文人雅士盛夏消暑的清凉方式，以文人审美的眼光达到避暑和助饮作用。"碧筒饮"始于魏晋时期，兴盛于唐宋时期，在文人雅士的推崇倡导下，民间也颇流行。唐宋之后有铜、瓷、金等不同质地的碧筒酒杯，富有艺术陶冶的文化气息。从曹魏开始，文人雅士的

　　①　（北齐）魏收撰：《魏书》卷一百二《列传第九十·西域·波斯》，北京：中华书局，1974年，第2270页。

　　②　（唐）段成式撰，许逸民校笺：《酉阳杂俎校笺》前集卷七《酒食》，北京：中华书局，2015年，第565页。

游宴兴趣增高，他们尝试新的事物，游山玩水之际对宴饮的物质要求降低，更注重山水自然间不可言说的意境情趣，即后来欧阳修所说的"醉翁之意不在酒，在乎山水之间也"，追求超越口腹之欲的精神愉悦。

三国魏晋，游宴兴起，文人雅士开辟了新的饮宴方式，碧筒饮充满了自然气息与风雅氛围，为唐宋衍生出碧筒杯、荷杯、荷盏、象鼻杯等酒具奠定了基础。制瓷业继续发展，釉下彩技术的出现，奠定了瓷器在东晋南北朝饮宴器具中的主流地位。鸡首壶、扁壶等新器形的出现和演变，兼具地方特色与民族特色，体现了民族融合和南北文化的交流。随着中西贸易的发展和交流，异域的珍稀宴饮器争奇斗艳。本土金银玉石宴饮器具富丽堂皇，受到上层社会的喜爱。外来器具带动了本土烧造技术的进步。

第三节　东晋南朝的饮食器具

从东晋开始，南方地区的饮食器具中，瓷器普遍使用，成为青瓷发展的第一高峰期，陶器退出主要地位，成为大众百姓随葬用品的主要器物。除青瓷外，南朝黑瓷得到发展，丰富了瓷器种类。瓷器上的纹饰，受佛教思想的影响，多饰以莲花纹、忍冬纹等，造型更注重实用性。漆器衰败，花纹趋简，不复汉时荣光。金银玉石器具仍是权贵富豪的专用品，新型茶具发展很快，逐渐从饮食器中脱离出来。

一、陶瓷饮食器具

东晋开始，青瓷饮食器具广泛出现在人们的饮食生活中。青瓷釉面光滑，呈淡青、青绿等色，常见的器类有碗、盘、钵、罐、盘口壶、鸡头壶、盏托、盒、唾壶等，不少器物配有器盖，碗大小配套，盏有托盘。东晋时期，青瓷的造型趋于实用性，装饰简洁。

（一）食器

常见的食器有盘和罐。此时高足盘流行，器形有大、中、小之分，形式为浅盘式，口沿外展，盘心平坦，下承喇叭状高圈足。图3-40是南朝青釉莲纹高足盘，盘弧形腹稍浅，口微敛，内底心微凸，喇叭形足稍高，足端微外卷。盘体釉

色黄绿，釉面光滑滋润，略有厚薄不匀
之感。高足盘由青铜豆发展、演变而来，
此时的高足盘，造型简练、朴实无华，
为宴饮常用品，隋代盛行的高足盘就是
在南朝的基础上发展而来。碗、钵变化
也是同样的演变规律。早期碗口大底小，
造型矮胖，以后碗壁增高，底部放大。
东晋大碗、盘类器物的口沿、器心和外
壁多饰彩斑，或作散点式，或连缀成简
单图案。南朝时的碗型与现在的碗相似，

图 3-40 南朝青釉莲纹高足盘（浙东越窑青瓷博物馆藏）

器壁变薄，腹部加深，器底较厚，多数为假圈足。圆饼形足的形式更普遍。

东晋时期贮盛各种食物的青瓷罐，体形逐渐往高里发展，器体不断加高，容量增大；造形方面上腹收小，重心向下，稳定性增强，更加实用。

（二）酒器

南朝时黑瓷兴起并发展，釉层丰厚，釉面滋润，色黑如漆，可与漆器相媲美，装饰手法简洁，仅有弦纹和冰裂纹饰，冰裂大若蟹爪，小若碎珠，均匀自然，和谐悦目。南朝时期受佛教思想影响，盛行莲花纹饰，如碗、盏、钵、壶的外壁常饰以重线仰莲瓣，盘心周饰莲瓣，整个器形宛若盛开的莲花。

酒器中主要有壶、尊、勺、杯等器具。壶中单柄壶、鸡首壶、羊首壶等常用器形最为多见，形态从秀美向实用发展。

1. 单柄壶。图3-41是南朝青釉刻花
单柄壶，高21.3厘米，口径11厘米，足
径12.4厘米，底径10.8厘米。壶体饱满、
浑圆。胎体厚重，呈灰白色。内外均施
青釉，釉色青绿，釉厚处透明，玻璃质
感强。该壶身纹饰分3组，肩部及腹下刻
仰覆莲瓣各一周，两层莲瓣间刻忍冬纹，
每层纹饰之间隔以弦纹。纹饰层次清晰，

图 3-41 南朝青釉刻花单柄壶（故宫博物院藏）

线条简洁、明快、流畅。该壶造型袭西晋式样，并有较大改进，增强了装饰效果，提高了实用价值，是研究壶形演变的重要文物，堪称南朝青瓷的代表作品。南方和北方所烧青瓷各具特色。南方青瓷，一般胎质坚硬细腻，呈淡灰色，釉色晶莹纯净，有类冰似玉之感。北方青瓷胎体厚重，玻璃质感强，流动性大，釉面有细密开片，釉色青中泛黄。

2. 鸡首壶。鸡首壶壶身略变大而高，鸡颈增高，鸡冠加高，鸡头也扬起远眺，且与壶身相通。相对一侧的鸡尾变为圆鼓形曲柄，起于器肩部，柄上端直接黏接于盘口，并稍高于壶口。肩部两侧置条形系，讲究实用与完美的结合。东晋中晚期，柄上端多雕成龙头衔盘口，有的双系平削成桥形。南朝时器身更为修长，颈瘦长，鸡头高瘦挺拔，有的为双鸡头。壶柄高翘卷曲，肩部呈对称的桥形系，大平底，形态向秀美与实用方向演变。

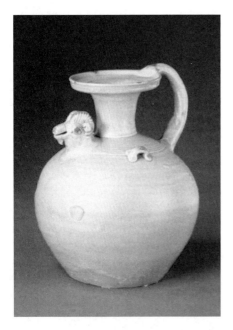

图 3-42 东晋青釉褐斑羊首壶（故宫博物院藏）

3. 羊首壶。晋朝时期的青瓷壶，动物造型的壶较多，除了鸡头、羊头流行，还有虎头、鹰头等。图 3-42 是东晋青釉褐斑羊首壶，高 23.8 厘米，口径 10.8 厘米，底径 10.8 厘米。壶口浅盘状，细颈，球形腹，平底。肩部一侧有羊头形流，相对一侧安曲柄。壶体施青绿色釉，在壶口沿、羊头及系上均点涂褐斑。肩部有二道暗弦纹。壶头羊口微张，颌下一绺胡须，双角向后弯曲，双目外凸，双睛点涂褐彩，颇具神韵。

4. 尊。尊不仅是宴席上不可缺少的酒器，有时还赋以一定政治功能。《宋书·礼志一》记载："正旦元会，设白虎樽于殿庭。樽盖上施白虎，若有能献直言者，则发此樽饮酒。"[①]设白虎樽意在奖劝直言者。

5. 杯。饮酒器中以耳杯居多，两端稍向上翘，南朝时上翘部分逐渐减少，隋

---

① （南朝梁）沈约撰：《宋书》卷十四《志第四·礼一》，北京：中华书局，1974 年，第 345 页。

唐消失。南朝出现新型高足杯，有的承以高足盘。江西文物考古所在南昌小兰南朝墓出土一件青瓷高足盘托杯，如图3-43，通高12.5厘米，杯口径7.5厘米，托盘口径14.0厘米，足径8.0厘米，杯直接套坐于盘中杯足上，杯体可左右转动，是南朝青瓷中难得的珍品。此造型后向东传到日本。

图3-43 南朝分体青釉高足盘托杯
（江西南昌洪州窑青瓷博物馆藏）

二、漆木及金银、玉石饮食器具

漆质饮食器快速衰落。由于瓷器的广泛应用，南方地区盛行的漆木饮食器数量快速变少，花纹也趋于简单。漆器种类变化不大，有圆盘、托盘、耳杯、攒盒、匕、箸、长方形楠、盒等。宴乐纹漆盘比较常见，多是卷木胎，圆形，浅腹，平底；外部髹黑漆，口沿饰黑地红彩连珠纹一周，内壁髹红漆，以红、黑、灰绿等色彩绘出由人物、车马、瑞兽组成的宴乐图。漆托盘，旋木胎，斫制，长方形，四边上翘，两侧有长方形耳，平底。盘内髹红、黑漆，双耳及外底髹黑漆，色泽鲜明。漆匕，斫木胎，分斗和柄两部分，斗为椭圆形，平面；长柄为多棱形，至柄首渐细。斗内及柄下端与斗连接处平面髹红漆，柄首以红漆绘宽带纹，其他部位髹黑漆。漆箸，两端皆为红漆宽带纹，中间髹黑漆。漆攒盒，斫木胎，带盖，扇面形，盒内壁髹红漆，外髹黑漆。

金银玉器及外来珍稀饮食器常被权贵豪富用于席间助兴。葛洪《抱朴子·酒戒》："夫琉璃海螺之器并用，满酌罚余之令遂急。醉而不止，拔辖投井。"[1]席间热闹非凡，琉璃海螺器为名贵酒具，斟满杯罚余沥的酒令不停响起，主人热情，为留客不惜拔掉送客的车辖投入井中，一幅金主热情待客图。金银玉石器向来珍贵，与普通百姓无缘。《南齐书·虞愿传》载："（宋明）帝素能食，尤好逐夷（一

①（晋）葛洪著，杨明照撰：《抱朴子外篇校笺》卷之二十四《酒诫》，北京：中华书局，1991年，第570页。

种甜酱），以银钵盛蜜渍之，一食数钵。"①用银钵存酱，且一食数钵，看来银钵数量少不了。《南齐书·萧颖胄传》记载："上慕俭（约），欲铸坏太官元日上寿银酒枪，尚书令王晏等咸称盛德。颖胄曰：'朝廷盛礼，莫过三元。此一器既是旧物，不足为侈。'帝不悦，后预曲宴，银器满席。颖胄曰：'陛下前欲坏酒枪，恐宜移在此器也。'帝甚有惭色。"②齐明帝常存节俭之念，预宴时满桌使用银器，宗室大臣萧颖胄劝谏齐明帝，毁坏旧酒枪不若少用银器更为节俭。《南史·何点传》记载，竟陵王萧子良"遗点嵇叔夜酒杯、徐景山酒枪"③。酒枪是盛酒器。《宋书·张畅传》记载："孝武又致螺杯杂物，南土所珍。"④这里的螺杯即鹦鹉螺制作的杯。《后赵书》曰："石虎子韬，以琉璃爵、螺杯劝客酒。"⑤北周诗人庾信也有"香螺酌美酒"⑥诗句。鹦鹉造型的螺杯是酒器，有的还镶金银钿，并已传至北方。由于螺杯杯腔蜿曲，薮穴幽深，喝时不易一饮而尽，又称"九曲螺杯"，用于罚杯助兴。

三、饮茶用具初显专用化

茶叶食用历史悠久，史前时的神农氏就以茶解毒，汉代人在解毒之外亦用于饮用，东晋时期长江流域已流行饮茶，有些人甚至嗜茶成癖。我国饮茶风尚，起于汉之蜀地。西汉辞赋家王褒《僮约》有"烹茶尽具，藲已盖藏"⑦之说，这是中国最早提到"茶具"的一条记载，说明煎煮茶叶需要一套器具。又有"武阳买

---

① （南朝梁）萧子显撰：《南齐书》卷五十三《列传第三十四·良政·虞愿》，北京：中华书局，1972 年，第 916 页。

② （南朝梁）萧子显撰：《南齐书》卷三十八《列传第十九·萧颖胄》，北京：中华书局，1972 年，第 666 页。

③ （唐）李延寿撰：《南史》卷三十《列传第二十·何点》，北京：中华书局，1975 年，第 788 页。

④ （南朝梁）沈约撰：《宋书》卷四十六《列传第六·张邵·张畅》，北京：中华书局，1974 年，第 1398 页。

⑤ （清）汤球辑，吴振清校注：《三十国春秋·赵书·前燕田融》，天津：天津古籍出版社，2009 年，第 132 页。

⑥ （北周）庾信撰，（清）倪璠注，许逸民点校：《庾子山集注》卷之四《诗·园庭》，北京：中华书局，1980 年，第 278 页。

⑦ 赵逵夫主编：《历代赋评注·汉代卷·僮约》，成都：巴蜀书社，2010 年，第 226–227 页。

茶，杨氏池中担荷"①，可见茶在汉时作为一种饮料已成为商品。西晋左思的《娇女诗》云："并心注肴馔，端坐理盘槅……止为茶荈据，吹嘘对鼎䥶。"②此处的"鼎"就是茶具。西晋直言敢谏的司隶校尉、文学家傅咸说："闻南市有蜀妪，作茶粥卖之。廉事打破其器物。"③京都洛阳已有蜀地老妪卖茶。晋元帝时，广陵地区"有老姥，每旦擎一器茗往市鬻之。市人竞买，自旦至暮，其器不减"④。广陵在今江苏扬州一带。这说明两晋时期的南方地区，茶已在市场上售卖，民间茶的盛器有可能是带系的罐子或壶，老妇可独自持拿。

西晋著名文学家杜育的《荈赋》就是咏茶赋："水则岷方之注，挹彼清流；器泽陶简，出自东隅；酌之以匏，取式公刘。惟兹初成，沫沉华浮，焕如积雪，晔若春敷。"⑤隅通瓯，东隅指位于东边的瓯窑，大致位于今天的浙江温州、永嘉一带，东汉时开始烧造青瓷，胎质比较细腻，釉色淡青，呈色偏白，透明度较好。青瓷的颜色很像一种缥，缥原是晋代一种淡青色的丝帛，借缥喻瓷，称为缥瓷，作茶器。缥瓷也常作酒具，西晋潘岳《笙赋》有描绘青瓷"披黄包以授甘，倾缥瓷以酌酃"⑥之名句。

茶饮之初，饮茶器具与饮食器具尚未分开，经常混用。如陶盂也曾为茶具。晋代卢琳在《四王起事》中记载："惠帝自荆还洛，有一人持瓦盂承茶，夜莫，上至，尊饮以为佳。"⑦以"何不食肉糜"闻名的晋惠帝好歹是皇帝，用瓦盂承茶，可见当时茶具还未专用。后来茶具逐渐从食器中分化出来，首先出现了带托盘的青釉茶盏。青瓷茶盏有的与盏托配套使用，有的则连为一体，东汉常见是一盘搭四

---

① 赵逵夫主编：《历代赋评注·汉代卷·僮约》，成都：巴蜀书社，2010年，第227页。

② （南朝陈）徐陵编，（清）吴兆宜注，程琰删补，穆克宏点校：《玉台新咏笺注》卷二《左思·娇女诗一首》，北京：中华书局，1985年，第92-93页。

③ （清）严可均编：《全上古三代秦汉三国六朝文》之《全晋文》卷五十二《傅咸·又教》，北京：中华书局，1958年，第1759页。

④ （北宋）吴淑撰注：《事类赋注》卷十七《饮食·茶》，北京：中华书局，1989年，第351页。

⑤ （清）严可均编：《全上古三代秦汉三国六朝文》之《全晋文》卷八十九《杜育·荈赋》，北京：中华书局，1958年，第1978页。

⑥ 赵逵夫主编：《历代赋评注·魏晋卷·笙赋》，成都：巴蜀书社，2010年，第409页。

⑦ （隋）虞世南编：《北堂书钞》卷第一百四十四《酒食部三》，天津：天津古籍出版社，1988年，第646页。

至六只耳盏，东晋出现一盏一托，南朝时成为风行一时的茶具。盏一般是直口微敛，深腹底部略鼓或斜弧壁，大平底，饼足；托盘为圆形敞口，浅腹，平底，饼足，有的中心下凹，有的内底中央起托圈，用来放置杯盏，通体施青釉。有的盏托与盏以釉相互粘边连成一体。此时茶盏的显著特点是多为饼足，底部露胎。江西吉安南朝齐墓中出土过一件纹样华美、造型别致的青瓷茶具，如图3—44，包括

图3—44　南齐青瓷茶具（江西吉安博物馆藏）

茶盏和托盘两部分，茶盏口径15.5厘米，底径6.8厘米，高8.2厘米；托盘口径22.2厘米，底径10.2厘米，高4.3厘米。茶器周身施米黄色青釉，釉汁莹润，光洁素雅。茶盏外壁装饰有两层当时流行的仰莲瓣纹，托盘中央为凸起的圆圈，起承托作用。圈外饰两层莲瓣纹，与盏托相合可构成一个整体，设计巧妙，似傲然盛

开的莲花。南朝佛教盛行，莲花象征佛意，故器物常饰有莲花纹饰。茶具的兴起，为唐宋以后茶具的发展奠定了基础。我国在隋唐以前，汉代以后，已出土有专用茶具，但食具包括茶具、酒具在内，区分并不严格，在很长的时间内，两者共用。

东晋至南朝末期墓葬中，长江以南如南京、镇江、苏杭等地发掘出许多"鸡首壶"青瓷。考古学家从随葬器物组合、墓壁砖画、酒器类别及江南饮茶习俗等方面分析，认定"鸡首壶"是当时的茶具，是江南饮茶习俗的见证。六朝时，嗜茶人殁后，会有茶具随葬。《南齐书·武帝纪》中梁武帝遗诏有言："灵上慎勿以牲为祭，唯设饼、茶饮、干饭、酒脯而已。天下贵贱，咸同此制。"[1]说明当时已有以茶祭墓主的风气。魏晋六朝，士大夫尚清淡，佛教流行，兴起素食茶饮，鸡首壶发展为茶饮器具，墓葬的大量出土，反映了时人"事死如事生""事亡如事存"[2]的文化延续和社会意识。

---

① （南朝梁）萧子显撰：《南齐书》卷三《本纪第三·武帝》，北京：中华书局，1972年，第62页。

② 李蔚然著：《南京六朝墓葬的发现与研究》，成都：四川大学出版社，1998年，第89页。

东晋南朝，青瓷迎来第一个发展高峰，黑瓷也得到了发展，陶器、漆器逐渐衰落，其材质的饮食器具已较少见。南方，饮茶逐渐兴盛，茶具得到发展，并逐渐从饮食器中独立出来。金银玉石等器仍是上层社会的奢华器具。

第四节　北朝的饮食器具

建立北魏王朝的鲜卑族拓跋部，原是北方草原的游牧民族，从事狩猎和畜牧业，逐水草而居，以捕猎肉食为主，在南迁并定都平城（今山西大同）过程中，逐渐受汉文化影响从事农业生产。三国两晋，战事不断，北方的制瓷业发展迟滞，不及南方。北魏时逐渐发展并汲取南方经验，烧制出北方特色的青瓷，成为北方瓷器发展的一个转折点。考古工作者在河北、河南、山西等地发掘出的北朝青瓷，其制作技法与南方青瓷有明显区别，具有粗壮挺拔、朴素浑厚的特点。除青瓷外，北齐还烧制出白瓷、黑瓷和彩瓷，成为中国瓷器发展史上的又一件大事，标志着北方制瓷业的迅速发展。

一、陶瓷饮食器具

北朝早期的饮食器具多为陶器，中晚期后瓷器逐渐增多，有青瓷、黑瓷两种，以青瓷居多，种类有碗、杯、盘、高足盘、长颈瓶、盏、盏托、盂、四耳罐、双耳罐、钵、莲花尊等。黑瓷有碗、杯、盂等。相对南方细腻流畅的瓷器造型，北方则胎体厚重，粗犷豪放。北朝青瓷施玻璃质釉，比南方青瓷釉厚，光泽也强，但釉质透明度差，少数釉质清亮，呈黄绿色或灰绿色。北方器物，多数在肩部或中腹以上施釉，下方不施釉，任釉下流呈蜡泪状。瓷器的装饰，多用线刻、贴塑等技法饰以忍冬、莲瓣、联珠、禽鸟、兽头、神仙人物等，独具风格。北齐时出现了新兴的白瓷，釉层薄而滋润，呈乳白色，普遍泛青，显示出脱胎于青瓷的渊源关系，为隋唐时期北方瓷器的发展奠定了基础。还有釉陶类器物，品种有碗、杯、盏、罐等，有单色釉，也有两彩釉陶。特别是釉下彩釉陶，色泽鲜明，花色较多，釉质莹润明亮，工艺精湛，从其陶胎、施釉方法及釉色组成看，与后来的唐三彩之间关系颇深。

庖厨中，烹制和存放食物的器类主要有釜、甑、瓮、盆、魁、罐、壶、盘等。

北朝的庖厨炊具沿袭汉晋，主要是灶、釜、甑。釜用于对食物进行烤、煮、煎等，形制一般是敞口，扁圆腹，圜底。小型釜或罐形釜可用来烧水。甑为敞口，器底有箅孔，要蒸的食物放入甑内，套在釜上，釜下生火，以水蒸气炊熟。甑底的箅有的直接与甑连为一体，有的则套在甑底。碗类器物腹体较深，底部收得很小，下带圆饼形足。

（一）陶瓷饮食器的主要品种

北朝陶瓷饮食器的主要品种有罐、尊和壶。

1. 罐。陶罐有大小之分，用来贮存食物、造酒、制醋、作酱等。罐、壶多用来制作和贮存酒、醋等液态和固态食物。《世说新语·尤悔》记载任城王"既中毒，太后索水救之；帝预敕左右毁瓶罐，太后徒跣趋井，无以汲，须臾遂卒"[①]。罐有卷沿、平沿和盘口、奢口、直口之分，或泥质或夹砂灰陶或褐陶，均鼓腹，平底，个别的单侧有耳，或肩附三系、四系、六系等，外部饰网状暗纹、竖线暗纹、放射状暗纹或弦纹，还有具有北魏时代特征的忍冬纹、水波纹等。北朝晚期带系罐的中腹部多饰凸起的粗弦纹或陶纹一周，把罐的造型分为上、下两部分，下部不施釉，风格简朴，粗放饱满。此类罐的系用来穿绳以便提用或悬挂，以防鼠害及灰尘。还有一种特殊用途的罐，即在腹底部钻有小孔的灰陶罐，据《齐民要术·作酢法》所言用以为酒糟酢，"七日后，酢香熟，便下水令相淹渍。经宿，酢孔子下之"[②]，类似带孔的罐，可用来酿酒或滤醋。

2. 尊。典型的贮酒器有青釉莲花尊。河北景县封氏墓出土的莲花尊，如图3-45所示，口径15.1厘米，底径18厘米，高54.4厘米，喇叭形口，长颈，丰肩，腹饱满，高足。莲瓣纹盖，肩部至底足装饰六层不同形态的莲瓣，有的莲瓣根部饰有模印菩提树叶。该莲花尊形体高大，造型古朴，气魄宏伟，繁缛华丽，通体施青釉，釉色青绿。该器物采用浅刻、深雕、模印、堆贴等多种装饰技法，具有很高的艺术水平，是北朝青瓷的代表性作品。莲花尊是南北朝时期的特殊产物，

---

① （南朝宋）刘义庆撰，（梁）刘孝标注，杨勇校笺：《世说新语校笺》下《尤悔第三十三》，北京：中华书局，2006年，第805页。

② （北魏）贾思勰著，石声汉校释：《齐民要术今释》卷八《作酢法第七十一》，北京：中华书局，2009年，第773页。

由于统治者崇尚佛教，带动了整个社会风气，莲花尊不仅作为酒器存在，还是一种礼佛器物。南北朝时期的莲花纹样，空间立体感强烈，前期多保持青瓷质地，施彩釉较少，后期莲瓣纹样的出现和流行，丰富了釉色变化，造型言说着佛教故事，百态各异。

3.壶。北朝晚期具有特色的酒器是鸡首壶和扁壶。鸡首壶多为酱褐釉瓷或青瓷，盘口，细长颈，鼓腹小底，颈部多饰弦纹，龙头柄，鸡首流，有的壶身上腹部饰凸雕覆莲，莲瓣丰厚，瓣尖上翘。扁壶出现得较晚，造型与装饰均仿具有波斯风格的银器，多为方唇，短颈，溜肩，肩部以下呈上窄下宽的扁圆形，两面腹部刻有西域风格的胡腾舞或戏狮，肩部有耳便于系绳背带。山西博物院收藏的北齐黄釉印花扁壶，如图3-46，高27.5厘米，口径5.7厘米，椭圆形口，短束颈，梨形腹，腹部扁平，高圈足。正背面模印相同纹饰，呈浅浮雕状。腹壁正中站立一胡人，左手持物似骨朵，身前两侧蹲坐两只狮子，狮子扭首向前。壶壁两侧模印象首，长鼻垂于底部。口部、足壁部分模印联珠纹莲瓣。此后黄釉、绿彩的运用为唐三彩的出现奠定了基础。该器明显受外来文化影响，是北朝时期中西文化交流的见证。

图3-45　北齐青釉仰覆莲花尊（河北博物院藏）

图3-46　北齐黄釉印花扁壶（山西博物院藏）

东汉之后，瓷质扁壶数量增多，逐渐取代了陶质扁壶和铜质扁壶。南北朝至隋代的扁壶皆出土于北方地区，集中在华北，从出土器物的纹饰和纹样来看，与南朝的扁壶关联不大，联珠纹和凤鸟图极具异域色彩，也呈现出浓郁的鲜卑族特色。此时佛教已传至北方，忍冬纹和莲花纹等纹饰非常普遍。北朝及以前的扁壶均为穿带扁壶，隋唐时出现了带柄扁壶，品种数量增多，并逐渐扩展到南方。

（二）白瓷、黑瓷的出现，促进了我国瓷业的发展

白瓷源于北齐，是中国瓷器发展史上的又一个里程碑。河南安阳北齐范粹墓出土的白瓷碗、杯、三系罐、四系罐等器物是早期白瓷的代表，与同时代的青瓷造型相同，胎体细白，釉层薄润，白中泛青。

北齐出现了比较成熟和完整的黑瓷，彩瓷有所发展。东晋之后，北方开始烧制黑瓷，洛阳北魏城发现有黑瓷碗、杯、盂等。河南濮阳北齐李云墓出土有黄釉绿彩莲瓣纹四系罐，直口，矮颈，圆鼓腹，平底。肩部有四个对称的方系，系下刻一周缠枝忍冬纹；腹部堆刻覆莲瓣，瓣尖肥厚翘起。器物施黄釉，从口沿到腹部垂挂六条绿色彩斑，釉不及底，是早期彩瓷的精品，为丰富多彩的唐三彩工艺开创了先河。

北方白瓷、黑瓷和彩瓷的出现，标志着北方制瓷业的迅速发展，为后期唐宋北方名窑的出现和发展奠定了基础。

二、铜、铁质饮食器具

佛教在东汉明帝时期传入中原，在南北朝得到弘扬，佛教铜像逐渐成为青铜冶铸业的主要对象。北朝不多的铜质饮食器具器形仍沿袭汉代造型，装饰简化，并受西方文化的影响，出现细颈卵腹瓶和高足器物，如铜瓶、高足杯、高足盘等。高足盘为喇叭形高圈足，上承圆盘盛食物，高足杯为饮器。

炊煮器有灶、甑、釜（鍑）等。甑有铜质或铁质的，釜有铜釜或铁釜，形制为球形深腹，带耳，平底，喇叭形镂孔圈足，有的带盖和链形提梁。有的釜有耳可穿绳提挂，提梁可吊挂；有的釜一面呈平形，便于马上携带，游牧狩猎时随处野炊，体现着汉文化与鲜卑文化的结合。随着北魏孝文帝的厉行汉化，釜逐渐从北朝人的生活中消失，唐以后北方民族以器形简单的圆底大锅取代。

盛食或盛酒器。盆状盛食或盛酒器有魁，敞口，浅腹，凸底，矮圈足或平底，口缘一侧多接螭首曲柄，与勺配套使用，从魁内舀食分发。温酒器有铜镳斗，其器底较厚，可直接用火温酒。

舀食的有勺，进食的有匙，挟食的有箸。勺呈半圆形，柄上翘。匕即匙，《魏书·皇后列传》记载："太后尝以体不安，服庵藺子。宰人昏而进粥，有蟫蜓

在焉，后举匕得之。"①《魏书·杨播传》记载杨津"食则津亲授匙箸，味皆先尝，椿命食，然后食"②。河北定县出土的北魏石函中发现了三件铜匕，匕尖勺形，匕柄尾部宽大如三角形，其中一件柄尾为鱼尾形，应是文献所载的"鱼尾匙"。河北赞皇东魏李希宗墓出土有一组酒器：在大铜盘内，中央放置鎏金铜镟斗，周围放置鎏金铜壶、银杯、瓷碗。银杯形似莲花，敞口，浅腹，圈足，内壁口沿饰联珠一周，杯底高雕一朵六瓣团莲花，花瓣肥硕丰满，瓣尖微上卷，莲瓣周围又绕联珠二周，杯腹部有凹凸水波纹，自杯底向口部呈辐射状排列，当酒注入彩杯之时，周壁水波荡漾，莲花飘浮，达到了很高的艺术水准，令人陶醉。大同智家堡北魏石椁壁画墓的温酒宴饮图，见图3-47，条形腿几案上置樽，樽有三兽足，周壁有黑白相间的宽带横纹，樽内放勺，案旁放置贮酒的细颈壶，一侍女左手正欲从樽内用勺舀酒放入右手的耳杯内，而另一侍女则手捧圆盘，圆盘内置两只小耳杯，正欲奉于主人前。贮酒的壶、温酒的樽、舀酒的勺、饮酒的耳杯一应俱全，生动活泼的温酒宴饮图跃然而出。

图 3-47 大同智家堡北魏石椁北壁壁画宴饮图

① （北齐）魏收撰：《魏书》卷十三《皇后列传第一·文成文明皇后冯氏》，北京：中华书局，1974年，第 329 页。

② （北齐）魏收撰：《魏书》卷五十八《列传第四十六·杨播·杨逸》，北京：中华书局，1974年，第 1302 页。

三、漆木及金银饮食器具

北朝相较于南朝，产漆地少，随着瓷器的推广应用，工艺繁杂的漆器不再流行。上层社会仍将使用漆器作为时尚。

北朝的耳杯有银质、陶瓷质、漆质等，用来盛酒、羹或酪。耳杯多呈椭圆形，两侧有月牙形把手。宁夏固原北魏墓出土的银耳杯，为上层贵族所使用。北朝饮食器的一个明显特点是，受外来文化影响，或制作、使用带有外来文化色彩的贵金属器具，如山西大同郊外封和突墓出土有来自安息帝国的波斯萨珊王朝银盘，见图3-48所示，萨珊银盘口径18厘米，高4.1厘米，圈足直径4.5厘米，高1.4厘米。银盘内沿有旋纹三道，底部以浅浮雕的形式表现狩猎场景，图中人像与中原人士有显著区别，是深目高鼻，连腮长须。人像头戴半弧形冠罩住头发，冠前缘缀以联珠，顶端有一突起的角状饰，脑后有两道萨珊式飘带，耳垂一水滴形垂珠，颈饰圆珠项链，腕上戴由圆珠缀成的手镯，

图3-48 北魏萨珊银盘（大同市博物馆藏）

腹部前面的腰带上也缀两颗圆珠，带两端下垂。人像上身赤裸（或着紧身衣），腰右侧佩箭筒，足穿半长筒靴，两手执矛刺入野猪头部，右脚抬起，踢向身后的一头野猪。狩猎纹是波斯萨珊王朝的常见纹饰，银盘构图呈现典型的萨珊王朝的艺术风格。封和突墓波斯银盘在中国是首次发现，且年代明确，是见证中国与伊朗文化交流的珍贵实物资料。

四、茶器初见端倪

南人饮茶、北人食酪是当时的食饮特色。一些南人归附北朝后，带来了饮茶风尚。北魏洛阳城遗址出土有青瓷盏托、青瓷小杯。盏托内底部中央突起圆圈，圈内可置杯盏，圈外刻划双线莲花纹，黄灰色胎质坚硬细致，器内外施灰绿釉。小杯为敞口，深腹，下附圆饼状足，足底内凹，器内满釉，而器外半釉，下半部及底部为素烧，恰好置于托内圈中。可见，北朝时期，茶饮由南方地区传入北方草原地区，丰富了游牧民族的饮食结构，并奠定了他们的饮茶偏好。

五、金银琉璃玉石等珍贵饮食器具

魏晋南北朝时期，通过绿洲丝绸之路、草原丝绸之路，中国的丝绸茶叶及其他货物源源不断西运，同时西方的金银器、琉璃器、宝石等络绎东来，到达中国的北部，如今甘肃靖远、宁夏固原、内蒙古呼和浩特、辽宁北票、北京、河北定县、山西大同等地，并贸易至江南的南京等地，与当地进行经济贸易和文化往来。在这些地区发现的金银器、琉璃器，许多具有西方文化的特征。甘肃省靖远县北滩乡本山村出土的东罗马神人纹鎏金银盘，如图3-49，最大口径31厘米，高4.9厘米，重3190克。器形呈圆形浅腹，矮圈足；盘内满饰纹样，外层葡萄纹，其间杂以飞禽、动物；中圈联珠纹间饰十二个人物头像和一个动物，盘心一男子肩部扛杖，倚坐在雄狮或豹身上。这十二人，学者认为，或是罗马的巴卡斯神及宙斯十二神，或是希腊神话中奥林匹斯山包括太阳神、月亮神在内的十二神，或是狄俄尼索斯的眷族。狄俄尼索斯是古希腊神话中的葡萄酒与狂欢之神，也是象征丰收与植物的自然神。银盘产地，或是公元二至三世纪罗马东方行省北非或西亚，或是公元三至四世纪罗马帝国东部行省，这个时间段大致相当于我国魏晋南北朝时期。我国学者林梅村据银盘上的大夏文铭文，认为该银盘应当是大夏银器。[①]这只银盘出自东罗马时代，是中西文化交流的实物见证。

珍稀的金银琉璃玉石等饮食器，是权贵豪富们争奇斗富的必备品。金银琉璃玉石器等稀罕物件，不仅增添了宴饮间的色彩，更是权贵们富有、享受和炫富斗富的一种方式。《南齐书·魏虏传》载："正殿施流苏帐，金博山，龙凤朱漆画屏风，织成幌。坐施氍毹褥。前施金香炉，琉璃钵，

图 3-49 东罗马神人纹鎏金银盘（甘肃省博物馆藏）

---

① 林梅村：《中国境内出土带铭文的波斯和中亚银器》，《文物》1997年第9期。

金碗，盛杂食器。"①来自西域的琉璃、金碗等成色十足。《魏书·杨昱传》记载："恒州刺史杨钧造银食器十具。"②《洛阳伽蓝记》描写河间王元琛比富于石崇，而远过之："河间王琛最为豪首。常与高阳争衡，造文柏堂，形如徽音殿，置玉井金罐，以五色缋为绳。……琛在秦州，多无政绩，遣使向西域求名马，远至波斯国。得千里马，号曰'追风赤骥'。次有七百里者十余匹，皆有名字。以银为槽，金为环锁。"③井中系金吊罐，提水肯定费劲；在正事上不上心，却为追求个人享乐和炫富乐此不疲。元琛办宴的风格是："琛常会宗室，陈诸宝器。金瓶银瓮百余口，瓯檠盘盒称是。自余酒器，有水晶钵、玛瑙琉璃碗、赤玉卮数十枚。作工奇妙，中土所无，皆从西域而来。"④这些水晶钵、玛瑙杯、琉璃碗、赤玉卮等物件，件件造型奇特，一看就不是中原所产，而是产自西域。魏晋南北朝时，珍贵的金银玉石器受外来文化的影响很大。河间王元琛比豪竞富赛过西晋的石崇，其言"不恨我不见石崇，恨石崇不见我"⑤，在讲究门第的魏晋时代，石崇只是后晋新贵，而元琛是北魏皇帝的亲孙子，袭封王爵，身份高贵非石崇所可比拟，斗富水准自不是石崇可以比肩的。

南北朝后期琉璃生产本地化后不复珍贵。北魏中后期，陆上丝绸之路除了往来贸易，还有琉璃技术的重要交流："大月氏国，都剩监氏城，在弗敌沙西，去代一万四千五百里。……其王寄多罗勇武，遂兴师越大山，南侵北天竺。自乾陀罗以北五国，尽役属之。太武时，其国人商贩京师，自云能铸石为五色琉璃。于是采矿山中，于京师铸之，既成，光泽乃美于西方来者。乃诏为行殿，容百余人，

---

① （南朝梁）萧子显撰：《南齐书》卷五十七《列传第三十八·魏虏》，北京：中华书局，1972年，第986页。

② （北齐）魏收撰：《魏书》卷五十八《列传第四十六·杨播·杨昱》，北京：中华书局，1974年，第1292页。

③ （北魏）杨衒之撰，周祖谟校释：《洛阳伽蓝记校释》卷第四《城西》，北京：中华书局，2010年，第148-149页。

④ （北魏）杨衒之撰，周祖谟校释：《洛阳伽蓝记校释》卷第四《城西》，北京：中华书局，2010年，第150页。

⑤ （北魏）杨衒之撰，周祖谟校释：《洛阳伽蓝记校释》卷第四《城西》，北京：中华书局，2010年，第150页。

光色映彻,观者见之,莫不惊骇,以为神明所作。自此,国中琉璃遂贱,人不复珍之。"[1]北魏已掌握了由北印度人带来的西亚琉璃配方,并学会了吹制技术,就地取材烧制的本地琉璃,比西方的色泽还要好,琉璃由进口货变成了本地产品,不再似先前那么神秘和珍贵。

南北朝时本土玻璃的成分和技术都有了新变化,容器变大,器壁较薄,光滑且透明。河北定县北魏佛塔塔基出土有玻璃瓶,江苏南京象山东晋墓出土了不少磨花玻璃杯。《抱朴子·论仙》中云:"外国作水精碗,实是合五种灰以作之。今交广多有得其法而铸作之者。今以此语俗人,俗人殊不肯信,乃云水精本自然之物,玉石之类。"[2]"合五种灰"作水精(晶)碗,意指烧制玻璃来制造同是透明的假水晶器皿。广东地区学会了外国做琉璃器的技法,做出类似水晶的器物,即无色透明玻璃,意以玻璃器皿替代更为珍贵的天然水晶。

第五节　汉魏晋南北朝饮食器具的时代特点

经过春秋战国的"礼崩乐坏",秦汉进入大一统时代,一度作为礼制载体的饮食器具,由祭祀鬼神供奉祖先的神秘礼器,还原为以"用"为主满足人们生活需要的普通用具。随着生产力发展,笨重的青铜器地位削弱,陶器、漆器等饮食器大量出现,端庄精美,令人叹为观止;青瓷饮食器开始出现。魏晋南北朝,国家分裂,民族大融合,中西商贸通畅,文化交流频繁,外来佛教盛行,本土道教发展,青瓷技艺发展,反映在饮食器上,是地方特色与民族特色浓厚,外来器物引人注目,奠定了之后大唐"有容乃大"的器物基调。魏晋南北朝席间饮食器具的多样化和豪奢比竞,丰富了宴饮器具文化,见证了宴饮文化的发展历程。

1. 饮食器的礼制规范降低,在汉代逐渐退出历史舞台

礼是社会等级秩序,更是一种直接的社会道德规范。这种伦理的道德观深深影响到传统造物活动,饮酒器不仅强调功能的满足、形态的审美愉悦,还强调以

---

① (唐)李延寿撰:《北史》卷九十七《列传第八十五·大月氏》,北京:中华书局,1974年,第3226–3227页。

② (晋)葛洪著,王明校释:《抱朴子内篇校释》卷之二《论仙》,北京:中华书局,1985年,第22页。

明喻或暗喻的方式感化人的伦理道德情操。[①]汉朝废除秦的仪法，代之以简易规范，先秦之前严格的等级制度，尤其是宴饮器鼎的礼制规范——天子九鼎，诸侯七鼎，大夫五鼎，士三鼎或一鼎等，在汉代已完全消失，鼎从礼器走下神坛，变成单纯的生活用具。先秦之前区分尊卑的饮酒器，《礼记·礼器》记载是"宗庙之祭，贵者献以爵，贱者献以散；尊者举觯，卑者举角"[②]，这些用以区分礼制尊卑所使用的不同酒器，随着时代发展逐渐退出了历史舞台。

商周时爵、角等饮酒器属于礼器，基本为贵族所用，到了汉代，"爵"只用来指代一般饮酒器，实际生活中很少使用。《盐铁论·孝养》记载："夫洗爵以盛水，升降而进糈，礼虽备，然非其贵者也。"[③]此处"爵"指代普通酒器，酒器洗净不盛酒而是水，故言"礼虽备，然非其贵者也"，其他作为礼器的豆、簋、簠等盛食器已完全绝迹。

2.饮食器具材质齐全多样，现代所有的材质汉代已大致具备

汉代的陶质饮食器，以灰陶、硬陶为主体，较战国时的泥质灰陶和夹砂灰陶更为坚实，主要有盂、壶等。"瓢"则是典型的木质酒器，制作方便，常被用作酒器量词。汉代金银器制作工艺有了较大提升，脱离出先秦时期青铜器的辅助装饰身份，成为独立工艺，是金银器发展的第一个高峰时期。从出土的汉代金银饮食器来看，基本形制为盘、壶、卮、勺、碗等小件器具，且银制品占比很大。汉代的玉质饮食器极为少见，多作盛食和饮酒之用。

先秦之前，除木质、陶质、金银、玉石等饮食器具外，青铜器是独领风骚。春秋战国造成的"礼崩乐坏"，使得聚地位、权力、荣誉于一身的青铜器在汉时已失去象征意义，进入普通百姓的日常生活，之后随着陶器、漆器的大量使用，青铜器逐渐退出日用器皿。秦汉时漆器以其强大的包容性、日常实用性、独特的装饰性取代了青铜器，成为主流宠儿。

---

① 蔡尚思主编：《中国酒文化史话》，合肥：黄山书社，1997年，第17–20页。

② （清）孙希旦撰，沈啸寰、王星贤点校：《礼记集解》卷二十三《礼器第十之一》，北京：中华书局，1989年，第638页。

③ （汉）桓宽撰集，王利器校注：《盐铁论校注》卷第五《孝养第二十五》，北京：中华书局，1992年，第308页。

汉代饮食器具的材质，除了青铜、铁、漆、陶、瓷、金、银、象牙、木、竹等，还有西域的琉璃等新品种。除了现代的钢材质，汉代饮食器的材质已大多具备。东汉出现了现代意义上的瓷器（青瓷、黑瓷），为后面瓷器的兴起奠定了基础。

3. 漆器成为两汉魏晋时期贵族阶层的主流饮食器

漆器是在木质器具上涂上天然漆，以耐潮、耐高温、耐腐蚀、易洗、体轻、隔热等优点，在战国时期已独领风骚，受到新兴诸侯的热衷。西汉时生产规模扩大，产地分布更广，成为漆器史上的第一个高峰。漆器价格昂贵，据《盐铁论·散不足》记载，当时漆器"一杯棬用百人之力"[①]，价格昂贵，可值十铜杯，工艺要求极高。海昏侯墓出土有一只"李"字漆耳杯，专家推测由李夫人传给儿子第一代昌邑王刘髆，后又传给刘贺，是个传家宝。汉代漆器的制作与生产达到了鼎盛，并在经济快速发展和手工制造业空前繁荣的背景下，主要以朱与黑两种极端颜色搭配，纹样鲜艳夺目，流动感十足，展现出汉代独有的磅礴大气之美，形成了独特的艺术风格与特色。东汉魏晋南北朝期间受经济、殡葬改革等社会因素影响，使用减少。

4. 魏晋时瓷器走上历史舞台，成为中国的"代名词"

"汉朝是中国陶瓷历史上的一个重要转折点。青瓷的创烧，是中国陶瓷器发展史上的里程碑，而且其为真正意义上的瓷器。"[②]东汉，我国东南的浙江一带烧制出较为成熟的青瓷，胎色稳定，胎质坚致，釉色青翠。六朝时期，南方社会经济继续增长，青瓷发展进入我国历史上的第一个高峰期。此后黑瓷出现，丰富了瓷器种类。茶器兴起，扩大了瓷器的使用范围。随着水路交通的便利，青瓷生产技术由南向北扩散，北方出现了白瓷、彩瓷，瓷器发展逐渐席卷全国。随着瓷器的发展和使用，陶器、漆器逐渐退出历史舞台，日常生活使用瓷器更加普遍、普及，并与当地艺术相结合，成为宴饮器具的主流材质。

魏晋南北朝时期，饮食器具最大的变化是瓷器逐渐取代陶器，形成瓷器发展

---

① （汉）桓宽撰集，王利器校注:《盐铁论校注》卷第六《散不足第二十九》，北京：中华书局，1992年，第356页。

② 张景明、王雁卿著:《中国饮食器具发展史》，上海：上海古籍出版社，2011年，第154页。

的第一个高峰期。青瓷、黑釉瓷的大量使用，标志着现代意义上瓷器的正式诞生，把瓷器工艺推向了一个新阶段，陶器逐渐退出主要地位。南方瓷器发展优于北方，对北方产生了深刻影响。随着瓷器工艺技术的不断进步和发展，瓷器以其光泽、花案、成本等方面的优越性发展迅猛，原来的陶、铜、漆等器皿越来越让位于瓷器，为日后瓷器的繁盛奠定了良好基础。经过唐代的发展，宴饮瓷器已内化为我国独特的文明因子，成为表现社会状况与艺术审美情趣的重要载体之一。因而，在西方国家，中国一般被称为"瓷"国。

5. 饮食器趋于精巧实用，实用与审美并存

受技术进步及社会思想观念变化的影响，大而重的青铜器具逐渐退出舞台，新型漆器、瓷器等的大量使用，使饮食器的体量向适用、轻巧、精致方向发展。得益于工艺技术的进步，饮食器具制作精致。如汉代漆器加鎏金钿或银钿，即"银扣（口）黄耳"，成为高品质象征。在追求材质的基础上，汉代饮食器更注重实用性和便利性，复杂的器具渐趋衰落消亡，如卮作为饮酒器盛极一时，但因其功用被耳杯、碗简单饮酒器替代，后逐渐消失。

汉代饮食器的纹饰、造型在发展过程中，由写实逐渐发展为抽象符号的纹饰，体现出人们对审美无意识的追求。《盐铁论·散不足》中记载："古者，污尊抔饮，盖无爵觞樽俎。及其后，庶人器用即竹柳陶匏而已。唯瑚琏筐豆而后雕文彤漆。今富者银口黄耳，金罍玉钟。中者野王纻器，金错蜀杯，夫一文杯得铜杯十，贾贱而用不殊。箕子之讥，始在天子，今在匹夫。"①雕刻有花纹的"瑚琏""筐豆"，富人选用的"银口黄耳"杯盘，中等人家用产于蜀地的镶金酒杯等，说明不同阶层对于器具的选择开始展现出不同的审美特性。魏晋南北朝瓷器上的纹饰，受佛教思想的影响，多饰以莲花纹、忍冬纹等，造型更注重实用。造型风格受当时审美风潮的影响，由端庄矮胖向高瘦秀丽方向发展，由汉的古拙华美逐渐向秀骨清相的挺秀之美过渡。北方陆上丝绸之路的贸易比较活跃，促进了文化交流与融合，波斯萨珊朝、东罗马（拜占庭）等西域各国的金器、银器、琉璃器等大量进入内

---

① （汉）桓宽撰集，王利器校注：《盐铁论校注》卷第六《散不足第二十九》，北京：中华书局，1992 年，第 351 页。

地，引起上层社会的狂热追求。外来材质新颖、造型精美的扁瓶、高足杯等受到时人喜爱。金银玉器及外来珍稀饮具仍是权贵富豪们的专用品。

　　一直以来，中华民族除了满足生存需要，从未停止过对审美的希冀与渴望，在基本的果腹需求得以满足后，人们开始追寻更高层次与境界的饮食生活，这首先在味觉体验上得到突破。"故食必常饱，然后求美。"①宴饮作为社交场合，除展示、体验美食外，对美器的追求也从未止步。所谓美食不如美器，饮食器具是中国饮食文化的重要组成部分，各式各样不同材质的饮食器具，见证了新材质、新技术、新工艺的出现和发展。宴饮作为社交场合，是物质文化与社会生活融合发展的典型场所，见证了不同时期的社会风尚和审美追求，更印证了中华的灿烂文化和文明进程。

---

　　① （汉）刘向撰，向宗鲁校证：《说苑校证》卷第二十《反质》，北京：中华书局，1987年，第516页。

第四章　汉魏晋南北朝宴饮中的诗赋

　　宴饮是社交聚会的重要方式，是社会文化风气展现的一个窗口。汉魏晋南北朝，宴饮还成为文学创作的一个重要舞台，两者发展密切相关。汉代席间吟诗作赋，还只是当时助兴的点缀和补充，远不如乐舞和百戏等娱乐项目流行。汉末战乱，儒学衰微。建安以后，礼教对士人的束缚更显松弛，宴饮中士人们更多地纵情诗酒，诗酒成为文人士大夫雅趣的组成部分。建安以后文人的自觉从文学内部推动了文学的发展，此时游宴流行，席间诗赋助兴流行，带动了宴饮文学的发展，自此成为文学的一个重要类别。魏晋南北朝时期，游宴是文人雅士集会的重要方式，是他们展示个人才华的比竞舞台，他们交流思想、赋诗品评、品赏文章、谈玄论道，不仅开拓了视野、增进了知识，也促进了诗赋创作的繁盛，尤其是宴饮诗歌发展迅猛，由最初汉代创作的20首发展到繁盛时的南朝786首。[1]宴饮诗因篇幅短小适合宴饮的即时创作，逐渐成为六朝文坛的主导体裁。汉代出现开拓性的宴饮赋14篇，之后在两晋达到高潮60篇（13篇残），仅次于诗歌。

　　汉魏晋南北朝宴饮繁荣带动了宴饮诗赋的发展，众多宴饮诗赋等文学作品，一定程度上折射出文人的思想动态，透视出当时的政治经济、时代风气和思想文化。

---

　　① 李华:《汉魏六朝宴饮文学研究》，山东大学博士学位论文，2011年。本文涉及各朝代的宴饮诗、赋数据，均以此为依据。下同。

第一节　汉代宴饮诗赋

先秦最早的宴饮诗，多在《诗经》中的"雅""颂"部分，典雅庄重，承载着周朝的礼乐文化精神。屈原《招魂》中有饮宴细节的描写，多美食声色，体现出世俗化的娱乐倾向。汉代主要的文学体裁汉大赋中，也有关于宴舞的描写，承继了《楚辞》宴饮描写的传统，兼具审美性和娱乐性。不同于《诗经》宴饮诗承载的礼乐精神，汉代宴饮诗赋展现了汉代多样的生活风貌，具有独特风格。

一、汉代宴饮中的诗赋

汉代的宴饮诗数量较少，现存仅约20首，以楚歌为主，叙事言志，形式上多为四言或杂言。赋是汉代最流行的文体，盛极一时。汉代有宴饮赋14篇，开创了宴饮文学的先河，内容以应制咏物、借物言志或节日宴游为主。

1.西汉前期皇家的乡亲宴与宫廷宴，充满了政治悲欢与权力争斗。经过与项羽的激烈争战，刘邦胜出，建立汉朝。汉初，百废待兴，然异姓诸侯王叛乱迭起，刘邦率兵亲征，得胜返归途经家乡沛县。出身草莽最后却登大宝的刘邦，荣归故里，意气风发，踌躇满志，宴邀父老乡亲，席间自弹自唱，慷慨激昂，自创"大风歌"："大风起兮云飞扬，威加海内兮归故乡，安得猛士兮守四方！"①刘邦不喜欢读书，但一曲"大风歌"，既有囊括海内、笑傲中原的远大襟怀，又有着如何巩固久安的清醒认识。正如南宋葛立方在《韵语阳秋》中的高度评价："高祖大风之歌，虽止于二十三字，而志气慷慨，规模宏远，凛凛乎已有四百年基业之气。"②

2. 西汉宴饮歌，从侧面反映了权力争斗的政治风波与感喟。《汉书·张良传》记载了张良助吕后夺太子位的故事：吕后采用张良计策，宴请秦末汉初隐士商山四皓。高祖心知不妙，召戚夫人指示说："我欲易之，彼四人为之辅，羽翼已成，

---

① （汉）司马迁撰，（南朝宋）裴骃集解，（唐）司马贞索隐，（唐）张守节正义:《史记》卷八《高祖本纪第八》，北京：中华书局，1982 年，第 389 页。

② （清）何文焕辑:《历代诗话》卷第十九《韵语阳秋》，北京：中华书局，2004 年，第 645 页。

难动矣。"①吕后方羽翼已丰，刘邦欲另立太子心有余而力不足。刘邦还有一首世人不甚熟悉的《鸿鹄》歌曰："鸿鹄高飞，一举千里。羽翮已就，横绝四海。横绝四海，当可奈何！虽有矰缴，尚安所施！"②诗歌体现了最高统治者刘邦觉太子羽翼已丰欲换而不能为的无奈。此后，吕姓与刘姓相互争权，朱虚侯刘章《耕田歌》流露出其铲除诸吕的决心，《史记·齐悼惠王世家》记载了此事："赵王友入朝，幽死于邸。三赵王皆废。高后立诸吕为三王，擅权用事。朱虚侯年二十，有气力，忿刘氏不得职。尝入侍高后燕饮，高后令朱虚侯刘章为酒吏。章自请曰：'臣，将种也，请得以军法行酒。'高后曰：'可。'酒酣，章进饮歌舞。已而曰：'请为太后言耕田歌。'章曰：'深耕概种，立苗欲疏；非其种者，钮而去之。'"③此诗中刘章以非其种暗喻，流露出铲除诸吕维护刘姓政权的决心。由此看出，吕后要么文化水平不高，要么太自信对刘章及时局的掌控力，听闻刘章意向而无所动作。

汉武帝时，远嫁乌孙昆莫的公主刘细君酒后作《悲愁歌》，表达了在他乡的苦闷生活以及对故土的怀念。这首诗歌开创了后代宫怨诗的先河。汉昭帝时，燕王刘旦谋废帝自立事败后的《歌》和广陵王刘胥谋夺政权事败后的《瑟歌》，都表达了事败趋死的无奈之情。东汉末乱臣贼子董卓欲废少帝立陈留王，汉少帝刘辩与其妻唐姬惨死前宴别作《悲歌》和《唐姬起舞歌》，一唱一和，表达了不能掌控自己命运的帝王和帝妃临死而别的悲惨命运和感伤。

3. 席间宴歌，反映了士人无常的政治命运。汉朝士大夫的宴饮诗，表达了对皇权的复杂情感。汉代中前期气魄宏大，文人士子积极进取，报效朝廷，但天心难测，命运多舛。汉昭帝时，被匈奴所困牧羊十九载的使节苏武准备返归大汉，汉将李陵为其设宴作别，起舞为歌："径万里兮度沙幕，为君将兮奋匈奴。路穷绝

① （汉）班固撰，（唐）颜师古注：《汉书》卷四十《张陈王周传第十·张良》，北京：中华书局，1962 年，第 2036 页。

② （汉）司马迁撰，（南朝宋）裴骃集解，（唐）司马贞索隐，（唐）张守节正义：《史记》卷五十五《留侯世家第二十五》，北京：中华书局，1982 年，第 2047 页。

③ （汉）司马迁撰，（南朝宋）裴骃集解，（唐）司马贞索隐，（唐）张守节正义：《史记》卷五十二《齐悼惠王世家第二十二》，北京：中华书局，1982 年，第 2000–2001 页。

兮矢刃摧，士众灭兮名已隤。老母已死，虽欲报恩将安归！”①诗歌流露出归国无门的郁愤和滞留匈奴的无奈。李陵军败被俘，身在匈奴心在汉，然信息不畅，汉武帝怀疑李陵叛国，一怒之下灭其三族，史官司马迁为李陵说情，竟被牵连罚以宫刑，史家绝唱的司马迁遭此大辱，只以完成《史记》的使命而苟活于人世。李陵无家可回，不得已滞留大漠。以滑稽幽默见长的文士东方朔，酒后作歌，《史记·滑稽列传》载：“朔行殿中，郎谓之曰：‘人皆以先生为狂。’朔曰：‘如朔等，所谓避世于朝廷闲者也。古之人，乃避世于深山中。’时坐席中，酒酣，据地歌曰：‘陆沉于俗，避世金马门。宫殿中可以避世全身，何必深山之中，蒿庐之下。’”②面对他人的嘲讽，东方朔作诗以自嘲。汉代文士，地位类似俳优。东方朔曾待诏金马门，一生臣居下僚，司马迁归其入“滑稽列传”。时文学侍从的地位卑下，东方朔言“避世金马门”，透露出自己怀才不遇的无奈。

　　4. 宴饮诗辞，表达了生命苦短的无奈和及时行乐的心态。《徐铉集校注》中笺注了汉武帝与群臣饮宴，自作《秋风辞》的故事：“上幸河东，欣言中流，与群臣饮宴。顾视帝京，乃自作《秋风辞》曰：‘泛楼船兮汾河，横中流兮扬素波。箫鼓吹，发棹歌，极欢乐兮哀情多。’”③贵为九五之尊的汉武帝，也有无奈之事，宴饮助兴中流露出对故人的追思和对时光流逝的无奈。被诗论家称为“五言之冠冕”的汉末《古诗十九首》，其中宴饮诗有“人生忽如寄，寿无金石固。……不如饮美酒，被服纨与素”④“斗酒相娱乐，聊厚不为薄”⑤，表达了人生苦短，世事悲叹，要及时饮酒行乐以摆脱眼前的困苦。

---

① （汉）班固撰，（唐）颜师古注：《汉书》卷五十四《李广苏建传第二十四·苏武》，北京：中华书局，1962年，第2466页。

② （汉）司马迁撰，（南朝宋）裴骃集解，（唐）司马贞索隐，（唐）张守节正义：《史记》卷一百二十六《滑稽列传第六十六》，北京：中华书局，1982年，第3205页。

③ （南唐）徐铉著，李振中校注：《徐铉集校注》卷一八《序·御制春雪诗序》，北京：中华书局，2016年，第530页。

④ （宋）郭茂倩编：《乐府诗集》卷第六十一《杂曲歌辞一·驱车上东门行》，北京：中华书局，1979年，第889页。

⑤ （清）沈德潜选：《古诗源》卷四《汉诗·古诗十九首》，北京：中华书局，1963年，第88页。

5.梁王兔园宴饮，开辟了后世同题创作的先河。梁王刘武是景帝的同母胞弟，受窦太后宠爱，在平定七国之乱中立下大功，功封梁王，封地大而富庶，且拥有特权。《汉书·梁孝王刘武传》载："居天下膏腴地，北界泰山，西至高阳，四十余城，多大县。……得赐天子旌旗，从千乘万骑，出称警，入言跸，拟于天子。"[1]在昌明、富庶的"文景之治"，社会安定，国库充盈，梁王在睢阳城东北建了离宫别馆（梁园），耗资甚巨。梁园也称梁苑、兔园，《西京杂记》云："梁孝王好营宫室苑囿之乐，作曜华之宫，筑兔园。……其诸宫观相连，延亘数十里，奇果异树，瑰禽怪兽毕备。"[2]时"三百里梁园"名满天下，只有京都上林苑可与之媲美。梁园在今河南商丘古城附近，规模宏大，亭台、山水、奇花异草、珍禽异兽等应有尽有，娱乐、宴饮不在话下，面积大至可游猎、出猎。

兔园饮宴好辞赋，形成了梁王文人集团。梁王风雅爱才，喜辞赋，好人才，"招延四方豪桀，自山以东游说之士莫不毕至。齐人羊胜、公孙诡、邹阳之属"[3]，"邹阳、枚乘、严忌知吴不可说，皆去之梁，从孝王游"[4]。这其中最有名气的，是枚乘、邹阳和司马相如等，他们的共同特点是"皆善属辞赋"[5]。

梁王好辞赋，是辞赋文化的组织者和倡导者，常在兔园组织宴饮、作赋。梁王以兔园为主题的辞赋，开启了汉代的大赋先声，推动了西汉文化的发展。这种集体性的文学创作，成为有历史记录的首次以宴饮为主题的集体文学创作，为后代有明确主题的集体创作提供了先例。兔园宴饮，席间文士各展才华，《西京杂记》记载："梁孝王游于忘忧之馆，集诸游士，各使为赋。"[6]其中七赋分别为：枚

---

① （汉）班固撰，（唐）颜师古注：《汉书》卷四十七《文三王传第十七·梁孝王刘武》，北京：中华书局，1962年，第2208页。

② （晋）葛洪撰，周天游校注：《西京杂记》卷第二《梁孝王好营宫室苑囿·枚乘为柳赋》，西安：三秦出版社，2006年，第114页。

③ （汉）司马迁撰，（南朝宋）裴骃集解，（唐）司马贞索隐，（唐）张守节正义：《史记》卷五十八《梁孝王世家第二十八》，北京：中华书局，1982年，第2083页。

④ （汉）班固撰，（唐）颜师古注：《汉书》卷五十一《贾邹枚路传第二十一·邹阳》，北京：中华书局，1962年，第2343页。

⑤ （汉）班固撰，（唐）颜师古注：《汉书》卷五十一《贾邹枚路传第二十一·枚乘》，北京：中华书局，1962年，第2365页。

⑥ （晋）葛洪撰，周天游校注：《西京杂记》卷第四《忘忧馆七赋》，西安：三秦出版社，2006年，第178页。

乘《柳赋》、路乔如《鹤赋》、公孙诡《文鹿赋》、邹阳《酒赋》、公孙乘《月赋》、羊胜《屏风赋》、韩安国作《几赋》不成，邹阳代作，"邹阳、安国罚酒三升，赐枚乘、路乔如绢，人五匹"①。从标题可见，吟咏对象多以席间所见之物为主，如咏柳、鹤、鹿、酒、月、屏风、几等。梁王限时作赋，以质量为赏罚标准，也促使文人争相炫技，为后世文人同台竞文开辟了先河、提供了借鉴，宴饮也成为即席创作、切磋交流的舞台。

从梁王兔园赋的内容来看，多有颂德称美之主题，如邹阳《酒赋》"哲王临国，绰矣多暇。召旛旛之臣，聚肃肃之宾"②，颂扬梁孝王之德；羊胜《屏风赋》"藩后宜之，寿考无疆"③，为之祝寿；路乔如《鹤赋》"赖君王之广爱，虽禽鸟兮抱恩"④，借鹤感知遇之恩。喜好风雅、爱惜人才、组织集体创作的梁王，为当时的西汉文坛培养、输送了大批人才。鲁迅先生在《汉文学史纲要》中称"天下文学之盛，当时盖未有如梁者也"⑤，即指梁王。

二、汉代宴饮诗赋的时代特色

先秦时期的周礼宴饮，《诗经》描述是"宾之初筵，左右秩秩。笾豆有楚，肴核维旅。酒既和旨，饮酒孔偕"⑥，一切仪态从容、欢愉有度。汉代随着国力增强，其宴饮多呈现张扬的极宴尽欢状态，乐舞、杂技、百戏、赋诗等席间助兴活动蓬蓬勃勃。

1.食、酒、歌、乐、舞，是席宴佐兴欢娱的基本配置。宫廷宴饮是钟鼓馈玉齐备，扬雄《长杨赋》描写道："陈钟鼓之乐，鸣鞀磬之和，建碣磋之虞，拮隔

---

① （晋）葛洪撰，周天游校注：《西京杂记》卷第四《忘忧馆七赋·邹阳代韩安国作几赋》，西安：三秦出版社，2006年，第191页。

② （清）严可均编：《全上古三代秦汉三国六朝文》之《全汉文》卷十九《邹阳·酒赋》，北京：中华书局，1958年，第233页。

③ （清）严可均编：《全上古三代秦汉三国六朝文》之《全汉文》卷十九《羊胜·屏风赋》，北京：中华书局，1958年，第232页。

④ （清）严可均编：《全上古三代秦汉三国六朝文》之《全汉文》卷十九《路乔如·鹤赋》，北京：中华书局，1958年，第239页。

⑤ 鲁迅著：《汉文学史纲要》，北京：人民文学出版社，1973年，第41页。

⑥ 周振甫译注：《诗经译注》卷六《小雅·桑扈之什·宾之初筵》，北京：中华书局，2010年，第340–341页。

鸣球，掉八列之舞；酌允铄，肴乐胥，听庙中之雍雍，受神人之福祐；歌投颂，吹合雅。其勤若此，故真神之所劳也。"[①]乐舞助兴以亲宾客。《东都赋》记载更是礼乐融融："乃盛礼乐供帐，置乎云龙之庭，陈百僚而赞群后，究皇仪而展帝容。于是庭实千品，旨酒万钟，列金罍，班玉觞，嘉珍御，大牢飨。尔乃食举《雍》彻，太师奏乐，陈金石，布丝竹，钟鼓铿枪，管弦晔煜。抗五声，极六律，歌九功，舞八佾，《韶》《武》备，太古毕。四夷间奏，德广所及，《僸》《佅兜离》，罔不具集。万乐备，百礼暨，皇欢浃，群臣醉，降烟煴，调元气，然后撞钟告罢，百僚遂退。"[②]赋中崇尚儒家，强调礼制，语言典雅，节奏从容，和銮相鸣，烘托出庙堂朝仪的风度。邹阳《酒赋》中，贵族文人们"曳长裾，飞广袖。……纵酒作倡，倾碗覆觞"[③]，放歌狂舞，通宵达旦，其乐无穷。傅毅《舞赋》中写道："在山峨峨，在水汤汤。与志迁化，容不虚生。……体如游龙，袖如素霓。黎收而拜，曲度究毕。迁延微笑，退复次列。观者称丽，莫不怡悦。"[④]宴饮中歌舞佐兴，声色皆美，宾主尽欢。此外，民间宴饮酒必不可少，如《古诗十九首》中《青青陵上柏》"极宴娱心意，戚戚何所迫"[⑤]。

宴会是宾客互致情意的最好契机，宾主关系借由饮宴可快速升温。宴饮各色美食佐餐，清歌曼舞皆备，主人准备的歌舞娱乐愈多，表明对宾客越为重视，而宾客对主人的感谢便体现在大快朵颐、以舞相属、酒酣兴尽之中。

2. 为文献赋多宣威，贤于陈伎博弈远矣。宴饮间不仅有食、酒、歌、乐、舞佐兴，还有吟诗作赋文助雅兴。汉武帝、汉宣帝等皆喜文学，好辞赋，希望文学才俊为自己"润色鸿业"，"宣大汉之声威"，于是延揽四方豪俊及博习之士入

① （汉）班固撰，（唐）颜师古注：《汉书》卷八十七下《扬雄传第五十七下》，北京：中华书局，1962年，第3563–3564页。

② （南朝宋）范晔撰，（唐）李贤等注：《后汉书》卷四十《班彪列传第三十下·班固》，北京：中华书局，1965年，第1364页。

③ （清）严可均编：《全上古三代秦汉三国六朝文》之《全汉文》卷十九《邹阳·酒赋》，北京：中华书局，1958年，第233页。

④ （清）严可均编：《全上古三代秦汉三国六朝文》之《全后汉文》卷四十三《傅毅·舞赋》，北京：中华书局，1958年，第706页。

⑤ （清）沈德潜选：《古诗源》卷四《汉诗·古诗十九首》，北京：中华书局，1963年，第88页。

朝，聚集了一批文学才俊，他们随侍天子，应命承制，为文献赋，创作了大量主题集中、富有个性特征的诗赋作品。汉宣帝更言："'不有博弈者乎，为之犹贤乎已！'辞赋大者与古诗同义，小者辩丽可喜。辟如女工有绮縠，音乐有郑卫，今世俗犹皆以此虞说耳目，辞赋比之，尚有仁义风谕，鸟兽草木多闻之观，贤于倡优博弈远矣。"①将辞赋与倡优博弈等声色游戏相类比，可见辞赋在当时仅是娱乐助兴项目，不具有独立的文学地位。张衡《南都赋》中描绘了南阳民间陈伎助乐的宴饮场面："以速远朋，嘉宾是将。揖让而升，宴于兰堂。珍羞琅玕，充溢圆方。琢琱狎猎，金银琳琅。侍者蛊媚，巾幒鲜明。被服杂错，履蹑华英。儇才齐敏，受爵传觞。献酬既交，率礼无违。弹琴撅龠，流风徘徊。清角发徵，听者增哀。客赋醉言归，主称露未晞。接欢宴于日夜，终恺乐之令仪。"②民间隆重的宴会，除美味佳肴外，还陈伎助兴，吹笛弹琴，翩翩起舞，通宵欢宴，其乐无穷。

3. 杂技幻术，马戏车系，百戏助娱。张骞通西域开辟的丝绸之路，密切了中西文化交流。西域各国的杂耍技艺沿丝绸之路传入中原，成为席间的演出项目，常在宫廷朝贺及臣民宴筵中演出，起到娱乐、助兴和震撼作用。汉代百戏包括杂技、马戏、车系和幻术等多种技艺，常与乐伎、舞姬、俳优等同台献技，阵容宏大，在中国历史上较为罕见。武帝时期，常以饮宴向外藩宣恩扬威，以酒宴、角抵戏待客："大角氐，出奇戏诸怪物，多聚观者，行赏赐，酒池肉林，令外国客遍观各仓库府臧之积，欲以见汉广大倾骇之。及加其眩者之工，而角氐奇戏岁增变，其益兴，自此始。"③这些给预宴的其他族邦以强烈的心理震撼。张衡在《西京赋》中描述："乌获扛鼎，都卢寻橦。冲狭燕濯，胸突铦锋。跳丸剑之挥霍，走索上而相逢。……吞刀吐火，云雾杳冥。画地成川，流渭通泾。东海黄公，赤刀粤祝。冀厌白虎，卒不能救。挟邪作蛊，于是不售。尔乃建戏车，树修旃。伥僮程材，

---

①（汉）班固撰，（唐）颜师古注：《汉书》卷六十四下《严朱吾丘主父徐严终王贾传第三十四下·王褒》，北京：中华书局，1962年，第3563页。

②（清）严可均编：《全上古三代秦汉三国六朝文》之《全后汉文》卷五十三《张衡·南都赋》，北京：中华书局，1958年，第768页。

③（汉）班固撰，（唐）颜师古注：《汉书》卷六十一《张骞李广利传第三十一·张骞》，北京：中华书局，1962年，第2697页。

上下翩翩。突倒投而跟絓，譬陨绝而复联。百马同辔，骋足并驰。橦末之伎，态不可弥。"①从描述中可以看出，汉代百戏项目多达二十几种，主要有乌获扛鼎（举鼎）、都卢寻橦（爬竿）、冲狭燕濯（钻圈）、胸突铦锋（上刀山）、跳丸剑（抛丸剑）、走索（走钢丝）等，体现了城市之繁华、市井之奢靡。汉代无名氏乐府歌辞《古歌》描绘的民间宴饮除美酒佳肴外，有弹琴、投壶和博弈助兴："主人前进酒，弹瑟为清商。投壶对弹棋，博弈并复行。朱火飏烟雾，博山吐微香。清樽发朱颜，四坐乐且康。"②气氛活跃，延年益寿。鲁迅言汉人之"魄力究竟雄大"，可谓尽在其中。

总体来说，汉代实现了大一统，前期的宴饮诗歌反映了政权争夺的无情与士人的命运无常；政权相对平稳后，国势昌盛，经济发达，时人进取心较强，宴饮不同于先秦的欢愉有度，仪态从容，转而呈现出一种以酒成礼、歌舞佐兴、为文作赋、百戏助娱、极宴尽欢的娱乐状态，少了些许纵情狂饮、沉湎声色，多了几分枚乘《梁王兔园赋》描写的"从容安步，斗鸡走兔，俯仰钓射，煎熬炮炙，极乐到暮"③的即景抒情和清新欢愉，即刘勰在《文心雕龙》中称赞的"举要以会新"④。汉代以儒术为尊，以儒学为官学，强调儒家的德行和礼以致用，所谓"酒以成礼，过则败德"，使得大一统政权下宴饮的欢娱，饮酒以礼的约束仍在。司马相如著名的大赋《上林赋》描写宴饮道："于是乎游戏懈怠，置酒乎昊天之台，张乐乎胶葛之宇；撞千石之钟，立万石之钜，建翠华之旗，树灵鼍之鼓。奏陶唐氏之舞，听葛天氏之歌，千人唱，万人和，山陵为之震动，川谷为之荡波。"⑤这种铺排、夸饰，也以弘帝王之鸿业、扬帝王之天威为宗旨，"于是酒中乐酣，天子芒然

---

①（清）严可均编:《全上古三代秦汉三国六朝文》之《全后汉文》卷五十二《张衡·西京赋》，北京：中华书局，1958年，第763–764页。

② 逯钦立辑校:《先秦汉魏晋南北朝诗》汉诗卷十《杂曲歌辞·古歌》，北京：中华书局，1983年，第289页。

③（清）严可均编:《全上古三代秦汉三国六朝文》之《全汉文》卷二十《枚乘·梁王兔园赋》，北京：中华书局，1958年，第236页。

④（南朝梁）刘勰著，陆侃如、牟世金译注:《文心雕龙译注·译注八·诠赋》，济南：齐鲁书社，2009年，第167页。

⑤（汉）司马迁撰，（南朝宋）裴骃集解，（唐）司马贞索隐，（唐）张守节正义:《史记》卷一百十七《司马相如列传第五十七》，北京：中华书局，1982年，第3038页。

而思，似若有亡。曰：'嗟乎，此泰奢侈'"①，达到以宴饮声色为戒、劝奢止欲的目的，体现了汉代文士对国家、社会的责任感，以及积极参与政治的热心。

汉末，战争迭起，佛教传入，道教兴起，这些现实冲击着人们原有的道德观念，儒家的思想束缚被打破。建安时，游宴兴起，宴饮日渐成为社交的重要方式，成为文学创作的重要场域，诗赋等文学形式逐渐从席间佐兴的框架下独立出来，地位上升，进入到文学的自觉时代。曹氏父子的提倡和参与，是宴饮文学发展的原动力，宴饮由重物质到与精神并重；玄学兴起，强调人的真情实感，反对礼教束缚，饮酒当追求快乐，成为人们宴饮娱情的思想基础；门阀士族的兴起，壮大了宴饮文学的创作队伍；园林兴起，宴饮地点由室内而室外，优美的环境推动了饮宴文学的情志抒发；从汉的大一统到魏晋南北朝隔江对峙，地域环境的改变和文化的交流影响了宴饮文学的风格和规模。

第二节　汉末曹魏宴饮诗赋

汉末魏初，战乱频繁，群雄争霸，曹操脱颖而出，成就了以邺城为中心的北方霸业。邺城，位于今河北临漳。曹操"雅好诗书文籍，虽在军旅，手不释卷"②，广揽文士，形成了以三曹七子为核心的邺下文人集团。

一、公宴兴起，成为社交活动的重要内容

游宴，也称"游燕"，"燕"是安闲、休息之意，古代宴饮有食礼、飨礼和燕礼之别。游宴，是将游观与宴饮结合，魏晋南北朝时成为士大夫们比较流行的社交方式。汉末豪强地主庄园兴起，环境优美的园林为游宴提供了新的空间。汉末，战乱造成的流离失所、生离死别等现象成为常态，人们在生命脆弱、人生苦短的境遇下，开始纵情享乐、追求自我，借秀丽的风光冲淡对死亡的恐惧，借诱人的美酒佳肴品味短暂的美好人生。游宴以其形式新颖、亲近自然、沟通灵活、规模

---

①（汉）司马迁撰，（南朝宋）裴骃集解，（唐）司马贞索隐，（唐）张守节正义：《史记》卷一百一十七《司马相如列传第五十七》，北京：中华书局，1982 年，第 3041 页。

②（晋）陈寿撰，（南朝宋）裴松之注，陈乃乾校点：《三国志》卷二《魏书二·文帝纪第二》，北京：中华书局，1982 年，第 90 页。

任意等受到时人欢迎。游宴的活动内容丰富，可以遨游山水、品酒赏乐、诗赋酬酢、竞射游艺等。

建安时期，曹氏父子及其他士子经常举行宴聚活动。较大规模的宴会有两类，一是正会，又称元会。《晋书·礼志》载："汉仪有正会礼，正旦，夜漏未尽七刻，钟鸣受贺，公侯以下执贽夹庭，二千石以上升殿称万岁，然后作乐宴飨。魏武帝都邺，正会文昌殿，用汉仪，又设百华灯。"①这种仪式性场合诗作应该不多，现存全部魏诗中只有曹植《正会诗》一首。另一类是曹氏兄弟经常组织的游宴赋诗活动，《三国志·邴原传》注引《邴原别传》载"太子燕会，众宾百数十人"②，可见参加人数之多。建安公宴诗主要是游宴活动的产物。游宴的地点，著名的有西园和南皮，其中以西园为主。

西园，建安公宴诗常常提及，如曹丕《登台赋序》云："建安十七年春，游西园，登铜雀台。"③曹植《公宴诗》言："清夜游西园，飞盖相追随。"黄节注："张载《魏都赋》注曰：'文昌殿西有铜爵园，园中有鱼池。'节案文帝《芙蓉池诗》'逍遥步西园'，即此西园，盖铜爵园也。"④铜爵园，即铜雀园，因铜雀台而得名，以其在邺城西又称西园。以西园为中心的邺宫周围，曹丕同曹植以及邺下文士举行过宴饮游览盛会，他们在宴游之际，互相诗赋酬酢，或同题唱和，写出了大量的作品，就是著名的"邺中宴集"。

1.曹操以公宴方式发现人才。以曹操为代表的军事集团，渴求贤才为自己的雄心抱负服务而"唯才是举"，重视人才的发现和招揽，常常举行游宴这种社交活动，以此笼络人心，发现人才。曹操《短歌行》生动描绘了渴求贤才、一统天下的抱负："对酒当歌，人生几何？譬如朝露，去日苦多。慨当以慷，忧思难忘。何以解忧，唯有杜康。青青子衿，悠悠我心。呦呦鹿鸣，食野之苹。我有嘉

①（唐）房玄龄等撰：《晋书》卷二十一《志第十一·礼下》，北京：中华书局，1974年，第649页。

②（晋）陈寿撰，（南朝宋）裴松之注，陈乃乾校点：《三国志》卷十一《魏书十一·袁张凉国田王邴管传第十一·邴原》，北京：中华书局，1982年，第353页。

③ 龚克昌等评注：《全三国赋评注·曹丕·登台赋》，济南：齐鲁书社，2013年，第286页。

④（三国魏）曹植著，黄节笺注：《曹子建诗注》卷一《诗·公宴》，北京：中华书局，2008年，第7-8页。

宾，鼓瑟吹笙。明明如月，何时可辍。忧从中来，不可断绝。越陌度阡，枉用相存。契阔谈宴，心念旧恩。月明星稀，乌鹊南飞。绕树三匝，何枝可依。山不厌高，海不厌深。周公吐哺，天下归心。"①而出生寒门、欲入仕途的士子也常参加宴饮聚会，借此展示才华，结交权贵。建安七子，即"鲁国孔融文举，广陵陈琳孔璋，山阳王粲仲宣，北海徐幹伟长，陈留阮瑀元瑜，汝南应玚德琏，东平刘桢公干"②，先后归附曹操。曹氏父子与建安七子，形成了著名的邺下文士群体。

2. 曹丕兄弟游宴活动频繁，公宴成为文学创作的重要场合。曹丕的美好记忆中总离不开游宴，如《与吴质书》云："每念昔日南皮之游，诚不可忘。既妙思六经，逍遥百氏，弹棋间设，终以博弈，高谈娱心，哀筝顺耳。驰骛北场，旅食南馆，浮甘瓜于清泉，沉朱李于寒水。曒日既没，继以朗月，同乘并载，以游后园，舆轮徐动，宾从无声，清风夜起，悲笳微吟，乐往哀来，凄然伤怀。"③南皮位于漳水下游，西去邺城约五百里。曹丕怀念昔日游宴的美好时光，表达了对友情的无限怀念，情真意切，典丽温婉，文采斐然，被公认是魏晋抒情散文的名作。曹丕南皮之游除了吴质、阮瑀，还有应玚、陈琳、徐幹等邺下文士随侍在侧。

3. 诗酒酬唱，邺下雅集开风气。曹丕兄弟与邺下文士，有着共同的文学爱好，双方主客关系相对平和，在汉魏易代之际加之七子个性的张扬等因素，此期间的公宴诗，具有相对丰富质厚的情感、积极乐观的精神，部分间杂慷慨悲凉，具有"梗概而多气"④的总体特征，在文学史上占据独特地位。邺下雅集作品，诗赋题目相对自由多样，或直接以《公宴诗》为题，如曹植、王粲、阮瑀等人的《公宴诗》，这多属宴会上的命题共作；或以游宴地点为题，如曹丕的《于玄武陂作诗》《芙蓉池作诗》《于谯作诗》《孟津诗》；或以强调主持者为题，如曹植的

①（宋）郭茂倩编：《乐府诗集》卷第三十《相和歌辞五·平调曲一·短歌行二首六解》，北京：中华书局，1979 年，第 447 页。

②王友怀、魏全瑞主编：《昭明文选注析·论·典论论文》，西安：三秦出版社，2000 年，第 750 页。

③（晋）陈寿撰，（南朝宋）裴松之注，陈乃乾校点：《三国志》卷二十一《魏书二十一·王卫二刘傅传第二十一·吴质》，北京：中华书局，1982 年，第 608 页。

④（南朝梁）刘勰著，陆侃如、牟世金译注：《文心雕龙译注·译注四五·时序》，济南：齐鲁书社，2009 年，第 560 页。

《侍太子坐诗》《应诏》,应场的《侍五官中郎将建章台集诗》;或以乐府诗题为题,如曹植《箜篌引》;另曹植的《与丁廙诗》、《送应氏诗二首》(其二),刘桢的《杂诗》等以赠答、咏怀形式抒写。这些诗虽都以游宴为主题,但抒写方式并未遵循一定的模式,应酬、颂德的成分较少,占现存建安公宴诗数量的一半,成为建安文学"彬彬之盛"不可或缺的组成部分,开了后世文人雅集的先河。

正如《文心雕龙·明诗》所言:"暨建安之初,五言腾踊。文帝、陈思,纵辔以骋节;王、徐、应、刘,望路而争驱。并怜风月,狎池苑,述恩荣,叙酣宴;慷慨以任气,磊落以使才。"①这种背景下,建安的宴饮文学呈现出日趋繁盛的发展态势。

二、宴饮为文的时代特色

建安出现了大量以公宴命名的诗歌,使得公宴成为文学题材的一种。公宴是指群臣受公家之邀而参加的宴会,公宴诗指明确以公宴为题或有明确的公宴创作背景的诗歌。建安文化名人,如王粲、刘桢、应场、阮瑀、曹植等都作有冠以"公宴"之名的诗歌。公宴,与私相对,指非私人的宴集,在官为公,是君王与臣下宴及僚属之间的宴集。《昭明文选》将公宴列为一种诗歌题材。受到汉代文人集团共同创作的影响,曹氏父子把宴饮助兴中的吟诗作赋发扬光大,使得席间助兴的文学,摆脱经学的附庸,由"雕虫小技"上升到曹丕所言的"经国之大业"②,有了自己的独立地位。建安时的宴饮游乐,以诗赋酬酢、即席创作作为助兴的重要内容,形成"宴饮为文"的时代特色。公宴创作,主要有应制创作和即兴创作两种方式。

应制创作,领军人带头参与,推动了"宴饮为文"的发展。宴游的发展,助兴娱乐必不可少。建安的助兴项目主要是应制作文,建安公宴诗就是应制作文的产物。曹氏父子喜好组织并带头参与宴游创作,使得以宴饮为描写主体的同题共作、即席应制的小赋兴起,大赋日益没落。如曹丕《登台赋》所言"建安十七年

---

① (南朝梁)刘勰著,陆侃如、牟世金译注:《文心雕龙译注·译注六·明诗》,济南:齐鲁书社,2009年,第144页。

② (清)严可均编:《全上古三代秦汉三国六朝文》之《全三国文》卷八《文帝·典论·论文》,北京:中华书局,1958年,第1098页。

春，游西园。登铜雀台。命余兄弟并作"①。曹丕、曹植兄弟俩同题作《登台赋》。车渠碗是来自西域的宝物，受到中原上流阶层的青睐，建安车渠碗赋存有六篇，如王粲《车渠碗赋》云"侍君子之宴坐，览车渠之妙珍"②，是当时文士参加曹氏父子宴的同题作品。此外有投壶赋。曹氏父子除组织宴游外，还带头参与同题创作，促进了文学创作的发展，带动形成了"宴饮为文"的时代特色。

即兴创作娱宾。建安时的宴饮助兴，除应制同题创作外，还有席间即兴创作。东汉末年狂傲名士祢衡素来恃才傲物，为曹操所不喜而被送到刘表处，又被刘表送至江夏太守黄祖处，在参加黄祖公子黄射的酒宴上，应邀即兴创作《鹦鹉赋》助兴："（黄祖太子）射时大会宾客，人有献鹦鹉者，射举卮于衡曰：'愿先生赋之，以娱嘉宾。'衡揽笔而作，文无加点，辞采甚丽。"③祢衡即席创作一气呵成，文采华美，洋洋洒洒，七百余字，铺陈描绘，物我相融，体现了高超的艺术水准。即兴创作，最考量文人的诗赋文采。

应制创作，相当于现在的命题作文，很容易互相比较，立意、才情、文采等高下立见。即席创作，时间短，难度高，是考量参与者文学水平的有效方式。宴饮场合的同题、即席创作，席间文人诗赋酬酢，竞展才艺，体现了作品的优劣高下，考量了参与者的才情水平，也推动了宴饮创作的发展，提供了促进文学发展的良性环境。从同题作品《登台赋》来看，不管是文笔还是情采，曹植都略胜一筹，这也是当时曹操看重曹植的原因之一，《三国志》本传曾记载"时邺铜爵台新成，太祖悉将诸子登台，使各为赋。植援笔立成，可观，太祖甚异之"④。这也埋下了曹丕嫉恨曹植的种子。

三、宴饮中的游戏助娱

组织宴饮，为的是增加主宾之间的了解和情感。作为组织者，为烘托气氛，

---

① 龚克昌等评注：《全三国赋评注·曹丕·登台赋》，济南：齐鲁书社，2013年，第286页。

② （清）严可均编：《全上古三代秦汉三国六朝文》之《全后汉文》卷九十《王粲·车渠碗赋》，北京：中华书局，1958年，第960页。

③ （南朝宋）范晔撰，（唐）李贤等注：《后汉书》卷八十下《文苑列传第七十下·祢衡》，北京：中华书局，1965年，第2657页。

④ （晋）陈寿撰，（南朝宋）裴松之注，陈乃乾校点：《三国志》卷十九《魏书十九·任城陈萧王传第十九·陈思王植》，北京：中华书局，1982年，第557页。

展示实力、胸怀或诚意，往往会举办一些游戏助娱兴。从诗赋来看，斗鸡或投壶，是当时流行的助娱方式。曹植《斗鸡》诗云："游目极妙伎，清听厌宫商。主人寂无为，众宾进乐方。长筵坐戏客，斗鸡观间房。群雄正翕赫，双翘自飞扬。挥羽邀清风，悍目发朱光。嘴落轻毛散，严距往往伤。长鸣入青云，扇翼独翱翔。愿蒙狸膏助，常得擅此场。"①惟妙惟肖地描绘了斗鸡的形神和紧张氛围。此外还有应场的《斗鸡诗》。建安有两篇投壶赋，其中王粲赋已残，存邯郸淳赋。《礼记·投壶》郑玄注云："名曰'投壶'者，以其记主人与客燕饮、讲论才艺之礼。"②投壶当时是休闲宴饮中的一种游戏，于游乐外更注重其礼的旨归，而笑林始祖邯郸淳，则更注重游乐过程，他在《投壶赋》中描述："古者诸侯间于天子之事，则相朝也。以正班爵，讲礼献功。于是乃崇其威仪，恪其容貌。繁登降之节，盛揖拜之数。机设而弗倚，酒澄而弗举。肃肃济济，其帷敬焉。敬不可久，礼成于饫。乃设大射，否则投壶。植兹华壶，凫氏所铸。厥高二尺，盘腹修胫。饰以金银，文以雕镂。□□□□，象物必具。距筵七尺，杰焉植驻。矢维二四，或柘或棘。丰本纤末，调劲且直。执算奉中，司射是职。曾孙侯氏，与之乎皆得。然后观夫投者之闲习，察妙巧之所极。骆驿联翩，□□□□。爰爰免发，翻翻隼集。不盈不缩，应壶顺入，何其善也。每投不空，四矢退效。既入跃出，茬苒偃仰。黾勉趋下，余势振掉，又足乐也。拟议于此，命中于彼。动之如志，靡有违盭。"③这篇赋主要介绍了壶与矢的形制、投掷规则以及"巧之所极"的投壶技巧，未见之前投壶的雅歌之礼。

四、文士宴饮与宴集

　　建安时期，宴集活动中，最热闹、流行的助兴方式是席间的诗赋创作，这是文士们表现自我才华的最佳方式，因此，他们全力以赴，认真对待。此时创作背

---

　　① （宋）郭茂倩编：《乐府诗集》卷第六十四《杂曲歌辞四·斗鸡篇》，北京：中华书局，1979 年，第 927 页。

　　② （清）郝懿行著，管谨讱点校：《郑氏礼记笺·郑氏礼记笺目录》，济南：齐鲁书社，2010 年，第 1029 页。

　　③ （清）严可均编：《全上古三代秦汉三国六朝文》之《全三国文》卷二十六《邯郸淳·投壶赋》，北京：中华书局，1958 年，第 1195 页。

景相同，而娱乐本身要求出新出奇，于是文士们各展才情，进一步开拓创作空间，宴饮的环境美景、席间所见等进入诗赋，宴饮的环境及食、饮、器等成为诗歌的主体性内容。

1. 宴饮为文士创作提供了直接动力。汉代以儒学为官学，主张宴席为行礼而设，限制了宴饮诗赋的发展。建安时期，经过战争洗礼和"唯才是举"观念的深入人心，礼的限制减少，使得文学创作更加自觉，之前为席间助兴的诗赋创作变得更加独立、自由。士大夫摆脱了经学的束缚，在宴游间放逐心情，真正体会到自然之美。士人的眼光由朝堂的仕宦转向自然景物，这既与经学衰微、老庄思想兴起有关，也与园林兴起，成为新兴的游宴场所有关。如曹丕的《芙蓉池作诗》："乘辇夜行游，逍遥步西园。双渠相溉灌，嘉木绕通川。……惊风扶轮毂，飞鸟翔我前。丹霞夹明月，华星出云间。……寿命非松乔，谁能得神仙！遨游快心意，保己终百年。"[1] 刘桢《公宴诗》："永日行游戏，欢乐犹未央。……月出照园中，珍木郁苍苍。清川过石渠，流波为鱼防。夫容散其华，菡萏溢金塘。……华馆寄流波，豁达来风凉。生平未始闻，歌之安能详。投翰长叹息，绮丽不可忘。"[2] 全诗描述夜宴的西园之欢，展现了怡人的夜景园林。

2. 宴饮成为文士诗赋的吟咏对象。宴饮是欢聚的形式，也是才华展露的舞台，诗赋创作与交流的平台。宴饮时的诗赋创作多为即席创作，于是，席间所见的车渠碗、投壶、酒及酒器，或水果，或动物，或宴饮行为如节游、登台等，都成为诗赋对象。此外，有悖于以往"明德载道"的诗教观，公宴诗中开始出现女色，如曹植《妾薄命行》言："携玉手，喜同车。比上云阁飞除。钓台蹇产清虚，池塘灵沼可娱。仰泛龙舟绿波，俯擢神草枝柯。想彼宓妃洛河，退咏汉女湘娥。……促樽合坐行觞，主人起舞娑盘，能者穴触别端。……进者何人齐姜，恩重爱深难忘。召延亲好宴私，但歌杯来何迟。客赋既醉言归，主人称露未晞。"[3]

---

① （南朝梁）钟嵘著，王叔岷笺证：《钟嵘诗品笺证稿·诗选·魏文帝曹丕·芙蓉池作》，北京：中华书局，2007年，第447–448页。

② （南朝梁）钟嵘著，王叔岷笺证：《钟嵘诗品笺证稿·诗选·魏刘桢·公宴诗一首》，北京：中华书局，2007年，第459页。

③ （宋）郭茂倩编：《乐府诗集》卷六十二《杂曲歌辞二·妾薄命二首》，北京：中华书局，1979年，第902页。

对女性的描写和歌颂，成为后来南朝宫体诗发展的一个参照。建安时，游宴为文士们的创作提供了直接动力，扩大了诗赋的创作空间。

3. 宴饮是士人们欢情享乐、抒发情感的重要场合。汉末政治动荡，老庄思想兴起，外来佛教传入，本土道教发展，文士摆脱了经学对思想的束缚，进入了鲁迅所说的"文学的自觉时代"，文学地位得到提升。不同于《诗经》宴饮诗"言志"的颂德称美，公宴诗更多地承继《楚辞》《离骚》的抒情特点，注重结合实际直接或间接抒发真实情感。

礼衰而情欢。汉代统一政权的解体，使得儒家的道德标准失去了对世人的约束，饮宴中也可见一斑。《世说新语·言语》载："刘公干以失敬罹罪。文帝问曰：'卿何以不谨于文宪？'桢答曰：'臣诚庸短，亦由陛下纲目不疏。'"刘桢获罪原因，刘孝标注引《典略》曰："建安十六年（211），世子为五官中郎将，妙选文学，使桢随侍世子。酒酣，坐欢，乃使夫人甄氏出拜，坐上客多伏，而桢独平视。他日，公闻，乃收桢，减死，输作部。"①曹丕妃子甄氏出拜，刘桢未伏地行礼，而是平视迎看，此乃失礼举动，主人曹丕没有计较。宾主畅谈、品酒赏乐等精神享受，成为欢宴的内生动力，宴饮礼有所疏落，但礼的约束仍旧存在，后曹操不顾曹丕求情借此降罪于刘桢。《礼记·乐记》载："故酒食者，所以合欢也。乐者，所以象德也。礼者，所以缀淫也。"②礼虽疏落，但作为约定俗成的规范，某种程度上约束着欢情的走向和程度。

宴饮欢情。建安时局动荡，人们常借酒醉以期脱离现实苦境，获得短暂欢愉。如曹丕的《孟津诗》："良辰启初节，高会构欢娱。"③曹植的《当车已驾行》："欢坐玉殿，会诸贵客。侍者行觞，主人离席。顾视东西厢，丝竹与鞞铎。不醉无

---

①（南朝宋）刘义庆撰，（梁）刘孝标注，杨勇校笺：《世说新语校笺》上《言语第二》，北京：中华书局，2006年，第59页。

②（清）孙希旦撰，沈啸寰、王星贤点校：《礼记集解》卷三十七《乐记第十九之一》，北京：中华书局，1989年，第997页。

③（明）王夫之著，杨坚总修订：《古诗评选》卷四《五言古诗一·汉至晋·魏主曹丕·孟津》，长沙：岳麓书社，2011年，660页。

归来，明灯以继夕。"①刘桢有《公宴诗》："永日行游戏，欢乐犹未央。"②曹植有《酒赋》："将承欢以接意，会陵云之朱堂。献酬交错，宴笑无方。"③这些都描述了宴饮的纵情畅快。

慷慨间悲凉与旅思。曹操《短歌行》中"何以解忧，唯有杜康"已成酒君子解忧的千古名句。建安诗句在昂扬激越中也不乏慷慨、旅思之情，王粲的《公宴诗》"管弦发徽音，曲度清且悲"④，再美的音乐也难掩心中悲苦；曹丕《善哉行》有"悲弦激新声，长笛吹清气"⑤；曹植《野田黄雀行》云"秦筝何慷慨，齐瑟和且柔"⑥；阮瑀《七哀诗》中"丁年难再遇，富贵不重来。良时忽一过，身体为土灰。……嘉肴设不御，旨酒盈觞杯。出圹望故乡，但见蒿与莱"⑦；陈琳《游览诗》言"高会时不娱，羁客难为心。殷怀从中发，悲感激清音"⑧等。时局动荡，世事难料，在宴饮的欢情之外，慷慨之情、离别悲凉与羁旅之思难掩。

五、名士病饮的时代标签

魏晋交替之际，魏帝曹芳年幼，政权旁落，朝堂动荡，杀戮不休，死亡突发现象屡见不鲜。残酷的政治环境，使士人们"建永世之业，流金石之功"的慷慨情怀难再。为避免政治迫害，士人多游离于政权之外，不问政事。著名的竹林七

---

① （宋）郭茂倩编：《乐府诗集》卷第六十一《杂曲歌辞一·当车已驾行》，北京：中华书局，1979年，第889页。

② （三国）孔融等著，俞绍初辑校：《建安七子集》卷七《刘桢集·诗·公宴诗》，北京：中华书局，2005年，第188页。

③ （清）严可均编：《全上古三代秦汉三国六朝文》之《全三国文》卷十四《陈王植·酒赋》，北京：中华书局，1958年，第1128页。

④ （三国）孔融等著，俞绍初辑校：《建安七子集》卷三《王粲集·诗·公宴诗》，北京：中华书局，2005年，第89页。

⑤ （宋）郭茂倩编：《乐府诗集》卷第三十六《相和歌辞十一·瑟调曲一·同前五解》，北京：中华书局，1979年，第537页。

⑥ （宋）郭茂倩编：《乐府诗集》卷第三十九《相和歌辞十四·野田黄雀行四解》，北京：中华书局，1979年，第570页。

⑦ （三国）孔融等著，俞绍初辑校：《建安七子集》卷五《阮瑀集·诗·七哀诗二首》，北京：中华书局，2005年，第160页。

⑧ （三国）孔融等著，俞绍初辑校：《建安七子集》卷二《陈琳集·诗·游览诗二首》，北京：中华书局，2005年，第34页。

贤为在野名士，作为魏晋风度的代表人物，他们常在竹林下相聚而宴，以酣饮风流为突出特色。《世说新语·伤逝》记录了七贤宴事："王濬冲为尚书令，着公服，乘轺车，经黄公酒垆下过，顾谓后车客：'吾昔与嵇叔夜、阮嗣宗共酣饮于此垆，竹林之游，亦预其末；自嵇生夭、阮公亡以来，便为时所羁绁。今日视此虽近，邈若山河。'"①王戎任尚书令时，坐轻车从黄公酒垆旁经过时，对后车客人回忆起跟嵇康、阮籍喝酒及竹林交游的往事，好像隔着山河一样遥远，认为自己被俗事纠缠。不同于建安时期大规模的公宴诗赋的即席创作，竹林七贤关于饮宴的诗赋创作较少，除了阮籍、嵇康，其余人作品很少，更多的是以饮酒、醉酒等行为艺术来彰显自我个性，表达人生追求。

1. 竹林七贤好饮酒。《晋书·阮咸传》记载："咸妙解音律，善弹琵琶。虽处世不交人事，惟共亲知弦歌酣宴而已。"②《晋书·刘伶传》记其病酒："尝渴甚，求酒于其妻。妻捐酒毁器，涕泣谏曰：'君酒太过，非摄生之道，必宜断之。'伶曰：'善！吾不能自禁，惟当祝鬼神自誓耳。便可具酒肉。'妻从之。伶跪祝曰：'天生刘伶，以酒为名。一饮一斛，五斗解酲。妇儿之言，慎不可听。'仍引酒御肉，隗然复醉。"③刘伶是病态醉酒。嵇康在《与山巨源绝交书》中说自己"饮酒过差"。可见，竹林七贤的日常生活，离不开酒。竹林名士好饮并沉湎于酒，一是受汉末魏晋以来的时风影响。汉代百礼之会，非酒不行，随着汉朝一统政权的衰落，儒学的地位下降，约束力降低，"士人以往所信奉的儒家一套人生理想、行为规范，已经失去了它的吸引力，任情而行成为一时风尚"④。文学史家王瑶在《文人与酒》论及魏晋时人时，说他们"放弃了祈求生命的长度，便不能不要求增加生命的密度"⑤，于是贪欢纵饮成为风尚。自建安邺下饮宴风流至正始年间，竹林

---

①（南朝宋）刘义庆撰，（梁）刘孝标注，杨勇校笺：《世说新语校笺》下《伤逝第十七》，北京：中华书局，2006年，第581–582页。

②（唐）房玄龄等撰：《晋书》卷四十九《列传第十九·阮籍·阮咸》，北京：中华书局，1974年，第1363页。

③（唐）房玄龄等撰：《晋书》卷四十九《列传第十九·刘伶》，北京：中华书局，1974年，第1376页。

④ 罗宗强著：《玄学与魏晋士人心态》，天津：天津教育出版社，2005年，第59页。

⑤ 王瑶著：《中古文学史论集》，上海：古典文学出版社，1956年，第29页。

七贤把饮酒放达作为一种精神生活方式，时人多效仿，酒成为名士的生活标配。建安时，文人集团好公燕，游宴成为文人雅集的重要方式，魏晋间的政治纷争与玄学兴起等因素促成了竹林七贤宴集的出现。此外，饮酒致醉还成为他们不参与司马氏政治的自我保全和追求老庄任自然之境的手段。

2. 醉酒以避世。代表人物是嵇康、阮籍。嵇康醉饮山林避世，不肯出仕，当山涛想举荐他出仕司马氏政权时，作《与山巨源绝交书》，以"至性过人，与物无伤，惟饮酒过差耳。至为礼法之士所绳，疾之如仇，幸赖大将军保持之耳。……人伦有礼，朝廷有法。自惟至熟，有必不堪者七"①为由拒绝，理由很戏谑，言生性懒散、喜饮酒、常过失，不堪官场礼法束缚，只好醉饮山林。在《代秋胡歌诗》中云"酒色何物，今自不辜。歌以言之，酒色令人枯"②；在《家诫》中劝子"见醉薰薰便止，慎不当至困醉，不能自裁也"③，告诫子女饮酒要节制；在《酒会诗七首》其四言"猗与庄老，栖迟永年"④。嵇康鲜有醉酒任诞事，主要是以醉酒避世。阮籍沉湎于酒，每饮必醉，借酒醉行任诞违礼之事，如得知步兵校尉任缺，而他们厨中存着数百斛酒，为了这些美酒竟求补步兵校尉缺；喝醉了酒不顾男女授受不亲之嫌醉卧当垆美妇身边；母亲的葬礼竟然不好好守丧反而大醉不守礼节等，每种在当时出格无"礼"的行为都借酒任行。阮籍为避害出仕，但又洁身自好，只能醉酒任诞，以酣醉为由免罪，或以酒来麻痹自己生不逢时、难以济世的悲愤与郁结。阮籍《咏怀诗八十二首》其三十四云："一日复一朝，一昏复一晨。容色改平常，精神自飘沦。临觞多哀楚，思我故时人。对酒不能言，凄怆怀酸辛。愿耕东皋阳，谁与守其真？愁苦在一时，高行伤微身。曲直何所为？龙蛇为我

---

①（清）严可均编：《全上古三代秦汉三国六朝文》之《全三国文》卷四十七《嵇康·与山巨源绝交书》，北京：中华书局，1958年，第1321–1322页。

②（三国魏）嵇康著，戴明扬校注：《嵇康集校注》卷第一《重作四言诗七首·役神者弊》，北京：中华书局，2014年，第80页。

③（三国魏）嵇康著，戴明扬校注：《嵇康集校注》卷第十《家诫》，北京：中华书局，2014年，第547页。

④（三国魏）嵇康著，戴明扬校注：《嵇康集校注》卷第一《酒会诗七首·敛弦散思》，北京：中华书局，2014年，第129页。

邻。"①阮籍感慨，时光飘逝，世事难料，故人已逝，知音难寻，处世应以"龙蛇为邻"来避世。阮咸、向秀与阮籍类似。

3. 醉酒以放达。刘伶醉酒是放达，其酒饮诗文存世较少，仅一文一诗，其名篇《酒德颂》曰："唯酒是务，焉知其余。有贵介公子、缙绅处士，闻吾风声，议其所以。……俯观万物之扰扰，如江、汉之载浮萍。二豪侍侧焉，如螟蠃之与螟蛉。"②表达了醉酒后物我两忘的陶醉境界，批驳礼法之士"贵介公子"和"缙绅处士"如"螟蠃之与螟岭"，而自己向往大人先生的理想人格，追求放达的人生观。

汉末，战火频仍，儒家的经学思想束缚逐渐被打破，礼对宴饮的限制逐渐衰弱。庄园兴起，宴饮地点由室内转向室外，宴游兴盛，成为社交活动的重要内容和士人们欢情享乐的重要契机。人的意识开始觉醒，宴饮成为抒发个人欢情、悲凉、旅思等情感的重要场合。曹氏领军人物对宴游的提倡和参与，以及对文学的雅好，使宴饮日渐成为文学创作的重要场域，宴饮游乐、诗赋酬酢、即席创作等成为助兴的重要内容，文学地位逐渐从席间佐兴的"雕虫小技"中独立出来，上升为经国之大业，形成"宴饮为文"的时代特色。宴集不仅成为文士诗赋唱和、同台竞艺的直接动力，反过来席间常见的食、饮、果、器及女色等还成为诗赋的吟咏对象，扩大了诗赋的创作空间，丰富了创作内容。此时诗赋中常见的宴饮娱戏有斗鸡、投壶等项目。曹魏后期，司马氏篡权，正始之乱，内斗不止，名士们以酒避祸，他们的诗赋中处处有酒，带有浓重的政治悲情和时代烙印。

第三节　两晋宴饮诗赋

三国归晋，西晋武帝立国，实现短暂统一，为巩固统治，立儒学为官学，回归大一统汉朝的治国思想。虽则大力提倡儒学，但对竹林名士的杀戮更显虚伪，

---

① （三国魏）阮籍著，陈伯君校注：《阮籍集校注》卷下《诗·咏怀·其三十四》，北京：中华书局，2012年，第313页。

② （南朝宋）刘义庆撰，（梁）刘孝标注，杨勇校笺：《世说新语校笺》上《文学第四》，北京：中华书局，2006年，第234页。

朝堂政局混乱。西晋初始节俭，但好景不长即政风腐败，奢侈夸富，内部争斗尖锐复杂，党派乱起，"政失准的"，导致士少节操，常卷入政治斗争。八王之乱后，随着北方少数民族南下，晋室南渡，西晋灭亡，东晋开始。东晋偏安一隅，不思进取，风光秀美，经济富庶，清谈、玄学盛行，外来的佛教与本土的道教发展。两晋士族，生活优裕，礼法的束缚疏松，在闲情逸致中，文化上取得了系列成就。

两晋公宴诗数量猛增，东晋以文人雅集著称于世。西晋有二百余首宴饮诗，是建安后创作的又一个高潮期，其中公宴诗数量达154首，是建安时期公宴诗的三倍多，其中四言颂美诗比重较大。建安以来，五言诗渐趋增多，以其体制短小，适宜宴饮聚会场合的即兴创作，成为宴饮创作的主要文体，与赋并驾齐驱，发展快速。从宴饮诗的数量可以看出此时统治阶层宴集频繁概况。公宴诗自曹魏发展至西晋，体式渐趋成熟。西晋立儒学为官学，士多唯上，公宴诗的格调回归到《诗经》礼乐精神，多颂德称美。东晋公宴诗数量衰减，有51首，但以兰亭雅集为代表的著名文人宴集，留存诗作41首，同题共作数量为当时之最，成为文坛盛事，代表了东晋宴饮诗创作的最高水平，体现了东晋诗歌的基本风格。

一、颂德称美的帝王公宴

两晋延续不到二百年，但实现短暂统一，为巩固统治，立儒学为官学，多次下诏正风俗，回归大一统汉朝的治国思想。

1. 华林园宴集，回归传统。西晋武帝有结束分裂、统一帝国的丰功伟绩，作为再次实现统一的帝王，宴集频繁，虽不擅诗赋，但深知以武开国需以文治国，多次组织华林诗会，席中文人预宴赋诗成为风气。这其中著名的当属华林园宴集。华林园是京都洛阳的皇家园林，位于城内东北隅。魏明帝起名芳林园，齐王芳改为华林园。统一三国的晋武帝多次在华林园预宴诗会："干宝《晋纪》：'泰始四年二月，上幸芳林园，与群臣宴，赋诗观志。'"[①]应贞有《晋武帝华林园集诗》，王济的《平吴后三月三日华林园诗》，张华的《太康六年三月三日后园会诗（四

---

① （北周）庾信撰，（清）倪璠注：《庾子山集注》卷之一《赋·三月三日华林园马射赋》，北京：中华书局，1980年，第1页。

章）》，从标题可知诗作地点都在华林园。西晋于太康元年（280）灭吴完成统一，注重文治面，强调儒学立国，以诗文颂扬盛世伟业是文人的职责所在。席间作品，由最高统治者评定优劣，体现了当政者的审美标准。不同于曹魏擅长情感抒发的五言诗，华林园公宴诗多为颂德称美的四言体式，回归《诗经》的礼乐传统。晋武帝对文人宴而赋文、附庸风雅的提倡，进一步促进了西晋公宴诗的繁盛。

2. 颂德称美是公宴的主题。西晋帝王组织的公宴，因处复归一统政权的稳定时期，武帝以儒学为文治基础，为体现丰功与盛世，公宴诗以《诗经》雅颂的四言为主，以颂德称美为宗旨，饮宴成为一种凭依和场所，政治功利性明显。如张华《祖道赵王应诏诗》曰："崇选穆穆，利建明德。于显穆亲，时惟我王。……百寮饯行，缙绅具集。轩冕峨峨，冠盖习习。恋德惟怀，永叹弗及。"①除"百寮饯行，缙绅具集"提到饯别外，余都在鼓吹赵王功德，极尽四言典雅诗颂扬之能事，近乎阿谀的做法无疑是一种应酬。应贞的《晋武帝华林园集诗》被武帝评为最美，曰："悠悠太上，人之厥初。皇极肇建，彝伦攸敷。五德更运，应录受符。陶唐既谢，天历在虞。……贻宴好会，不常厥数。神心所授，不言而喻。于时肆射，弓矢斯具。发彼互的，有酒斯饮。文武之道，厥猷未坠。在昔先王，射御兹器。示武惧荒，过则有失。凡厥群后，无懈于位。"②此诗气势宏大，追溯历史，言及天下四方，既歌颂了晋武帝德被四方、天下归顺，又彰显了文武之道、德行教化，受到武帝的赞许和好评。陆云的《大将军宴会被命作诗》，言及宴会的天时、地利、人和外，以称颂成都王颖平叛安邦之功为主旨。

3. 公宴是政治教化的窗口和载体。宴饮赋展现了饮宴的庄严仪式、宏大场面，歌颂了君主的贤明和君臣间的尊卑有序，王沈《正会赋》描述："伊月正之元吉兮，应三统之中灵……华幄映于飞云兮，朱幕张于前庭。缃青帷于两阶，

---

① 逯钦立辑校：《先秦汉魏晋南北朝诗》晋诗卷三《张华·祖道赵王应诏诗》，北京：中华书局，1983年，第616页。

② （唐）房玄龄等撰：《晋书》卷九十二《列传第六十二·文苑·应贞》，北京：中华书局，1974年，第2370–2371页。

象紫极之峥嵘。曜五旗于东序兮，表雄虹而为旌。备六代之象舞兮，厘箫韶于九成。……延百辟于和门，等尊卑而奉璋。齐八荒于蕃服兮，咸稽首而来王。"①公宴以宴饮礼乐为载体进行政治教化，傅玄的《辟雍乡饮酒赋》记载道："揖让而升，有主有宾。礼虽旧制，其教惟新。若其俎豆有数，威仪翼翼。宾主百拜，贵贱修敕。酒清而不饮，肴干而不食。及至嘒嘒笙磬，喤喤钟鼓，琴瑟安歌，德音有叙，乐而不淫，好朴尚古。四坐先迷而后悟，然后知礼教之弘普也。"②公宴成为体现礼教尊卑的窗口和载体。

二、名利交易的宴饮聚会

西晋文士喜好宴饮集会，不仅仅是享口腹之欲，更多的是追名逐利，打探消息，求官买职，带有浓重的功利色彩，对声名的追求导致诗赋中多阿谀之辞，少真情实意，佳作难成。

宴饮集会成为求官买职的名利场。王沈《释时论》中记载了官职买卖情况："京邑翼翼，群士千亿，奔集势门，求官买职。童仆窥其车乘，阍寺相其服饰，亲客阴参于靖室，疏宾徒倚于门侧。时因接见，矜厉容色，心怀内荏，外诈刚直，谭道义谓之俗生，论政刑以为鄙极。高会曲宴，帷言迁除消息，官无大小，问是谁力。"③西晋中后期，外戚和宗王专政，政局动荡，无官者为求官多方奔走，在位者高会曲宴，阿谀钻营以求高升，王公贵戚多延揽逐利之徒。贵戚贾谧门下就有所谓"二十四友"，《晋书·贾谧传》云："（贾谧）开阁延宾，海内辐凑，贵游豪戚及浮竞之徒，莫不尽礼事之。或著文章称美谧，以方贾谊。渤海石崇欧阳建、荥阳潘岳、吴国陆机陆云、兰陵缪征、京兆杜斌挚虞、琅邪诸葛诠、弘农王粹、襄城杜育、南阳邹捷、齐国左思、清河崔基、沛国刘瑰、汝南和郁周恢、安平牵秀、颍川陈眕、太原郭彰、高阳许猛、彭城刘讷、中山刘舆刘琨皆傅会于谧，

①（清）严可均编：《全上古三代秦汉三国六朝文》之《全晋文》卷二十八《王沈·正会赋》，北京：中华书局，1958年，第1618页。

②（清）严可均编：《全上古三代秦汉三国六朝文》之《全晋文》卷四十五《傅玄·辟雍乡饮酒赋》，北京：中华书局，1958年，第1715页。

③（唐）房玄龄等撰：《晋书》卷九十二《列传第六十二·文苑·王沈》，北京：中华书局，1974年，第2383页。

号曰二十四友，其余不得预焉。"①西晋士风日下，士多失德之行而少有节操，有为官求名多方奔竞者，其望尘而拜令人不齿者，如潘岳、石崇，《晋书·潘岳传》曰："岳性轻躁，趋世利，与石崇等谄事贾谧，每候其出，与崇辄望尘而拜。"②其卑躬屈膝之行为令人不齿。二十四友多中下层士人，他们既是这种风气的参与者，也是这种风气的受害者，在变幻莫测的动荡时局中，他们境遇多舛，多数结局凄惨。

三、宴饮诗赋题材的生活化

西晋宴饮，席间酒饮、水果、器物等大量进入诗赋，诗赋题材生活化明显，体现出世俗物欲的审美倾向。酒饮赋如傅玄的《辟雍乡饮酒赋》《叙酒赋》，袁宏的《酬宴赋》《夜酣赋》，嵇含的《酒赋》《瓜赋》等；瓜果赋有应贞的《安石榴赋》《蒲萄赋》，傅玄的《瓜赋》《李赋》《桃赋》《橘赋》《枣赋》《葡萄赋》《桑葚赋》，潘岳的《橘赋》《河阳庭前安石榴赋》，嵇含的《瓜赋》，周祗的《批把赋》；器物赋有潘岳的《笙赋》，成公绥的《琵琶赋》，潘尼的《琉璃碗赋》等。此外饼、香料等食材辅料也进入诗赋中，如束皙的《饼赋》，杜育的《荈赋》等。需要说明的是，葡萄在魏晋南北朝时多为上层社会食用，后随着葡萄的广泛种植，才逐渐进入百姓生活。相较于汉代至建安的四篇水果赋，西晋的水果赋在数量上得到了极大发展，品种由原来的两种增加到九种。不同于曹魏时的情感抒发和生命张力，西晋士人的诗赋普遍匮乏社会使命，少有人格情操，他们将应酬、物欲满足作为重要追求。诗赋题材的生活化，表明了时人世俗娱乐的审美倾向。

四、后世留名的文人宴集

两晋文人宴集兴盛，有名的当属金谷宴集和兰亭雅集。金谷宴集以其为名求利的世俗功利性为人所不齿，兰亭雅宴成为文坛盛事，千古流芳。

1.金谷诗会，文人宴集。金谷诗会以斗富出名的新贵石崇在其庄园金谷组织的宴饮集会而得名。文人宴饮集会有先例可寻，汉代梁王的兔园宴集开辟了文人

① （唐）房玄龄等撰：《晋书》卷四十《列传第十·贾充·贾谧》，北京：中华书局，1974年，第1173页。
② （唐）房玄龄等撰：《晋书》卷五十五《列传第二十五·潘岳》，北京：中华书局，1974年，第1504页。

集团宴间创作的先河，建安曹氏的邺下文人雅集是璀璨流芳。石崇，字季伦，西晋巨富，以与晋武帝舅父王恺斗富而留名，《晋书》言其"累迁散骑常侍、侍中。武帝以崇功臣子，有干局，深器重之"①。史书留名的大富豪石崇，在洛阳金谷建有园林别墅，石崇自己在《金谷诗序》中描述了金谷美景："有别庐在河南县界金谷涧中，去城十里，或高或下，有清泉茂林众果竹柏药草之属，金田十顷，羊二百口，鸡猪鹅鸭之类，莫不毕备。又有水碓鱼池土窟，其为娱目欢心之物备矣。"②这个优山美地，石崇多次用以举办文人诗会，《晋书·刘琨传》云："时征虏将军石崇河南金谷涧中有别庐，冠绝时辈，引致宾客，日以赋诗。"③金谷诗会是以文会友的一种宴集，对后世的文人集会和文学发展产生了较大影响。

金谷宴集多是寒门士子结交权贵、谋取职位的一种方式。著名的"金谷二十四友"中，除石崇、周恢、郭彰等少数豪贵外，其余多为追逐功名的寒门文士。以门阀士大夫为主要选拔对象的九品中正制，堵塞了众多寒门子弟的入仕途径，而参加权贵组织的文宴，成为寒门子弟迎合权贵、取得赏识、进而谋取职位入仕通达的方式。金谷之宴规模最大的一次为祖饯宴，《金谷诗序》详细记载了金谷集会缘由、盛况，参与人数多达三十人，作诗方式为"鼓吹递奏，遂各赋诗"，作不出者则罚酒。抛去不能者，当时作诗数量应为不少，今仅存潘岳的《金谷会诗》《金谷集作诗》和棘腆的《赠石季伦》《赠石崇》。《金谷诗集》饯别宴："时征西大将军祭酒王诩当还长安，余与众贤共送往涧中，昼夜游宴，屡迁其坐。或登高临下，或列坐水滨。时琴瑟笙筑，合载车中，道路并作。"④声乐并作，席间尽备娱目欢心之物，纵情享乐，而无离别留恋之情。金谷文人身处美景无心赏，着尽名利阿谀，为后世所诟病。如棘腆《赠石季伦》："深蒙君子眷，雅顾出群

① （唐）房玄龄等撰：《晋书》卷三十三《列传第三·石苞·石崇》，北京：中华书局，1974年，第1006页。

② （清）严可均编：《全上古三代秦汉三国六朝文》之《全晋文》卷三十三《石崇·金谷诗序》，北京：中华书局，1958年，第1651页。

③ （唐）房玄龄等撰：《晋书》卷六十二《列传第三十二·刘琨》，北京：中华书局，1974年，第1679页。

④ （南朝宋）刘义庆著，（南朝梁）刘孝标注，余嘉锡笺疏，周祖谟等整理：《世说新语笺疏》卷中之下《品藻第九》，北京：中华书局，2007年，第628页。

俗。受宝取诸怀，所赠非珠玉。凡我二三子，执手携玉腕。嘉言从所好，企予结云汉。望风整轻翮，因虚举双翰。朝游情渠侧，日夕登高馆。"①个别诗文有别情、有欢宴、有美景，情景并茂，盎然动人，为后世留下些许美好，如美男子潘岳的《金谷集作诗》："绿池泛淡淡，青柳何依依。滥泉龙鳞澜，激波连珠挥。……饮至临华沼，迁坐登隆坻。玄醴染朱颜，但愬杯行迟。扬桴抚灵鼓，箫管清且悲。春荣谁不慕，岁寒良独希。投分寄石友，白首同所归。"②流露出些许情真意切。

2. 兰亭雅集，千古流芳。东晋兰亭雅集组织者为著名书法家王羲之。兰亭雅会，《兰亭诗序》中记载是"永和九年，岁在癸丑，暮春之初，会于会稽山阴之兰亭，修禊事也。群贤毕至，少长咸集"③，可知在一处有凉亭的山水风光景色秀丽之处。兰亭雅集是永和九年（353）三月三日祓禊时的曲水流觞文集。三月三日祓禊民俗至汉代演变成游宴的赏玩节日，到魏晋更融合进文人的曲水流觞。参加兰亭雅集者，有"右将军司马太原孙丞公等二十六人，赋诗如左，前余姚令会稽谢胜等十五人不能赋诗，罚酒各三斗"④。宴集作诗方式，仿照金谷，为临场赋诗，作不出则罚酒。该雅集留存诗作41首，占东晋51首宴饮诗的比例非常高。兰亭宴集的诗序因"书圣"王羲之手书日后被誉为天下第一，使得兰亭雅集也千古流芳。参与创作的有王羲之、谢安、孙绰、王凝之、王徽之、谢万、谢混、魏滂等众多名士，体现了东晋宴饮的时代特色，代表了东晋宴饮诗的主体风格。

品山水，赏美景，兰亭雅宴有清音。相比之下，兰亭雅集41首中有26首关于景物的描写，比例过半，其中十首描写了自然山水的秀美。王羲之《兰亭集序》中的景色扑面而来："此地有崇山峻岭，茂林修竹。又有清流激湍，映带左右。"⑤

---

① （唐）欧阳询等编纂，汪绍楹校：《艺文类聚》卷三十一《人部十五·赠答》，上海：上海古籍出版社，1965年，第551–552页。

② （南朝梁）钟嵘著，王叔岷笺证：《钟嵘诗品笺证稿·诗选·晋·潘岳·金谷集作诗一首》，北京：中华书局，2007年，第499页。

③ （唐）房玄龄等撰：《晋书》卷八十《列传第五十·王羲之》，北京：中华书局，1974年，第2099页。

④ （南朝宋）刘义庆著，（南朝梁）刘孝标注，余嘉锡笺疏，周祖谟等整理：《世说新语笺疏》卷下之上《企羡第十六》，北京：中华书局，2007年，第743页。

⑤ （宋）桑世昌集，白云霜点校：《兰亭考》卷一《兰亭修禊序》，杭州：浙江人民美术出版社，2019年，第12页。

孙绰《三月三日诗》："嘉卉萋萋，温风暖暖。……羽从风飘，鳞随浪转"①；庾阐《三月三日临曲水诗》："临川叠曲流，丰林映绿薄。轻舟沈飞觞，鼓枻观鱼跃"②；谢万《兰亭诗二首》其一："肆眺崇阿，寓目高林。青萝翳岫，修竹冠岑。谷流清响，条鼓鸣音。玄萼吐润，飞雾成阴。"③孙统《兰亭诗二首》其二："因流转轻觞，冷风飘落松。时禽吟长涧，万籁吹连峰。"④诗人笔下的自然风景，既明丽又清幽，山水闲适扑面而来。

兰亭雅集，悟玄理。东晋士人偏安一隅，诗作多受老庄、玄学思想影响，谢怿《兰亭诗》有"踪畅任所适，回波萦游鳞。千载同一朝，沐浴陶清尘"⑤；扬雄《河东赋》"临川羡鱼，不如归而结网"⑥，投钓的喜悦不全在得鱼，而在投钓过程的享受，玄同此理。王彬之《兰亭诗二首》其二："鲜葩映林薄，游鳞戏清渠。临川欣投钓，得意岂在鱼。"⑦垂钓乐趣不止在鱼，有《庄子·外物》言"荃者所以在鱼，得鱼而忘荃……言者所以在意，得意而忘言"⑧之乐趣。此外王羲之的《兰亭诗》言"虽无丝与竹，玄泉有清声。虽无啸与歌，咏言有余馨。取乐在一朝，寄之齐千龄"⑨，和孙统的《兰亭诗二首》其一"茫茫大造，万化齐轨。罔悟

---

① （明）王夫之著：《古诗评选》卷二《四言·孙绰·三月三日》，长沙：岳麓书社，2011年，第602页。

② 逯钦立辑校：《先秦汉魏晋南北朝诗》晋诗卷十二《庾阐·三月三日临曲水诗》，北京：中华书局，1983年，第873页。

③ （宋）桑世昌集，白云霜点校：《兰亭考》卷一《诗·司徒左西属谢万》，杭州：浙江人民美术出版社，2019年，第14页。

④ （宋）桑世昌集，白云霜点校：《兰亭考》卷一《诗·前余姚令孙统》，杭州：浙江人民美术出版社，2019年，第15页。

⑤ （宋）桑世昌集，白云霜点校：《兰亭考》卷一《诗·郡五官佐谢怿》，杭州：浙江人民美术出版社，2019年，第19页。

⑥ （清）严可均编：《全上古三代秦汉三国六朝文》之《全汉文》卷五十一《扬雄·河东赋》，北京：中华书局，1958年，第404页。

⑦ （宋）桑世昌集，白云霜点校：《兰亭考》卷一《诗·前永兴令王彬之》，杭州：浙江人民美术出版社，2019年，第16页。

⑧ （宋）吕惠卿撰，汤君集校：《庄子义集校》卷第九《外物第二十六》，北京：中华书局，2009年，第515–516页。

⑨ 逯钦立辑校：《先秦汉魏晋南北朝诗》晋诗卷十三《王羲之·兰亭诗二首》，北京：中华书局，1983年，第896页。

玄同，竞异标旨。平勃运谋，黄绮隐几。凡我仰希，期山期水"[①]，都尽显玄理玄思。兰亭宴集，赏山水，悟玄理，抒发了远离尘世羁绊的闲适自得，这与东晋偏安的政治格局及老庄、玄学思想影响有关。东晋士人洗去了西晋士人汲取功名的俗世心态，把满腔情怀寄于自然山水，品评山水，体悟玄理，形成远离尘世、不屑俗务、追求闲适生活的士大夫高雅情怀。

两晋规模最大的两场文人宴集，都对后世产生了深远影响。金谷宴集不同于政治色彩浓郁的华林园宴集，其世俗功利性也为人所诟病，但其一定的文学性、作诗次序、文采比竞试与作诗不出罚酒等惩戒方式对后代文人集会产生了深远影响。而兰亭雅宴，则受其诗作规模、质量、山水玄思等影响，成为流芳后世的文人雅宴，无出其右。

五、望族的教化宴聚

东汉末出现世家大族。曹魏实行九品中正制，按门第选拔官员。西晋平吴后，实行户调制，官员按品级分得土地和佃客，门阀大族在政治经济上的权益得到保障，享有特权。《晋书·刘毅传》记载当时的社会局面是"上品无寒门，下品无势族"[②]。晋室南渡，士族发展更为兴盛，形成以王、庾、谢、桓等世家大族为中心的显赫望族，掌控着东晋的军政大权。

望族家宴，教导、规引晚辈后生。为维持门第的延续性和稳定性，望族内部往往举行宴聚，指导晚辈学业，劝诫德行，指引族人发展，增强族人间的凝聚力。王羲之《与谢万书》中记载："顷东游还，修植桑果，今盛敷荣，率诸子，抱弱孙，游观其间，有一味之甘，割而分之，以娱目前。虽植德无殊邈，犹欲教养子孙以敦厚退让。"[③]王羲之晚年含饴弄孙，言传身教，使子孙懂得"敦厚退让"的道理。

谢氏家族的著名"精神领袖"——谢安与其弟谢万常组织游宴，在讨论经义、吟诗作对中，考察子弟的才学、品行，发现问题及时教导。乌衣宴游中，有"风

　　① （宋）桑世昌集，白云霜点校：《兰亭考》卷一《诗·前余姚令孙统》，杭州：浙江人民美术出版社，2019年，第15页。

　　② （唐）房玄龄等撰：《晋书》卷四十五《列传第十五·刘毅》，北京：中华书局，1974年，第1274页。

　　③ （唐）房玄龄等撰：《晋书》卷八十《列传第五十·王羲之》，北京：中华书局，1974年，第2102页。

华江左第一"称号的谢混，在谢安去世家道中落时以家族崛起为己任，作为长辈在家族聚会、宴游之乐中不忘对晚辈进行熏陶教化，当时的晚辈有谢灵运、谢瞻、谢晦、谢弘微等族人。谢混在《戒族子诗》序中说："尝共宴处，居在乌衣巷，故谓之乌衣之游。……尝因酣宴之余，为韵语以奖劝灵运、瞻等曰：'康乐诞通度，实有名家韵，若加绳染功，剖莹乃琼瑾。'"[①]这是谢混宴游时对谢灵运、谢瞻等众位谢家子弟的评价。游宴中长辈通过指导、品评、劝诫等方式指引子弟，预宴人员通过相互交流、欣赏、学习，在熏陶和教化中增长才干与见识。

两晋实现短暂统一，以儒学为治国之本，礼乐传统短暂回归，不复建安时慷慨磊落的任气真情，公宴成为政治教化和颂德称美的重要场所，文学润色鸿业的功能强化。西晋政失准的，名士多无特操，文人宴集成为寒门士子求官取爵的名利场，多阿谀迎合，少情景真情，金谷集宴就是此类。东晋偏安一隅，士人多不屑世务，饮宴闲适高雅，更重精神享受，兰亭雅集的清音成为后世绝唱。两晋门阀士族兴盛，宴聚还是大族教化、培养族人的重要方式。两晋各类宴饮中，席间酒饮、水果、器物等大量进入诗赋，体现出世俗化、生活化的现实审美倾向，也从侧面映衬出其社会风气、精神生活和文化特色。

第四节　南北朝宴饮诗赋

南北朝是南朝和北朝的统称，近二百年时间对峙，政权更迭频繁。南朝由公元420年刘裕篡东晋建立南朝宋开始，至公元589年隋灭南朝陈为止，上承东晋、五胡十六国，下接隋朝，包含宋、齐、梁、陈四朝，偏安于江左，经济相对富庶。南朝宋政权存立短暂，开国君主由武将夺权而立，他们大多出身寒门，伦理观念淡薄，对士族代表的知识分子阶层既排挤又拉拢。征伐难止，文治惶顾，儒学的礼教约束日益减弱，宋文帝时，儒学地位已与玄学、史学、文学同列，并为官学，南朝梁时儒学虽短暂兴起，但已似昨日黄花风光不再，《资治通鉴·齐纪二》记

---

① （南朝梁）沈约撰：《宋书》卷五十八《列传第十八·谢弘微》，北京：中华书局，1974年，第1590–1591页。

载当时的时尚："自宋世祖好文章，士大夫悉以文章相尚，无以专经为业者。"①曹丕的"文章千古事"，在南朝益发光大。

北朝是与南朝同时并存的北方王朝总称，承继五胡十六国，公元386年鲜卑族拓跋珪建立政权，包含北魏、东魏、西魏、北齐和北周等朝，公元581年为隋朝所灭，是民族大融合的时代。后北魏分裂为东魏及西魏，不久又被北齐及北周取代。北魏、东魏、西魏及北周均由鲜卑族建立，北齐则由鲜卑化汉人所建。相较相对安稳、富庶的南朝而言，北方历经十六国混战，经济严重破坏，少数民族尚武轻文，宴集规模、次数远较南朝要少，内容也相对单一。北朝的宴饮诗，多为公宴诗，按时间分为北魏和北齐、北周两段，从中可见时局对宴集、文学的影响。南朝繁华富庶，历代帝王重视并参与文学创作，世家大族重视文化继承，使得南朝文艺兴盛。相比之下，北朝可以说是文化凋零，不过北方逐渐汉化、宴饮文士的文化交流，使得文明在孑孓踯躅中继续发展。

一、南朝宴饮文学繁盛，出现单独的公宴文集

1.帝王推动宴饮文学的发展。南朝帝王与曹操、曹丕等曹魏政权在设宴聚饮方面比较相似，常亲自参与文学创作，上有所好，下必趋之，由此带动了宴饮文学的繁盛。据《隋书·经籍志》，南朝刘宋的宋武帝、宋文帝、宋孝武帝，萧梁的梁武帝、梁简文帝、梁元帝，陈的后主等都有文集存世，他们的宗室大臣等人员参与创作的更多。裴子野《雕虫论》载："宋明帝博好文章，才思朗捷，常读书奏，号称七行俱下。每有祯祥，及幸宴集，辄陈诗展义，且以命朝臣。其戎士武夫，则托请不暇，困于课限，或买以应诏焉。于是天下向风，人自藻饰，雕虫之艺，盛于时矣。"②南朝刘宋时期入仕考试时，文章所处地位上升，开始成为一门独立的学科，文章创作之风愈趋兴盛。

2.帝王组织的文学集团数量众多，开创并引领一代文风。帝王文学集团主要有宋临川王刘义庆、齐文惠太子萧长懋、竟陵王萧子良、梁昭明太子萧统、简文

① （宋）司马光编著，（元）胡三省音注：《资治通鉴》卷第一百三十六《齐纪二·世祖武皇帝上至下·永明三年》，北京：中华书局，1956年，第4266页。

② （清）严可均编：《全上古三代秦汉三国六朝文》之《全梁文》卷五十三《裴子野·雕虫论》，北京：中华书局，1958年，第3262页。

帝萧纲、元帝萧绎、陈后主叔宝等，他们还创造出新的诗体，如竟陵王萧子良创导的永明体、简文帝萧纲引领的宫体诗等。据李华统计，南朝公宴诗达704首，是魏晋238首公宴诗的近三倍，是公宴诗最繁盛的时期。

3. 文人集团热衷宴聚，催生出单独的公宴文集。南朝偏安一隅的政治格局既定，士族在政治上受到打压，不复存治天下之进取心，但仍高居清要闲职，经济优渥，在朝代更迭中选择家大于国，以自保为主，热衷于宴饮集会，享乐生活，宴饮之风更胜，宴饮成为创作的重要内容和场域，出现单独的宴饮诗集。除了帝王文学集团，僚属中还有著名的文人集团，主要有"灵运四友"、"兰台聚"和"龙门游"等。灵运四友，即谢灵运及其朋友四人，《宋书·谢灵运传》记载这四人："灵运既东还，与族弟惠连、东海何长瑜、颍川荀雍、泰山羊璿之，以文章赏会，共为山泽之游，时人谓之四友。"①"兰台聚"，也称"竟陵八友"，是齐梁之际最为重要的文学集团之一。八友，据《南史·到溉传》记载："昉还为御史中丞，后进皆宗之。时有彭城刘孝绰、刘苞、刘孺，吴郡陆倕、张率，陈郡殷芸，沛国刘显及溉、洽，车轨日至，号曰兰台聚。"②任昉与著名诗人沈约齐名，时称"沈诗任笔"，名重一时。《南史·陆倕传》记载："昉为中丞，簪裾辐凑，预其宴者，殷芸、到溉、刘苞、刘孺、刘显、刘孝绰及倕而已。号曰'龙门之游'，虽贵公子孙不得预也。"③还有称"龙门游"的，《梁书·任昉传》云任昉"坐客恒满。蹈其阃阈，若升阙里之堂；入其奥隅，谓登龙门之坂"④。大量名士如谢灵运、颜延之、鲍照、谢朓、沈约、江淹、王融、徐陵等人参与宴饮及创作，带动了公宴的繁盛，极大促进了宴饮文学的发展和繁盛。

南朝是公宴诗产生的高潮期，开始出现单独的公宴诗集。这些公宴诗集，根据《隋书·经籍志》记载，有《释奠会诗》十卷、《齐宴会诗》十七卷、《青溪诗》

---

① （南朝梁）沈约撰：《宋书》卷六十七《列传第二十七·谢灵运》，北京：中华书局，1974年，第1774页。

② （唐）李延寿撰：《南史》卷二十五《列传第十五·到溉》，北京：中华书局，1975年，第678页。

③ （唐）李延寿撰：《南史》卷四十八《列传第三十八·陆倕》，北京：中华书局，1975年，第1193页。

④ （唐）姚思廉撰：《梁书》卷十四《列传第八·任昉》，北京：中华书局，1973年，第257页。

三十卷、《文会诗》三卷等。《旧唐书·经籍志》补充记载的有《晋元氏宴会游集》四卷、《元嘉宴会游山诗集》五卷、《元嘉西池宴会诗集》三卷、《齐释奠会诗集》二十卷和《文会诗集》四卷等。这些公宴诗集基于各种原因在保存过程中大多亡佚，但从其数量之多，可以推测南朝公宴之繁盛。南朝宴饮，不仅是看馔饮酒的饮食聚会，还是重要的创作场合，促进了文学的进一步发展。

二、南朝形成游戏为文的宴饮风气

宴饮欢娱在各朝各代皆有，南朝诸代帝王纵欢诗酒，身体力行，文人雅集，娱乐遣兴，自上而下，蔚然成风。宴饮为文佐兴的传统，在南朝更发展成游戏为文。被艳情诗耽误的才艺昏君陈叔宝，将饮宴为文视为留恋风月的娱情之举，他在《与江总书悼陆瑜》中写道："吾监抚之暇，事隙之辰，颇用谭笑娱情，琴樽间作，雅篇艳什，迭互锋起。每清风朗月，美景良辰，对群山之参差，望巨波之溟漾，或玩新花，时观落叶，既听春鸟，又聆秋雁，未尝不促膝举觞，连情发藻，且代琢磨，间以嘲谑，俱怡耳目，并留情致。"①宴饮为文的游戏性，通过戏谑和限韵、连句、回文等限定增加席间诗作的难度，提升宴饮诗赋的精致和高度，游戏为文的宴饮诗由此兴盛。

1.宴饮氛围轻松自由，无教化只戏谑。南朝的富庶和朝代更替的频繁，使得君主们更加沉浸于文字游戏，达到精神愉悦和享受，梁武帝萧衍的《戏题刘孺手板诗》，梁简文帝萧纲的《戏作谢惠连体十三韵诗》《戏赠丽人诗》《三月三日率尔成诗》《执笔戏书诗》等，梁元帝萧绎的《戏作艳诗》，宗室萧纶的《戏湘东王诗》及名士徐陵的《走笔戏书应令诗》等宴饮诗，多带有戏字，表明目的是戏谑，而非政治教化和抒情，气氛更加轻松、自由，戏谑成分明显。宴饮是社会风气的风向标，上行下效，带动了南朝公宴的游戏之风。萧绎未做皇帝前，他的六哥萧纶写了首《戏湘东王诗》，曰："湘东有一病，非哑复非聋。相思下只泪，望直有全功。"②诗文诙谐，隐晦地戏谑湘东王萧绎是"独眼龙"，为博众人一笑。

2.限韵为诗文，思敏拔头筹。宴饮为文在建安即已成形，南朝士族庞大，人

---

① （唐）姚思廉撰：《陈书》卷三十四《列传第二十八·文学·陆瑜》，北京：中华书局，1972年，第464页。

② 汪协尘著，赵灿鹏、刘佳校注：《苦榴花馆杂记》，北京：中华书局，2013年，第204页。

才济济，为增加诗赋的才情和难度，采用了限韵这种方式，形成游戏为文的宴饮风气。《梁书·昭明太子传》记载："太子美姿貌，善举止。读书数行并下，过目皆忆。每游宴祖道，赋诗至十数韵。或命作剧韵赋之，皆属思便成，无所点易。"①《梁书·到洽传》曰："御华光殿，诏洽及沆、萧琛、任昉侍宴，赋二十韵诗，以洽辞为工，赐绢二十四。"②可见当时限韵为诗的时风之盛。

3. 联句缀成诗，同享创作乐。联句诗，是指众人各写一句或几句，连缀成诗。联句诗最早产生于汉代，南朝进入了公宴诗赋，考验席间随机创作的文才和机敏程度，并共同感受即时创作的亲密与快乐。如梁简文帝萧纲《曲水联句诗》云："春色明上巳，桃花落绕沟。波回厄不进，纶下钩时留。（臣导）绛水时回岸，花舫转更周。陈肴渡玉俎，垂饵下银钩。（玉台卿）回川入帐殿，列俎间芳洲。汉艾凌波出，江枫拂岸游。（庾肩吾）王生回水碓，蔡姬荡轻舟。岸烛斜临水，波光上映楼。"君臣四人联句创作，描绘了春光明媚的上巳节，曲水流觞，波光粼粼，亭台楼阁相映照的美景风光。

4. 正反皆通顺，回文趣成诗。南朝宴饮诗赋中，出现了回文诗。朱存孝《回文类聚序》论其源头是"自苏伯玉妻《盘中诗》为肇端，窦滔妻作《璇玑图》而大备"③。据说汉代苏伯玉的妻子思念外出未归的丈夫，在盘中写诗寄给他，故名《盘中诗》。《盘中诗》四十九句，一百六十八字，读时从中央起句，回环盘旋至四角，宛转回环，多伤离怨别。该诗属于回文诗，但不能倒读。回文诗最著名的是前秦窦滔的妻子苏蕙（若兰）的《璇玑图》，该图八百四十一字，纵横各二十九字，正读、反读、横读、斜读等均可成诗，才情高妙，女皇武则天评价其"才情之妙，超今迈古"④。在诗花绽放的南朝，文士们有更多的奇思妙想。宴饮诗赋中经常利用回文诗，如王融《后园作回文诗》"斜峰绕径曲，耸石带山连。花余拂

① （唐）姚思廉撰：《梁书》卷八《列传第二·昭明太子》，北京：中华书局，1973年，第166页。

② （唐）姚思廉撰：《梁书》卷二十七《列传第二十一·到洽》，北京：中华书局，1973年，第404页。

③ （清）朱象贤撰，何立民点校：《印典》，杭州：浙江人民美术出版社，2019年，第314页。

④ （清）董诰等编：《全唐文》卷九十七《高宗武皇后·三·织锦回文记》，北京：中华书局，1983年，第1006页。

戏鸟，树密隐鸣蝉"①，反读为"蝉鸣隐密树，鸟戏拂余花。连山带石耸，曲径绕峰斜"一样通顺，是席间文人助兴的雅戏，充满趣味。此外有萧纲的《和湘东王后园回文诗》和萧绎《后园作回文诗》等。

　　席间文人比竞，为增加宴饮游戏为文的趣味和才思，宴饮文学繁盛的南朝，除了有戏谑、限韵、联句、回文等方式，还追求声律、用典、争奇等，使宴饮为文发展为游戏为文，丰富了南朝文学诗赋的创作空间和意境，推动了文学发展。

三、宴饮成为抒发情怀的重要场合

　　公宴场合赋诗，多是应景、抒情之作。南朝继承了建安诗赋的"缘情"传统，抒情进一步主观化，有归隐失望、牢骚不平、忧惧之情、羁旅之思、人生苦短等个人情感。吴均常在公宴诗中发牢骚及不平之气，《赠别新林诗》云："仆本幽并儿，抱剑事边陲。风乱青丝络，雾染黄金羁。天子既无赏，公卿竟不知。去去归去来，还倾鹦鹉杯。气为故交绝，心为新知开。但令寸心是，何须铜雀台。"②谢灵运在公宴场合，在颂美之外，亦表达了个人的失望归隐之情，《从游京口北固应诏》诗云："张组眺倒景，列筵瞩归潮。……皇心美阳泽，万象咸光昭。顾己枉维萦，抚志惭场苗。工拙各所宜，终以反林巢。曾是萦旧想，览物奏长谣。"③傅亮《奉迎大驾道路赋诗》中抒发了政治浮沉中的忧惧之情："性命安可图，怀此作前修。敷衽铭笃诲，引带佩嘉谋。迷宠非予志，厚德良未酬。"④满满留北不得归的羁旅之思。庾信《拟咏怀》其十一"楚歌饶恨曲，南风多死声。眼前一杯酒，谁论身后名"⑤，其诗《别张洗马枢》言："别席惨无言，离悲两相顾。君登苏武桥，我见杨朱路。关山负雪行，河水乘冰渡。愿子著朱鸢，知余在玄

　　① 逯钦立辑校:《先秦汉魏晋南北朝诗》齐诗卷二《王融·后园作回文诗》，北京：中华书局，1983年，第1405页。

　　② 逯钦立辑校:《先秦汉魏晋南北朝诗》梁诗卷十《吴均·赠别新林诗》，北京：中华书局，1983年，第1735页。

　　③ （南朝宋）谢灵运著，黄节注:《谢康乐诗注·补遗·杂诗·从游京口北固应诏》，北京：中华书局，2008年，第175页。

　　④ （南朝梁）沈约撰:《宋书》卷四十三《列传第三·傅亮》，北京：中华书局，1974年，第1341页。

　　⑤ （北周）庾信撰，（清）倪璠注，许逸民点校:《庾子山集注》卷之三《诗·拟咏怀二十七首》，北京：中华书局，1980年，第236页。

兔。"①庾信在南方写的《对酒歌》"春水望桃花，春洲藉芳杜。琴从绿珠借，酒就文君取。牵马就渭桥，日曝山头脯。山简接䍥倒，王戎如意舞。筝鸣金谷园，笛韵平阳坞。人生一百年，欢笑惟三五。何处觅钱刀，求为洛阳贾"②，感慨人生苦短，要及时把酒言欢。

四、南朝宫体诗盛行，宴饮由雅趋俗

南朝儒学衰微，玄学、史学、文学与儒学地位同等，并为官学。饮宴间游戏比竞，即席为文，皆为宴饮佐兴之用。南朝时，原先饮宴主旨的"经夫妇，成孝敬，厚人伦，美教化，移风俗"的政治教化功能减弱，流行饮宴欢情、游戏为文的风俗。

宫体诗大量出现，时风柔靡。宴饮是同场作诗、为文比竞的游戏场所，席间所见所感，皆可入诗，促使公宴诗中宫体诗大量出现。宫体诗，是指以女性为描写内容的题材类型。宫体之称，始于南朝梁，《南史·简文帝纪》载："然帝文伤于轻靡，时号'宫体'。"③《南史·徐摛传》："摛文体既别，春坊尽学之，'宫体'之号，自斯而起。"④宫体创作自上而下，以南朝梁简文帝萧纲为太子时的东宫及陈后主等几个宫廷为中心，文人墨客相互唱和，内容以宴席上的歌舞、舞女、女伎或历史上的传奇女性为主。宫体诗是六朝文学由雅趋俗趋势下的新产物。六朝乐舞发达，民歌传至上层引士人仿习，文学进而注重性情声色，形式流畅优美，香艳色彩浓重，如萧纲《咏舞诗二首》、鲍照《夜听妓诗二首》、谢朓《夜听妓诗二首》、江洪《咏歌姬诗》、何逊《咏舞妓》、庾肩吾《咏舞诗》、何逊、刘孝绰的《铜雀妓》，庾肩吾《石崇金谷妓诗》等。著名的亡国之君陈后主，据《南史·陈本纪》记载："（后主）常使张贵妃、孔贵人等八人夹坐，江总、孔范等十人预

① （北周）庾信撰，（清）倪璠注，许逸民点校：《庾子山集注》卷之四《诗·别张洗马枢》，北京：中华书局，1980 年，第 323 页。

② （北周）庾信撰，（清）倪璠注，许逸民点校：《庾子山集注》卷之五《乐府·对酒歌》，北京：中华书局，1980 年，第 387 页。

③ （唐）李延寿撰：《南史》卷八《梁本纪下第八·简文帝》，北京：中华书局，1975 年，第 233 页。

④ （唐）姚思廉撰：《梁书》卷三十《列传第二十四·徐摛》，北京：中华书局，1973 年，第 447 页。

宴，号曰'狎客'。先令八妇人襞采笺，制五言诗，十客一时继和，迟则罚酒。"①
陈叔宝贵为一国之君，荒废朝政，不顾外难，整日与宠臣、妃嫔饮宴荒诞，引发
了当时的淫靡时风。

除了宫体诗，咏物诗也较为流行。南朝咏物诗不同于前朝多以赋来咏物，出
现了大量的宴饮咏物诗，把前代赋中的题材纳入诗歌，日常所食、所用、所见、
所闻皆可入诗，除了席间饮、瓜果、器具等常见物及动物、植物、天象，更注重
以前甚少留意的题材，主要是身边琐细的生活物品，如幔、帘等生活物品，笙、
筝等席间乐器和绣、履等女性饰物，《咏帘尘诗》《悲废井诗》《咏眼》等，润笔
成趣，发掘才思，诗助酒兴。南朝咏物诗在题材选择上，另辟蹊径，摆脱了传统
的"雅正"风尚，朝着世俗化方向发展。这也是经学束缚解除后文学自觉性的表
现，体现了宴饮诗的游戏性和宴席间的趣味性。

南朝出现的单独宴饮文集、游戏为文的宴饮风气、香艳柔靡的宫体诗、世俗
化的咏物诗等宴饮风尚，反映了南朝士人偏安江左、安心优游的生活状态。南朝
虽然帝王也组织并参与宴饮诗赋创作，但与建安时文士建功立业的慷慨豪情已迥
然不同，少见风骨气韵，多的是流连风月和病态感怀，正如裴子野《雕虫论》的
评价："深心主卉木，远致极风云，其兴浮，其志弱。"②席间佐兴，宴饮为文发展
为游戏为文，为文比竞，自上而下发展了限韵诗、联句诗、回文诗，带动了民众
好文、为文入仕的风气。同时，民间乐舞影响到士人创作，宫体诗盛行，宴饮由
雅趋俗，时风柔靡。

五、北魏公宴诗歌数量较少，尚存马射表演武风

北魏公宴诗歌数量较少，主要以明德载道为主旨，君臣联句，诗意融融。北
魏宴饮诗歌有五首，依稀可见文化复苏，仅存君臣联句一首。北魏孝明帝元诩
组织创作有《悬瓠方丈竹堂飨侍臣联句诗》《幸华林园宴群臣于都亭曲水赋七言
诗》，北魏节闵帝元恭组织创作有《联句诗》。《北史·郑道昭传》中记载了孝文

---

① （唐）李延寿撰：《南史》卷十《陈本纪下第十·后主》，北京：中华书局，1975 年，第 306 页。

② （清）严可均编：《全上古三代秦汉三国六朝文》之《全梁文》卷五十三《裴子野·雕虫论》，北
京：中华书局，1958 年，第 3262 页。

帝元宏宴请一干臣子彭城王勰、郑懿、郑道昭、邢峦、宋弁等，席间联句作诗之乐事："（郑懿弟道昭）兼中书侍郎，从征沔北，孝文飨侍臣于悬瓠方丈竹堂，道昭与兄懿俱侍坐。乐作酒酣，孝文歌曰：'白日光天兮无不曜，江左一隅独未照。'彭城王勰续曰：'愿从圣明兮登衡会，万国驰诚混日外。'郑懿歌曰：'云雷大振兮天门辟，率土来宾一正历。'邢峦歌曰：'舜舞干戚兮天下归，文德远被莫不思。'道昭歌曰：'皇风一鼓兮九地匝，戴日依天清六合。'孝文又歌曰：'遵彼汝坟兮昔化贞，未若今日道风明。'宋弁歌曰：'文王政教兮晖江沼，宁如大化光四表。'"[①]诗歌主题沿袭北方一贯的明德载道，质朴为用。

北朝马上打天下，马射是北方少数民族特有的尚武技艺。庾信《三月三日华林园马射赋》的记载，不再是南方《春赋》里"协律都尉，射雉中郎，停车小苑，连骑长杨。金鞍始被，柘弓新张。拂尘看马埒，分朋入射堂"[②]的游戏马射，而是"礼正六耦，诗歌九节。七札俱穿，五犯同穴。弓如明月对堋，马似浮云向埒。雁失群而行断，猿求林而路绝。控玉勒而摇星，跨金鞍而动月"[③]。席间飞马骑射、军武检阅，动人心魄，是北方尚武精神的反映，沿袭着朴实的礼乐德行。

六、北周、北齐席间欢畅，气氛活跃

北周、北齐的宴饮，席间欢畅，气氛活跃。如魏收《永世乐》中的女性诗作"绮窗斜影入，上客酒须添。翠羽方开美，铅华汗不沾。关门今可下，落珥不相嫌"[④]。再如杨训《群公高宴诗》中的纵酒寻欢、酣畅之情："中郎敷奏罢，司隶坐朝归。开筵引贵客，馔玉对春晖。尘起金吾骑，香逐令君衣。绿酒犀为碗，鸣琴宝作徽。寸阴良可惜，千金本易挥。"[⑤]裴让之赠南使节徐陵《燕酬南使徐陵诗》中表达各属其主的交好之意："出境君图事，寻盟我恤邻。有才称竹箭，无用忝丝

①（唐）李延寿撰《北史》卷三十五《列传第二十三·郑道昭》，北京：中华书局，1974年，第1304页。

②（北周）庾信撰，（清）倪璠注，许逸民点校：《庾子山集注》卷之一《赋·春赋》，北京：中华书局，1980年，第77页。

③（北周）庾信撰，（清）倪璠注，许逸民点校：《庾子山集注》卷之一《赋·三月三日华林园马射赋》，北京：中华书局，1980年，第12页。

④（宋）郭茂倩编：《乐府诗集》卷第七十五《杂曲歌辞十五·永世乐》，北京：中华书局，1979年，第1064页。

⑤（唐）徐坚等著：《初学记》卷第十四《礼部下·飨宴第五》，北京：中华书局，2004年，第350页。

纶。列乐歌钟响，张旃玉帛陈。……礼酒盈三献，宾筵盛八珍。岁稔鸣铜雀，兵戢坐金人。……异国犹兄弟，相知无旧新。"①席间肴馔丰盛，气氛活跃。

第五节　汉魏晋南北朝宴饮与诗赋的文化互动

两汉魏晋南北朝，宴饮的繁荣带动了宴饮诗赋的发展，此后宴饮为文也兴起。这些丰富了宴饮诗赋的题材和形式，促进了宴饮诗赋的创作和发展繁盛。宴饮与诗赋，呈现出良性的互动关系。

一、宴饮的繁盛，促进了诗赋和席间艺术的发展

1. 宴饮的繁荣，产生了专门的公宴诗

公宴，与私宴相对应，是指非私人的宴集，多是君王与臣下宴聚及僚属之间的宴集。建安时，出现了以"公宴"命名的诗歌，如曹丕、曹植、王粲、刘桢、阮瑀、应场等都创作有公宴诗。南朝时梁武帝长子萧统组织编选的《昭明文选》，将公宴列为一种专门的诗歌题材。自建安以后，从两晋到南朝的公宴诗，大多以宴饮的背景或宴饮的内容作为题名，如西晋陆云的《大将军宴会被命作诗》，南朝宋谢灵运的《三月三日侍宴西池诗》等，都是在非私人的官方宴饮时创作的诗歌。曹魏之前，王公贵族间也有宴饮诗，如《诗经》里的《大雅·行苇》《小雅·鹿鸣》，描写的是统治阶级的宴饮，是广义上的公宴诗。汉代刘邦的《大风歌》、城阳王刘章的《耕田歌》等，是早期的公宴诗。

建安时期，公宴诗大规模出现，成为专门的诗赋门类，其原因有三：一是战争频起，礼教衰落，礼对人们的束缚减少。汉代尊崇儒术，立儒学为官学，礼仪教化多在宴席这种公共场合进行，为礼作乐、严守礼教的观念限制了人们的创作空间。建安时期，战争频繁，礼崩乐坏，曹操"唯才是举"的观念深入人心，曹氏父子喜才好文，席间诗赋亦是公共场合展示文采的最佳舞台，士人们诗赋创作更为独立自由。二是游宴盛行。曹魏常年征战，环境不断变迁，战争的残酷，使

---

① （南朝陈）徐陵撰，许逸民校笺：《徐陵集校笺》附录三《传记资料》，北京：中华书局，2008年，第1639页。

得士人更加关注自然和内心。游宴这种解压、放松的方式受到士人欢迎。魏晋之后游宴更盛。游宴间的散淡、美景、情感抒发及相互切磋为文人诗赋创作提供了才思源泉，提高了创作质量。三是核心领导的带头和组织，带动了宴饮诗赋的发展。建安邺下文人集团中的核心领导曹操、曹丕与曹植父子，积极倡导并参与创作，激发了宴饮诗的创作数量，提高了宴饮诗的质量水准。相类的是，南朝历代帝王多重视并参与文学创作，引领一代文风，如竟陵王萧子良引导的永明体、简文帝萧纲引领的宫体诗等。

此外，公宴诗创作集体的群体间的比竞，使得宴饮诗数量、创作水准得到了保证。

2. 宴饮的繁荣，带动了诗赋的发展和繁荣

两汉之前，宴饮礼的主旨是维护尊卑有序的等级秩序、长幼有别的伦理秩序及节制酒欲，强调饮酒节制，维持基本的风度礼仪。燕礼是明君臣之义，乡饮酒礼是明长幼之序。两汉宴饮，还遵循着周礼之初调和人伦的差序礼制规范，但对酒禁而不绝，形成了百礼之会、非酒不成、以酒成礼的风俗。汉末建安以后，儒学衰微，战乱不止，礼教对士人的束缚愈渐松弛，宴饮中士人们更多地纵情诗酒，慷慨磊落，宴饮成为文人士大夫物质与精神生活中雅趣的重要组成部分。魏晋南北朝时期，游宴是文人名士集会的重要方式，是他们展示个人才华的重要舞台，他们在宴游时的思想交流、品评诗赋、文采比竞等，催生出许多佳作，所谓"咸以自骋骥䮘于千里，仰齐足而并驰"[①]，促进了宴饮诗赋的创作和繁盛。

南朝时，宴饮诗歌发展迅猛，由汉代的约二十首猛增至南朝的七百余首，达到高潮。南朝宴饮诗因其篇幅短小，适合宴饮的即时创作，逐渐成为六朝文坛的主导体裁，有限韵、回文、联句等不同形式，大大丰富了宴饮文学的类型。此外，席间吟咏范围也进一步扩大，凡日常所食、所用、所见、所闻，无不可入诗，涉笔成趣，以文为戏，风格多样，大助酒兴。与此同时，自汉代出现的宴饮赋也呈稳步发展态势，南朝宴饮赋咏物题材大量出现，政治教化与审美娱情并存，或铺排讽喻，或咏物抒情，辞采华美。宴饮的繁盛，带动了诗赋的创作和发展。

---

① 王友怀、魏全瑞主编:《昭明文选注析·论·典论论文》，西安: 三秦出版社，2000年，第750页。

3. 宴饮的兴盛，促进了席间歌舞等艺术的发展

汉魏晋南北朝，宴饮游乐之风兴盛，席间助兴项目繁多，有乐舞、投壶、杂技、百戏等表演和娱乐活动，增添了宴饮氛围的趣味性，宴饮的娱乐性、游戏性大大增强，也促进了汉魏晋南北朝席间艺术的发展和繁荣。就乐舞而言，它是席间点缀气氛、愉悦宾客的重要手段。席间美妙的歌舞、动听的管弦、婉转的歌喉愉悦着预宴嘉宾。如曹丕《大墙上蒿行》所言："排金铺，坐玉堂，风尘不起，天气清凉。奏桓瑟，舞赵倡，女娥长歌，声协宫商，感心动耳，荡气回肠。"①豪门贵族组织宴请，为提高席间乐舞的观赏性和表演特色，会在乐曲上下功夫，或创制新的演奏手法，或训练乐人，以提升宴会上演出的精彩性。南朝陈后主常在这方面别出心裁，如《隋书·音乐志》载："及后主嗣位，耽荒于酒，视朝之外，多在宴筵。尤重声乐，遣宫女习北方箫鼓，谓之《代北》，酒酣则奏之。又于清乐中造《黄鹂留》及《玉树后庭花》《金钗两臂垂》等曲，与幸臣等制其歌词，绮艳相高，极于轻薄。"②北朝统治者来自游牧民族，能歌善舞者和善骑射者颇多。宴饮聚会中，乐舞表演一向是重要的助兴活动，宴饮的繁荣带动了乐舞的发展，乐舞表演亦为席间增香添彩，两者相得益彰。

4. 宴饮的兴盛，带动了投壶等娱乐技艺的提高。投壶是一种投掷箭矢用的容器，早在先秦就已出现，既是礼仪，又是游戏，玩法是以壶口为标的，一定距离外投矢，多中者为胜，负者罚酒，是王公大臣宴饮中常见的助酒项目。汉代儒学大发展，投壶为儒士所好，成为儒术之一，是王公大臣宴饮中常见的娱乐兼礼教助兴项目。邯郸淳的《投壶赋》，详尽介绍了游戏过程、壶矢形制、游戏规则及投壶技巧等，反映了投壶当时的游戏原貌和保存情况。魏晋玄学的核心人物王弼，幼年即聪明非常，十余岁时，好老子，口才出众，与年长三十余岁、兴起玄学的吏部尚书何晏齐名，寿止二十四岁，这个学术天才喜欢投壶游戏。《三国志·王弼传》记载："弼天才卓出，当其所得，莫能夺也。性和理，乐游宴，解音

① （宋）郭茂倩编：《乐府诗集》卷第三十九《相和歌辞十四·大墙上蒿行》，北京：中华书局，1979 年，第 569–570 页。

② （唐）魏徵等撰：《隋书》卷十三《志第八·音乐上》，北京：中华书局，1973 年，第 309 页。

律，善投壶。"①王弼不仅精通学理，而且对音律、投壶等也无不精通。晋代以后，壶上加了左右两耳，提高了投射难度，丰富了投射花样。著名的南北朝时教育家颜之推在《颜氏家训·杂艺》中云："投壶之礼，近世愈精。古者，实以小豆，为其矢之跃也。今则唯欲其骁，益多益喜，乃有倚竿、带剑、狼壶、豹尾、龙首之名。其尤妙者，有莲花骁。汝南周瑎，弘正之子，会稽贺徽，贺革之子，并能一箭四十余骁。贺又尝为小障，置壶其外，隔障投之，无所失也。至邺以来，亦见广宁、兰陵诸王，有此校具，举国遂无投得一骁者。弹棋亦近世雅戏，消愁释愤，时可为之。"②"莲花骁"是弹射技法，指射入壶口中的矢弹出后又落入耳中，连射五箭，全部反弹落入五个耳孔，箭杆成莲花瓣形展开，此绝技谓"莲花骁"。此时期投壶名目增多，技艺精巧，娱乐性更为突出。古代讲究礼仪的投壶之戏到汉魏晋南北朝时礼教成分减少，逐渐演变为愉悦身心、矫正怠情的游戏。

汉魏晋南北朝时，宴饮繁荣带动了乐舞、投壶等以助兴为目的的高雅艺术的发展，这些项目的技艺和娱乐性，又为宴饮增添了趣味和吸引力。

二、宴饮诗赋，重现了当时的社会风气

1. 宴饮诗赋是欢情娱乐的佐料，烘托了宴饮气氛

宴饮时为营造氛围，除食、饮外，一般还有歌、乐、舞等佐兴。早期诗乐舞是一体的，《尚书·尧典》曰："诗言志，歌永言，声依永，律和声，八音克谐，无相夺伦，神人以和。"③初期的宴乐包括诗、歌乐、舞蹈。《礼记·乐记》中记载宴乐是"诗，言其志也。歌，咏其声也。舞，动其容也。三者本于心，然后乐器从之"④。从广义上讲，宴饮文学属于宴饮乐的范畴。随着文学从音乐中分离、独立出来，宴饮文学的发展也更加独立，在南朝有了与儒学平等的地位。宴席间文

---

① （晋）陈寿撰，（南朝宋）裴松之注，陈乃乾校点：《三国志》卷二十八《魏书二十八·王毌丘诸葛邓钟传第二十八·王弼》，北京：中华书局，1982 年，第 795 页。

② （北齐）颜之推撰，王利器整理：《颜氏家训集解》卷第七《杂艺第十九》，北京：中华书局，1993 年，第 594 页。

③ （清）孙星衍撰，陈抗等点校：《尚书今古文注疏》卷一《虞夏书一·尧典第一·下》，北京：中华书局，2004 年，第 70 页。

④ （清）孙希旦撰，沈啸寰、王星贤点校：《礼记集解》卷三十八《乐记第十九之二》，北京：中华书局，1989 年，第 1006 页。

人的应诏、唱和、创作，成为文人宴饮雅集的重要组成部分，也是宴饮娱情的重要内容。从这个角度说，宴饮诗赋本身就有烘托氛围、娱乐佐兴之用。

最早的宴饮诗是《诗经》宴饮诗，起政治教化作用，但在宴饮场合，则起着表现文采、愉悦君王、随机助兴作用。汉代大一统，加之逐渐强盛的国势，使大赋迎合了帝王夸赞盛世之治的虚荣心，文学为娱，起"润色鸿业"之功用，其声色享宴的文字描绘是"曲终奏雅"的点缀，辞赋地位比"倡优博弈"稍高。汉宣帝则把辞赋与歌舞等娱乐活动并列，同为佐兴之用。梁王兔园宴集，出现独立的宴饮赋，即席而赋，有罚有赏，具有浓厚的游戏性和趣味性，为后人所仿效。汉末，经学中礼的束缚功能衰微，建安起，战乱纷扰，文学独立，宴饮直接成为诗赋创作的场合，士人们借此摆脱苦闷，纵欲寻欢，饮酒享乐，诗赋的欢情娱戏色彩日渐鲜明。南朝偏安一隅，士族生活优渥，宴饮诗赋的娱乐游戏之风渐成主流，在南朝走向繁盛。南朝亡国之君陈后主叔宝《与江总书悼陆瑜》表达了把陈宴赋诗作为留恋风月的娱情之举之思想。

宴饮诗赋的欢情娱戏与儒学的明德载道政教观相对，当宴饮礼盛行时，宴饮及宴饮诗赋的欢情娱戏色彩则淡，如大一统的汉及西晋初期；战乱或偏居一隅时，时人不思进取，则宴饮诗赋的娱乐游戏色彩转盛。

2.宴饮诗赋，重现了当时的宴饮习俗和社会风气

习俗指的是世间长期形成、习以为常的习性、礼俗。宴饮习俗是指宴饮时的常见习性与礼俗，宴饮间的诗赋作品，也折射出当时的政治经济、时代风气和思想文化。宴饮是佳肴美酒满足口腹之欲的物质聚会，是席间娱乐满足耳目视听的感官享受，是主宾情感相互满足的社交盛会。宴饮诗赋中，呈现了不同时期的佳肴美酒。汉大赋中有宴饮美食的记载。政权的大一统，使得帝王宴筵上的食物丰盛，南北交替，各族特色食物混杂，肴馔器具精美，汉大赋中多有记载，如邹阳的《酒赋》《几赋》，羊胜的《屏风赋》，司马相如的《梨赋》，王逸的《荔枝赋》等。魏晋南北朝面食品种及果品多样，异域食饮器具珍贵，相关诗赋有曹植的《酒赋》《车渠碗赋》，潘尼的《琉璃碗赋》，阮瑀的《琴歌》，束皙的《饼赋》，张载的《瓜赋》《安石榴赋》等。汉魏晋南北朝宴饮诗赋还反映了当时的音乐和舞蹈，如阮瑀的《琴歌》、曹植的《宴乐赋》、张衡的《舞赋》、梁武帝萧衍的《咏

舞诗》、梁简文帝萧纲的《赋乐器名得筝篌诗》，陈后主叔宝的《听筝诗》等。诗赋中还有节日宴饮习俗，如曹植的《正会诗》、傅玄的《元日朝会赋》、阮修的《上巳会诗》、荀勖的《三月三日从华林园诗》、潘尼的《七月七日侍皇太子宴玄圃园诗》、陶渊明的《己酉岁九月九日》《腊日》等。

需要说明的是，从诗赋数量看，三月三日被禊游宴最多，与今天默默无闻的三月三日形成巨大反差，反映了当时该节日的流行程度。其最早诗赋记录是汉代杜笃的《被禊赋》。后来这一习俗在魏晋南朝宴饮诗赋中被多次描写，可见节日习俗的更演变化，如张协《洛禊赋》曰："青盖云浮，参差相属。集乎长洲之浦，曜乎洛川之曲。遂乃停舆蕙渚，税驾兰田。朱幔虹舒，翠幕蜿连。罗樽列爵，周以长筵。于是布椒醑荐柔嘉，祈休吉蠲百疴。漱清源以涤秽兮，揽绿藻之纤柯。浮素卵以蔽水，洒玄醪于中河。清哇发于素齿，□□□□□□。水禽为之骇踊，阳侯为之动波。"[①]三月三日上巳本来为修禊被除之日，汉晋之际，逐渐成为官民游乐之日，东晋之后，三月三日临流赋诗成为文士的传统。此外宴饮间还有斗鸡、骑射等游戏，如曹植的《斗鸡诗》、庾信的《三月三日华林园马射赋》等。帝王宴饮，多具有政治教化属性，是君主笼络臣子、宣恩扬威的一种手段，多以教化颂美、抒发情感为主，如司马相如的《上林赋》、城阳王刘章的《耕田歌》、曹操的《短歌行》、应贞的《晋武帝华林园集诗》等；臣僚间的宴饮，多数表达情感、交流信息，如王融的《饯谢文学离夜诗》，谢朓的《答王世子诗》；而士人间的宴饮，多为诗文比竞、抒发情感、结交朋友、结识权贵，如梁王的《兔园赋》、潘岳的《金谷会诗》等；家宴则以增进情感、教化德行为主，如王羲之的《与谢万书》，谢混的《戒族子诗》等。通过宴饮诗赋，我们可以一窥当时的宴饮习俗。

3. 宴饮诗赋，体现了宴饮组织者的审美倾向

宴饮诗赋是宴饮主旨、席间氛围、主宾关系的直接反映，其诗赋内容、题材、情感抒发等，体现了组织者的审美倾向。魏晋以来文学的发展无不留有宴饮的痕迹。帝王组织的文人宴集多具有政治性，双方有着严格的君臣尊卑之别，诗赋的优劣由组织者评判，故宴饮诗赋的审美往往受到组织者的影响，体现着他们的喜

---

① （清）严可均编：《全上古三代秦汉三国六朝文》之《全晋文》卷八十五《张协·洛禊赋》，北京：中华书局，1958年，第1951页。

好和审美。汉魏晋南北朝宴饮诗赋中，帝王组织宴饮的席间诗赋，颂美是永恒的主题，不因政权更替、文学独立的影响而消失。此外，不同政权的统治者喜好不同，宴饮诗赋的风格、形式也不同，体现出当时统治者的偏好。如汉代梁王刘武《兔园赋》中，邹阳、韩安国是罚酒三升，枚乘、路乔如做得好每人赐绢五匹。建安以三曹为中心的邺下文人集团是"傲雅觞豆之前，雍容衽席之上，洒笔以成酣歌，和墨以藉谈笑。观其时文，雅好慷慨；良由世积乱离，风衰俗怨，并志深而笔长，故梗概而多气也"①，其创作以宴饮诗赋、酣歌笑谈为主，促进了公宴题材的发展和兴盛。建安三曹好诗文，都具有较高的文学才华，曹丕提出"诗赋欲丽"，强调文学的抒情审美，故其宴饮诗赋具有较强的文学审美倾向。西晋武帝华林园诗作，评价应贞的四言颂美诗最美，文士竞相模仿，此后宴饮诗赋出现大量的四言颂美诗。南朝统治者多能文好文，宴饮中的诗赋便遍地是审美娱情，出现了宫体诗等，文学的政治属性日趋减弱。南朝宋开国皇帝刘裕"游戏马台，命僚佐赋诗，瞻之所作冠于时"②，宋初武帝在戏马台宴集众人诗赋中，评谢瞻《九日从宋公戏马台集送孔令诗》为最佳，认为其诗融离别之情于山水风物，辞采华美，凸显了南朝公宴诗的审美娱情特色。

4. 邺下公宴诗的发展，促进了山水诗的出现和兴盛

山水诗以自然山水作为独立的审美对象进行描述和吟诵。山水诗最早源自《诗经》，经邺下公宴诗的发展，在晋朝独立出来，在南朝刘宋时期得到发展，齐梁时期发展兴盛，以陶渊明和谢灵运为代表的山水诗人，在文坛占有一席之地。邺下公宴多以游山玩水或者游园（最多的是西园）形式进行，因而建安公宴诗中出现了大量描山涉水的片段，如谢灵运在《拟邺中集序》中所言："建安末，余时在邺宫，朝游夕宴，究欢愉之极。天下良辰、美景、赏心、乐事，四者难并，今昆弟友朋、二三诸彦，共尽之矣。……撰文怀人，感往增怆。"③表达了南朝人对

① （南朝梁）刘勰著，陆侃如、牟世金译注：《文心雕龙译注·译注四五·时序》，济南：齐鲁书社，2009年，第572页。

② （南朝梁）钟嵘著，王叔岷笺证：《钟嵘诗品笺证稿》诗品卷中《宋豫章太守谢瞻·宋仆射谢混·宋太尉袁淑·宋征君王微·宋征虏将军王僧达诗》，北京：中华书局，2007年，第275页。

③ （南朝宋）谢灵运著，黄节注：《谢康乐诗注》卷四《杂诗·拟魏太子邺中集诗八首·序》，北京：中华书局，2008年，第146页。

建安公宴活动及公宴诗的感受。

建安公宴诗，为之后山水诗的成熟提供了借鉴。建安公宴诗，形式上以无言为主，语言上趋向于将体物与缘情相结合，风格清新华美，形成魏晋南北朝山水诗的基调。如刘桢《公宴诗》的场景描写："月出照园中，珍树郁苍苍。清川过石渠，流波为鱼防。夫容散其华，菡萏溢金塘。灵鸟宿水裔，仁兽游飞梁。华馆寄流波，豁达来风凉。"①不仅善于写言外之景，还通过"过""散"等写意手笔引起读者的想象空间，由形而神，情感丰富，情辞华美，有声有色。魏晋之后的山水诗，有大量模仿建安公宴诗句的痕迹，如谢朓的《和王中丞闻琴》中"凉风吹月露"与刘桢的《赠五官中郎将》"凉风吹沙砾"有异曲同工之妙；李白诗《登太白山峰》"西上太白峰"与王粲的《杂诗》"日暮游西园"相似；谢灵运《南游亭》中的"泽兰渐被径，芙蓉始发池"与曹植《公宴诗》"秋兰被长坂，朱华冒绿池"相类。②建安公宴诗，促进了山水诗的独立、发展和兴盛。

无礼不成席，礼与集体宴聚关系密切。《礼记》《仪礼》中有专门记载宴礼的章节，按预宴者身份不同，有君臣宴的燕礼和乡大夫的乡饮酒礼，分别明君臣之义和长幼之序。礼的目的是维护尊卑有序、长幼有别的伦理秩序。宴饮礼的设立，除了维护等级秩序、营就伦理之和谐外，还担负着禁酒节欲的功能。宴饮礼的存在，重在强调饮酒有节制，维护公众场合众人的体面和风度，这在一定程度上制约了宴饮文学的发展。而汉末儒学衰微，礼对士人的束缚松弛，文人得以更多地寄情山水、纵情诗酒，宴饮诗赋逐渐发展至繁盛，不仅体现在宴饮诗赋数量增多、质量提升，还体现在诗赋描写宴饮间的内容更加开阔，宴饮间的食材、佳肴、器具，助兴的乐、舞、百戏，当时的环境、习俗、心情等，都进入诗赋，成为士人描写、隐喻、寄情和寄托的对象，具有更广阔的社会意义。魏晋南北朝时期，宴饮的发展与诗赋的发展形成了良性互动，互相影响，互相促进。

---

① （南朝梁）钟嵘著，王叔岷笺证：《钟嵘诗品笺证稿》附录一《诗选·魏·刘桢·公宴诗一首》，北京：中华书局，2007年，第459页。

② 吴燕飞：《建安七子公宴诗的价值》，《现代语文（学术综合版）》2014年第2期。

第五章　汉魏晋南北朝宴饮中的乐舞

宴饮是社会交往的重要载体和方式，而席间乐舞则是宴饮文化的重要风向，是上至国君下及士大夫们在宴饮中探索和感知世界的一种潜移默化的方式，也是一个时代精神文化的一种导向符号。汉朝宴饮中的乐与舞，经武帝时期乐府机构收集、整理后，出现了"乐舞浸盛"的景象。该时期"以俗入雅"的审美趣尚，促使俗乐舞不断向雅乐舞转化，民间宴饮中的乐舞也由此迎来了发展的黄金时段。

魏晋南北朝时期，北方的社会经济经历了破坏与重建的曲折过程，北魏王朝的统一、孝文帝改革，促使北方地区经济文化迅速得到恢复，与此同时，外来的乐舞不断传入，在日常宴饮中出现了"胡华兼采"的乐舞特色。南方政权偏居一隅，晋室南迁，长江流域的经济、文化得到发展，经"元嘉之治"，出现了"氓庶蕃息""歌谣舞蹈，触处成群"①的盛况。南北之间文化的双向交流与融合，使宴饮乐舞展现出新的风貌。随着佛教的传播，"以佛入雅"的现象促进佛教音乐的兴盛，并日渐被民众所接受。魏晋南北朝是社会动荡与民族融合的时代，宴饮中的乐与舞呈现出多样性，上承秦汉雄风，下启盛唐气象，具有过渡期的独特风格，既有秦汉雄风的特征，又有自身的时代特点，为隋唐宴饮中的乐舞繁盛奠定了基础。

---

① （唐）李延寿撰：《南史》卷七十《列传第六十》，北京：中华书局，1975 年，第 1696 页。

第一节　汉代宴饮中的乐舞

汉代是中华民族走向政治、经济、文化"大一统"的历史关键时期。这一时代围绕着"大一统"政权的思维，文化建设有了新的蓝图，同时对中华民族礼仪、习俗的形成，产生了重要影响。汉武帝时期，国力强盛，社会稳定，北击匈奴，开拓疆土，促进汉民族与周边少数民族的交流与融合。另一方面，自春秋战国以来"礼崩乐坏"的局面，使宫廷宴饮中的乐舞受到很大冲击，如何重建并付之于日常宴饮，这是汉朝君臣需要解决的问题。为此，汉代设置乐府机构，网罗天下乐舞，为宫廷宴饮中乐舞的恢复、发展提供了契机。汉朝注重宫廷宴饮中乐舞文化的建设，如宫廷宴享、朝飨均配有乐舞，其"以俗入雅"的乐舞风尚也影响到了士大夫们日常宴饮中乐舞的表演方式。汉朝四百多年的历史中，宴饮以乐舞助兴达到了"浸盛"状态。

一、西汉宴饮中的乐舞

周平王东迁，标志着古代中国进入了春秋战国时期。自周襄王以后，周王朝日渐衰微，丧失了驾驭诸侯的能力。诸侯间无视礼制，相互攻伐，以强凌弱。西周以后以"礼乐"为核心确立起来的社会等级制度遭到重创，出现了"礼崩乐坏"的局面。

"礼崩乐坏"主要表现在两个方面。一是诸侯无视礼乐制度的束缚，常有"僭越"礼制之举。《论语·季氏》载："天下有道，则礼乐征伐自天子出；天下无道，则礼乐征伐自诸侯出。"[1]春秋战国时期属于"天下无道"，"礼乐征伐"出自诸侯，而非周天子。诸侯无视礼制，在宫廷宴饮的乐舞方面，鲁国大夫季桓子享用了天子才能用的"八佾"（纵横各八人）排列的乐舞，这种无视礼制的举动，引起了孔子"是可忍也，孰不可忍也"[2]的愤慨。礼崩乐坏，学术下移，周天子失

---

[1] 程树德撰，程俊英、蒋见元点校：《论语集释》卷三十三《季氏》，北京：中华书局，1990年，第1141页。

[2] 程树德撰，程俊英、蒋见元点校：《论语集释》卷五《八佾上》，北京：中华书局，1990年，第136页。

去授乐大权，乐舞由"学在官府"变成"学在四夷"，对礼乐制度造成巨大冲击。二是春秋末期，以"郑卫之声"为代表的"新声"悄然而起，雅乐式微。一直被斥为"淫乐"的郑卫新声突破了"礼"的束缚，在日常宴饮生活中得到发展。在当时宫廷、贵族宴饮活动中，"郑卫之声"被视为"乱雅"之乐。①《礼记·乐记》记载魏文侯"听郑卫之音，则不知倦"②，反映了"郑卫之声"颇受某些国君的喜爱。当时行乐者多为女乐，诸侯国君对"郑卫之声"的大量需求，滋生出专事此业之人，并服务于政治外交。③以"僭越"为特点的春秋战国时期的"礼崩乐坏"，不符合大一统汉政权的统治需求，为汉朝"重建"乐舞提供了可能。

西汉初年，因经历秦末战乱，礼、乐均遭受不同程度的破坏，亟待恢复。"汉兴，乐家有制氏，以雅乐声律世世在大乐官，但能纪其铿枪（锵）鼓舞，而不能言其义。"④说明西汉初年，宫廷中的礼制乐舞大都失传，难言其意。

1.俗乐上移，转化为雅乐。汉武帝时期，"乐府"机构日臻完善，专门负责搜集民间音乐。据《汉书·艺文志》记载，有"右歌诗二十八家，三百一十四篇"⑤，涉及地域有齐、郑、吴、楚、燕、代、陇右、淮南、河南、南郡等地区，可见汉武帝时乐府采集民间歌谣之多、地域之广泛。通过乐府机构采集的民间歌谣，经整理改编，不断充实雅乐，以满足郊祭、宗庙祭祀、宫廷宴饮等需求。西汉的乐府除了采集民间歌谣以制乐，还有相当一部分任务是将文人撰写歌功颂德的诗赋制配成乐舞，于聚会和宴饮场合演唱。《汉书·礼乐志》记载："以李延年为协律都尉，多举司马相如等数十人造为诗赋，略论律吕，以合八音之调，做十九章之歌。"⑥官府收集民间音乐，士大夫参与加工配乐、改编或表演，或在日常宴饮中

---

① 修海林：《郑风郑声的文化比较及其历史评价》，《音乐研究》1992年第1期。

② （清）孙希旦撰，沈啸寰、王星贤点校：《礼记集解》卷三十八《乐记第十九之二》，北京：中华书局，1989年，第1013页。

③ 修海林、李吉提著：《中国音乐的历史与审美》，北京：中国人民大学出版社，2015年，第29页。

④ （汉）班固撰，（唐）颜师古注：《汉书》卷二十二《礼乐志第二》，北京：中华书局，1962年，第1043页。

⑤ （汉）班固撰，（唐）颜师古注：《汉书》卷三十《艺文志第十》，北京：中华书局，1962年，第1755页。

⑥ （汉）班固撰，（唐）颜师古注：《汉书》卷二十二《礼乐志第二》，北京：中华书局，1962年，第1045页。

演奏改编的雅乐，从而以乐自娱。

2. 文化下移，雅俗共赏。这是西汉宴饮文化中的一大特色。汉乐府作为西汉掌管音乐的特设机构，其设置目的既在于收集整理沿袭民间俗乐，也不乏制乐以满足帝王、群臣欣赏和愉悦、娱乐等需要。民间俗乐，经乐府组织广泛收集、加工配乐后，便转化成雅乐，服务于帝王、群臣的社交及宴饮生活。汉乐府此举实现了俗文化的上移，明显不同于春秋战国之前礼乐不崩坏、文化不下移的情况。从《汉书·艺文志》收录各地歌谣来看，《吴越汝南歌诗》十五篇，《河南周歌诗》等七篇就是被收集来的民间俗乐，经乐府加工处理后，被用于朝会、宴饮等场合。

3. 雅乐、舞多承秦制。在西汉日常宴饮活动中，单有乐没有舞，难以满足预宴者的助兴娱乐需求。《诗经·驺虞》中诗序言：“嗟叹之不足，故咏歌之；咏歌之不足，不知手之舞之，足之蹈之也。”[①]乐的不足之处在于缺乏手舞足蹈，说明宴饮活动中奏乐配舞的观念已深入人心。西汉的雅舞多承秦制，如《五行》之舞源自秦始皇二十六年（前221）改周《大武舞》，后世亦有“大抵皆因秦旧事焉”[②]之感慨。西汉宫廷中雅乐、雅舞逐步恢复。

4. 以舞助兴，以舞相属，成为新的宴饮风尚。宴饮过程中需要娱乐活动助兴，乐舞是抒情的直接表达方式。宴饮中，士大夫们“揖让而坐”，相互礼让，共同欣赏乐舞，或以舞相属、致谢。预宴者为答谢邀请，往往以舞相属，如此往复，形成了新的宴饮风尚。席间的音乐主题、乐舞相和，都有助于宾主间表情达意，增进了解，沟通情感，和睦关系，或达到预期目的。司马相如著名的《上林赋》中描写的宴饮：“于是乎游戏懈怠，置酒乎颢天之台，张乐乎胶葛之寓，撞千石之钟，立万石之虡，建翠华之旗，树灵鼍之鼓，奏陶唐氏之舞，听葛天氏之歌，千人倡，万人和，山陵为之震动，川谷为之荡波。”[③]宴饮中有酒饮，有乐舞助兴，且为雅舞，可见雅舞是宴饮中常有的助兴活动。

（1）席间随性起舞，逐渐摆脱先秦“礼乐”的束缚。西汉，君臣士大夫们的

---

① 程俊英、蒋见元著：《诗经注析·十五国风·召南·驺虞》，北京：中华书局，1991年，第58页。

② （宋）郭茂倩编：《乐府诗集》卷第五十二《舞曲歌辞一·后汉武德舞歌诗》，北京：中华书局，1979年，第755页。

③ （汉）班固撰，（唐）颜师古注：《汉书》卷五十七上《司马相如传第二十七上》，北京：中华书局，1962年，第2569页。

宴饮，常在酒酣之际随奏乐率性起舞，体现了汉代不同于先秦的宴饮文化。《汉书·定王刘发传》中记载了西汉长沙定王刘发为景帝贺寿时席间跳"短袖舞"的故事："定王但张袖小举手，左右笑其拙。上怪问之，对曰：'臣国小地狭，不足回旋。'帝以武陵、零陵、桂阳益焉。"①定王刘发因母微不受景帝宠爱，就藩长沙封国贫瘠狭小，机智的刘发在为父亲祝寿时以这种方式达到了自己的心愿，封国得以扩大。饮宴中，酒酣以舞作乐为常事。"酣酒乐作，长信少府檀长卿起舞。"《汉书·礼乐志》载："钟鼓竽笙，云舞翔翔，招摇灵旗，九夷宾将。……建始元年（前32），丞相匡衡奏罢'鸾路龙鳞'，更定诗曰'涓选休成'。"②这是士大夫在宴饮活动中以舞助兴的体现。当然，丧葬期间，宴饮及其娱乐活动受到限制，以示对死者的尊重。在昭帝服丧期间，昌邑王刘贺"日与近臣饮食作乐，斗虎豹，召皮轩，车九流，驱驰东西，所为悖道"③，"大行在前殿，发乐府乐器，引内昌邑乐人，击鼓歌吹作俳倡"④的"行昏乱""乱汉制度"等行为遭到大臣的批评，并在与霍光的权力斗争中被废黜。

（2）俗舞在宴饮中逐渐增多。随着统治者对文化下移、俗雅交融现象的不断认可，宴饮中俗舞逐渐增多。《汉书·杨恽传》记载杨恽归乡后在家中宴饮的情形："家本秦也，能为秦声。妇，赵女也，雅善鼓瑟。奴婢歌者数人，酒后耳热，仰天拊缶，而呼乌乌。……是日也，拂衣而喜，奋袖低卬，顿足起舞。"⑤杨恽家中日常宴饮，从主人到奴婢均能随乐起舞，说明乐舞在社会各阶层传播广泛。宴会上秦声、鼓瑟声、击缶声互相交织，一幅雅俗交融的景象。日常交往中，预宴

① （汉）班固撰，（唐）颜师古注：《汉书》卷五十三《景十三王传第二十三·长沙定王刘发》，北京：中华书局，1962年，第2426–2427页。

② （汉）班固撰，（唐）颜师古注：《汉书》卷二十二《礼乐志第二》，北京：中华书局，1962年，第1057页。

③ （汉）班固撰，（唐）颜师古注：《汉书》卷八十九《循吏传第五十九·龚遂》，北京：中华书局，1962年，第3638页。

④ （汉）班固撰，（唐）颜师古注：《汉书》卷六十八《霍光金日磾传第三十八·霍光》，北京：中华书局，1962年，第2940页。

⑤ （汉）班固撰，王继如主编：《汉书今注》卷六十六《公孙刘田王杨蔡陈郑传第三十六·杨敞·弟恽》，南京：凤凰出版社，2013年，第1685页。

饮酒是一种礼俗，酣醉之时，与会者不再拘泥于礼数，手舞足蹈，尽情享受饮宴带来的欢悦。"今日良宴会，欢乐难具陈"①是民间宴饮聚会生活的真实写照。

（3）宴饮中的俗舞以杂舞为代表。《乐府诗集》称杂舞"始皆出自方俗，后浸陈于殿庭。盖自周有缦乐散乐，秦汉因之增广，宴会所奏，率非雅舞"②。杂舞出自民间，后传入宫廷宴会中，秦汉宫廷所奏演的舞，有的是俗舞，说明雅俗之间有时并非泾渭分明。西汉的俗舞以杂舞为代表，而杂舞中又以徒手舞和长袖舞最优。依据俗舞表演的内容，可分为以手、袖为容的俗舞，手持武器的俗舞以及手持有乐器的俗舞。以手、袖为容的俗舞有《长袖舞》《对舞》《巾舞》《七盘舞》等。图5-1是南阳出土的画像石，图中长袖而舞之人衣袂飘飘，舞者一手在上，一手在下，体态轻盈，动作呈向上跳跃状，身旁有乐人陪衬，淋漓尽致地刻画了长袖舞表演时的画面。西汉的《鞞舞》《铎舞》《巾舞》《拂舞》都是以所执舞具而得名，是在宴饮过程中表演的俗舞。《铎舞》最早兴起于民间，后经文人或乐人的加工改造，成为上层社会贵族、官吏社交宴饮时使用的乐舞。从西汉早期马王堆一号汉墓漆棺彩绘漆画看，怪神执铎之舞屈头足挡，应属单人独舞，舞姿各异。

图5-1　西汉长袖而舞图（南阳出土汉画像石）

除此之外，"四夷"乐舞及北方少数民族乐舞，在西汉得以广泛交流，亦进入了士大夫日常聚会和宴饮社交活动中。

---

① （明）王夫之著，杨坚总修订：《古诗评选》卷四《汉至晋·古诗十九首》，长沙：岳麓书社，2011年，第645页。

② （宋）郭茂倩编：《乐府诗集》卷第五十三《舞曲歌辞二》，北京：中华书局，1979年，第766页。

二、东汉宴饮中的乐舞

东汉宴饮中的乐与舞，在继承西汉的基础上，又有所发展，其中音乐以四品乐最具代表性，席间俗乐舞更具优势。

（一）东汉宴饮中的雅乐与俗乐

1. 宴饮间音乐以四品乐为主。关于东汉时期的四品乐众说纷纭，大体指大予乐、雅颂乐、黄门鼓吹乐、短箫铙歌乐。蔡邕在《礼乐志》中称："汉乐四品，一曰大予乐，典郊庙上陵殿诸食举之乐。"①《隋书·音乐志》载："汉明帝时，乐有四品：……二曰雅颂乐，辟雍飨射之所用焉。则《孝经》所谓'移风易俗，莫善于乐'者也。三曰黄门鼓吹乐，天子宴群臣之所用焉。"②《礼记》有载："揖让而治天下者，礼乐之谓也。"③蔡邕《礼乐志》曰："汉乐四品，其四曰短箫铙歌，军乐也。"④短箫铙歌为鼓吹乐的一种，常在军营中演奏，它具有骑吹的演奏形式兼有宫廷坐定演奏形式。四品乐的出现，说明东汉时宴饮中的音乐已趋于整合，宴饮文化有了较为稳定的模式。古言"国之大事，在祀与戎"⑤。东汉宴饮中乐的构建，部分地表明了朝廷对"礼乐"文化重构的意念。

2. 俗乐的代表是黄门鼓吹。黄门鼓吹是皇帝宴请群臣时所用的燕乐，是俗乐的代表。元人马端临在《文献通考》中将"黄门鼓吹"列为竹之属的俗部里："汉乐有黄门鼓吹，天子所以燕乐群臣，短箫铙歌鼓吹之，常亦以赐有功诸侯也。"⑥黄门鼓吹乐也用于立后仪式、帝王朝会、宫廷的大傩之仪，其演奏乐器有箫、笳等。士大夫在宴饮中有时也会享受黄门鼓吹。山东肥城孝堂山郭巨室北壁

---

① （清）孙诒让著，汪少华整理：《周礼正义》卷四十五《春官·小师》，北京：中华书局，2015年，第2242页。

② （唐）魏徵等撰：《隋书》卷十三《志第八·音乐上》，北京：中华书局，1973年，第286页。

③ （清）孙希旦撰，沈啸寰、王星贤点校：《礼记集解》卷三十七《乐记第十九之一》，北京：中华书局，1989年，第987页。

④ （宋）郭茂倩编：《乐府诗集》卷第十六《鼓吹曲辞一》，北京：中华书局，1979年，第223页。

⑤ （清）洪亮吉撰，李解民点校：《春秋左传诂》卷十一《传·成公十三年》，北京：中华书局，1987年，第467页。

⑥ （元）马端临著，上海师范大学古籍研究所等点校：《文献通考》卷一百三十八《乐考十一·竹之属》，北京：中华书局，2011年，第4215页。

石刻上有黄门鼓吹的图像，如图5-2所示，从中可看出演奏的壮观场面。黄门鼓吹乐能进入墓葬中，说明它符合当时的主流意识，反映了当时宴饮生活中的一些现象。

图5-2　汉代黄门鼓吹图（山东肥城孝堂山郭巨室北壁石刻）

3. 相和歌是士大夫平时宴饮中常演奏的乐曲。相和歌初为民间歌谣，与民间劳作紧密相关。至西汉后期，相和歌已成为交汇、吸收先秦乐歌，兼北方音乐风格为一体的乐种。东汉时相和歌进一步发展，逐渐与乐器、舞蹈表演结合，形成了所谓的"相和大曲"。《宋书·乐志》载："相和，汉旧歌也。丝竹更相和，执节者歌。"[1]相和歌的特点是歌唱者击节鼓与伴奏的管弦乐相应和，在士大夫宴饮活动过程中易引起共鸣。"大曲又有艳，有趋，有乱……艳在曲之前，趋与乱在曲之后，亦犹吴声西曲前有和，后有送也。"[2]相和大曲以艳、曲、趋为基本曲式，通常在士人宴饮中或娱乐场所以及宫廷朝会时演奏。

东汉时的宴饮文化，出现了上下通用的情况。音乐更多地成为人们在宴饮中享受的一种方式，其政治意味降低，不再有春秋战国时期所谓"僭越"的严重限制，且呈现出宫廷内外雅俗互融的特点。

---

① （南朝梁）沈约撰：《宋书》卷二十一《志第十一·乐三》，北京：中华书局，1974年，第603页。
② （宋）郭茂倩编：《乐府诗集》卷第二十六《相和歌辞一》，北京：中华书局，1979年，第377页。

（二）东汉宴饮中的雅舞与俗舞

宫廷宴饮中，士人得到皇帝的盛情款待，可闻"钟鼓之乐"，观"八佾之舞"，歌投颂，吹合雅，尽情享受宴饮带来的欢悦。班固《东都赋》描述宫廷演奏的乐舞和四夷之乐是："乃盛礼乐供帐……尔乃食举《雍》彻，太师奏乐，陈金石，布丝竹，钟鼓铿枪（锵），管弦晔煜。抗五声，极六律，歌九功，舞八佾，《韶》《武》备，太古毕。四夷间奏，德广所及，《僸》《佅兜离》，罔不具集。"①宫廷宴会通常规格很高，尤其是皇帝宴请百僚的宴会，所奏演的乐舞阵容宏大，令士人赏心悦目。士人不仅可闻丝竹、管弦、钟鼓之声，还可观八佾、《韶》《武》之舞，其乐融融。宫廷宴饮为皇帝与士人互达情意或政治理想提供了最好契机。士人们有可能借助宴会带来的愉悦，向皇帝提建议，实现自己的政治抱负。皇帝也可能借此机会，传达朝议中棘手问题的看法，或主动询问近臣对某一棘手问题的处理意见。

1. 席间俗乐舞更具优势。俗乐舞长于抒情，具有很强的即兴随意，更易娱耳目、乐心意。俗乐舞很少承担严肃的政治教化功能，有时不拘泥于礼制束缚，更多的是触景生情，受当时氛围影响。士人在各色美食佐餐、快歌欢舞的氛围中，情不自禁地以舞相属，以求内心欢悦。在士人的宴饮活动中，百戏、杂舞常常出现。百戏具有大、杂、奇、险等特点，自然能吸引士人眼球。河南密县打虎亭的百戏宴饮图，如图5-3，墓主人生活于东汉初期，坐于左端中间帷帐之中，宾客分两排席地而坐，宴饮观戏，每位宾客面前盛放有相同的圆形器皿。中间为百戏表演场地，包括隔物穿越、盘鼓舞、吐火舞、顶橦、累丸、柔术等不同百戏项目，内容丰富，真实记录了主宾宴饮和娱乐场面，展现了主人生前钟鸣鼎食的乐舞生活。

2. 宴饮中乐舞成为士大夫释怀愁苦的一种方式。东汉士大夫受谶纬学说的影响，士风中出现了消极一面。一些士大夫为寻求仕进之路，迎合权贵，好为大言。

---

① （南朝宋）范晔撰，（唐）李贤等注：《后汉书》卷四十下《班彪列传第三十下·班固》，北京：中华书局，1965年，第1364页。

图 5-3 东汉百戏宴饮图（局部）（河南密县打虎亭墓壁画）

《汉书·王莽传》载："梓潼人哀章学问长安，素无行，好为大言。"[①]哀章之人，无非是求取王莽的欢心，谋求一官半职。这种迎合阿谀当权者的心理，在东汉后期较为普遍。东汉晚期，宦官与外戚交替掌权，阻断了士大夫的仕进之路，难以实现政治理想，而宴饮为这些人提供了抒发情感的舞台，在宴饮中借酒、乐舞以消愁。在东汉以"俗"为尚的审美背景下，士大夫在宴会上可以借助乐舞来表达自己内心愁苦的情感，以及对现实的不满。

3. 东汉社交宴饮仍流行"以舞相属"。以舞相属可追述自周代，既是礼节性的，又是自娱性的，汉武帝时期基本定型。著名的鸿门宴中，项羽大将范增说"军中无以为乐，请以剑舞"[②]，说明军中有以舞助兴习俗。长沙定王跳"短袖舞"，语带双关，以机智的方法达到了自己想要扩增属地的目的。东汉时期，"以舞相属"逐渐成为文人宴集时的重要交流方式。[③]在宴饮中，主人先起舞，之后舞到某一宾客前行礼，然后邀请宾客一同起舞，被邀请者舞一阵后，又邀请下一位，如

———————————

① （汉）班固撰，（唐）颜师古注：《汉书》卷九十九上《王莽传第六十九上》，北京：中华书局，1962 年，第 4095 页。

② （汉）司马迁撰，（南朝宋）裴骃集解，（唐）司马贞索隐，（唐）张守节正义：《史记》卷七《项羽本纪第七》，北京：中华书局，1982 年，第 313 页。

③ 韩启超：《"以舞相属"考》，《南京艺术学院学报（音乐与表演版）》2014 年第 2 期。

此循环，借以自娱。①如果被邀请者不肯以舞回报，则被视为失礼，甚或不欢而散。蔡邕是汉末名臣、文学家、书法家，在流放地被赦之后，《后汉书》中载："（蔡）邕自徙及归，凡九月焉。将就还路，五原太守王智饯之。酒酣，智起舞属邕，邕不为报。智者，中常侍王甫弟也，素贵骄，惭于宾客，诟邕曰：'徒敢轻我！'邕拂衣而去。智衔之，密告邕怨于囚放，谤讪朝廷。内宠恶之。邕虑卒不免，乃亡命江海，远迹吴会。"②当地太守王智设宴为蔡邕饯行，蔡邕鄙视王智而不舞不报，遭到怀恨在心的王智诬陷和告密，蔡邕被迫流亡。这则史料表明，东汉的宴饮场合中，士人比较看重以舞相属的礼节。这也从侧面警醒世人，社交场合中一定要顾及对方面子，认真对待礼节问题。

三、两汉乐舞的管理机构

宴饮间乐舞的文化发展，离不开乐府这一重要机构。乐府始设于秦朝，为秦管理音乐的机构。秦朝灭亡后，汉承秦制，乐府机构得以继承。两汉时期均设有音乐官署，以管理音乐。西汉时期的音乐官署有二：一为奉常属下的太乐署，二为少府属下的乐府。东汉继承前制，音乐官署有二，但名称略有变化，以别于西汉，即太乐署隶属于太常卿，黄门鼓吹署隶属于少府。太乐署为管理雅乐的官署，其长官为太乐。景帝时改奉常为太常，此时太乐署隶属于太常。汉哀帝时，罢免乐府官，太乐领郊庙乐以及古兵法武乐之事。太乐署主要负责奏唱、表演先秦古乐舞，服务于祭祀、朝飨之需。黄门鼓吹之名始于西汉，东汉时成为管理音乐的官署。黄门鼓吹署由承华令掌管，隶属于少府机构，主要是负责皇帝宴请群臣时所用的燕乐。东汉的乐府诗歌得以保存，主要是由黄门鼓吹署收集、整理、演奏，所以说黄门鼓吹署具有了乐府的部分职能。

汉武帝时，乐府职能得到了前所未有的发挥。《史记·乐书》载："王者功成作乐，治定制礼。其功大者其乐备，其治辨者其礼具。"③可见王者制定礼乐是以

---

① 王克芬著：《万舞翼翼：中国舞蹈图史》，北京：中华书局，2012年，第71页。

② （南朝宋）范晔撰，（唐）李贤等注：《后汉书》卷六十下《蔡邕列传第五十下》，北京：中华书局，1965年，第2003页。

③ （汉）司马迁撰，（南朝宋）裴骃集解，（唐）司马贞索隐，（唐）张守节正义：《史记》卷二十四《乐书第二》，北京：中华书局，1982年，第1193页。

治理社会、彰显功德为目标的。乐府机构庞大，成员众多。据《汉书·礼乐志》记载，乐府下有乐丞、协律都尉等官职。汉武帝时期有著名的协律都尉李延年，擅长于辞赋的司马相如，音乐家张仲春、丘仲；东汉时有琴家蔡邕、桓谭、赵定等。当然乐府也有大量的乐工。汉哀帝时期，乐府里的乐工由"仆射"管理，从事乐器制作，维修的有"钟工员""绳弦工员"，还有师学学员等。东汉后期，因国力无法维持乐府机构的运转，哀帝便将乐府裁员。

乐府的职能是采集民间歌谣，以供王者观政得失，即所谓"古有采诗之官，王者所以观风俗，知得失，自考正也"①。可知王者通过采诗官员收集的诗歌，观察风俗，明政治得失。汉代的乐府在全国范围内采集歌谣。《汉书·礼乐志》载："至武帝定郊祀之礼……乃立乐府，采诗夜诵，有赵、代、秦、楚之讴。以李延年为协律都尉，多举司马相如等数十人造为诗赋，略论律吕，以合八音之调，作十九章之歌。"②这说明乐府负责采集各地歌谣，并将其整理或改编成乐谱。

汉代乐府官署还负责创作、改编曲调，填写歌辞以及演唱等。乐府收集民间歌谣后，需要对其整理或改造，方能在大雅之堂演奏。为了满足宫廷宴饮欣赏需求，乐府有时还将文人歌功颂德的诗赋配制成乐，或网罗国内各民族乐舞进行加工整理后，在宫廷宴饮上奏演。汉朝统治者偏爱民间乐舞，影响了宫廷雅乐对民间俗乐的吸收，宴饮呈现出俗乐转化成雅乐的趋势。汉乐府官署的设置，客观上有助于保存民间乐舞，促进了民间乐舞的繁荣，推动了汉代宴饮乐舞文化的发展。

西汉以来，宴饮中的"俗"乐舞转化成"雅"乐舞的趋势，在东汉社会宴饮中更为明显。可以说，自汉乐府官署设立以来，宴饮中"俗"乐舞迎来了发展的黄金时期，在宴饮中逐渐形成以"俗"为尚的审美风气。兴起于民间的俗乐舞，如百戏、杂舞等，经乐府官署加工改造后，转化成宫廷雅乐，进入了汉代宴饮中。汉代士大夫在宫廷预宴中所闻之乐、所观之舞，不乏来自俗乐舞的"升级版"，正是俗乐舞的优点使他们在日常宴饮中以舞相属，娱耳目，乐心意。

① （汉）班固撰，（唐）颜师古注：《汉书》卷三十《艺文志第十》，北京：中华书局，1962年，第1708页。

② （汉）班固撰，（唐）颜师古注：《汉书》卷二十二《礼乐志第二》，北京：中华书局，1962年，第1045页。

综上，自春秋战国"礼崩乐坏"以来，汉朝在重建礼乐的过程中，对雅、俗之乐舞进行了加工、整合，出现了以俗入雅、俗雅融合的新特征，宴饮乐舞得到发展。汉武帝时，重新设置乐府机构管理乐舞，大量的民间俗乐舞被吸纳进国家乐舞体系，雅俗之乐舞进入了繁荣发展时期，不仅表现在宫廷宴饮、朝飨方面，亦表现在士大夫、民众宴饮的娱乐生活中。东汉在此基础上进一步进行整合，宴饮中的乐舞趋于稳定。两汉在重建宴饮文化时，以乐舞为代表的观赏旨趣已出现了上下融通的局面，打破了先秦宴饮中绝对不可"僭越"的等级观念，从"以俗入雅"的文化角度为后继者开启了文化融通的大门，宴饮也开始成为君臣之间、士大夫之间传达感情、表述情怀、诉诸政治的舞台。先秦"礼崩乐坏"的局面下，汉代在宴饮文化可谓"否极泰来"。

第二节　魏晋宴饮中的乐舞

曹丕虽在公元220年正式称帝，但公元196年东汉由洛阳迁都许昌后，汉政权就已名存实亡，曹操实挟天子以令诸侯。公元265年西晋政权建立，获得短暂统一。统一三国的晋武帝死后内乱频繁，北方少数民族参战，黄河流域卷入长达百余年的战争。晋室南渡，汉文化中心随之南移。东晋时的中原，"五胡十六国"角逐不已，相互攻伐，百姓处于水深火热之中。残酷的社会现实，一方面使文明遭受摧残，另一方面则促进了民族文化的交流与融合。东晋王朝偏安江南，南方经济、文化相对繁荣，以清商乐为代表的乐舞日渐兴盛。文化艺术是社会的产物，其萌生和发展必然受社会环境的影响，魏晋宴饮中的音乐和舞蹈，亦随魏晋激烈动荡的时代起伏，既有新旧斗争，又有中西交流、民族融合的特点。

一、曹魏政权宴饮中的乐舞

东汉末年，割据分裂，战乱频仍，社会文化遭到巨大破坏，正如史书所载："及黄巾、董卓以后，天下丧乱，诸乐亡缺。"[①]自西汉以来建立的宴饮文化体系，尤其是乐舞受到严重影响。

---

① （北齐）魏收撰：《魏书》卷一百九《乐志五第十四》，北京：中华书局，1974年，第2826页。

（一）曹魏政权宴饮中的乐

曹魏建政后，宴饮中雅乐有了新的发展。曹魏文人诗歌被音乐机构大量采集，制成曲谱，配上乐舞，或被制成新辞曲、歌舞，并训练乐工进行表演，以备统治者宴饮助兴。

1.宴饮中以乐配诗、以诗为歌非常流行。曹魏时期，宴饮雅乐之发展，与曹氏家族（曹操、曹丕、曹叡）有着紧密的关系，他们各怀作乐绝技，所作乐词不可胜数，促进了宴饮中"以诗为歌"特色的大流行。曹操的代表作有《短歌行》《秋胡行》《却东西门行》等，曹丕的有《秋风》《别日》《燕歌行》等，曹叡的有《长行歌》《短行歌》《月重轮行》等。曹植作为建安文学的重要代表，其音乐才华令人称赞，其作品在宴饮吟唱中大放异彩。曹魏时期除了传统宴饮雅乐有所发展，宴饮中以乐配诗、以诗为歌的现象亦非常流行，《三国志》称曹操"创造大业，文武并施，御军三十余年，手不舍书，昼则讲武策，夜则思经传，登高必赋，及造新诗，被之管弦，皆成乐章"①。曹魏时期"以乐配诗"成为此时音乐发展的一大特色。

2.统治者以乐言志。论及宴饮中的雅乐言志诗歌，曹操《对酒歌》是其佳作。《对酒歌》唱道："对酒歌，太平时，吏不呼门，王者贤且明。宰相股肱皆忠良，咸礼让，民无所争讼……犯礼法，轻重随其刑。路无拾遗之私，囹圄空虚，冬节不断人，耄耋皆得以寿终。恩德广及草木昆虫。"②此歌除了优美的旋律，还表达了治理天下的美好愿望，成为席间雅乐。

3.士大夫以乐抒情。作为建安文学的重要代表人物曹植，他所创作的诗歌在社交宴饮中也广为传唱。如《野田黄雀行》唱道："高树多悲风，海水扬其波。利剑不在掌，结友何须多。不见篱间雀，见鹞自投罗。罗家得雀喜，少年见雀悲。拔剑捎罗网，黄雀得飞飞。飞飞摩苍天，来下谢少年。"③曹植的亲信杨修被曹操

---

① （晋）陈寿撰，（南朝宋）裴松之注，陈乃乾校点：《三国志》卷一《魏书一·武帝纪第一》，北京：中华书局，1982年，第54页。

② （宋）郭茂倩编：《乐府诗集》卷第二十七《相和歌辞二·对酒》，北京：中华书局，1979年，第403页。

③ （宋）郭茂倩编：《乐府诗集》卷第三十九《相和歌辞十四·同前》，北京：中华书局，1979年，第571页。

借故杀害，次年曹丕继位，又杀了他的挚友丁氏兄弟，身处动辄得咎的逆境，曹植内心痛苦，深感愤忿，只能写诗寄意。苦于手中无权柄，曹植在诗中塑造了拯救无辜者的少年侠士，以寓言的方式表达自己的心曲，被传唱为对人生或世事的感叹之情。

4. 魏明帝时自作声乐，标志着曹魏政权宴饮雅乐体系的形成。魏国经过文帝曹丕的巩固与发展，至明帝时期，政权基本趋于稳定，为宴饮雅乐的发展创造了有利条件。魏明帝根据社会发展新需要，创作出一大批具有新内容、新曲调的宴饮雅乐。新宴饮乐的出现，大大丰富了士人们的宴饮生活。《宋书·乐志》载："今太祖武皇帝乐，宣曰《武始之乐》……高祖文皇帝乐，宣曰《咸熙之舞》。"[①]又《晋书·乐志》记载："及太和中，左延年改爨《驺虞》《伐檀》《文王》三曲，更自作声节，其名虽存，而声实异。"[②]魏明帝时期，命柴玉和左延年将杜夔所恢复的汉代雅乐加以改进，加入民歌的俗乐声律，即"自作声节"。这种改进使原来的声律结构发生了本质变化，标志着真正适应曹魏政权的宴饮雅乐体系的形成，奠定了清商乐舞。此后，曹魏宴饮的雅乐体系基本没有大的变化。

（二）曹魏政权宴饮中的舞

曹魏时期，宴饮中的俗乐舞在两汉的基础上有了进一步的发展。其中的代表就有铜雀舞以及种类繁多的"杂舞"。

1. "铜雀舞"在宫廷宴饮中流行。铜雀舞发端于曹魏初期，因铜雀台而得名，它的发展得到了曹魏统治者的大力支持。曹氏三祖创作了大量的"铜雀曲"，与之相合，"铜雀舞"应运而生，在宴饮等社交聚会场合大放异彩。铜雀台的建成，为铜雀乐舞的发展提供了新的平台，"今之清商，实由铜雀，魏氏三祖（指曹操、曹丕、曹叡），风流可怀，京、洛相高，江左弥重"[③]。可见铜雀歌舞在曹魏时期的繁荣。曹氏三祖喜爱铜雀歌舞，在宫廷宴饮中铜雀歌舞奏演不衰，尤其曹操"好

---

① （南朝梁）沈约撰：《宋书》卷十九《志第九·乐一》，北京：中华书局，1974 年，第 535 页。

② （唐）房玄龄等撰：《晋书》卷二十二《志第十二·乐上·祠庙飨神歌二篇》，北京：中华书局，1974 年，第 684 页。

③ （南朝梁）沈约撰：《宋书》卷十九《志第九·乐一》，北京：中华书局，1974 年，第 553 页。

音乐，倡优在侧，常以日达夕"①。甚至曹操在死前仍遗嘱铜雀伎每逢初一、十五向自己的陵墓表演乐舞，"吾婕好妓人，皆著铜雀台。于台上施八尺绡帐，朝晡上脯糒之属，月朝十五，辄向帐作乐。汝等时登铜雀台，望吾西陵墓田"②。铜雀伎作为专业的铜雀乐舞者，极大丰富了宫廷宴饮中的乐舞表演，提高了宴饮乐舞的欣赏质量，促进了俗舞的繁荣。

2.宴饮中"杂舞"种类多样化。两汉宴饮中以俗为雅的审美风气发展至曹魏时期尤为弥盛。《乐府诗集》记载："杂舞者，《公莫》《巴渝》《槃舞》《鞞舞》《铎舞》《拂舞》《白纻》之类是也。始皆出自方俗，后浸陈于殿庭。盖自周有缦乐散乐，秦汉因之增广，宴会所奏，率非雅舞。汉、魏已后，并以《鞞》《铎》《巾》《拂》四舞，用之宴飨。"③从文献记载来看，曹魏时期宴饮俗乐舞发展呈现出一片繁荣景象。这些杂舞具有各自特点，可以根据不同宴饮场景需要，选择适合的舞蹈类型。军中宴饮可选择《公莫舞》与《巴渝舞》。《公莫舞》又称为"巾舞"，是一种用手巾或衣袖作为道具的舞蹈。传说这种舞姿与鸿门宴上项庄舞剑相关，表演内容是项伯以袖隔之保护刘邦的故事。这种舞蹈手执长巾或短巾翩翩起舞，与长绸舞类似，舞人手舞双巾，姿态生动。一般宴饮可选择《白纻舞》与《槃舞》。《白纻舞》因舞者穿白纻所制长袖舞衣而得名。宴饮表演过程中，长袖最能体现白纻舞舞蹈的特点，舞女双手举起，长袖飘曳生姿，形成各种轻盈舞态，有"掩袖""拂袖""飞袖""扬袖"几种。这种舞蹈在宴饮中，还有向观赏表演的士人进酒的习俗，以此渲染宴饮氛围。

二、两晋宴饮中的乐舞

西晋建立，宴饮中的乐舞更多地体现了晋室较为奢靡的社会风气、魏晋风度。与前相比，雅乐获得发展，娱乐表演内容更富时代魅力，形式更加丰富多彩。

（一）两晋宴饮中的雅乐与俗乐

1.西晋革新了宴饮中的旧雅乐。西晋建立后，统治者对雅乐进行了革新。泰

---

① （晋）陈寿撰，（南朝宋）裴松之注，陈乃乾校点：《三国志》卷一《魏书一·武帝纪第一》，北京：中华书局，1982年，第54页。

② （唐）徐坚等著：《初学记》卷第九《帝王部·总叙帝王》，北京：中华书局，2004年，第211页。

③ （宋）郭茂倩编：《乐府诗集》卷第五十三《舞曲歌辞二》，北京：中华书局，1979年，第766页。

始五年（269），晋武帝下令"使太仆傅玄、中书监荀勖、黄门侍郎张华各造正旦行礼及王公上寿酒、食举乐歌诗"[①]。晋室雅乐的发展与荀勖等人关系密切。晋武帝令荀勖等造雅乐，实则是让近臣创作一批歌颂皇帝与新政权的歌词。晋室初立，用《鹿鸣》"以宴嘉宾"。荀勖等认为《鹿鸣》无"以宴嘉宾"的根据，弃而"更作行礼诗四篇"。王公上寿酒宴，并举乐歌诗以助兴。泰始九年（273），荀勖集中宋识、郭夏等人展开"典乐"工作，创作了《正德》《大豫》等雅乐舞。荀勖考校"太乐、总章、鼓吹"，重新制造了律尺，创新了"笛律"。"笛律"作为晋室的雅乐，演奏于宫廷宴饮场合。晋室革新宫廷雅乐，宴飨殿堂之上，新雅乐体现出不同于以往的宫廷气象。

2.清商乐是两晋时期宴饮中非常流行的音乐。《乐府诗集》称，清商乐"即相和三调是也，并汉魏已来旧曲。其辞皆古调及魏三祖所作"[②]。两汉以来的相和歌发展至魏晋时期逐渐消弭，但为清商乐的出现奠定了创作基础。清商乐亦是对相和三调的继承和发展，说明清商乐的发展与曹氏三祖有着紧密关系。"今之清商，实由铜雀，魏氏三祖，风流可怀"[③]，魏晋之世，相继承用。

3.晋室南渡后，江南吴歌、西曲等民间俗乐充实了清商乐。江南吴歌、荆楚西声经清商乐机构改造后，开始大量进入宫廷宴饮中。吴歌、西曲作为来自两种不同地域的俗乐曲，二者在表演风格与形式方面各有特点，深受宴饮者的喜爱。吴歌采自江南民歌，以其细腻的抒情风格，得到预宴人士的青睐。江南商业繁荣，吴歌作为民间谣曲进入了城市娱乐，适应了王侯、富豪及市民阶层的宴饮需要，其演唱也由最初的"徒歌"，开始配上器乐伴奏。吴歌五字一句，四句一段，以及曲尾常用虚词唱出是"送声"特点，有助于与宴饮者互动，极大助添了宴饮氛围。流传的吴歌曲目有《子夜》《玉树后庭花》《桃叶》等。西曲采自以湖北为中心向西涉及湖南、四川、贵州一带的民歌，其内容多抒发游子思归、别离之情，也描写男女情恋，其节奏或轻快、或高昂直白、或缠绵悱恻，容易扣人心弦，深受欢

---

① （唐）房玄龄等撰：《晋书》卷二十二《志第十二·乐上·祠庙飨神歌二篇》，北京：中华书局，1974年，第685页。

② （宋）郭茂倩编：《乐府诗集》卷第四十四《清商曲辞一》，北京：中华书局，1979年，第638页。

③ （南朝梁）沈约撰：《宋书》卷十九《志第九·乐一》，北京：中华书局，1974年，第553页。

迎。宴饮过程中，士大夫借助西曲歌舞来抒发思乡、离别之情，《石城乐》《莫愁乐》《作蚕丝》《两鸟夜飞》都是西曲代表曲目。

（二）两晋宴饮中的乐舞

两晋时期士族门阀发展鼎盛，政治上他们世袭官制，经济上他们握有大量财富，文化生活上崇尚奢靡。两晋时期宴饮中俗雅乐舞的发展与当时的社会背景紧密相关。

西晋时期宴饮中雅乐舞的自我发展与继承。关于西晋时期宴会中雅乐舞的发展，可从傅玄的著作中窥其概况。傅玄《正都赋》中对大型宴会场景描述道："抚琴瑟，陈钟虡，吹鸣箫，击灵鼓，奏新声，理秘舞。乃有材童妙妓，都卢迅足……丹蛟吹笙，文豹鼓琴。素女抚瑟而安歌，声可意而入心。"[1]鸣箫灵鼓的新声，百戏表演及整理后的新舞，在西晋宫廷宴会中直入心灵。晋室革新宴饮中的雅乐，必然对雅舞亦作相应的革新。晋室宫廷宴饮对曹魏雅乐舞的继承主要表现在对《武始舞》与《咸熙舞》的继承上，沿用了其雅乐舞的舞姿。

两晋时，宴饮中雅乐舞内容更加丰富，形式更加多样化。两晋时社会奢靡之风弥盛。在此社会风气影响下，石崇创作的《恒舞》可谓这一时期宴饮雅乐舞发展的代表性作品。石崇凭借财力，蓄养为其服务的美艳少女多达数千人，为了炫富，宴饮时他要求每个舞人佩戴倒龙玉佩、凤凰金钗，互相挽着衣袖绕着堂上的楹柱而舞，昼夜不断，连绵相接，后人称这种宴饮中的雅乐舞为《恒舞》。如果说《恒舞》是大排场宴饮中雅乐舞的代表，那么《鸲鹆舞》《拍张舞》则是一般宴饮中常见的乐舞。晋人谢尚在参加一次宴会时，司徒王导要求谢尚以舞助兴，谢尚随兴跳起了《鸲鹆舞》，王导带头为谢尚打节拍，谢尚舞得非常投入，表演旁若无人，颇受预宴者喜爱。另外，《拍张舞》亦是当时宴饮中经常出现的一种舞蹈。这种舞蹈表演形式是袒胸露臂，拍打身体各部发出有节奏的音响，并伴以呼喊声以自娱。两晋时期，富贵之家蓄养女乐尤为奢靡。这些女乐通常用以宴饮助兴，以优美的舞姿或以各种方式取悦预宴者，为宴饮氛围增色。

---

[1]（清）严可均编:《全上古三代秦汉三国六朝文》之《全晋文》卷四十五《傅玄·正都赋》，北京:中华书局，1958年，第1715页。

　　两晋时期俗乐舞在宴饮中亦受欢迎。百戏经前期发展，至两晋时期，表演形式更为灵活，内容更为丰富，在宴饮中广受青睐。东晋时期宴饮百戏吸收了北方的技艺与风格，在大型宴饮场合以"白虎橦""辟邪（兽舞）""安息孔雀""胡舞登连"来助兴。晋室的《杯盘舞》以三句、七句交错而成，语言通俗易懂，歌声铿锵，颇具轻快、活泼的节奏感。"筝笛悲，酒舞疲，心中慷慨可健儿。樽酒甘，丝竹清，愿令诸君醉复醒。"①这说明宴饮中的《杯盘舞》亦是娱乐性乐舞。一般认为《杯盘舞》的歌词出自士人，在宴饮过程中，自然受到士大夫的青睐。

三、魏晋乐舞的管理机构

　　魏晋时期的乐舞官署在继承前代乐舞署的基础上又有所发展。这一时期乐舞署主要有"太乐署"和"清商署"两大类型。"太乐署"为雅乐、雅舞管理机构，"清商署"为俗乐、俗舞管理机构。

　　1. 曹魏时期的乐舞署仍然继承汉代乐舞署名，亦称"太乐署"。其官员主要有令和丞，丞为副。《宋书·乐志》记载："（魏）明帝太和初，诏曰：'……武皇帝庙乐未称，其议定庙乐及舞，舞者所执，缀兆之制，声歌之诗，务令详备。乐官自如故为太乐。'太乐，汉旧名，后汉依谶改太予乐官，至是改复旧。"②可见太乐署是曹魏管理乐舞的重要机构。曹魏时专门设立清商署管理俗乐舞。《资治通鉴》胡三省注写道："魏太祖起铜爵台于邺，自作乐府，被于管弦，后遂置清商令以掌之，属光禄勋。"③可知曹魏时设置有清商署，由清商令管理民间乐舞。

　　2. 晋承魏制，有所损益。《晋书·乐志》记载："及武帝受命之初，百度草创。泰始二年（266），诏郊祀明堂礼乐权用魏仪，遵周室肇称殷礼之义，但改乐章而已，使傅玄为之词云。"④可见晋室在乐舞管理上继承了曹魏制度。西晋同样设立了"太乐署"管理雅乐舞。《晋书·职官志》记载："太常，有博士、协律校尉员，又统太学诸博士、祭酒及太史、太庙、太乐，鼓吹、陵等令……光禄勋，统武贲

① （南朝梁）沈约撰：《宋书》卷二十二《志第十二·乐四》，北京：中华书局，1974年，第635页。

② （南朝梁）沈约撰：《宋书》卷十九《志第九·乐一》，北京：中华书局，1974年，第535页。

③ （宋）司马光编著，（元）胡三省音注：《资治通鉴》卷一百三十四《宋纪第六·顺皇帝·升明二年》，北京：中华书局，1956年，第4220页。

④ （唐）房玄龄等撰：《晋书》卷二十二《志第十二·乐上》，北京：中华书局，1974年，第679页。

中郎将、羽林郎将、冗从仆射、羽林左监、五官左右中郎将、东园匠、太官、御府、守宫、黄门、掖庭、清商、华林园、暴室等令。"①西晋时期，"鼓吹署"的出现也是音乐管理机构的一项调整。太乐署与鼓吹署在雅乐舞的管理职能上各有侧重，"太乐署"的主要职责是掌管宴飨雅乐，"鼓吹署"则是掌管娱乐音乐，即俗乐。《晋书·礼志》记载："食毕，太乐令跪奏'请进乐'。乐以次作。鼓吹令又前跪奏'请以次进众伎'。"②可见太乐署与鼓吹署二者的职能区别。

　　3. 晋室南渡后，东晋对乐舞管理机构进行了调整。《晋书·律历志》记载："及元帝南迁，皇度草昧，礼容乐器，扫地皆尽，虽稍加采掇，而多所沦胥，终于恭、安，竟不能备。"③可见因战乱出现了乐人亡散、乐籍散佚的现象。东晋统治者对西晋时期的乐舞机构进行了三次调整。第一次是裁撤太乐署，据《晋书·乐志》记载："江左初立宗庙……于时以无雅乐器及伶人，省太乐及鼓吹令。"④第二次是在东晋成帝时恢复太乐署，所谓"咸和中，成帝乃复置太乐官"⑤。第三次是在东晋哀帝时期废除鼓吹署，据《唐六典》记载："哀帝又省鼓吹，而存太乐。"⑥东晋除了调整鼓吹署与太乐署，一个重要变化是废除了清商署，减少多余的乐舞机构，以适应乐舞的发展需要。

　　要言之，与汉代宴饮中的乐舞相比，曹魏时期宴饮乐舞的功能性进一步突出。以曹氏家族为代表的创作者们或言志、或抒情，此时宴饮既是娱乐平台，也是士大夫们的社交平台，这有力促进了宴饮文化的发展。两晋时期，受时政风气影响，宴饮乐舞的创作功能降低，尤其晋室南迁奢靡之风渐兴后，其娱乐性、观赏性逐渐提高。这种"偏安享受"的宴饮文化，对之后南朝诸代影响颇深。

　　① （唐）房玄龄等撰：《晋书》卷二十四《志第十四·职官》，北京：中华书局，1974年，第735-736页。

　　② （唐）房玄龄等撰：《晋书》卷二十一《志第十一·礼下》，北京：中华书局，1974年，第651页。

　　③ （唐）房玄龄等撰：《晋书》卷十六《志第六·律历上》，北京：中华书局，1974年，第474页。

　　④ （唐）房玄龄等撰：《晋书》卷二十三《志第十三·乐下》，北京：中华书局，1974年，第697页。

　　⑤ （唐）房玄龄等撰：《晋书》卷二十三《志第十三·乐下》，北京：中华书局，1974年，第697页。

　　⑥ （唐）李林甫等撰，陈仲夫点校：《唐六典》卷第十四《太常寺第十四·鼓吹署》，北京：中华书局，1992年，第406页。

第三节　南北朝宴饮中的乐舞

南朝包括宋、齐、梁、陈四朝，北朝包含北魏、东魏、西魏、北齐和北周五朝，朝代更迭较快，南北长期维持对峙形势，史称南北朝。南朝处于长江流域以南，经济、文化断续发展。南朝刘宋政权在四个朝代中历史最长，将近六十年，其"元嘉之治"时，政治清明，出现了"歌谣舞蹈，触处成群""氓庶蕃息"的盛况。南朝萧梁政权存世55年，在四朝中存续时间较长，其中梁武帝萧衍就在位47年，其本人文武双全，笃好佛教，深刻影响了梁朝文化的发展。

北朝各政权长期混战，一方面对中原文化造成了极大破坏，另一方面在民族文化融合的基础上亦为重建中原文化提供了契机。北魏统一后，对中原文化抱持开放态度，着手恢复乐舞，命邓渊定律吕、协音乐，促成了新一轮乐舞文化的兴起。北魏是鲜卑拓跋部所建，又称元魏，后分裂为东魏和西魏。之后的北齐、北周通过战争、通商、皇族间通婚等渠道，输入、吸收外来乐舞，丰富了乐舞的内容与形式。北朝各族不同乐舞文化之间相互吸收、融合，形成了"华胡兼采"的乐舞特色，极大丰富了北朝的宴饮乐舞和社交生活。

一、南朝宴饮中的乐舞

南朝宫廷及士人在宴饮上多好"郑卫之声"，以俗为雅的审美风尚弥盛。南朝宴饮中，上至宫廷百官，下至士绅，皆不遗余力追求奢侈乐舞的享乐，在发展宴饮乐舞方面做出了重要贡献。受北方少数民族的影响，宴饮舞乐上出现了"胡华融合"的势头。此外，随着佛教的盛行，"以佛入雅"也频现于宴饮活动中。

（一）以俗为雅和以佛入雅的雅乐与雅舞

清商署是南朝时期管理民间音乐的重要机构，经魏晋以来的发展，日臻完备。清商署在某种程度上具有汉乐府机构的职能，为民间俗乐转变为雅乐提供了便利，使得两汉以来宴饮中以俗为尚的音乐审美趣味继续发展。

1.民间俗乐随着都市的商业发展进入各类宴饮活动。吴歌由民间歌谣发展而来，经乐人加工处理后，逐渐适应了王侯、士大夫、富商大贾以及百姓宴饮的需求。吴歌经宫廷乐署配上箜篌、琵琶、笙等乐器伴奏，实现了俗雅之间的转化，进入了宫廷宴饮。南朝时的西曲经文人加工润色、乐工配器伴奏转变为雅乐，逐渐适应了不同阶层的需求。西曲歌的舞曲为集体性的歌舞，初时舞者多达十六人，至梁朝时减为八人，更适应小型宴聚场合。

2. 南朝宴饮中以俗为雅的杂舞日渐兴盛。自周以来，杂舞日渐繁盛于民间，被乐舞机构选择性地筛选入宫，经加工处理后，在宫廷宴饮中表演。据《乐府诗集·舞曲歌辞二》记载，杂舞"始皆出自方俗，后浸陈于殿庭。盖自周有缦乐散乐，秦汉因之增广，宴会所奏，率非雅舞。汉、魏已后，并以《鞞》《铎》《巾》《拂》四舞，用之宴飨。宋武帝大明中，亦以《鞞》《拂》杂舞合之。钟石施于朝廷，朝会用乐，则兼奏之。明帝时，又有西伧羌胡杂舞，后魏、北齐，亦皆参以胡戎伎，自此诸舞弥盛矣"①。杂舞出自方俗，即民间，后被用于宫廷宴会飨食。杂舞能大摇大摆进入宫廷宴饮，与统治者的个人喜好有很大关系。刘宋之际，对杂舞进行了整合，宫廷宴饮上也兼奏杂舞。宋明帝时，又把羌胡杂舞纳入宫廷，后魏、北齐皆有杂舞，说明杂舞弥盛于南北朝宫廷宴饮生活中。

南朝时，弥盛于宫廷宴饮间的杂舞主要有《白纻舞》《铎舞》《拂舞》《鞞舞》等。这些杂舞多半出自汉、魏之际，经乐府、清商署之类的乐署润色、改编、配乐器伴奏后，在宫廷宴饮中演奏。南朝宋汤惠林、齐王俭、梁沈约等均作有《白纻舞歌》。宋、齐、梁、陈四朝的《白纻舞》又各有风格。宋《白纻舞》保持了民间的质朴，齐、梁《白纻舞》华艳、淫巧略多，陈《白纻舞》奢靡、妖艳。南朝士人追求心灵的解脱，借以自娱，大赞方俗的杂舞，在宴饮过程中手舞足蹈，追求内心愉悦。

3. 乐舞受到盛行的佛教影响，存在"以佛入雅"情况。《魏书·释老志》记载："及开西域，遣张骞使大夏还，传其旁有身毒国，一名天竺，始闻有浮屠之教。"②佛教传入，佛教音乐亦伴随传入。佛教音乐在传入过程中，吸收了不同民族的音乐，也产生了不同风格的佛教音乐。③据《高僧传》记载："梵音重复，汉

---

①（宋）郭茂倩编:《乐府诗集》卷第五十三《舞曲歌辞二》，北京:中华书局，1979年，第766页。

②（北齐）魏收撰:《魏书》卷一百一十四《释老志十第二十》，北京:中华书局，1974年，第3025页。

③ 修海林、李吉提著:《中国音乐的历史与审美》，北京:中国人民大学出版社，2015年，第63页。

语单奇。若用梵音以咏汉语，则声繁而偈迫；若用汉曲以咏梵文，则韵短而辞长。"①这说明佛教音乐与中国传统音乐结合后才能适应新的环境。佛教寺院的节日活动中，佛教徒借助百戏、民间俗乐舞来弘扬佛法。《洛阳伽蓝记·景乐寺》载："至于六斋，常设女乐，歌声绕梁，舞袖徐转，丝管寥亮，谐妙入神。"②佛教寺院出现了"梵乐法音，聒动天地"的景象。

随着佛教的传播，各种佛教绘画伎乐歌舞的场面出现在现实生活中。闻佛乐、观佛舞成为当时统治者以及寺院追求的享乐内容。南朝齐竟陵王萧子良，招名僧讲习佛法，造经贝新声。经贝新声为佛教音乐。梁武帝是虔诚的佛教徒，对佛教及佛教乐舞的追求极为狂热。梁武帝曾创作佛曲歌词，"名为正乐，皆述佛法"③，他把佛乐提升至雅乐，以佛入雅，为宴享所奏。除此之外，笃信佛教的士大夫、王室贵族以及富商巨贾等也对佛乐有所喜好，他们参与寺院举办的纪念活动和歌舞表演，或蓄养佛乐乐工。这一阶段，佛教音乐在社会生活中的影响世所罕见。

（二）宋、齐宴饮中的乐舞

自东晋以来，北方民众大举南迁，促进了南方地区的经济开发。长江流域商贾云集，城市日渐繁荣，文化日趋兴盛，因而促进了宴饮乐舞的盛行。《宋书·良吏传》的"序"中载："凡百户之乡，有市之邑，歌谣舞蹈，触处成群。"④宋文帝时，刘宋城市娱乐繁盛，歌舞盛行于乡间市井间。至齐武帝永明年间，则是"都邑之盛，士女富逸，歌声舞节，袨服华妆，桃花绿水之间，秋月春风之下，盖以百数"⑤。宋、齐时代，每逢节日或各种仪典，宫廷宴会都设有庆典乐舞来庆祝。《隋书·音乐志》记载，当时齐朝设乐盛大，达四十九项之多，可见宫廷饮宴中

①（南朝梁）释慧皎撰，汤用彤校注，汤一玄整理：《高僧传》卷第十三《经师·齐北多宝寺释慧忍》，北京：中华书局，1992年，第507页。

②（北魏）杨衒之撰，周祖谟校释：《洛阳伽蓝记校释》卷第一《城内》，北京：中华书局，2010年，第42页。

③（唐）魏徵等撰：《隋书》卷十三《志第八·音乐上》，北京：中华书局，1973年，第305页。

④（南朝梁）沈约撰：《宋书》卷九十二《列传第五十二·良吏》，北京：中华书局，1974年，第2261页。

⑤（南朝梁）萧子显撰：《南齐书》卷五十三《列传第三十四·良政》，北京：中华书局，1972年，第913页。

乐舞的受欢迎盛况。

1. 民间乐舞有选择性地登上大雅之堂。魏晋以来，宴饮中的乐舞逐渐摆脱礼教束缚，民间乐舞经筛选、改造后登上大雅之堂。据《宋书·乐志》记载："吴哥杂曲，并出江东，晋、宋以来，稍有增广。"①《乐府诗集》称："盖自永嘉渡江之后，下及梁、陈，咸都建业，吴声歌曲起于此也。"②这说明吴歌以建业为中心，与晋室南渡、文化南移有着紧密的关系。吴歌作为民间俗乐，经乐署、士人润色、改编、配器伴奏后，适应了王侯、士大夫、富商巨贾以及民众不同层次的宴饮需求。吴歌最初的演唱为"徒歌"，加以乐器和伴奏，常于宫廷宴饮时奏演。宋齐的皇帝、王公贵族也作乐制歌，如宋明帝及虞和作《泰始歌舞曲辞》，丰富了吴歌内容。吴歌不仅是乐，亦有舞，如《子夜歌》。西曲的出现晚于吴歌，流行地区以嘉陵江流域为中心。西曲分为倚歌和舞曲不同类型。西曲的舞曲，多数是集体性的歌舞，舞曲结构冗长、歌词多五言四句，有助于宴饮者表达送别情感。宋齐的皇帝、王公贵族在西曲的基础上也创作有大量新乐，如齐武帝制《估客乐》，临川王刘义庆作《乌夜啼》，随王刘诞作《襄阳乐》等。在吴歌和西曲基础上制作的新乐，"实际上是王公贵族们对民间歌舞的模仿和改编，以供他们声色娱乐"③。

2. 宴饮过程中即兴以舞蹈之。宴饮时，士大夫们借着酒兴，当场以舞蹈之，娱人且自娱。据《南史·王俭传》载："后幸华林宴集，使各效伎艺。褚彦回弹琵琶，王僧虔、柳世隆弹琴，沈文季歌《子夜来》，张敬儿舞。"④齐高帝萧道成在宫苑华林宴请群臣，命令大臣各自效伎艺，褚彦回弹琵琶，王僧虔、柳世隆弹琴，沈文季唱歌《子夜来》，张敬儿跳舞。当轮到王敬时，他"脱朝服袒，以绛纠髻，奋臂拍张，叫动左右。"⑤王敬所跳之舞为《拍张舞》，是一种袒胸露背、拍打身体各部位发出有节奏感的声响，并配之以呼喊声或其它声音的舞蹈。王敬在宴饮上，当着皇帝及大臣的面表演《拍张舞》有失"礼"之体统，引起齐高帝不悦。宴饮

① （南朝梁）沈约撰：《宋书》卷十九《志第九·乐一》，北京：中华书局，1974年，第549页。
② （宋）郭茂倩编：《乐府诗集》卷第四十四《清商曲辞一》，北京：中华书局，1979年，第640页。
③ 田青著：《中华艺术通史·三国两晋南北朝卷》，北京：北京师范大学出版社，2006年，第116页。
④ （唐）李延寿撰：《南史》卷二十二《列传第十二·王俭》，北京：中华书局，1975年，第593页。
⑤ （唐）李延寿撰：《南史》卷二十二《列传第十二·王俭》，北京：中华书局，1975年，第593–594页。

时即兴舞蹈，借以自娱，有时士大夫们舞兴正浓忘乎所以，易将体统置之度外，有失大雅，甚至闹出不愉快。

3.宴饮中亦流行女伎助兴。魏晋南北朝时，奢侈享乐的嗜好导致蓄养女乐盛行，不仅帝王蓄养女乐，王公贵族、士大夫、富商大贾等也蓄养女乐。宋、齐统治者蓄养大量的女乐，以满足奢侈的需求。如刘宋后废帝，太乐雅郑，杂技等不计其数。齐武帝亦是"后宫万余人，宫内不容，太乐、景第、暴室皆满，犹以为未足"[①]，女乐在宴饮上以姿色、乐舞技艺博取观者的欢心，或以陪酒助兴。如《清商乐》的演出有男女夹坐的安排，妖娆的女乐陪酌小酒，歌声淫丽，令观者如痴如醉，醉生梦死，放情声色。

4.宋、齐统治者除了钟情当地的清商乐舞，还嗜爱北方流行的少数民族乐舞。随着民族文化交流范围的扩大，南方乐舞与北方少数民族乐舞有了广泛交流。刘宋孝武帝在伎乐管理方面有专条，据《南史·文献王义恭传》载，"胡伎不得彩衣；舞伎正冬着袿衣，不得庄面"[②]，可见"胡伎"已经流行于宋宗室内部，也流行于宗室日常宴饮生活中，因有伤大雅一定程度上被禁止。由于地域原因，北方少数民族乐舞对宋、齐来说相对罕见，士大夫宴饮聚会时，为了博得同僚称赞，满足一己虚荣心，会在设宴饮时安排不同风格的少数民族乐舞，从而带来不一样的预宴体验。据《陈书·章昭达传》记载，章昭达"每饮会，必盛设女伎杂乐，备尽羌胡之声，音律姿容，并一时之妙"[③]。宋、齐时代，帝王、宗室贵族、士大夫以及富商巨贾们追求宴饮中奢侈乐舞的享受不亚于魏晋之际。

5.宋、齐宴饮中俗乐盛行，雅乐弱化。俗乐一旦为乐署、士人所喜好，会按照他们的喜好进行改编或创作，由乐工配器伴奏，最后流向城市的娱乐生活。虚荣心较强的士大夫，会在饮宴时展露自己编排或收罗的乐舞，以获得宾客称赞。刘宋时期，多数士大夫喜爱俗乐，追求奢侈享乐，竭力网罗民间俗乐，致使雅乐

---

① （唐）李延寿撰：《南史》卷四十二《列传第三十二·豫章文献王嶷》，北京：中华书局，1975年，第1063页。

② （唐）李延寿撰：《南史》卷十三《列传第三·武帝诸子·江夏文献王义恭》，北京：中华书局，1975年，第372页。

③ （唐）姚思廉撰：《陈书》卷十一《列传第五·章昭达》，北京：中华书局，1972年，第184页。

受到冷落。《南齐书·萧惠基传》载："自宋大明以来，声伎所尚，多郑卫淫俗，雅乐正声，鲜有好者。"①俗乐所具有的即兴抒情、不拘于礼教束缚的优点，相较于严肃、缺乏活力的雅乐而更受士大夫喜爱。在宴会上，士大夫们会跳社交性舞蹈，或以舞相属，或女伎助兴，或胡乐舞之，借以愉悦和交流。

（三）梁武帝时期宴饮中的乐舞

梁武帝萧衍在位47年，是南朝四代中在位时间最长的，在中国历代皇帝中也能列入在位时间最长榜单中的前十名。在位期间，他试图通过设"谱局"加强政治权力来改变门阀士族统治的基础，但效果并不理想。据《南史·梁本纪》记载，梁武帝"勤于政务，孜孜无怠"②，但仍没能改变官僚士族腐败成风的社会风气。梁武帝青年时博学多能，有文武才干，并与南朝著名士人沈约、王融、范云、任昉、谢朓、萧琛、陆垂等出游山水，被时人称为"八友"。在梁武帝统治期间，这些士人多数为萧氏政权服务，如沈约在辅助梁武帝兴梁后为梁朝服务。"八友"皆为文学爱好者，嗜好饮酒。文学与政治的联合，影响了梁朝文化的发展。

梁政权建立时，因战乱致使礼乐散失，宫廷宴饮中基本上没有完整的礼仪性乐舞。随着政权巩固，梁武帝着手"正乐"，并以"雅"为称，命沈约制作《梁北郊登歌》《梁南郊登歌》《梁明堂登歌》以及祭祀五帝用歌等，建立梁朝的郊庙、三朝乐舞。文舞、武舞作为礼仪性的乐舞，经梁武帝定乐后，以文舞为《大观舞》，武舞为《大壮舞》，用于太庙、明堂等。

1. 梁武帝正雅乐时，对宴饮中的杂舞进行了"革新"。杂舞在民间最为流行，常常因统治者的喜好而被改编成为宫廷乐舞，以备宴饮之用。梁朝以前，杂舞人数过多，衣服杂色，舞容不够闲婉。梁武帝不满杂舞现状，对一些杂舞人员进行裁减，如《白纻舞》前有舞人十六人，梁武帝时减为八人。梁武帝根据自己喜好，令乐工平巾帻，绯袴褶，统一杂舞表演者衣服，"舞四人，碧轻纱衣，裙襦大袖，画云凤之状"③。《隋书·音乐志》记载，梁朝天监四年（505），宫廷举办宴饮活动，

① （南朝梁）萧子显撰：《南齐书》卷四十六《列传第二十七·萧惠基》，北京：中华书局，第811页。

② （唐）李延寿撰：《南史》卷七《梁本纪中第七·武帝下》，北京：中华书局，1975年，第223页。

③ （后晋）刘昫等撰：《旧唐书》卷二十九《志第九·音乐二》，北京：中华书局，1975年，第1067页。

节目单中的第十六项为"设俳优"，后面还安排有各种杂技表演，可见民间俗舞和杂技进入梁朝宫廷宴饮活动中。

在梁朝三朝乐中，第十七设《鞞舞》。《鞞舞》本是民间俗乐舞，陈于三朝，可谓俗乐舞登大雅之堂的表现。《旧唐书·音乐志》记载："梁武时，改其辞以歌君德。"①梁武帝改《鞞舞》歌辞以歌君德，才是《鞞舞》在梁朝作为三朝乐的原因。沈约的《梁鞞舞歌》、周舍的《梁鞞舞歌三首》亦透露着为君王歌功颂德的思想。"乐哉太平世，当歌复当舞"②则是歌颂梁朝的太平盛世，是歌舞升平思想的反映。

2. 梁武帝精通音乐，定乐皆述佛法。梁朝定乐不仅由乐署官员修订，梁武帝亦参与其中。《通典·乐典》记载："（梁）武帝天监元年（502），下诏博采古乐，竟无所得。帝既素善音律，详悉旧事，遂自制立四器，名之为通。"③在清商乐流行的时代，梁武帝在清商乐上也有些成就。他曾改西曲，制作《江南上云乐》《阳叛儿》等曲目。作为帝王的梁武帝，亦是风雅之人，在宴饮中追求奢侈乐舞的享乐，同一般士人具有一致性，甚至更奢侈。

3. 梁武帝笃信佛教，曾四次舍身同泰寺。据《隋书·音乐志》的记载："帝既笃敬佛法，又制《善哉》《大乐》《大欢》《天道》《仙道》《神王》《龙王》《灭过恶》《除爱水》《断苦轮》等十篇，名为正乐，皆述佛法。"④这十首佛曲皆由梁武帝创作，且广为流传，由此可见梁武帝对佛教的喜爱和对音乐的擅长，这些乐曲对社会、宴饮的影响是显而易见的。

梁武帝不仅以佛入雅创作佛曲，还积极参与佛教聚会。梁武帝在中国首创"无遮大会""盂兰盆会""忏法"等佛教仪轨，为佛教音乐的演出与传播提供了

① （后晋）刘昫等撰：《旧唐书》卷二十九《志第九·音乐二》，北京：中华书局，1975年，第1064页。

② （宋）郭茂倩编：《乐府诗集》卷第五十四《舞曲歌辞三·梁鞞舞歌三首·明之君》，北京：中华书局，1979年，第784页。

③ （唐）杜佑撰，王文锦等点校：《通典》卷第一百四十三《乐三·历代制造》，北京：中华书局，1988年，第3646页。

④ （唐）魏徵等撰：《隋书》卷十三《志第八·音乐上》，北京：中华书局，1973年，第305页。

机会。①据《建康实录》记载："（建武元年，494）六月，都下疫甚，帝于重云殿为百姓设救苦斋，以身为祷。九月辛未，幸同泰寺，设四部无碍大会……甲午，升法座，为大众讲涅槃经。癸卯，群臣以钱亿万奉赎皇帝，众僧默许。……十月己酉，又大会，设四部，道俗五万余人。"②梁武帝设无遮大会，为百姓设救苦斋，以"施"为"度"，体现了慈悲为怀的佛教理念。道俗人数达五万，群众规模盛会，蔚为壮观。据《南史·梁本纪》记载，武帝在位期间，多次举办无遮大会，有僧人宣讲法事、唱佛曲以及儿童唱演梵呗。《隋书·音乐志》记载："又有法乐童子伎，童子倚歌梵呗，设无遮大会则为之。"③寺院举办礼仪性庆典时，如佛祖生日、成道日、浴佛等仪式，都有乐舞表演。

4. 梁武帝时期，宴饮中以乐舞助兴相当奢靡。魏晋以来，奢靡享乐的社会风气并未因为战乱得到改观，反而更加奢靡成风。梁武帝是文雅风流之人，于乐舞审美有独自的嗜好。他要求女乐都是年轻漂亮的女子，且对舞人衣服、舞姿等都有要求。他在后宫中蓄养大量女乐，还用于随便赏赐大臣。梁朝的大臣亦多奢侈享乐之徒。《南史·羊侃传》载："大同中，魏使阳斐与侃在北尝同学，有诏令侃延斐同宴。宾客三百余人，食器皆金玉杂宝，奏三部女乐。至夕，侍婢百余人俱执金花烛。"④可见羊侃宴饮及日常生活的奢靡。

纵观南朝几代宴饮中的乐舞特色，与南方相对稳定及经济相对发达有直接关系。受东晋生活趣尚的影响，宴饮活动大多奢靡，受北方少数民族的影响，宴饮中的乐舞也开始有民族文化融合的趋势，兴盛的佛教乐舞也对传统乐舞产生着影响，进入到日常生活及宴饮中。

二、北朝宴饮中的乐舞

北朝包括北魏、东魏、西魏、北齐和北周五朝，其中北魏由鲜卑拓跋部所建，又称元魏，后分裂为东魏和西魏。北魏永熙三年（534），权臣高欢拥立

①　田青著：《中华艺术通史·三国两晋南北朝卷》，北京：北京师范大学出版社，2006年，第92页。

②　（唐）许嵩撰，张忱石点校：《建康实录》卷第十七《高祖武皇帝》，北京：中华书局，1986年，682页。

③　（唐）魏徵等撰：《隋书》卷十三《志第八·音乐上》，北京：中华书局，1973年，第305页。

④　（唐）李延寿撰：《南史》卷六十三《列传第五十三·羊侃》，北京：中华书局，1975年，第1547页。

年幼的北魏孝文帝曾孙元善见为帝，东魏开始。550年，孝静帝禅位于高欢之子高洋，东魏灭亡，北齐建立。西魏政权实由宇文泰掌握，557年，魏恭帝禅位于宇文觉，西魏灭亡，之后北周建立，581年，杨坚受禅代周称帝建隋，北周亡。

（一）北魏宴饮中的乐舞

淝水之战后，前秦日渐衰败，各政权割据。公元386年，拓跋珪即位，为道武帝，398年正式定国号为"魏"，改元天兴，定都平城，史称"北魏"。北魏初立，经国轨仪尚有阙遗，礼乐择其周典祭祀天地。《魏书》称"在天莫明于日月，在人莫明于礼仪"[①]，说明厘定礼仪对于新建政权极为重要。天兴二年（399），北魏逐步恢复中原礼制，祭祀各种神灵，宫廷宴饮之礼亦得到恢复。

道武帝时，重用汉族士大夫，效仿中原王制，积极学习中原先进文化，促进了乐舞发展。邓渊，字彦海，雍州安定人士。其祖父为前秦名将邓羌，父邓翼因慕容垂起事反秦，被裹挟至邺城，遂定居于后燕。道武帝破后燕，邓渊归降于北魏，因他熟读典章制度，被道武帝提拔为著作郎，后为尚书吏部郎。天兴元年（398），道武帝诏令尚书吏部郎中邓渊制定官制，立爵品，定律吕，协音乐，着手恢复宫廷雅乐，以备祭祀郊庙、先祖和宴饮、飨食之需。仪曹郎中董谧纂修郊庙、社稷、朝觐、飨宴之仪。

1. 道武帝令邓渊定律吕，协音乐，促进了北魏宴饮中乐舞的发展。"永嘉之乱"以后，海内分崩，伶官乐器等被刘聪、石勒等斩获，后起的北魏斩获甚少，未遑创改。天兴年间，道武帝诏令尚书吏部郎中邓渊定律吕，协音乐。自此之后，宫廷宴饮时，皆有乐舞。《魏书·乐志》载："正月上日，飨群臣，宣布政教，备列宫悬正乐，兼奏燕、赵、秦、吴之音，五方殊俗之曲。四时飨会亦用焉。"[②]北魏的宫廷宴会，仍然沿用既有之前燕、赵、秦、吴等地方乐曲。北魏的音乐意在政治教化。邓渊定律吕、协音乐后，北魏出现"凡乐者乐其所自生，礼不忘其本，揽庭中歌《真人代歌》，上叙祖宗开基所由，下及君臣废兴之迹，凡一百五十章，

---

①（北齐）魏收撰：《魏书》卷一百八之一《礼志四之一第十》，北京：中华书局，1974年，第2733页。

②（北齐）魏收撰：《魏书》卷一百九《乐志五第十四》，北京：中华书局，1974年，第2828页。

昏晨歌之，时与丝竹合奏。郊庙宴飨亦用之"[①]的现象。

道武帝重视学习中原先进文化，曾"命郡县大索书籍，悉送平城"[②]，他对中原文化的重视，无形中推动了宴饮中俗乐舞的发展。天兴四年（401），道武帝命乐师入学习舞。天兴六年（403），"诏太乐、总章、鼓吹增修杂伎，造五兵、角抵、麒麟、凤皇、仙人、长蛇、白象、白虎及诸畏兽、鱼龙、辟邪、鹿马仙车、高絙百尺、长趫、缘橦、跳丸、五案以备百戏。大飨设之于殿庭，如汉晋之旧也"[③]。道武帝下令增修百戏表演乐器，大设百戏于殿庭中，使汉代以来的百戏得到继承和发展。

北魏祭祀先祖，"乐用八佾，舞《皇始》之舞"[④]。《皇始舞》为道武帝所创作，宣示北魏开基之业。太和十一年（487），文明太后又令整顿宫廷中的不雅乐舞，并对新旧乐章，"参探音律，除去新声不典之曲，裨增钟县铿锵之韵"[⑤]。自道武帝整顿宫廷乐舞之后，北魏宫廷乐舞的发展并无较大变动。北魏统治者在继承鲜卑族乐舞的基础上，又主动学习中原地区的乐舞，可谓"华胡兼采"，颇具特色。

2. 定律吕、协音乐后，天兴年间宫廷宴饮所用乐舞均有规定。据《魏书·乐志》记载，北魏"正月上日，飨群臣，宣布政教，备列宫悬正乐，兼奏燕、赵、秦、吴之音，五方殊俗之曲。四时飨会亦用焉"[⑥]。北魏正月上日飨宴群臣以及其它时间的宴会，都会奏"正乐"，即鲜卑族的音乐，还兼奏燕、赵、秦、吴的音乐。据《魏书·乐志》记载，宴飨亦用《真人代歌》。《真人代歌》为鲜卑族音乐，共一百五十章。北魏统治者令掖庭宫女早晚歌唱，并与丝竹合奏，极为悦耳。《旧唐书·音乐志》载："后魏乐府始有北歌，即《魏史》所谓《真人代歌》是也。代都时，命掖庭宫女晨夕歌之。周、隋世，与西凉乐杂奏。今存者五十三章，

① （北齐）魏收撰：《魏书》卷一百九《乐志五第十四》，北京：中华书局，1974 年，第 2828 页。

② （宋）司马光编著，（元）胡三省音注：《资治通鉴》卷第一百一十一《晋纪三十三·安皇帝丙·隆安三年》，北京：中华书局，1956 年，第 3488 页。

③ （北齐）魏收撰：《魏书》卷一百九《乐志五第十四》，北京：中华书局，1974 年，第 2828 页。

④ （北齐）魏收撰：《魏书》卷一百九《乐志五第十四》，北京：中华书局，1974 年，第 2827 页。

⑤ （北齐）魏收撰：《魏书》卷一百九《乐志五第十四》，北京：中华书局，1974 年，第 2829 页。

⑥ （北齐）魏收撰：《魏书》卷一百九《乐志五第十四》，北京：中华书局，1974 年，第 2828 页。

其名目可解者六章：《慕容可汗》《吐谷浑》《部落稽》《钜鹿公主》《白净王太子》《企喻》也。"①从《真人代歌》的名目来看，《真人代歌》的内容具有鲜明的多民族融合特色。北魏统治者宴请群臣，亦用《真人代歌》借以娱乐，不但宫廷宴饮演奏用，郊庙祭祀亦用，使用广泛。

3.战争获得的乐舞亦用于宫廷宴饮。十六国时期，吕光出兵西域，从龟兹带回西域乐工，使用琵琶、箫等乐器。龟兹乐开始在河西地区传播，与内地音乐逐渐融合成颇具特色的西凉乐。北魏太武帝拓跋焘平定河西之地后，将流传于河西地区的西凉乐传入中原，使之进入北魏宫廷宴饮活动中。公元436年，北魏征服北燕时，获得高丽伎，高丽乐舞遂传入中原，在北朝流行起来，至唐代时被列为十部乐舞之一。安国乐为今阿富汗地区的乐舞，北魏平定北燕时获得。据《魏书·乐志》记载，魏世祖破赫连昌，"获古雅乐，及平凉州，得其伶人、器服，并择而存之。后通西域，又以悦般国鼓舞设于乐署"②。这些因战争获得的乐舞，经音乐官署机构改造后，成为皇帝宴请群臣时经常奏演的乐舞。作为群臣的士大夫有机会参与宫廷宴会，听高丽、安国乐，观赏舞伎，感受异域风情，享受宫廷宴饮过程中乐舞带来的怡悦。

4.南朝的清商乐亦在宫廷宴饮中流传。据《魏书·乐志》载："初，高祖讨淮、汉，世宗定寿春，收其声伎。江左所传中原旧曲，《明君》《圣主》《公莫》《白鸠》之属，及江南吴歌、荆楚西声，总谓《清商》。"③孝文帝、宣武帝相继展开对南方的征伐，网罗声伎，收其中原旧曲，为其所用。北魏统治者获得《清商乐》后，"至于殿庭飨宴兼奏之。其圆丘，方泽、上辛、地祇、五郊、四时拜庙、三元、冬至、社稷、马射、籍田，乐人之数，各有差等焉"④，可见《清商乐》在北魏高层宴饮等活动中的流行。

北魏统治者为鲜卑族，能歌善舞，入驻中原地区后，鲜卑族乐舞逐渐丧失。为不忘本，促进鲜卑乐舞发展，北魏统治者提出了"乐其所自身，礼不忘其本"

---

① （后晋）刘昫等撰：《旧唐书》卷二十九《志第九·音乐二》，北京：中华书局，1975年，第1071-1072页。

② （北齐）魏收撰：《魏书》卷一百九《乐志五第十四》，北京：中华书局，1974年，第2828页。

③ （北齐）魏收撰：《魏书》卷一百九《乐志五第十四》，北京：中华书局，1974年，第2843页。

④ （北齐）魏收撰：《魏书》卷一百九《乐志五第十四》，北京：中华书局，1974年，第2843页。

的乐舞政策，开始提倡鲜卑族乐舞。据《魏书·乐志》的记载，《真人代歌》上叙鲜卑族祖先开基的缘由，下及君臣废兴的迹象。《真人代歌》"郊庙宴飨亦用之"[①]，掖庭宫女早晚歌唱，似乎是统治者有意识地宣示。此外，统治者还整治宫廷宴饮中的"不雅"乐舞。《魏书·乐志》载："太和初，高祖垂心雅古，务正音声。时司乐上书，典章有阙，求集中秘群官议定其事，并访吏民，有能体解古乐者，与之修广器数，甄立名品，以谐八音。"[②]不雅乐舞充斥北魏宫廷宴会中，有损乐舞的教化作用。太和十一年（487），文明太后令曰："先王作乐，所以和风改俗，非雅曲正声不宜庭奏。可集新旧乐章，参探音律，除去新声不典之曲，裨增钟县铿锵之韵。"[③]太和十五年（491），因正声颓废，多好郑卫之音以悦耳目，致乐章散缺，伶官失守，北魏置立乐官，其职责为"厘革时弊，稽古复礼"。北魏统治者对宫廷宴饮中"不雅"乐舞的整治，有利于维护本族统治，营造健康文明的宴饮环境。

北魏于公元534年分裂成东、西两魏，东魏由高欢坐镇别都晋阳遥控朝廷，十七年后被北齐取代。孝武帝不愿作高欢控制的傀儡皇帝，逃往长安投靠宇文泰，西魏建立，享国二十二年，后被北周取代。东、西两魏国祚很短，乐舞大体延续北魏，不再赘述。

（二）北齐宴饮中的乐舞

公元550年，高洋废掉东魏的傀儡皇帝孝静帝，自立为帝，国号齐，后世称北齐。北齐在乐舞发展史上具有较大贡献。高纬是一位有名的迷恋北方少数民族乐舞的帝王，《隋书·音乐志》载"后主（高纬）唯赏胡戎乐"[④]，可见其对北方少数民族乐舞的迷恋。他不但喜爱北方少数民族乐舞，还能自度曲，亲自执乐器，倚弦而歌。高纬之子高恒也不亚于其父，他继承高纬的音乐之风，不但会弹琵琶，还能唱《无愁》之曲，人称"无愁天子"。

---

① （北齐）魏收撰：《魏书》卷一百九《乐志五第十四》，北京：中华书局，1974年，第2828页。

② （北齐）魏收撰：《魏书》卷一百九《乐志五第十四》，北京：中华书局，1974年，第2828页。

③ （北齐）魏收撰：《魏书》卷一百九《乐志五第十四》，北京：中华书局，1974年，第2829页。

④ （唐）魏徵等撰：《隋书》卷十四《志第九·音乐中》，北京：中华书局，1973年，第331页。

北齐统治者还宠爱乐人，如曹妙达、安未弱、安马驹之人。曹妙达，出生于琵琶世家。据《旧唐书》记载，自曹婆罗门受龟兹琵琶于商人，世传其业，到孙曹妙达时，为北齐统治者高阳所重用，高洋常亲自打鼓来应和曹妙达弹奏的琵琶声。高纬对曹妙达的宠爱尤甚其父，封曹妙达为王。

1. 西凉乐在北齐宫廷宴饮中颇为流行。龟兹乐与中原地区乐曲的结合，被称为"西凉乐"。自张骞凿空西域以来，西域地区的音乐开始流入中原地区。魏晋南北朝时期，乐舞的输入主要通过河西地区。其中以西凉乐、龟兹乐、天竺乐最具代表性。这些音乐在传入中原地区之前，先传至河西地区，与当地少数民族音乐、西凉时期传入的中原音乐融合后，再传入中原地区，最后进入宴饮、节日庆典等场合。龟兹乐于吕光灭龟兹后，始传入河西地区。后凉政权灭亡，"其乐分散，后魏平中原，复获之"①。《旧唐书·音乐志》载："自周、隋已来……鼓舞曲多用龟兹乐。"②龟兹乐备受欢迎。北齐制定宫廷乐舞时，杂糅了"西凉之曲"，以备宫廷宴饮之用。从北齐的音乐机构亦足以看出西凉乐的盛行。北齐对西凉乐设有专门的乐署管理，中书省又管理部分乐人，说明北齐统治者对西凉乐极为重视。北齐时，西凉乐的流行带动了歌舞戏的发展。《代面》取材于北齐兰陵王高长恭戴假面破敌的故事。《代面》既是歌舞戏剧，又是歌舞曲，兼具多种表演形式，是北齐战争中乐舞的表现和缩影。表演《代面》舞者，通常以面具蒙脸，身着紫衣金带，手持兵器，模拟兰陵王杀敌时的场景。《代面》乐舞借用了西凉乐的表演形式。《代面》是北齐妇孺皆知的乐舞，不仅深受百姓喜爱，也受士大夫推崇，并在他们的日常宴饮中借以自娱。

2. 北齐宴饮中的乐伎是乐舞私有的体现。北齐时，卢宗道于晋阳设宴，宴饮过程中有伎女弹奏箜篌，士人马士达夸伎女手细白，卢宗道当即将伎女赠送，马士达婉拒之，卢则称要杀伎女，马遭受惊吓，勉强接受。曹妙达为宫廷西域乐人，几代人操持琵琶演奏，至妙达时，深受北齐统治者的恩宠，常在宫廷宴饮时演奏

---

① （唐）魏徵等撰：《隋书》卷十五《志第十·音乐下》，北京：中华书局，1973年，第378页。

② （后晋）刘昫等撰：《旧唐书》卷二十九《志第九·音乐二》，北京：中华书局，1975年，第1068页。

琵琶，为帝王、士大夫助兴。北齐勋臣子弟韩晋明，好酒诞纵，招引宾客尤为奢侈，蓄养家伎女数十人。在乐舞风靡的北齐时代，士大夫们随波逐流，无不蓄养家伎，用以服务宴饮等社交活动，彰显自己的品味和审美。

　　从出土的画像石及宴饮器具可看出北齐宴饮中乐舞的盛行。安阳北齐范粹墓出土的黄釉扁壶，内容为宴会飨和乐舞，如图5-4所示。图中宴会上的舞者，身穿窄袖广衫，头戴民族特色帽，腰间有系带，容貌有别于中原女伎，舞姿充满了异域风情。河北响堂山石窟中所塑造的乐舞人物形象，与北齐范粹墓出土黄釉瓶上的舞伎十分相似。从中可看出，北齐时代，舞伎的形象具有一致性，宴会上舞伎的形象大同小异，具有民族乐舞文化融合的特征。

图5-4　北齐黄釉乐舞扁壶（河南安阳北齐范粹墓出土）

　　另外，百戏等也深受北齐皇帝喜爱。高纬重用陆令萱、穆提婆等以宰制天下，用商人、奴婢、胡户、杂户、歌舞乐人等奏演乐舞，在宫廷宴饮活动中大肆举办百戏、俳优角抵之戏。高纬还宠爱"西域丑胡，龟兹杂伎"等，并给予养伎恩赐。

（三）北周宴饮中的乐舞

　　自张骞凿空西域以后，西域乐入华亦是中外文化交流的产物。魏晋南北朝之际，北方少数民族乐与舞大量传入中原地区，为中原的乐舞注入了新鲜血液。北周武帝在位时，推行了政治、经济、文化方面的改革，一定程度上促进了社会经济发展。北周时，宴饮中的乐舞亦得到了相应发展。

　　1. 北周灭北齐后，接收了北齐的乐与舞。北周取代北齐，亦获得了"高丽乐""百济乐"以及大量伎女。周恭帝平定荆州大获梁朝乐器，遂开始完整地厘定北周祭祀所用乐舞。战争获得的民族乐舞经音乐官署加工处理之后，在皇帝宴请群臣或元正飨会上奏演，这些民族乐舞亦流传至士大夫日常宴饮、节日庆典等活动中。北周还接收了北齐百戏、俳优角抵之戏等。公元579年，北周静帝宇文衍祭祖之际，"大陈杂戏，令京城士庶纵观"[1]，可见俳优、角抵之戏在北周的盛行。但北周帝王"广召杂伎，增修百戏"[2]的娱乐，也导致了"士民从役，只为俳优角抵"[3]的苦难。

2.皇族间通婚促进了北方少数民族乐舞入华。北周和西突厥之间存在姻亲关系，为其乐舞入华提供了渠道。在皇族通婚带来的音乐交流中，北周武帝与西突厥公主阿史那氏最具代表性。天和年间，武帝宇文邕迎娶西突厥公主阿史那氏为后，西域龟兹、安国、康国以及疏勒等的乐人、乐舞亦随嫁而来。这种皇族之间姻亲带来的乐舞交流，比民间乐舞交流更具专业性，水准更高。陪嫁而来的乐人在我国古代音乐发展史上都具有很高造诣。《康国乐》中的《胡旋舞》在北周时颇有名气，这种舞蹈是站在一个小圆毯上左旋右转，如图5-5所示。这些北方少数民族乐舞的传入，经流传或改编后，于宴饮活动中汇演，供帝王、宗亲贵族、士大夫等享乐。

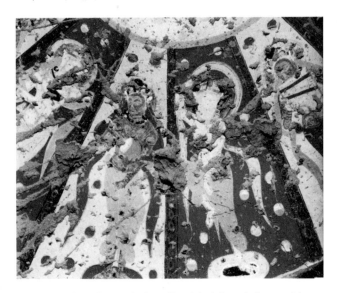

图5-5 胡旋伎乐天人壁画（新疆克孜尔石窟第135窟）

3.宴饮中的琵琶七调与新声，促进了乐律发展。琵琶源自北方少数民族，后陆续传入中原。北周之时，善弹琵琶的龟兹人苏祗婆在琵琶上有很高的造诣。据《隋书·音乐志》载："先是，周武帝时，有龟兹人曰苏祗婆，从突厥皇后（阿史那氏）入国，善胡琵琶。听其所奏，一均之中间有七声。……译因习而弹之，始

①（唐）李延寿撰：《北史》卷十《周本纪下第十·宣帝》，北京：中华书局，1974年，第377页。

②（唐）魏徵等撰：《隋书》卷十四《志第九·音乐中》，北京：中华书局，1973年，第342页。

③（唐）令狐德棻等撰：《周书》卷四十《列传第三十二·乐运》，北京：中华书局，1971年，第724页。

得七声之正。"①苏祇婆作为阿史那氏的陪嫁乐人，把"苏祇婆七调"传入北周。苏祇婆的乐调体系奠定了唐代燕乐的理论基础，促进了古代音乐的发展，尤其是民族乐律的发展。龟兹乐工白智通善于杂以新声，得获教习职位。像苏祇婆、白智通这样的乐人，在宫廷演出及各种宴饮场合备受欢迎。北周统治者宇文邕也是一位热爱北方少数民族乐舞的帝王，他能"自弹胡琵琶"。

　　4.西凉乐广为传唱，宴饮聚会中随处可见。《隋书·音乐志》载："自周、隋已来，管弦杂曲将数百曲，多用西凉乐。"②唐代诗人元稹于《西凉伎》中详细描写了西凉伎人在哥舒翰开府设宴上演奏歌舞的情况："哥舒开府设高宴，八珍九酝当前头。前头百戏竞撩乱，丸剑跳踯霜雪浮。师子摇光毛彩竖，胡腾醉舞筋骨柔。"③西凉乐在北周盛行，对隋唐乐舞的发展产生了重要影响。

　　5.佛教音乐呈现世俗化倾向。佛教自东汉时传入中国，与之相关，佛教音乐亦随之传入中原，佛曲也得以传播。《旧唐书·音乐志》载："张重华时，天竺重译贡乐伎，后其国王子为沙门来游，又传其方音。"④据《魏书·释老志》载："梵唱屠音，连檐接响。"⑤北朝时流行的梵呗声腔，应是汉化处理后的腔调。北周灭北齐时亦获得佛教音乐。当时《于阗佛曲》《天曲》流传于北周，这些曲子体现出佛教音乐的世俗倾向。

　　整体而言，北朝在中国历史上地位特殊，尤其在民族文化融合上具有重要贡献：一方面统治者大力推行"汉化"，效仿中原文化，构建国家礼乐制度，在宴饮中吸纳清商乐等南朝乐舞；另一方面采用西凉乐等少数民族乐曲，以及琵琶、箫等乐器，创造了"华胡兼采"的盛况。这就使得北朝君臣士大夫的宴饮生活得到极大的丰富，他们透过宴饮这个窗口，得以见识、吸收和改造少数民族乐舞，在

---

① （唐）魏徵等撰：《隋书》卷十四《志第九·音乐中》，北京：中华书局，1973年，第345–346页。

② （后晋）刘昫等撰：《旧唐书》卷二十九《志第九·音乐二》，北京：中华书局，1975年，第1068页。

③ （宋）郭茂倩编：《乐府诗集》卷九十六《新乐府辞七·新题乐府上·西凉伎》，北京：中华书局，1979年，第1351页。

④ （后晋）刘昫等撰：《旧唐书》卷二十九《志第九·音乐二》，北京：中华书局，1975年，第1069页。

⑤ （北齐）魏收撰：《魏书》卷一百一十四《释老志十第二十》，北京：中华书局，1974年，第3045页。

继承中华文化的过程中不断改进、创新，为之后隋唐盛世气势磅礴的文化盛况奠定了基础。

第四节　汉魏晋南北朝宴饮乐舞的时代特点及历史影响

宴饮是中国古代社会人们日常赖以沟通情感的平台，人们借由宴饮或抒发情感、或表达政见、或引领社会风尚，其中乐舞较生动形象地体现了宴饮文化的时代特点。汉魏晋南北朝是从统一走向分裂，再从分裂走向融合的特殊历史时期，社会动荡与民族融合是此时期的主要表现。

汉代处于中国古代社会继承秦代政权后的大一统社会环境，国家权力开始集中。汉武帝认识到宴饮乐舞对社会文化的影响力，因此特地命乐府机构对宫廷及士大夫们宴饮上的乐舞进行收集与整理，故该时期一改春秋战国以来"礼崩乐坏"的现实状况，出现了"乐舞浸盛"的景象。汉代宴饮中乐舞的兴盛，为魏晋以降诸代的乐舞发展奠定了基础，尤其是汉代"以俗入雅"的审美趣尚，对之后朝代的宴饮文化产生了深远影响。魏晋南北朝时期政权频繁更迭，但民族之间的融合在政权的更迭中不断加深。该时期的宴饮乐舞，表现出了"胡华兼采"的艺术特色。相对稳定的南方政权以文化的继承者自居，同时，得益于经济发展，造就了"歌谣舞蹈，触处成群"的宴饮盛景。此时北方社会，虽然频经战乱，但短暂的稳定，进一步促进了宴饮乐舞对民族文化的吸收与融合。不同民族之间的文化碰撞，南北地域文化的相互吸收，异域佛教文化的传入等，促使这一时期宴饮文化中的乐舞发展产生新的转变，为其注入了新鲜血液。魏晋南北朝时期的宴饮乐舞可谓上承秦汉雄风、下启盛唐气象，为隋唐宴饮乐舞的繁盛奠定了基础。

一、汉魏晋南北朝宴饮乐舞的时代特点

汉代面临春秋战国以来"礼崩乐坏"的局面，重新构建礼乐成为当时的主要任务。汉初因袭秦朝礼乐机构，将制乐权归属少府，并命少府广泛采取民间曲目，俗乐舞开始出现在宴饮中。汉末儒学衰落，玄学兴起，促进了思想领域的"解放"，士大夫对宴饮中"俗"与"雅"的态度多有转换互通，日渐形成魏晋风度，并折射在艺术创作上。秦汉以来的民间、宫廷乐舞，经永嘉之乱后，日趋呈现出

南北分化的鲜明特点。在民族融合的大背景下，多民族乐舞之间相互交流、融合，成为这一时期宴饮中乐舞发展的"常态"。

1. "由俗入雅"带来新的宴饮文化体验

汉代宴饮文化开启雅俗共赏的新风尚。春秋战国以来，"礼崩乐坏"的现实，迫使新建的汉朝在秦朝短暂统治之后，肩负起重整礼乐的责任。但西汉初年，以往宴饮中的礼乐受到破坏，周代宫廷使用的"雅乐"到了西汉时期鲜有人晓。因此，当汉武帝建立乐府机构、搜集音乐的时候，大量的民间如齐、郑、吴、楚、燕、代、陇右、淮南、河南、南郡等地区的音乐由此传入宫廷，称为"歌诗二十八家，三百一十四篇"[①]。《吴越汝南歌诗》十五篇，《河南周歌诗》七篇，这些收集来的民间俗乐，经乐府加工处理后，被用于朝会、宴饮等场合。到了东汉时期，从民间歌谣中产生的"相和歌"成为宴饮中常使用的音乐。两汉时期君臣士大夫宴饮中开始摆脱先秦"礼乐"的束缚，所谓"乐饮酒酣，必起自舞"，他们常在酒酣之时伴随着奏乐随性起舞，体现了汉代不同于先秦的宴饮文化。另外，被称为"俗舞"的杂舞，以及具有大、杂、奇、险等特点的百戏也广泛流行于士大夫们的宴饮聚会之中。俗乐舞长于抒情，一般不承担任何严肃性的政治教化，有时也不拘泥于礼制的束缚，更易"娱耳目乐心意"，因此得到迅速发展。文化下移，雅俗共赏，是汉代开启的新宴饮文化的显著特征。

2. "以俗为雅"代表民间俗文化在宴饮中的上移

自汉代重构宴饮文化中的乐舞后，民间的乐舞不断地被宫廷宴饮吸纳采用，这就使得人们的宴饮体验得到极大丰富。"以俗入雅"的宴饮乐舞文化特征，逐渐向"以俗为雅"转化。东汉末年长期的战乱纷争，使社会文化遭到巨大破坏，实际上对汉初以来的宴饮产生了严重的冲击。民歌俗乐声律在魏明帝时期被加入雅乐之中，并加以改进，称为"自作声节"。这种改进使原来的声律结构发生了本质变化，标志着真正适应曹魏政权宴饮雅乐体系的形成。晋室南渡后，江南吴歌、西曲亦充实了清商乐。江南吴歌，荆楚西声经清商乐机构改造后，流入宫廷宴饮

---

① （汉）班固撰，（唐）颜师古注：《汉书》卷三十《艺文志第十》，北京：中华书局，1962年，第1755页。

中。魏晋以降，宴饮中流行的"杂舞"种类更加多样化，其中包括《公莫》《巴渝》《槃舞》《鞞舞》《铎舞》《拂舞》《白纻》等。"百戏"经过前期发展，至两晋时期，表演形式更为灵活，内容更为丰富，在宴饮中广受青睐。东晋时期宴饮百戏吸收了北方的技艺与风格，在大型宴饮场合以"白虎橦""辟邪（兽舞）""安息孔雀""胡舞登连"等助兴。虽然魏晋时期宫廷宴饮方面仍有汉代某些"雅"乐舞的继承与使用，但整体趋势是更擅于抒情、长于表演的民间俗文化如"吴歌""楚声"登上宴饮之堂。南北朝时期，南朝由于有北方民众大举南迁，促进了南方地区经济的开发。长江流域商贾云集，城市日渐繁荣，文化日趋兴盛，因而促使宴饮中乐舞盛行。宴饮中的乐舞摆脱礼教的束缚，民间乐舞有选择性地登上大雅之堂，"吴歌杂曲""郑卫之音"在当时广为流传。南朝皇室也作乐制歌，丰富了吴歌内容。此时清商乐亦在北魏宫廷宴饮中流传，"好郑卫之音以悦耳目"是北朝各代宴饮乐舞的特征，"以俗为雅"成为当时社会的风尚。

3. "华胡兼采"，民族文化融合背景下宴饮文化的巨大发展

魏晋南北朝是南北、西域少数民族与中原民族在乐舞文化上大融合的时代，宴饮中的乐舞是其融合的具体表现。自张骞凿空西域以后，中原地区与西域地区的交往日趋密切。至魏晋南北朝时期，外来的乐舞通过战争、皇族通婚、通商等途径大量地传入中原地区，如来自西域的《天竺乐》《康国乐》《安国乐》，以及来自东面的《高丽乐》《百济乐》等。河西地区为中西交通的孔道，占有丝绸之路的中枢地段，是中外文化交流的枢纽。龟兹乐传入河西地区后，与当地传统乐舞相融合成新的乐舞，称为西凉乐。西凉乐流传至魏、周之际被称为"国伎"，于唐代仍盛行。在多民族乐舞文化的大规模交流与融合背景下，西凉乐是多民族乐舞文化交流、融合的典型代表。外来的乐舞经在河西地区转化后，逐渐传入中原，最后汇聚于宫廷宴饮以及各种社交场合，成为文化交流与融合的重要载体。

中国北方各民族乐舞文化与中原乐舞文化交流、融合的同时，乐器也随之传入中国，琵琶便是典型代表。外来乐舞传入中原后，"胡乐舞"也传入南方。北魏征伐南方亦获得南方的"清商乐"，南北虽分立，但在乐舞交流上是双向的。除此之外，南方地区"西曲"的兴起也是各民族乐舞文化交流、融合的产物。外来乐

舞的传入为中国乐舞的发展注入了新活力，宴饮中的乐舞因民族乐舞的融合、交流得到丰富和发展。

4."以佛入雅"促进异域文化对宴饮乐舞的丰富

佛教自汉朝传入中国，经历魏晋南北朝，不再被看作外来宗教。"上自宫廷贵族，下至平民百姓，都相信佛教的轮回报应学说。"[1]佛教音乐也随佛教传入中国。魏晋南北朝时期，佛教音乐已经开始了与中国民间音乐的融合，并逐渐产生一种能够表达佛教思想、义理的佛曲。经梵呗之后，南齐萧子良集译经僧人于京邸，造经呗新声。"素精乐律"的梁武帝，擅长"清商乐"，曾于天监年间改西曲制《江南上云乐》《江南弄》《龙笛曲》等曲目。笃信佛教的梁武帝，在"清商乐"的基础上创作了《善哉》《大乐》《大欢》《天道》《仙道》《神王》《龙王》《灭过恶》《除爱水》《断苦轮》等佛曲。梁武帝借助"正乐"之机，把佛教音乐引入宫廷音乐，"以佛入雅"，实属罕见，真正是"名为正乐，皆述佛法"。除此之外，梁武帝还举办"无遮大会"，以儿童唱梵呗等方式促进了佛教音乐的发展。北魏太武帝统一北部中国，大批用于寺会供养的西域乐舞经龟兹、于阗等地传入，形成"佛曲"音乐。佛教音乐不仅为中国提供了一个多样的宗教音乐系统，而且提供了适合于不同社会阶层的多样的艺术形式。[2]以佛教为题材而流行的"胡旋舞""飞天舞"等舞蹈形式，以其迥异本土的乐舞风格，在中原广受欢迎。佛曲华音、佛舞入华，以佛教为代表的异域文化，被融入当时的乐舞之中，通过宴饮聚会、音乐舞蹈这种形式广为传播。

二、汉魏晋南北朝宴饮乐舞的历史影响

魏晋南北朝宴饮中的乐舞继承秦汉以来宴饮中以乐舞助兴的风气，又在民族乐舞大融合的背景下，选择性地吸收、融合外来的乐舞，为魏晋南北朝宴饮中乐舞的发展注入了新活力，从而形成了具有魏晋风度、南北分明、多民族融合与交流的宴饮乐舞文化。同时，魏晋南北朝宴饮中的乐舞还开启了隋唐宴饮乐舞的气象。因此，魏晋南北朝时期，各民族各地区乐舞的频繁交流，产生了诸多新的乐

---

[1] 任继愈著：《任继愈学术论著自选集》，北京：北京师范学院出版社，1991年，第266页。

[2] 王小盾：《原始佛教的音乐及其在中国的影响》，《中国社会科学》1999年第2期。

舞种类，形成了宴饮中乐舞风格各异、异彩纷呈的局面，为隋唐乐舞的发展奠定了基础。

1.汉代开启的"以俗入雅"民间旨趣上移的宴饮文化现象，为士大夫提供了宴饮这一表意平台。

魏晋是一个思想活跃的时代。西汉以来"罢黜百家，独尊儒术"的主流意识，经东汉、三国以及魏晋的乱世，遭受严重挑战，导致儒学衰落。儒学的衰落是多方面原因造成的，如义理沦丧、官僚腐败、士林堕落等。在社会动荡、政治无序、仕途渺茫的社会环境下，士大夫阶层摆脱礼教束缚，苟全性命于乱世，但一些士大夫又不甘于现状，欲表达不满，他们以反常、非暴力的反抗，带动了魏晋风度的形成。魏晋士大夫不但个性张扬，文化格调高远，气息脱俗，精神境界超然，还能够以质朴、率真的形式来表达他们的各种情态，并长于以艺术形式来表达他们对人世间的体悟。魏晋风度在宴饮音乐中的折射，集中体现在人文音乐的创作方面。魏晋士大夫将人世间的体悟、仕途的失意、恣意的情感注入到他们的音乐创作、演唱中，以音乐创作的形式来寄托他们的思想，以舞蹈来表达他们的情态。魏晋士大夫向往大自然，寄情山水，音乐创作冲出了礼教的藩篱，走向了心灵深处，走向了自我。他们常在山林中聚会宴饮，饮酒、弹琴、赋诗，从自然中获取心灵的慰藉，抒情言志，自娱自乐。在魏晋风度的士人中，"竹林七贤"备受推崇，他们不但擅长于文学，在音乐上也都有很深的造诣，如嵇康的《长清》《短清》《长侧》《短侧》被后人称为"嵇氏四弄"。再如阮籍的《酒狂》被后世争相效仿。音乐的创作或改编成了魏晋士大夫摆脱尘世喧嚣、追求心灵慰藉的渠道，因而出现魏晋风度。此外，魏晋士大夫在宴饮过程中，对追求奢侈的乐舞享乐或改编俗乐不遗余力，如《恒舞》《鸲鹆舞》《拍张舞》等，就是受儒学衰落、玄学兴起的影响。[1]魏晋士人创作的乐舞，在宫廷宴饮及民众日常聚会中广受欢迎。

2.多民族的乐舞融合，极大丰富了席间宴饮的文化内容

宴饮不仅是口福之乐，还是人们交流思想与情感的手段。透过宴饮中的乐舞，可以体会不同民族之间的文化特质。宴饮不仅成为君主及士大夫们放松娱乐的方

---

[1] 汤用彤、任继愈：《魏晋玄学中的社会政治思想和它的政治背景》，《历史研究》1954年第3期。

式，在潜移默化中也形成了对中华民族文化的塑造及认同，宴饮无形中充当了这一媒介。魏晋南北朝时期，通过战争、皇族通婚、通商等渠道传入龟兹、西凉、天竺、高丽等民族的乐舞被隋唐所继承。隋唐时的燕乐是隋唐宫廷宴享乐舞的总称，继承了乐府音乐的成就，容纳了更多的外来音乐。隋唐燕乐融汇了魏晋南北朝宴饮中的乐舞而成：一是汉族传统乐舞，承继《清商乐》而来；二是由丝绸之路传入的外来乐舞，以《龟兹乐》为典型代表；三是魏晋南北朝中外乐舞交流、融合产生的新乐舞，如西凉乐流传至唐代时演变出"胡旋舞"。隋唐燕乐的各部、乐伎的组织形式与魏晋南北朝时乐伎的组织形式具有传承性。可以说魏晋南北朝时期外来的乐舞在中原地区的盛行，或与中原乐舞的交流、融合，促成了隋唐燕乐的形成与发展。隋唐燕乐中的"散乐"，以及一些歌舞戏的表演形式都与魏晋南北朝宴饮中的乐舞关系紧密。魏晋南北朝宴饮中的文人音乐亦被隋唐继承，使文人自我审美的情趣得到前所未有的发展。《旧唐书·音乐志》中记载，"高祖登极之后，享宴因隋旧制"[1]，并使用其曲目，"自周、隋已来，管弦杂曲将数百曲，多用西凉乐，鼓舞曲多用龟兹乐，其曲度皆时俗所知也。惟弹琴家犹传楚、汉旧声，及清调、瑟调，蔡邕杂弄，非朝廷郊庙所用，故不载"[2]。言下之意，西凉乐、龟兹乐是唐代延续周、隋以来宫廷享宴所使用。可见隋唐宴饮中的乐舞对魏晋南北朝以来的传承关系。

3.汉魏晋南北朝宴饮中的乐舞，由"礼教"逐渐脱胎为单纯的娱乐

自汉代宴饮乐舞呈现"以俗入雅"的趋势伊始，传统宴享中乐舞所代表的等级观念、社会秩序受到极大冲击，宴饮乐舞逐渐成为人们愉悦身心、追求感官享受的生活方式。汉代乐府机构从全国各地大量采集的民间乐曲，通过整理改编，服务于帝王、群臣的社交及宴饮生活，汉乐府此举形成俗文化的上移，突破了春秋战国以前礼乐不崩坏、文化不下移的情况。君臣士大夫也开始摆脱先秦礼教束缚，常于酒酣之际随乐起舞。百戏、杂舞这些引人入胜的俗舞蹈也广泛于宴饮场合流行。魏晋南北朝时，佛教传入对传统儒学形成冲击，士人探讨"玄理"，追

---

[1] （后晋）刘昫等撰：《旧唐书》卷二十九《志第九·音乐二》，北京：中华书局，1975年，第1059页。

[2] （后晋）刘昫等撰：《旧唐书》卷二十九《志第九·音乐二》，北京：中华书局，1975年，第1068页。

逐"放浪形骸"，进一步突破固有的礼乐观念，宴饮乐舞的抒情、达意、享乐观念深入人心。两汉宴饮中以俗为雅的审美风气发展至曹魏尤为弥盛。曹魏三祖擅于随兴创作，擅长易抒发情感的"清商乐"，借由铜雀台创制了诸多曲目，被称为"今之清商，实由铜雀"[①]，宴饮乐舞的娱乐性进一步增强。两晋世风日下，仕途凶险，士大夫更不拘泥于礼的束缚，宴饮高兴之余，在醉酒中"放浪形骸"以咏志，创乐舞，手舞足蹈，借以自娱，这种魏晋风度受到后世效仿。《神奇秘谱》中评价阮籍的《酒狂》："籍叹道之不行，与时不合，故忘世虑于形骸之外，托兴于酣酒，以乐终身之志。"[②]政治失意的士大夫最愿意效仿魏晋"今日不作乐，当待何时"的及时行乐情绪，著名的《兰亭集序》便是王羲之在宴饮酒酣之际，挥笔随性留下的杰作。宴饮乐舞发展至南北朝时期，基本上脱离了"礼"的束缚，脱胎为单纯愉悦身心的方式。当时上至帝王、王公贵族，下至士大夫、富商大贾等皆蓄养女乐，以便宴享。自汉代至南北朝时期，宴饮中乐舞的这种功能性变化，标志着宴饮礼的作用不断衰减。

两汉魏晋南北朝处在民族分裂与融合的历史时期，具有"以俗入雅""以俗为雅""华胡兼采""以佛入雅"的时代特色，其中既有对秦汉宴饮中乐舞风气的继承，又有时代背景下的革新。春秋战国以来"礼崩乐坏"的局面导致传统的"礼乐"主导下的社会秩序、等级制度被打乱。因此，汉代建立以后，首要的任务是重建礼乐，遂设乐府机构在民间广泛搜集曲目，由此也促使一大批民间俗乐实现了"以俗入雅"。文化开始下移，汉代宫廷出现雅俗共赏的乐舞情况。这种文化的下移，或俗文化的上移，标志着自汉代伊始，"移风易俗，莫善于乐。安上治民，莫善于礼"[③]的传统礼乐制度出现松动，宴饮中的曲目逐渐向追求感官体验及愉悦身心的作用过渡。与汉代宴饮中的乐舞相比，曹魏时期宴饮中乐舞的功能性进一步突出，宴饮成为君臣士大夫们透过乐舞抒发情感、表达意见的窗口。晋代奢靡之风渐起，以乐舞为代表的宴饮功能性降低，娱乐性、观赏性进一步提高，

---

① （南朝梁）沈约撰：《宋书》卷十九《志第九·乐一》，北京：中华书局，1974年，第553页。

② （明）朱权编纂：《琴书集成》第一册《神奇秘谱》，北京：中华书局，2010年，第127页。

③ 胡平生译注：《孝经译注》附录一《古文孝经·广要道章第十五》，北京：中华书局，2009年，第48页。

这对南朝诸政权产生了重要影响。南北朝时，宴饮多奢靡之风，但南北方都对民族乐舞文化融合抱持相对开放态度，尤其是北朝既大力推动汉化，也积极吸纳其他民族乐舞文化，"华胡兼采"成为南北朝时期宴饮中乐舞的时代特色，极大地丰富了宴饮者的精神生活。经过汉魏晋南北朝"以俗入雅""以俗为雅""以佛入雅""华胡兼采"的一系列宴饮文化传承及变迁，先秦所奉行的礼乐制度从衰落到残存再渐至被抛弃，以宴饮礼乐所代表的表达教化、等级、秩序等观念的传统礼制文化，被追求观赏、寻求愉悦的全新乐舞形式逐渐替代，这一形式随着民间文化、多民族文化、异域文化的交流互通，愈加丰富多彩，这就为隋唐盛世那种气势磅礴、多文化融合的文化盛况奠定了基础。汉魏晋南北朝宴饮舞台中的乐舞演变，也在中国宴饮文化中留下了浓墨重彩的一笔。

第六章　汉魏晋南北朝宴饮中的娱乐

宴饮是一种社会交往方式，除了食、饮、器等物质满足口服之欲，为助添精神愉悦，席间还有各种精神娱乐项目。两汉魏晋南北朝时期，宴饮活动由室内扩展到室外，除了乐舞相伴、饮宴赋诗等文艺活动，席间还有变幻奇妙的百戏表演、展露个人能力的投壶与宴射活动、信手拈来的酒令游戏，以及雅俗共赏的六博。这些穿插在宴饮活动中的精神娱乐活动，丰富了宴饮的内涵。

第一节　宴饮中的百戏

百戏是指糅合倒立、杂耍、幻术、傀儡戏等诸多形式在内的娱乐性活动总称。先秦时期已有百戏，称奇伟戏或角抵，秦朝短暂，未能充分发展。两汉时，大一统王朝对西域各国形成极大的向心力，张骞出使西域及西域使者来朝，丰富了百戏的内容。两汉时规模宏大的角抵百戏表演盛况，借鉴、吸收了传自西域的各类幻术表演，进一步丰富了角抵百戏种类。三国时一些宴饮场合仍有角抵戏，因时局动荡，难言规模，仅在上层社会流行。魏晋南北朝政权更迭频繁，少数民族一度控制北方地区，受佛教、道教发展及魏晋玄学思想的影响，百戏吸收了多元的民族和宗教元素，表演形式和难度更加复杂。

一、百戏名称的源流

百戏源于先秦，当时称"奇伟戏"。《古列女传·孽嬖传》载："末喜者，夏桀之妃也。美于色，薄于德，乱孽无道，女子行，丈夫心，佩剑带冠。桀既弃礼义，淫于妇人，求美女，积之于后宫，收倡优、侏儒、狎徒，能为奇伟戏者，聚之于旁，造烂漫之乐，日夜与末喜及宫女饮酒，无有休时。"①传说夏王桀与喜爱的妃子末喜，宴饮享乐之际，常召集善于表演奇伟戏的倡优或侏儒、狎徒等陪伴奏乐，大臣龙逢进谏获罪被处死。夏朝的奇伟戏，是后来百戏的初始形态。

西汉时，百戏常以"角抵"或"曼衍角抵"的名称出现。《述异志》载："秦汉间说，蚩尤氏耳鬓如剑戟，头有角；与轩辕斗，以角抵人，人不能向。今冀州有乐，名蚩尤戏，其民两两三三，头戴牛角而相抵，汉造角抵戏，盖其遗制也。"②可见，"角抵戏"最初指角力大小的技艺表演，源于先秦时期的蚩尤氏角斗习俗。另外，西汉时还出现"大觳抵"之名，"于是大觳抵，出奇戏诸怪物，多聚观者，行赏赐，酒池肉林，令外国客遍观各仓库府藏之积，见汉之广大，倾骇之"③。百戏在西汉时期还被称为"曼衍之戏"或"曼延之戏"。《事物纪原》载："梁元帝《纂要》曰：百戏起于秦汉、曼衍之戏，后乃有高絙、吞刀、履火、寻橦等也。"④可见，"曼衍之戏"是百戏的另称。"曼延"可能是远古时期的一种怪兽，又称"蝹蜒"，因其体型宽大且长，故得名，"獌，兽之长者，一名蝹蜒。以其长，故从曼从延"⑤。"曼延"因长约百寻，时人也称百寻，"'巨兽百寻，是为曼延'，故云尔。汉武帝作蛇龙曼延之戏，多作水陆虫兽，如熊虎猨狖，怪兽大雀，白虎行孕，海鳞变龙，罔不毕有。以此兽尤奇，故特取之。又百倍其长为百寻，以为戏玩，故薛综云'作大兽长八十丈'也。……独名曼延者，以其形模自然奇怪，又增之令极长，最为可玩，故主名之。又谓之曼衍之戏"⑥。由此可知，西汉百戏名称多样，主要有"角抵""曼衍角抵""大觳抵""曼衍之戏"或"曼延之

---

① （汉）刘向撰，（晋）顾恺之图画:《古列女传》卷七《孽嬖传·夏桀末喜》，北京：中华书局，1985 年，第 189 页。

② （南朝梁）任昉:《述异记》，《四库提要著录丛书·子部》第 243 册，北京：北京出版社，2010 年，第 550 页。

③ （汉）司马迁撰，（南朝宋）裴骃集解，（唐）司马贞索隐，（唐）张守节正义:《史记》卷一百二十三《大宛列传第六十三》，北京：中华书局，1982 年，第 3173 页。

④ （宋）高承撰，（明）李果订，金圆等点校:《事物纪原》卷九《博弈嬉戏部·百戏》，北京：中华书局，1989 年，第 494 页。

⑤ （宋）罗愿撰，石云孙校点:《尔雅翼》卷十九《释兽二·獌》，合肥：黄山书社，2013 年，第 233 页。

⑥ （宋）罗愿撰，石云孙校点:《尔雅翼》卷十九《释兽二·獌》，合肥：黄山书社，2013 年，第 233 页。

戏"等称呼。

东汉时，"百戏"之称开始出现在典籍中。据《东观汉记》载："帝遣单于，缣赐作乐百戏，上幸离宫临观。"[1]东汉时百戏已成为宫廷宴饮的重要娱乐节目，用以款待四方来宾。《后汉书》载："十二月甲子，清河王蒜，使司空持节吊祭，车骑将军邓骘护丧事。乙酉，罢鱼龙曼延百戏。"李贤引《汉官典职》注曰："作九宾乐。舍利之兽从西方来，戏于庭，入前殿，激水化成比目鱼，嗽水作雾，化成黄龙，长八丈，出水遨戏于庭，炫耀日光。"[2]东汉时"鱼龙曼延百戏"是并行称呼，可见"百戏"这一初时概念尚未涵盖鱼龙曼延之类的幻术表演。1992年南阳市卧龙区蒲山2号墓出土的东汉画像石，展现了百戏表演的场景，如图6-1所示，画面右侧两位身形矫健的人各执武器相搏，左侧一头牛正前腿弓屈，头角低抬准备进攻，紧张刺激跃然纸上。1957年在南阳市区出土的二桃杀三士画像石，反映出当时的百戏表演已初具故事情节，内容形象生动，富有魅力。

图6-1 东汉角抵画像石（河南南阳汉画馆藏）

三国时百戏内涵逐渐扩大，种类不断丰富，"百戏"一词使用更加频繁。魏文帝曹丕曾大宴六军及百姓，并举办大型百戏演出："甲午，军次于谯，大飨六军及谯父老百姓于邑东。"《魏书》注曰："设伎乐百戏。"[3]宴饮中上演的百戏精彩纷呈，令人眼花缭乱，"陈旅酬之高会，行无算之酣饮。旨酒波流，肴烝陵积，瞽

① （汉）刘珍等撰，吴树平校注：《东观汉记校注》卷二十《传十五·匈奴南单于》，北京：中华书局，2008年，第886页。

② （南朝宋）范晔撰，（唐）李贤等注：《后汉书》卷五《孝安帝纪第五》，北京：中华书局，1965年，第205-206页。

③ （晋）陈寿撰，（南朝宋）裴松之注，陈乃乾校点：《三国志》卷二《魏书二·文帝纪第二》，北京：中华书局，1982年，第61页。

师设县,金奏赞乐。六变既毕,乃陈秘戏。巴俞丸剑,奇舞丽倒;冲夹逾锋,上索蹋高。舩鼎缘橦,舞轮擿镜。骋狗逐兔,戏马立骑之妙技;白虎青鹿,辟非辟邪。鱼龙灵龟,国镇之怪兽,瑰变屈出,异巧神化。自卿校将守以下,下及陪台隶圉,莫不歆涎宴喜,咸怀醉饱。虽夏启均台之飨,周成岐阳之狩,高祖邑中之会,光武旧里之宴,何以尚兹。"①此时"百戏"已包括跳丸剑、鱼龙变化魔术以及一些高空走绳索或穿越圆环等杂技内容。此外,马均发明的一种水转百戏的木偶,得到时人赞赏,"使博士马均作司南车,水转百戏。岁首建巨兽,鱼龙曼延,弄马倒骑,备如汉西京之制"②,马均的水转百戏木偶十分精巧,既有木人跳丸之态,又有倒立斗鸡之景,"以大木雕构,使其形若轮,平地施之,潜以水发焉。设为女乐舞象,至令木人击鼓吹箫;作山岳,使木人跳丸掷剑,缘絚倒立,出入自在;百官行署,舂磨斗鸡,变巧百端"③。

北朝时,百戏的名称逐渐流传开来,演出兼杂技、歌舞等内容。《魏书》有载:"(天兴)六年(403)冬,诏太乐、总章、鼓吹增修杂伎,造五兵、角抵、麒麟、凤皇、仙人、长蛇、白象、白虎及诸畏兽、鱼龙、辟邪、鹿马仙车、高絚百尺、长趫、缘橦、跳丸、五案以备百戏。大飨设之于殿庭,如汉晋之旧也。"④可见,当时百戏涵盖的范围已逐渐扩展,在北方少数民族音乐入华的背景下,西域、天竺的幻术杂技等新因素的传入,进一步丰富了百戏的表演内容和艺术手段。⑤

简言之,百戏名称历经两汉魏晋南北朝,发生了一些变化,从西汉时期的"角抵戏""曼衍角抵""大觳抵""曼衍之戏"或"曼延之戏"等称呼到东汉时期首次出现狭义的"百戏"名称,直至三国魏晋南北朝时期,"百戏"才渐渐丰富其内涵,成为蕴含歌舞、情景、幻术、杂技等表演形式的总称。

---

① (清)严可均编:《全上古三代秦汉三国六朝文》之《全三国文》卷十九《陈王植·大飨碑》,北京:中华书局,1958年,第1154页。

② (晋)陈寿撰,(南朝宋)裴松之注,陈乃乾校点:《三国志》卷三《魏书三·明帝纪第三》,北京:中华书局,1982年,第105页。

③ (晋)陈寿撰,(南朝宋)裴松之注,陈乃乾校点:《三国志》卷二十九《魏书二十九·方技传第二十九·杜夔》,北京:中华书局,1982年,第807页。

④ (北齐)魏收撰:《魏书》卷一百九《乐志五第十四》,北京:中华书局,1974年,第2828页。

⑤ 李吕婷:《魏晋南北朝百戏研究》,武汉音乐学院硕士学位论文,2007年。

二、宴饮中的百戏种类

两汉大一统王朝稳定局面的形成，为各种文化的繁荣以及娱乐生活的丰富提供了重要保障，当时宴饮中出现的百戏种类逐渐增多，如《史记·大宛列传》载："及加其眩者之工，而觳氏奇戏岁增变，甚盛益兴，自此始。"①到三国魏晋南北朝时期，各民族之间通过和亲、贸易等方式，使得各种文化之间得以相互交融，促进了百戏的进一步发展。北魏道武帝拓跋珪天兴六年（403），道武帝下令增修百戏种类，丰富了百戏的表演类型。两汉魏晋南北朝，百戏大致分为马戏与动物戏、滑稽戏与傀儡戏、幻术、其他杂技四大类型。

（一）马戏与动物戏

马戏是指在马上表演倒立、翻转等动作的一种百戏类型。马戏在两汉时期已经出现，《盐铁论》记载："五色绣衣，戏弄蒲人杂妇，百兽马戏斗虎，唐锑追人，奇虫胡姐。"②河南登封少室山东麓少室阙，藏有一块东汉年间珍贵的马戏图画像石，如图6-2所示，两匹马上各有一名女伎，她们分别在驰骋奔腾的马上表演倒立和长袖舞蹈，可见当时马戏技艺已经发展到较高水平。东汉时，还曾出现过规模宏大的马戏表演，一同表演的马匹多达百匹，如"戏车高橦，驰骋百马。

图6-2 东汉马戏画像石（登封市少室山东麓少室阙藏）

---

① （汉）司马迁撰，（南朝宋）裴骃集解，（唐）司马贞索隐，（唐）张守节正义：《史记》卷一百二十三《大宛列传》，北京：中华书局，1982年，第3173页。

② （汉）桓宽撰集，王利器校注：《盐铁论校注》卷第六《散不足第二十九》，北京：中华书局，1992年，第349页。

连翩九仞，离合上下。或以驰骋，覆车颠倒"[1]，"百马同辔，骋足并驰。橦末之伎，态不可弥"[2]。

魏晋南北朝马戏表演难度愈加复杂。表演艺人在马上不断翻转身姿，并作出猕猴之样，时称猿骑，"又衣伎儿作猕猴之形，走马上，或在胁，或在马头，或在马尾，马走如故，名为猿骑"[3]，反映出杂耍艺人娴熟的马术及不断推陈出新的创新精神。

动物戏是指驯兽、人兽相搏的一种表演。动物戏在汉魏晋南北朝时主要内容包括驯象、驯虎、驯猴、驯熊等。两汉时，大象就曾作为贡物在宫廷典礼或宴饮场合中出现，如汉武帝元狩二年（前121）"南越献驯象、能言鸟"[4]。南阳出土的汉代"胡人训象"画像石，如图6-3所示，图中一虎一象，象后一象奴，深目阔鼻，形象不似汉人，其手执钢钩，跨步驭象。《汉书·西域传》载，武帝时期，"巨象、狮子、猛犬、大雀之群食于外囿。殊方异物，四面而至。"随着"巨象"的引进，使用钢钩驯象之术也传入中国，王充《论衡》："故十年之牛，为牧竖所驱；长仞之象，为越僮所钩，无便故也。"[5]南阳陈棚村出土的汉画像石中，展现了当时驯

图6-3 东汉胡人驯象（南阳英庄汉墓藏）

---

① （清）严可均编：《全上古三代秦汉三国六朝文》之《全后汉文》卷五十《李尤·平乐观赋》，北京：中华书局，1958年，第747页。

② （清）严可均编：《全上古三代秦汉三国六朝文》之《全后汉文》卷五十二《张衡·西京赋》，北京：中华书局，1958年，第764页。

③ （汉）桓宽撰集，王利器校注：《盐铁论校注》卷第六《散不足第二十九》，北京：中华书局，1992年，第365页。

④ （汉）班固撰，（唐）颜师古注：《汉书》卷六《武帝纪第六》，北京：中华书局，1962年，第176页。

⑤ （汉）王充著，黄晖撰：《论衡校释》卷第三《物势篇》，北京：中华书局，1990年，第155页。

熊的场景。建安七年（202），于寘国献给东汉朝廷一些驯服的大象，"七年夏五月庚戌，袁绍薨。于寘国献驯象"①，可见当时驯象技艺较为娴熟。东晋咸康六年（340），林邑（今越南南部）也前来献驯象，"冬十月，林邑献驯象"②。升平元年（357），扶南（今柬埔寨）、天竺（古印度）等国派遣使者向晋穆帝进贡驯象。晋穆帝认为大象怪异，恐有隐患予以退还，"穆帝升平初，复有竺旃檀称王，遣使贡驯象。帝以殊方异兽，恐为人患，诏还之"③。

（二）滑稽戏与傀儡戏

1. 滑稽戏。滑稽戏是指以言语、体型、模仿等方式逗人发笑的表演形式。在宴饮场合中表演滑稽戏，不仅可以活跃席间气氛，有时还被用来针砭时弊、劝谏君王。汉魏晋南北朝时滑稽戏表演者被称为"俳优"，他们大多体型矮小，主要的活动目的是逗人发笑。

早在春秋战国时，就有俳优逗笑的滑稽戏表演。春秋时楚国的优孟以及战国时齐国的淳于髡以此闻名。《史记·滑稽列传》载："岁余，像孙叔敖，楚王及左右不能别也。庄王置酒，优孟前为寿。庄王大惊，以为孙叔敖复生也，欲以为相。优孟曰：'请归与妇计之，三日而为相。'庄王许之。三日后，优孟复来。王曰：'妇言谓何？'孟曰：'妇言慎无为，楚相不足为也。如孙叔敖之为楚相，尽忠为廉以治楚，楚王得以霸。今死，其子无立锥之地，贫困负薪以自饮食。必如孙叔敖，不如自杀。'因歌曰：'……楚相孙叔敖持廉至死，方今妻子穷困负薪而食，不足为也！'于是庄王谢优孟，乃召孙叔敖子，封之寝丘四百户，以奉其祀。后十世不绝。此知可以言时矣。"④优孟通过模仿以戏谑、嘲讽的言辞，让楚庄王意识到已故治水贤能名相孙叔敖妻儿的悲惨境地，从而使其获得优恤，达到劝谏效果。战国时，有一身材矮小、善于劝谏的俳优淳于髡，多次以隐言微语的方式讽

① （南朝宋）范晔撰，（唐）李贤等注：《后汉书》卷九《孝献帝纪第九》，北京：中华书局，1965年，第382页。

② （唐）房玄龄等撰：《晋书》卷七《帝纪第七·成帝》，北京：中华书局，1974年，第182页。

③ （唐）房玄龄等撰：《晋书》卷九十七《列传第六十七·四夷·南蛮·扶南国》，北京：中华书局，1974年，第2547页。

④ （汉）司马迁撰，（南朝宋）裴骃集解，（唐）司马贞索隐，（唐）张守节正义：《史记》卷一百二十六《滑稽列传第六十六》，北京：中华书局，1982年，第3201-3202页。

谏威王，终使沉迷酒色、疏于国政的齐威王居安思危，革新朝政，成语"不鸣则已，一鸣惊人"就由此而来。

两汉时，滑稽戏成为宴会上必不可少的娱乐节目。俳优表演中常脱颖而出不少高超艺人，代表性的有汉武帝时候的郭舍人，"优倡之伎，自古有之。若齐奏宫中之乐，倡优侏儒戏于前。汉惠帝世安、陵啁之类，武帝时幸倡，郭舍人滑稽不穷"①。汉惠帝在世时，吕后专权，便沉迷声色犬马，尤爱俳优，死后葬于安陵，"徙关东倡优乐人五千户以为陵邑，善为啁戏，故俗称女啁陵也"②。武帝也宠爱俳优郭舍人。东汉时，侏儒之戏颇有争议，《后汉书·陈禅传》记载："永宁元年（301），西南夷掸国王献乐及幻人，能吐火，自支解，易牛马头。明年元会，作之于庭，安帝与群臣共观，大奇之。禅独离席举手大言曰：'昔齐鲁为夹谷之会，齐作侏儒之乐，仲尼诛之。'"③面对西南少数民族献乐及精通幻术之人，陈禅以侏儒之戏来比喻幻术、主张禁止。汉画像石中有不少滑稽戏表演内容，图6-4是汉代乐舞百戏画像石，宴席右边坐着两位对饮的宾客，中间是三位吹奏艺人，左边是两位表演滑稽戏的俳优，正卖力演出。由此不难想象两汉宴会中滑稽戏表演的盛行程度及带给宴饮的欢愉和热闹。

图6-4 东汉乐舞百戏画像石（南阳汉画馆藏）

① （宋）陈旸撰，蔡堂根、束景南点校：《中华礼藏·礼乐卷·乐典之属》第二册《乐书》，杭州：浙江大学出版社，2016年，第1034页。

② 刘庆柱辑注：《关中记辑注》之八《帝王陵墓·汉惠帝陵及其陪葬墓》，西安：三秦出版社，2006年，第110页。

③ （南朝宋）范晔撰，（唐）李贤等注：《后汉书》卷五十一《李陈庞陈桥列传第四十一·陈禅》，北京：中华书局，1965年，第1685页。

三国魏晋南北朝，滑稽戏仍受欢迎。曹操在宴会上经常观看滑稽戏，且常常开怀大笑，乐此不疲，"魏武好倡优，每至欢笑，头没杯案中"①。献计、支持曹操都许的重臣董昭在失势时，授意侏儒艺人在朝会上扮演自己，"董昭为魏武帝重臣，后失势。文明入世，为卫尉。昭乃厚加意于侏儒。正朝大会，侏儒作董卫尉啼，面言昔太祖时事，举坐大笑。帝怅然不怡。月中为司徒"②。在魏明帝宴会上，董昭以侏儒戏引魏明帝关注自己的旧事，后得以升官，可见滑稽戏正事戏说的侧面功效。北齐武平年间，也有俳优侏儒的表演形式，"北齐武平中，有鱼龙烂漫、俳优、侏儒、山车、巨象、拔井、种瓜、杀马、剥驴等，奇怪异端，百有余物，名为百戏。后周武帝保定初，诏罢元会殿庭百戏。宣帝即位，郑译奏征齐散乐，并会京师为之。盖秦角抵之流也。（及宣帝即位）而广召杂伎，增修百戏，鱼龙漫衍之伎常陈于殿前，累日继夜，不知休息"③。

2. 傀儡戏。汉魏晋南北朝时，席间表演形式，除了有滑稽戏逗乐调节气氛，还有傀儡戏。傀儡戏指类似于提线木偶之类的表演形式，所谓"弄傀儡子，曰弄木偶"④。

傀儡戏的记载，最早出现于春秋时期。据说周穆王时的巧匠偃师，擅长制作木偶并会表演，《列子》记载："道有献工人名偃师，穆王荐之，问曰：'若有何能？'偃师曰：'臣唯命所试。然臣已有所造，愿王先观之。'穆王曰：'日以俱来，吾与若俱观之。'越日偃师谒见王，王荐之曰：'若与偕来者何人邪？'对曰：'臣之所造能倡者。'穆王惊视之，趣步俯仰，信人也巧夫。鎮其颐则歌合律，捧其手则舞应节，千变万化，惟意所适，王以为实人也。与盛姬内御并观之。技将终，倡者瞬其目而招王之左右侍妾，王大怒，立欲诛偃师。偃师大慑，立剖散倡者以示王，皆傅会革木胶漆白黑丹青之所为。王谛料之。内则肝胆心肺、脾肾肠胃，外则筋骨支节皮毛齿发，皆假物也。而无不毕具者。合会复如初见。王

---

① （宋）陈旸撰，蔡堂根、束景南点校：《中华礼藏·礼乐卷·乐典之属》第二册《乐书》，杭州：浙江大学出版社，2016年，第1034页。

② （清）杭世骏撰：《三国志补注》卷三《程郭董刘蒋刘传》，北京：中华书局，1985年，第42页。

③ （唐）杜佑撰，王文锦等点校：《通典》卷第一百四十六《乐六·散乐》，北京：中华书局，1988年版，第3728页。

④ （宋）任广撰：《书叙指南》卷九《乐工倡伎》，北京：中华书局，1985年，第103页。

试废其心则口不能言，废其肝则目不能视，废其肾则足不能步。穆王始悦而叹曰：'人之巧，乃可与造化者同功乎。'诏二车载之以归。"①"偃师惧，立剖散倡者，皆革木、胶漆之所为。此是傀儡之始。"②表演结束时，因木偶眨眼挑逗穆王身边妃嫔惹怒穆王，欲杀偃师，偃师惧怕而忙毁坏木偶，说明木偶是假物所造而非真人才躲过一劫。

一种说法认为傀儡戏源于西汉平城战役。公元前200年，刘邦率军抵抗匈奴，被围困在平城白登山，据《类说校注》记载："傀儡子，起汉祖'平城之围'，其城一面即冒顿妻阏氏，兵强于三面。陈平访知阏氏妒，乃造木偶人，运机关，舞埤间。阏氏望见，谓是生人，虑下城冒顿必纳，遂退军。史家但云秘计，鄙其策下耳。后翻为戏，其引歌舞有郭郎者，髡发，善优笑，凡戏场必在俳儿之首。"③刘邦的部下听闻冒顿单于的妻子阏氏善妒，便利用木偶跳舞，阏氏误以为木偶是真人，担心会被冒顿单于纳为妾，故劝说冒顿退兵。故事后来被演绎成傀儡戏的情节之一。一位叫郭郎的秃头俳优，演出精湛，颇受欢迎，后人便以郭秃作为傀儡戏的俗名，"傀儡子有郭秃。《风俗通》云：'诸郭皆讳秃。'当是前代人有姓郭而病秃者，滑稽戏调；故后人为其像，呼为'郭秃'"④。

早期傀儡戏常出现于举办丧事的宴会上。"今俗因人之丧以求酒肉，幸与小坐而责辨，歌舞俳优，连笑伎戏。"⑤汉末，时人几乎不知傀儡戏曾作为丧事的仪式，并逐渐演变成宴会中的娱乐性节目之一。对于傀儡戏的发展，《事物纪原》记载："汉末始设之嘉会，不知何以为丧乐。"⑥"《风俗通》曰：'汉灵帝时，京师

---

① （战国）列御寇撰，张湛注：《列子》卷五《汤问第五》，北京：中华书局，1985年，第70-71页。

② （清）陈云龙撰：《格致镜原》卷六十《玩戏器物类二·傀儡》，清文渊阁《四库全书》本。

③ （宋）曾慥编纂，王汝涛等校注：《类说校注》卷十六《乐府杂录·傀儡子》，福州：福建人民出版社，1996年，第503页。

④ （宋）曾慥编纂，王汝涛等校注：《类说校注》卷四十四《颜氏家训·郭秃》，福州：福建人民出版社，1996年，第1339页。

⑤ （西汉）桓宽撰集，王利器校注：《盐铁论校注》卷六《散不足第二十九》，北京：中华书局，1992年，第353-354页。

⑥ （宋）高承撰，（明）李果订，金圆等点校：《事物纪原》卷九《博弈嬉戏部·傀儡》，北京：中华书局，1989年，第493页。

宾昏嘉会，皆作魁儡。'梁散乐亦有之。北齐后主高纬尤所好也。《颜氏家训》注云：'古有秃人，姓郭，好谐谑。'今傀儡郭郎子是也。"①汉灵帝时期，京城的婚礼宴会上常上演傀儡戏，南朝梁时仍在延续，北齐后主高纬也十分喜爱。

汉魏晋南北朝时期，宴会娱乐节目一直较为流行傀儡戏，包括兼具讥讽和诙谐于一身的滑稽戏以及以木偶为表演工具的傀儡戏。

（三）幻术

幻术是指利用一些手段变幻出奇特景象或幻象之类的技艺，类似于现今的魔术表演，但其涵盖范围要大于魔术。汉魏晋南北朝时期，幻术表演规模宏大，随着佛教传入和道教发展，幻术表演逐渐夹杂宗教色彩。幻术表演的种类繁多，主要包括吞刀吐火、挖肉洗肠、自缚自解、鱼龙曼延、易牛马头等。其中，易牛马头的表演，从图6-5中可略见一斑。图中，中间是一个牛身马头的动物，左边一人一手拿壶，一手举斧，朝着中间动物的方向施加法术；右边一人，手举树枝状的道具朝向中间似在不断舞动身体，整个表演具有神秘感。

图 6-5 东汉幻术画像石（现存河南登封万岁峰下启母阙）

东汉时，易牛马头变幻成不同形态的动物，或变幻为比目鱼，或变幻为黄龙，令观者应接不暇，"易牛马首，奇虫即鱼龙戏也。后汉天子，临轩设乐，舍利兽从

---

① （北齐）颜之推撰，王利器整理：《颜氏家训集解》卷第六《书证第十七》，北京：中华书局，1993年，第506页。

西方来，献于殿前，激水化成比目鱼，跳跃漱水，作雾翳目而成，化为黄龙，长八丈游戏，挥耀日光"[①]。此外，宴会中更加常见的是吞刀吐火的幻术表演。

东汉人李尤在《平乐观赋》中描写道："吞刀吐火，燕跃鸟峙。"[②]吐火表演的场景完好地保存在河南登封启母阙的浮雕之上。启母阙于东汉元初五年（118）修建，主要为祭祀嵩山而建。图6-6是启母阙中的一部分。从图中可见，中间一位艺人前伸右腿，双手抱举罐子，罐子上方散发出一团火焰。吐火术传自西域，图中表演者鼻梁较高，估计是来自西域的艺人。据《后汉书·哀牢传》记载，"永宁元年（301），掸国王雍由调复遣使者诣阙朝贺，献乐

图6-6　东汉吐火画像石（现存河南登封万岁峰下启母阙）

及幻人，能变化吐火，自支解，易牛马头。又善跳丸，数乃至千。自言我海西人。海西即大秦也，掸国西南通大秦"[③]。西南方掸国献乐及表演幻术的艺人来汉，数千人自称为海西人。海西即大秦，位于古罗马地区。可见幻术表演得益于与西域的交流。

两汉的幻术表演远不止吞刀吐火这些简单的节目。张衡的《西京赋》中生动描绘了幻术表演的盛况："熊虎升而拿攫，猿狖超而高援。怪兽陆梁，大雀踆踆。白象行孕，垂鼻辚囷。海鳞变而成龙，状蜿蜿以蝹蝹。含利颰颰，化为仙车。骊驾四鹿，芝盖九葩。蟾蜍与龟，水人弄蛇。奇幻倏忽，易貌分形。吞刀吐火，云雾杳冥。画地成川，流渭通泾。东海黄公，赤刀粤祝。冀厌白虎，卒不能救。挟

①　（明）徐应秋辑：《玉芝堂谈荟》卷十四《漫衍角抵》，《四库提要著录丛书·子部》第172册，北京：北京出版社，2010年，第401页。

②　（清）严可均编：《全上古三代秦汉三国六朝文》之《全后汉文》卷五十《李尤·平乐观赋》，北京：中华书局，1958年，第747页。

③　（南朝宋）范晔撰，（唐）李贤等注：《后汉书》卷八十六《南蛮西南夷传第七十六·西南夷·哀牢》，北京：中华书局，1965年，第2851页。

邪作蛊，于是不售。"[1]幻术表演既包括变幻人形、模仿动物，又能画地成川，幻化云雾与海市蜃楼，甚至还有故事情节。

汉末时幻术表演更加玄幻。汉末时，一位技艺十分精湛的幻术艺人名左慈，《后汉书·方术列传》记载："左慈字元放，庐江人也。少有神道。尝在司空曹操坐，操从容顾众宾曰：'今日高会，珍羞略备，所少吴松江鲈鱼耳。'放于下坐应曰：'此可得也。'因求铜盘贮水，以竹竿饵钓于盘中，须臾引一鲈鱼出。操大拊掌笑，会者皆惊。……操使目前脍之，周浃会者。操又谓曰：'既已得鱼，恨无蜀中生姜耳。'放曰：'亦可得也。'操恐其近即所取，因曰：'吾前遣人到蜀买锦，可过敕使者，增市二端。'语顷，即得姜还，并获操使报命。"[2]相传左慈在曹操宴会上，先后变出松江鲈鱼、烹饪鲈鱼的蜀中生姜及很快获得买蜀锦使的消息等，充满魔幻。《抱朴子》中还记载其近乎神仙的其他事迹。

三国时期的幻术表演者还与佛教传播息息相关。僧侣为了宣传佛法，建立寺庙，有时利用幻术表演来赢得信徒。来自西域的僧人康僧会来到吴国，为了在江左地域传播佛法，他在孙权面前表演了焚香炼舍利，舍利不坏，铜盘、砧磓却碎的节目："既入五更，忽闻瓶中枪（锵）然有声，会自往视，果获舍利。明旦呈权，举朝集观，五色光炎，照耀瓶上。权自手执瓶，泻于铜盘，舍利所冲，盘即破碎。权大肃然惊起，而曰：'希之有瑞也。'……乃置舍利于铁砧磓上，使力者击之，于是砧磓俱陷，舍利无损。权大叹服，即为建塔。"[3]僧人的表演令孙权折服。这一表演无疑取得了孙权的信任，随后孙权批准其在江左建立庙宇。

魏晋南北朝时期的幻术表演也与僧侣传教密不可分。晋怀帝永嘉四年（310），佛图澄从西域来到洛阳，他以表演清洗五脏六腑而毫发无伤闻名。后来为劝说将军石勒不要滥杀无辜，表演水生莲花的幻术，最后成功说服石勒推行德政："佛

①（清）严可均编：《全上古三代秦汉三国六朝文》之《全后汉文》卷五十二《张衡·西京赋》，北京：中华书局，1958年，第764页。

②（南朝宋）范晔撰，（唐）李贤等注：《后汉书》卷八十二《方术列传第七十二下》，北京：中华书局，1965年，第2747页。

③（南朝梁）释慧皎撰，汤用彤校注，汤一玄整理：《高僧传》卷第一《译经上·魏吴建业建初寺康僧会》，北京：中华书局，1992年，第16页。

图澄，天竺人也。本姓帛氏。少学道，妙通玄术。永嘉四年，来适洛阳。自云百有余岁，常服气自养，能积日不食。善诵神咒，能役使鬼神。腹旁有一孔，常以絮塞之，每夜读书，则拔絮，孔中出光，照于一室。又尝斋时，平旦至流水侧，从腹旁孔中引出五藏六府洗之，讫，还内腹中。又能听铃音以言吉凶，莫不悬验。及洛中寇乱，乃潜草野以观变。石勒屯兵葛陂，专行杀戮，沙门遇害者甚众……勒召澄，试以道术。澄即取钵盛水，烧香咒之，须臾钵中生青莲花，光色曜日，勒由此信之。"[1]还有僧人擅长表演吞针术。由此可知，魏晋南北朝的佛教发展促进了幻术表演形式的多样化。

汉魏晋南北朝时期的幻术表演异彩纷呈。从简单的身体变幻魔术（如易牛马头、自缚自解），到利用障眼法（如吞刀、吐火）表演获得惊奇效果，都反映出这一特点。值得关注的是，佛教的传播促进了幻术的发展，僧侣成为幻术表演不可或缺的重要角色。

（四）其他杂技

除了马戏、动物戏、滑稽戏、傀儡戏及幻术表演，汉魏晋南北朝时期宴会上的娱乐活动还有倒立、跳丸、扛鼎、舞轮、都卢寻橦、高絙、凌高履索等。

1. 倒立。倒立表演有时单独组成一个宴饮娱乐节目，有时也与其他百戏种类相结合，组成令观者赞叹不已的高超表演。倒立表演的形式往往千变万化，艺人会借助高大的树木、樽等，表演高空或隔物倒立。图6-7是表演者在树木顶端倒立，图6-8里面两位女艺人在樽上单手相对倒立，双脚高抬，姿态优美。倒立技艺后来愈加复杂，随着汉族与西域之间各民族的频繁交流，倒立逐渐形成融合西域特色的百戏表演形式之一，萧亢达指出安息五案及迭

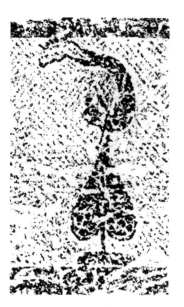

图 6-7 东汉倒立画像石（现存河南登封中岳庙前太室阙）

---

① （唐）房玄龄等撰：《晋书》卷九十五《列传第六十五·艺术·佛图澄》，北京：中华书局，1974年，第2485页。

图 6-8 东汉樽上倒立画像石（南阳汉画馆藏）

椅倒立这种叠案术就是吸收了安息杂技的某些成分。[1]由此可以想象汉魏晋南北朝时期宴会中倒立表演的精彩程度。

2. 跳丸。跳丸是指表演者向空中抛掷数量不等的丸并有序接住。与跳丸相类似的还有跳剑。后来跳丸与跳剑逐渐结合，时称跳丸剑。两汉时期的宴会上就出现过跳丸表演。1978年，唐河县新店郁平大尹墓出土了新莽天凤五年（18）的弄壶跳丸画像石，见图6-9，图中右边一人在表演跳丸，丸子被抛掷空中，双手伸展，两侧抬起，反映出跳丸艺人真实的表演情景。东汉文史学家李尤在《平乐观赋》中提及"飞丸跳剑，沸渭回扰"[2]。东汉元初年间，檀国献贡擅长幻术表演的艺人，其中有人可以同时抛接十个丸子："及安帝元初中，日南塞外檀国献幻人，能变化吐火，自支解，又善跳丸，能跳十丸。"[3]曹植还一时兴起表演过"胡舞五椎锻，

图 6-9 新莽弄壶跳丸画像石（南阳汉画馆藏）

---

① 萧亢达编著：《汉代乐舞百戏艺术研究》（修订版），北京：文物出版社，2010年，第214-215页。

② （清）严可均编：《全上古三代秦汉三国六朝文》之《全后汉文》卷五十《李尤·平乐观赋》，北京：中华书局，1959年，第747页。

③ （晋）袁宏撰，张烈点校：《后汉纪·孝殇皇帝纪卷第十五》，北京：中华书局，2002年，第302页。

跳丸击剑，诵俳优小说数千言讫"①，曹植是跳"胡舞"、击剑加诵读，可谓才艺满满。魏晋时，跳丸舞剑表演精彩绝伦，傅玄在《正都赋》中这样写道："手戏绝倒，凌虚寄身，跳丸掷堀，飞剑舞轮。"②南北朝时，跳丸也称跳铃伎，技艺更加复杂，梁代就有跳丸和跳剑的混合表演，"梁又设跳铃、跳剑"③。北魏天兴年间，道武帝颁布的百戏种类之中也提及跳丸。跳丸在明代发展更加成熟，"今有弄七丸，二常在手，五常在空"④。

3. 扛鼎。扛鼎是指将铜铁鼎或者其他重物举过头顶的一项杂技。汉魏晋南北朝时，又称乌获扛鼎或夏育扛鼎，借古代大力士乌获和夏育的名字而命名。河南方城县博望镇出土了一块扛鼎浮雕，如图6-10所示，力士一腿半跪，一腿前趋，身体重心偏向左侧，右手举着一个颇具重量的壶器。从图中可以窥见当时扛鼎技艺表演的基本形态。张衡在《西京赋》中提及了长安城内大型且丰富的百戏活动，其中"乌获扛鼎"便是重头戏之一。另外，李尤在《平乐观赋》中赞叹扛鼎技艺是"乌获扛鼎，千钧若羽"⑤。

4. 舞轮。舞轮是指艺人用双手舞动古代车轮的技艺。这项技艺在汉代就已经出现，但目前留存下来的文献记载最早是在两晋时期，即傅玄所言"跳丸掷堀，飞剑舞轮"。

图6-10 东汉扛壶力士画像石（河南方城县博物馆藏）

① （晋）陈寿撰，（南朝宋）裴松之注，陈乃乾校点：《三国志》卷二十一《魏书二十一·王卫二刘傅传第二十一·徐幹陈琳阮瑀应场刘桢》，北京：中华书局，1982年，第603页。

② （清）严可均编：《全上古三代秦汉三国六朝文》之《全晋文》卷四十五《傅玄·正都赋》，北京：中华书局，1958年，第1715页。

③ （元）马端临著，上海师范大学古籍研究所等点校：《文献通考》卷一百四十七《乐考二十·散乐百戏》，北京：中华书局，2011年，第4418页。

④ （明）方以智撰，诸伟奇等整理：《通雅》，合肥：黄山书社，2019年，第24页。

⑤ （清）严可均编：《全上古三代秦汉三国六朝文》之《全后汉文》卷五十《李尤·平乐观赋》，北京：中华书局，1958年，第747页。

南朝梁也有关于舞轮的记载："梁有舞轮伎，今之舞车轮者。则是此戏自梁世始有之也。"①说舞轮始自梁有些武断，因为汉朝壁画中就已有舞轮技艺。汉代就已有的舞轮之技，在魏晋南北朝时仍为世人所称道。

5. 高空杂技类项目。宴饮娱乐中不可或缺的百戏种类还有高空类的杂技项目，主要包括都卢寻橦、高絙、凌高履索等。这类杂技危险系数高，需要表演者具备较高的平衡能力以及良好的表演心态。因为杂技类项目的难习和罕见，常会吸引宾客注意，具有更多的娱乐观感。据《事物纪原》载："又曰：梁有高絙伎云。今戏绳者，世谓上索者是也。亦踏索之事云，非自梁始也。又有弄碗诸伎。后汉天子正旦受贺，以大绳系两柱，相去数丈，两倡女对舞，行于绳上，相逢比肩而不倾。"②可见，高絙这类高空杂技在两汉时就常出现在宫廷宴饮场合，魏晋南北朝时亦不难见到。

汉魏晋南北朝时，广受欢迎的宴饮娱乐活动，既有种类繁多的百戏，如马戏、动物戏、滑稽戏、傀儡戏等，又有变化多端的幻术，也有跳丸、扛鼎、舞轮、高空杂技等其他技艺。汉魏晋南北朝时的百戏深受西域诸国的影响，如两汉和东晋时期于窴国献象等活动推动了动物戏的发展，倒立表演中的安息五案等形式源自安息国的杂耍艺人。三国魏晋南北朝时的幻术夹杂着宗教色彩，僧侣为了传播佛教建立寺庙，通过幻术表演来赢取信任和信徒，如三国时期的康僧会、两晋时期的佛图澄等，推动了幻术发展。这些眩人耳目的百戏令预宴者叹为观止，有力助添了饮宴氛围，极大丰富了宴饮活动的内容和形式，提升了宴饮活动的档次和规模。

三、百戏的管理机构

百戏在汉魏晋南北朝时期，经常成为宫廷宴饮甚至私人宴请中的重要组成部分。为便于管理，官方设置了相应的管理机构。不同时期，管理机构有所调整和变化。

---

① （宋）高承撰，（明）李果订，金圆等点校：《事物纪原》卷九《博弈嬉戏部·舞轮》，北京：中华书局，1989年，第494页。

② （宋）高承撰，（明）李果订，金圆等点校：《事物纪原》卷九《博弈嬉戏部·高絙》，北京：中华书局，1989年，第494页。

西汉时期，百戏管理机构是设置在上林苑的乐府。其中具体负责掌管百戏诸多事宜的官员是黄门倡。据《西汉年纪》载："秋，少府召信臣奏罢上林宫馆希御幸者二十五所。又奏省乐府黄门倡优诸戏，及宫馆兵弩什器减过大半。"①西汉竟宁年间，少府官员召信臣上奏请求减少乐府管辖下的黄门倡优等百戏，可见，百戏管理机构是黄门倡。后来汉哀帝下诏："惟世俗奢泰文巧，而郑卫之声兴。夫奢泰则下不孙而国贫，文巧则趋末背本者众，郑卫之声兴则淫辟之化流，而欲黎庶敦朴家给，犹浊其源而求其清流，岂不难哉！孔子不云乎：'放郑声，郑声淫。'其罢乐府官。郊祭乐及古兵法武乐，在经非郑卫之乐者，条奏，别属他官。"②汉哀帝不喜音乐，加上汉成帝以来倡优诸戏乐人日益晋升富裕阶层，便下令罢免乐府机构。罢免过程中，波及从事百戏表演的人员，如"缦乐鼓员十三人。（师古曰：'缦乐，杂乐也，音漫。'）凡鼓八，员百二十八人，朝贺置酒，陈前殿房中，不应经法。治竽员五人，楚鼓员六人，常从倡三十人，常从象人四人，（孟康曰：'象人，若今戏虾鱼师子者也。'韦昭曰：'着假面者也。'师古曰：'孟说是。'）诏随常从倡十六人，秦倡员二十九人，秦倡象人员三人，诏随秦倡一人，雅大人员九人，朝贺置酒为乐"③。可以推断，哀帝时宴饮中的百戏表演有所减少，这与罢免管理机构息息相关。

东汉时百戏的管理机构演变为少府，专门负责百戏管理的官员为承华令。据《钦定历代职官表》可知，承华令作为少府的一种属官，主要负责管理黄门鼓吹以及百戏表演的人员，"后汉少府属官有承华令，典黄门鼓吹百三十五人、百戏师二十七人"④。

三国时魏国负责管理百戏的机构是太乐。黄初年间，音乐家杜夔曾任太乐令。

① （宋）王益之撰，王根林点校：《西汉年纪》卷二十四《成帝》，北京：中华书局，2018年，第500页。

② （汉）班固撰，（唐）颜师古注：《汉书》卷二十二《礼乐志第二》，北京：中华书局，1962年，第1072–1073页。

③ （汉）班固撰，（唐）颜师古注：《汉书》卷二十二《礼乐志第二》，北京：中华书局，1962年，第1073–1074页。

④ （唐）李林甫等撰，陈仲夫点校：《唐六典》卷第十四《太常寺·鼓吹署》，北京：中华书局，1992年，第406页。

西晋时期，百戏的管理机构为太常寺。隶属于太常寺的属官鼓吹令具体负责百戏的演出与安排等事宜。东晋百戏管理机构演变为太乐，"太元中，苻坚败后，得关中檐橦胡伎，进太乐"①。

南北朝时百戏的管理机构也有所不同。南朝时管理百戏的机构主要是太常，负责百戏的官员为鼓吹令或鼓吹署下的人员或清商令丞。北齐时期，清商令丞掌管百戏和鼓吹乐，"北齐清商令丞掌百戏及鼓吹乐"②。梁、陈两朝的百戏管理机构几乎相同，是隶属于太常寺的鼓吹署，"至梁，太常卿统鼓吹令、丞及清商署，陈因之"③。北魏天兴六年（403），诏令太乐、总章、鼓吹，并增修杂技，设立的太乐官主要负责管理百戏和总章、鼓乐等。可见，北魏时期的百戏管理机构是太乐。

从两汉到魏晋南北朝，百戏的管理机构发生了一系列变更。无论是西汉隶属于乐府的黄门倡及东汉时期隶属于少府的承华令，还是魏晋南北朝时期隶属于太常的鼓吹署或清商令丞，都反映了宫廷宴饮活动中百戏的规模和规格，以至于设立专门的管理机构。另一方面，百戏管理机构的变化与百戏发展过程中出现的问题息息相关。在百戏的发展中衍生出一些粗俗不堪的内容以及过度崇尚奢侈的风气，与官方所提倡的尊儒学重礼乐的思想相背离，社会时有禁革百戏的呼声。④管理机构的不断变迁反映了百戏自身发展与官方所倡导的价值理念之间的分歧与磨合。

综上可知，不同时期，百戏呈现不同的称呼，由先秦时期的奇伟戏到西汉的曼衍角抵、东汉的百戏，再到三国魏晋南北朝时内涵逐渐丰富的百戏总称。在系列发展过程中，百戏种类不断丰富，并融合、吸收西域技艺，主要包括马戏与动物戏、滑稽戏与傀儡戏、幻术以及其他精彩纷呈的攀高、倒立等杂技。随着百戏在宴饮中的频繁上演，官方开始设立管理百戏的机构，说明百戏在汉魏晋南北朝宴饮场合的重要性以及变化轨迹。

---

① （南朝梁）萧子显撰：《南齐书》卷十一《志第三·乐》，北京：中华书局，1972年，第195页。

② （元）马端临著，上海师范大学古籍研究所等点校：《文献通考》卷一百四十七《乐考二十·散乐百戏》，北京：中华书局，2011年，第4420页。

③ （唐）李林甫等撰，陈仲夫点校：《唐六典》卷第十四《太常寺·鼓吹署》，北京：中华书局，1992年，第406页。

④ 常乐：《魏晋南北朝百戏的演出与禁毁》，《河北北方学院学报（社会科学版）》2009年第3期。

第二节　宴饮中的投壶与宴射

除了规模盛大、多姿多彩的百戏，活跃在汉魏晋南北朝宴会上的娱乐，还有展现个人魅力与技艺的投壶与宴射活动。投壶是指将矢投入壶内，起源于春秋战国时期的宴饮之礼，汉魏晋南北朝时逐渐呈现娱乐性趋势，成为宫廷或私人宴会上经常举行的活动。宴射是指在宴会上举办的射箭节目，常常用来调节宴会的气氛，北朝时期尤为盛行。

一、宴饮中的投壶

春秋战国时期，投壶主要是反映宴饮中款待宾客的一种礼节，"古者燕饮，有投壶之礼。故投筹谓之矢，胜算谓之马。赞其礼则以司射，实其算则以射中，弦其诗则以射节之《狸首》，鼓其节则以射鼓之半，而释算数算，胜饮不胜，皆与射礼相类。则投壶亦兵象，人情所恶也；饮酒相乐，人情所欲也。"[①]宴会之上的投壶不单纯是娱乐性活动，更多是体现对宾客的尊重与礼待。投壶礼后，还会演奏特定的乐曲《狸首》。"投壶之礼：主人奉矢，司射奉中，使人执壶。主人请曰：'某有枉矢、哨壶，请以乐宾。'宾曰：'子有旨酒、嘉肴，某既赐矣，又重以乐，敢辞。'主人曰：'枉矢、哨壶不足辞也，敢固以请。'宾曰：'某既赐矣，又重以乐，敢固辞。'主人曰：'枉矢、哨壶不足辞也，敢固以请。'宾曰：'某固辞不得命，敢不敬从。'"[②]"使人执壶"说明壶较重，如图6-11汉墓壁画中所示，图中两位奴仆弯

图6-11　东汉提壶奴仆(现存河南密县打虎亭1号墓)

①　（宋）陈旸撰，蔡堂根、束景南点校：《中华礼藏·礼乐卷·乐典之属》第二册《乐书》，杭州：浙江大学出版社，2016年，第1034页。

②　（清）孙希旦撰，沈啸寰、王星贤点校：《礼记集解》卷五十六《投壶第四十》，北京：中华书局，1989年，第1383–1385页。

腰抬壶前进。《礼记》记载的壶是"颈修七寸，腹修五寸，口径二寸半，容斗五升。壶中实小豆焉，为其矢之跃而出也。壶去席二矢半。矢以柘若棘，毋去其皮"①。可见，壶不仅体积很大，而且中放小豆，以防矢飞跃而出。

除搬运壶，还需要辅助人员计算投筹数，如司射主要负责计算投壶者的投中数量，"卒投，司射执算曰：'左右卒投，请数。'二算为纯，一纯以取；一算为奇。遂以奇算告，曰：'某贤于某若干纯。'奇则曰'奇'，钧则曰'左右钧'"②。此外，投壶地点常选择明亮且宽阔的地方，"日中于室，日晚于堂，大晚则于庭"③。投壶地点，根据时间早晚不同而不同，主要是光线要好。战国时期，齐国人淳于髡引用乡间聚会中男女杂坐、投壶嬉戏的情景劝谏齐威王戒"长夜之饮"，提醒齐威王："'若乃州闾之会，男女杂坐，行酒稽留，六博投壶，相引为曹，握手无罚，目眙不禁……故曰酒极则乱，乐极则悲；万事尽然。'言不可极，极之而衰。以讽谏焉。齐王曰：'善。'乃罢长夜之饮。"④于是，齐威王采纳劝谏，改变纵酒享乐行为。

1. 两汉时期，投壶的娱乐性增加，但仍具有"儒术"的外衣。西汉投壶出现了骁的玩法。春秋战国时壶内装小豆是为了预防矢跃出，西汉时期郭舍人则反其道而行，故意投矢跃出，这种玩法就是"骁"。据《西京杂记》载："武帝时，郭舍人善投壶，以竹为矢，不用棘也。古之投壶，取中而不求还，故实小豆，恶其矢跃而出也。郭舍人则激矢令还，一矢百余反，谓之为骁。言如博之竖棋于辈中，为骁杰也。每为武帝投壶，辄赐金帛。"⑤可见，武帝时郭舍人常因表演投壶获得丰厚赏赐。东汉宴饮中，投壶的娱乐性增加，但仍有沿袭春秋礼制雅歌投壶

---

① （清）孙希旦撰，沈啸寰、王星贤点校：《礼记集解》卷五十六《投壶第四十》，北京：中华书局，1989年，第1394-1395页。

② （清）孙希旦撰，沈啸寰、王星贤点校：《礼记集解》卷五十六《投壶第四十》，北京：中华书局，1989年，第1390页。

③ （清）孙希旦撰，沈啸寰、王星贤点校：《礼记集解》卷五十六《投壶第四十》，北京：中华书局，1989年，第1393页。

④ （汉）司马迁撰，（南朝宋）裴骃集解，（唐）司马贞索隐，（唐）张守节正义：《史记》卷一百二十六《滑稽列传第六十六》，北京：中华书局，1982年，第3199页。

⑤ （晋）葛洪撰，周天游校注：《西京杂记》卷第五《郭舍人投壶》，西安：三秦出版社，2006年，第247页。

的形式——一种高雅项目，如东汉大将祭遵，曾在军中与诸生设酒对饮，并行雅
歌投壶，"祭遵字弟孙……兄午以遵无子，娶妾送之，遵乃使人逆而不受，自以
身任于国，不敢图生虑继嗣之计。临死遗诫牛车载丧，薄葬洛阳。问以家事，终
无所言。任重道远，死而后已。遵为将军，取士皆用儒术，对酒设乐，必雅歌投
壶"①。投壶受时人喜爱，袁绍听闻黑山贼等攻杀邺城之时，在千钧一发的战争时
刻，依然面不改色，投壶自乐，"闻魏郡兵反，与黑山贼干毒等数万人共覆邺城，
杀郡守。坐中客家在邺者，皆忧怖失色，或起而啼泣，绍容貌自若，不改常度"。
《献帝春秋》曰："绍劝督引满投壶，言笑容貌自若。"②图6-12是南阳汉画像石投
壶图，图中一壶，壶旁一酒樽，宾客二人抱数矢对坐轮番投壶，投中者赢，不中
者输，输者罚酒。图左一彪形大汉为一侍者搀扶，估计是未投赢的醉汉；图右一
人当为司射（裁判）。

图 6-12　汉朝投壶画像石（南阳汉画馆藏）

2. 三国时，宴会间投壶，成为展示个人技能的舞台。魏国的王弼擅长投壶，
常常在宴会上表演投壶之技，"弼字辅嗣。何劭为其传曰：弼幼而察慧，年十余，
好老氏，通辩能言。父业，为尚书郎。……淮南人刘陶善论纵横，为当时所推。
每与弼语，常屈弼。弼天才卓出，当其所得，莫能夺也。性和理，乐游宴，解音

---

① （南朝宋）范晔撰，（唐）李贤等注：《后汉书》卷二十《铫期王霸祭遵列传第十·祭遵》，北京：
中华书局，1965年，第738-742页。

② （南朝宋）范晔撰，（唐）李贤等注：《后汉书》卷七十四上《袁绍刘表列传第六十四上·袁绍》，
北京：中华书局，1965年，第2381-2382页。

律，善投壶"①。另外，邯郸淳的《投壶赋》歌咏投壶这一娱乐活动："厥高二尺，盘腹修脰。饰以金银，文以雕镂。□□□□，象物必具。距筵七尺，杰焉植驻。矢维二四，或柘或棘。丰本纤末，调劲且直。执算奉中，司射是职。曾孙侯氏，与之乎皆得。然后观夫投者之闲习，察妙巧之所极。骆驿联翩，□□□□。爰爰兔发，翻翻隼集。不盈不缩，应壶顺入，何其善也。每投不空，四矢退效。既入跃出，茬茬偃仰。"②由此可见当时投壶活动已深入人心。邯郸淳因此赋获得魏文帝的赏赐，"淳作《投壶赋》千余言奏之，文帝以为工，赐帛千匹"③。吴国的宴饮聚会中，常少不了投壶。诸葛瑾每次宴请宾客之时，便问询每位宾客擅长的技能，随后一一展示，其中就包括投壶："每会辄历问宾客，各言其能，乃合榻促席，量敌选对，或有博奕，或有掎捕，投壶弓弹，部别类分，于是甘果继进，清酒徐行，融周流观览，终日不倦。"④

3. 魏晋南北朝，投壶难度加大，技法增多，并向外传播。魏晋时出现隔屏、闭目等新鲜投壶技法，难度不小。西晋石崇的女妓擅长隔屏投壶："石崇有妓，善投壶，隔屏风投之。"⑤东晋的王胡之可以闭着眼睛投壶，且命中率很高："王胡之为丹阳尹，善于投壶，手熟，闭目而投。"⑥还有特意设置障碍进行投壶的形式，如贺徽善于隔障投壶，《颜氏家训》记载："投壶之礼，近世愈精。古者，实以小豆，为其矢之跃也。今则唯欲其骁，益多益喜，乃有倚竿、带剑、狼壶、豹尾、龙首之名。其尤妙者，有莲花骁。汝南周璝，弘正之子，会稽贺徽，贺革之子，

①（晋）陈寿撰，（南朝宋）裴松之注，陈乃乾校点：《三国志》卷二十八《魏书二十八·王毌丘诸葛邓钟传第二十八·王弼》，北京：中华书局，1982年，第795页。

②（清）严可均编：《全上古三代秦汉三国六朝文》之《全三国文》卷二十六《邯郸淳·投壶赋》，北京：中华书局，1958年，第1195页。

③（晋）陈寿撰，（南朝宋）裴松之注，陈乃乾校点：《三国志》卷二十一《魏书二十一·王卫二刘傅传第二十一·徐幹陈琳阮瑀应玚刘桢》，北京：中华书局，1982年，第603页。

④（晋）陈寿撰，（南朝宋）裴松之注，陈乃乾校点：《三国志》卷五十二《吴书七·张顾诸葛步传第七·诸葛融》，北京：中华书局，1982年，第1235页。

⑤（明）陈耀文辑：《天中记》卷四十一《投壶》，《四库提要著录丛书·子部》第92册，北京：北京出版社，2010年，第34页。

⑥（宋）王钦若等编纂，周勋初等校订：《册府元龟》卷第九百八《总录部（一百五十八）·杂伎》，南京：凤凰出版社，2006年，第10559页。

并能一箭四十余骁。贺又尝为小障，置壶其外，隔障投之，无所失也。至邺以来，亦见广宁、兰陵诸王，有此校具，举国遂无投得一骁者。"①由此可知，当时社会上出现莲花骁（反弹出来的箭挂在壶耳上组成莲花状）的高难度技艺玩法，其中以周瑍、贺徽最为擅长。当时的投壶玩法主要有倚竿（箭浅入壶中而箭竿斜倚在两耳处）、带剑（箭投入壶耳中）、狼壶（箭转旋口上而成倚竿者）、豹尾、龙首等多种类型。具体的投法，有些已无从得知，但从名目中能看出投壶技巧的难度和五花八门。

时人喜爱投壶，有时甚至终夜投壶。东晋时，王澄喜爱投壶，曾与王机日夜纵酒投壶，"澄字平子。生而警悟……但与机日夜纵酒，投壶博戏，数十局俱起"②。更有因眷恋投壶耽误上朝时间的南齐竟陵王萧子良，"齐竟陵王尝宿晏，明旦将朝见，恽投壶枭不绝，停舆久之，进见遂晚。齐武帝迟之，王以实对，武帝复使为之，赐绢二十匹。尝与琅邪王瞻博射，嫌其皮阔，乃摘梅帖乌珠之上，发必命中，观者惊骇。梁武帝好奕棋，使恽品定棋谱，登格者二百七十八人，第其优劣，为棋品三卷。恽为第二焉"③。"恽"即柳恽，字文畅，擅弹琴与投壶，曾担任法曹行参军。

投壶活动逐渐向周边地区传播，产生较大的文化影响力。北周时百济就出现了投壶等娱乐活动，"百济者，其先盖马韩之属国，夫余之别种。有仇台者……俗重骑射，兼爱坟史。其秀异者，颇解属文。又解阴阳五行。用宋元嘉历，以建寅月为岁首。亦解医药卜筮占相之术。有投壶、摴蒱等杂戏，然尤尚奕棋。僧尼寺塔甚多，而无道士"④。百济位于朝鲜半岛西南部，现在韩国境内。

魏晋南北朝时，投壶难度不断增大，不仅出现隔屏投壶、闭目投壶等新形式，

　　① （北齐）颜之推撰，王利器整理：《颜氏家训集解》卷第七《杂艺第十九》，北京：中华书局，1993 年，第 594 页。

　　② （唐）房玄龄等撰：《晋书》卷四十三《列传第十三·王戎·王澄》，北京：中华书局，1974 年，第 1239–1240 页。

　　③ （唐）李延寿撰：《南史》卷三十八《列传第二十八·柳恽》，北京：中华书局，1975 年，第 988–989 页。

　　④ （唐）令狐德棻等撰：《周书》卷四十九《列传第四十一·异域上·百济》，北京：中华书局，1971 年，第 886–887 页。

还将郭舍人的投壶骁发展为莲花骁等复杂技艺，玩法日益多样。此外，投壶活动逐渐传播到百济等周边地区。唐朝时，投壶传至日本，目前日本正仓院还存有当时投壶的器具，壶的形态："铜质镀金，细刻山水人物花鸟云狮，极纤巧流动。其颈短，与今传者微异，而华丽过之。"①

汉魏晋南北朝时期，投壶在春秋战国时期投壶礼的基础上逐渐发展，成为宴会上不可或缺、老少皆宜的娱乐活动。此时娱乐活动的发展主要有两个趋势：一是投壶逐渐跳脱出宴会礼节的模式化程序，娱乐性、技艺性更加突出；二是投壶的玩法日益丰富和精细，既有信手拈来的日常投壶类型，又有展现个人技艺的复杂形式，如莲花骁、隔屏投壶、闭目投壶等。

二、宴饮中的射

宴射是指在宴会上举行的射箭活动，春秋战国时是一种礼节，之后逐渐发展为娱乐活动。春秋战乱频仍，社会崇尚武力，射箭活动较多，射箭时常举行一些仪式，简称射礼。射礼主要包括四种，即挑选祭祀人员的大射、诸侯来朝的宾射、宴饮之时的燕射、州学取士的乡射。其中，燕射在汉魏晋南北朝时期得到进一步的发展，成为宴饮聚会中的重要娱乐活动。

两汉时期的宴射活动，大多在户外宽阔的地方举行。班固《西都赋》中记载："于是天子乃登属玉之馆，历长杨之榭。览山川之体势，观三军之杀获。原野萧条，目极四裔，禽相镇压，兽相枕藉。然后收禽会众，论功赐胙。陈轻骑以行炰，腾酒车以斟酌。割鲜野食，举烽命醳。飨赐毕，劳逸齐，大路鸣鸾，容与徘徊。……于是后宫乘辇辂，登龙舟。张凤盖，建华旗。祛黼帷，镜清流，靡微风，澹淡浮。棹女讴，鼓吹震，声激越，謍厉天，鸟群翔，鱼窥渊。招白鹇，下双鹄，揄文竿，出比目。抚鸿罿，御缯缴，方舟并骛，俯仰极乐。"②天子视察三军，将士积极射猎，并论功行赏，赐予祭肉。烤肉、美酒通过骑兵分送给在场的将士和君臣，宴饮结束后，天子还带着美女驱车前往昆明之池。池面上白鹭、黄鹄翻飞，

① 中华人民共和国体育运动委员会运动技术委员会编：《中国体育史参考资料》第三辑，北京：人民体育出版社，1958年，第68页。

② （清）严可均编：《全上古三代秦汉三国六朝文》之《全后汉文》卷二十四《班固·西都赋》，北京：中华书局，1958年，第604页。

妃嫔、女官们便就地取材，在水中钓鱼，还有的人拉开"白鹇"弓箭，射下飞鸟。可见当时女性也参与宴射活动。

　　魏晋及北朝时的宴射活动较为常见，当与战争频仍及游牧民族擅长射箭密切相关。西晋时晋武帝司马炎常在华林园举行宴射活动，"应贞字吉甫，汝南南顿人，魏侍中璩之子也。自汉至魏，世以文章显，轩冕相袭，为郡盛族。贞善谈论，以才学称。夏侯玄有盛名，贞诣玄，玄甚重之。举高第，频历显位。武帝为抚军大将军，以为参军。及践阼，迁给事中。帝于华林园宴射，贞赋诗最美"①。北齐时期，河南康舒人王孝瑜曾与弟弟们宴射作乐，"孝瑜遂于第作水堂、龙舟，植幡稍于舟上，数集诸弟宴射为乐。武成幸其第，见而悦之，故盛兴后园之玩，于是贵贱慕敩，处处营造"②，可见当时宴射活动的盛行。此外，宫廷宴会上也常有较大规模的宴射活动，并对射术高超的人进行奖励："肃宗曾与群臣于西园宴射，文武预者二百余人。设侯去堂百四十余步，中的者赐与良马及金玉锦彩等。有一人射中兽头，去鼻寸余。唯景安最后有一矢未发，帝令景安解之，景安徐整容仪，操弓引满，正中兽鼻。帝嗟赏称善，特赉马两匹，玉帛杂物又加常等。"③元景安一箭射中兽鼻，得到两匹马以及玉帛等赏赐。宫廷宴会中的宴射活动，经常吸引妃嫔等人驻足观看，尤其是天子亲自上场射箭时，叫好之声更是不绝于耳。据《北史》载，"（尔朱）荣虽威名大振，而举止轻脱，正以驰射为伎艺，每入朝见，更无所为，唯戏上下马。于西林园宴射，恒请皇后出观，并召王公妃主，共在一堂。每见天子射中，辄自起舞叫，将相卿士，悉皆盘旋，乃至妃主妇人，亦不免随之举袂。及酒酣耳热，必自匡坐唱虏歌，为《树梨普梨》之曲"④。西魏时期，宇文泰建设射箭的专门场所，简称射堂。此地刚刚建成，宇文泰便邀请将领们一

　　①（唐）房玄龄等撰：《晋书》卷九十二《列传第六十二·文苑·应贞》，北京：中华书局，1974年，第2370页。

　　②（唐）李百药撰：《北齐书》卷十一《列传第三·文襄六王·河南康舒王孝瑜》，北京：中华书局，1972年，第144页。

　　③（唐）李百药撰：《北齐书》卷四十一《列传第三十三·元景安》，北京：中华书局，1972年，第543页。

　　④（唐）李延寿撰：《北史》卷四十八《列传第三十六·尔朱荣》，北京：中华书局，1974年，第1762页。

同参加宴射，"周文尝造射堂新成，与诸将宴射"①。北齐一位名叫高阿那肱的将军擅长骑射："高阿那肱，善无人也。其父市贵，从高祖起义。那肱为库典，从征讨，以功勤擢为武卫将军。肱妙于骑射，便僻善事人，每宴射之次，大为世祖所爱重。又谄悦和士开，尤相亵狎，士开每为之言，弥见亲待。后主即位，累迁并省尚书左仆射，封淮阴王，又除并省尚书令。"②可见，高阿那肱每次陪同世祖宴射之后，都会得到世祖的亲待，加上善于谄媚，仕途一路顺畅。

投壶与宴射，是宴会上的重要娱乐活动和助兴项目，两者都由春秋战国时期的礼节演变而来，汉魏晋南北朝时期，逐渐褪去礼的色彩，呈现出娱乐性的发展趋势。投壶的玩法在汉魏晋南北朝时期逐渐复杂与多样化，如莲花骁、闭目投壶等形式。投壶还逐渐传播至周边地区，如百济等，显现出强大的文化传播功能。宴射在魏晋和北朝尤为盛行，这与当时建立政权的民族是以游牧业为生，具有较好的骑射技艺与习武风俗有关，故而进一步推动了宴射活动的流行。

第三节　宴饮中的酒令与六博

酒令与六博是汉魏晋南北朝宴饮活动中雅俗共赏的娱乐节目。酒令是中国特有的一种酒文化，起源于儒家的"礼"，是宴饮时助兴或劝宾客饮酒的一种娱乐方式。酒令最早出现在东周时期，两汉时出现藏钩令、卷白波等酒令，到了三国魏晋南北朝时期，酒令的类型进一步丰富，既有独显新意的碧筒饮和略显高雅的文字令，又有象征魏晋清音的曲水流觞和北齐时候的舞胡子等方式，经过不断发展，至唐尤为盛行。六博，又写为陆博，是一种棋类娱乐活动，常常出现在汉魏晋南北朝的宴饮聚会之上。两汉魏晋时，六博与酒令相互融合，常在宴饮场合同时出现，尤其是酒令融合六博中的骰子这一博具，形成了更加简单的酒令。

---

① （唐）李延寿撰：《北史》卷六十五《列传第五十三·若干惠》，北京：中华书局，1974 年，第 2303 页。

② （唐）李百药撰：《北齐书》卷五十《列传第四十二·恩幸·高阿那肱》，北京：中华书局，1972 年，第 690 页。

一、宴饮中的酒令

酒令的出现与饮酒的历史息息相关。早在《诗经》中就有专门描写饮酒的画面，"振振鹭，鹭于下。鼓咽咽，醉言舞。于胥乐兮"①，可见时人醉酒后闲适飘然的状态。曹操"何以解忧，惟有杜康"，更是脍炙人口的饮酒解愁名句。用酒调节席间氛围，饮酒、用酒、祝酒等成为宴饮活动中不可忽视的重要议题，酒令应运而生。

1. 以罚酒作为酒令调节氛围，且规则越来越严苛。两汉魏晋南北朝时，预宴酒令，由不能饮罚酒发展到不能诗、赋诗迟而罚酒。春秋时齐桓公曾约定"后者罚饮一经程"②的酒令。魏文侯规定，若大臣不饮完杯中酒要罚"大白"。这样的酒令在汉代得以沿袭，"皆饮满举白"。所谓"白"，是指罚酒，"白者，罚爵之名也。饮有不尽者，则以此爵罚之"③。西汉时期，梁孝王刘武组织游士齐聚忘忧馆饮酒赋诗，枚乘、路乔如、公孙诡、邹阳、公孙乘、羊胜分别作出诗赋，唯独韩安国不能成赋，后邹阳代作，结果"邹阳、安国罚酒三升，赐枚乘、路乔如绢，人五匹"④。三国时高贵乡公曹髦组局赋诗宴饮，给事中甄歆、陶成嗣与邑令邵荥阳、中牟潘豹、沛国刘邃不能赋诗，均被罚酒，"高贵乡公赋诗，给事中甄歆、陶成嗣各不能著诗，受罚酒。金谷聚，前绛邑令邵荥阳、中牟潘豹、沛国刘邃不能著诗，并罚酒三斗，斯无才之甚矣"⑤。魏晋时期，宴饮时不能诗依旧被罚酒。西晋的参军郝隆在参加桓温举办的上巳宴请中因不能作诗被罚酒三升，后勉强作诗，竟用"蛮语"，在桓温问其缘由时，便言"蛮府参军"用"蛮语"："郝隆为桓公南蛮参军，三月三日会，作诗。不能者，罚酒三升。隆初以不能受罚，既饮，揽

---

① 周振甫译注：《诗经译注》卷八《颂·鲁颂·有駜》，北京：中华书局，2010年，第495页。

② （清）翟灏撰，颜春峰点校：《通俗编附直语补证》卷二十七《饮食》，北京：中华书局，2013年，第378页。

③ （汉）班固撰，（唐）颜师古注：《汉书》卷一百上《叙传第七十上》，北京：中华书局，1962年，第4201页。

④ （晋）葛洪撰，周天游校注：《西京杂记》卷第四《忘忧馆七赋·邹阳代韩安国作几赋》，西安：三秦出版社，2006年，第191页。

⑤ （南朝梁）萧绎撰，许逸民校笺：《金楼子校笺》卷六《杂记篇第十三下》，北京：中华书局，2011年，第1327页。

笔便作一句云：'娵隅跃清池。'桓问：'娵隅是何物？'答曰：'蛮名鱼为娵隅。'桓公曰：'作诗何以作蛮语？'隆曰：'千里投公，始得蛮府参军，那得不作蛮语也！'"①著名的兰亭会中，王羲之在《临河叙》中提到，不能赋诗之人要罚酒三斗："前余姚令会稽谢胜等十五人不能赋诗，罚酒各三斗。"②看来没作出诗的人为数不少，四十多人中近三分之一未作出。北魏时，河东裴子明参加侍中尚书令临淮王元彧举办的宴会中，赋诗不工整，后被罚酒三斗，醉倒即眠："法云寺，西域乌场国胡沙门昙摩罗所立也。……寺北有侍中尚书令临淮王彧宅。彧博通典籍，辨慧清悟，风仪详审，容止可观。……彧性爱林泉，又重宾客。……唯河东裴子明为诗不工，罚酒一石。子明饮八斗而醉眠，时人譬之山涛。"③南朝梁的宴饮，逐渐发展为游戏为文特色，赋诗不成便罚酒。梁武帝曾规定，赋诗不成罚酒一斗："初，高祖招延后进二十余人，置酒赋诗，臧盾以诗不成，罚酒一斗，盾饮尽，颜色不变，言笑自若。"④臧盾被罚酒一斗后，面不改色。政权危在旦夕，后主陈叔宝依旧与妃嫔、宠臣设宴赋诗戏耍，赋诗略有延迟就要罚酒："后主愈骄……十客一时继和，迟则罚酒。"⑤罚酒起源于春秋时期，在两汉魏晋南北朝时期继续沿袭，并呈现出越来越严苛的罚酒规则。

2. 由两汉而魏晋，出现藏钩、射覆等新的酒令名目。藏钩是指猜测所掩盖的一些物品的小游戏。藏钩据传源于汉武帝的宠妃钩弋夫人，"按辛氏《三秦记》曰：'汉昭帝母钩弋夫人，手拳而国色，世人藏钩起于此。'"⑥可见藏钩是始于汉代钩弋夫人手拳，后人根据这一传说添加了诸多情节，并且加以仿效，形成娱乐性的藏钩游戏。西晋时候，市井妇孺皆喜爱藏钩这种娱乐游戏。藏钩的玩法在后

①（南朝宋）刘义庆著，（南朝梁）刘孝标注，余嘉锡笺疏，周祖谟等整理：《世说新语笺疏》卷下之下《排调第二十五》，北京：中华书局，2007年，第946页。

②（南朝宋）刘义庆著，（南朝梁）刘孝标注，余嘉锡笺疏，周祖谟等整理：《世说新语笺疏》卷下之上《企羡第十六》，北京：中华书局，2007年，第743页。

③（北魏）杨衒之撰，周祖谟校释:《洛阳伽蓝记校释》卷第四《城西》，北京：中华书局，2010年，第138–140页。

④（唐）姚思廉撰:《梁书》卷四十一《列传第三十五·萧介》，北京：中华书局，1973年，第588页。

⑤（唐）李延寿撰:《南史》卷十《陈本纪下第十·后主》，北京：中华书局，1975年，第306页。

⑥（南朝梁）宗懔撰，（隋）杜公瞻注，姜彦稚辑校:《荆楚岁时记》，北京：中华书局，2018年，第75页。

来逐渐演变出参与者分队比拼胜负的形式："俗呼为行驱。盖妇人所作金环以鍇指而缠者。腊日之后，叟姬各随其侪为藏驱。分二曹以校胜负，得一筹者为胜。其负者起拜谢胜者。"①东晋时，名将桓温之子桓玄与殷仲堪玩藏钩，为了取胜，还特意请了顾恺之前来共同参谋，最终获胜："殷仲堪与桓玄共藏钩，一朋百筹。桓朋欲不胜，唯余虎探在。顾恺之为殷仲堪参军，属病疾在廨。桓遣信，请顾起病，令射取虎探。即来，坐定。语顾云：'君可取钩。'顾答云：'赏百匹布，顾即取得钩。'桓朋遂胜。"②可见，藏钩之戏在汉魏晋时期颇受人喜爱。明代时，因"俗云戏令人生离"，于是有些家庭便禁止玩藏钩之戏。

与藏钩类似的还有射覆。射覆是用一些器物或布匹等遮挡，让人猜测所藏物品的游戏。射覆游戏在汉代也颇为盛行。西汉时，东方朔射覆技艺高超，汉武帝举办射覆，其他人猜不出来，他最后猜中并得到赏赐，"东方朔字曼倩，平原厌次人也。……上尝使诸数家射覆，置守宫盂下，射之，皆不能中。朔自赞曰：'臣尝受易，请射之。'乃别著布卦而对曰：'臣以为龙又无角，谓之为蛇又有足，跂跂脉脉善缘壁，是非守宫即蜥蜴。'上曰：'善。'赐帛十匹。复使射他物，连中，辄赐帛"③。可见，当时的射覆略带占卜性质，这一特色也延续至三国魏晋时期。三国时管辂精通卦术，且擅长射覆，先后猜出射覆物分别为燕卵、蜂巢、蜘蛛，引得观者惊喜连连，"管辂字公明，平原人也。……馆陶令诸葛原迁新兴太守，辂往祖饯之，宾客并会。原自起取燕卵、蜂窠、蜘蛛着器中，使射覆。卦成，辂曰：'第一物，含气须变，依乎宇堂，雄雌以形，翅翼舒张，此燕卵也。第二物，家室倒县，门户众多，藏精育毒，得秋乃化，此蜂窠也。第三物，觳觫长足，吐丝成罗，寻网求食，利在昏夜，此蜘蛛也。'举坐惊喜"④。两晋时期，精于射覆术的

①（南朝梁）宗懔撰，（隋）杜公瞻注，姜彦稚辑校：《荆楚岁时记》，北京：中华书局，2018年，第75页。

②（宋）李昉等编：《太平广记》卷二百二十八《博戏·藏钩·桓玄》，北京：中华书局，1961年，第1752页。

③（汉）班固撰，（唐）颜师古注：《汉书》卷六十五《东方朔传第三十五》，北京：中华书局，1962年，第2841–2843页。

④（晋）陈寿撰，（南朝宋）裴松之注，陈乃乾校点：《三国志》卷二十九《魏书二十九·方技传第二十九·管辂》，北京：中华书局，1982年，第811–817页。

步熊具备为时人所称道的占卜术，"步熊字叔罴，阳平发干人也。少好卜筮数术，门徒甚盛。……后为成都王颖所辟，颖使熊射覆，物无所失"①。

3. 东汉时，出现了"卷白波"这一快意饮酒方式。卷白波意指快速饮酒以及快意人心。传言卷白波源于东汉年间擒拿白波义军的故事，后借喻酒令的一种，"古者，酒令名'卷白波'，起于东汉擒白波贼如席卷，故酒席言之，以快人意也"②。东汉贾逵曾撰写《酒令》一书，"逵所著经传义诂及论难百余万言，又作诗、颂、诔、书、连珠、酒令凡九篇，学者宗之，后世称为通儒"③，可惜后来该书失传。可见汉时酒令文化已很盛行。"卷白波"为唐代卷白波的酒令孕育了基础。

4. 三国至北朝，碧筒饮与曲水流觞风气清新，文字酒令内涵丰富，更为盛行。曹魏时期，出现碧筒饮的酒令形式。碧筒饮是指用莲花叶盛酒，轮流用莲花柄喝酒，更显亲近自然，与众不同。曹魏时代，郑悫设宴饮酒，用荷叶为杯，以簪刺透叶柄，以柄为管吸饮，是"酒味杂莲气香，冷胜于水"④。东晋时著名书法家王羲之在兰亭举办聚会，文人雅士曲水流觞，凸显时代清音。

以文字辞令作为酒令，语带双关，劝酒时既可化解尴尬，也能改良人际关系。蜀国使者张奉在吴国举办的宴会上，以吴国尚书阚泽的名字进行嘲讽，阚泽未能化解尴尬局面，时任谒者仆射的薛综急中生智，离座劝酒时，分别对蜀、吴两字作拆字令，用以嘲讽蜀国，盛赞吴国，最终用诙谐的方式化解危机："薛综字敬文……事毕还都，守谒者仆射。西使张奉于权前列尚书阚泽姓名以嘲泽，泽不能答。综下行酒，因劝酒曰：'蜀者何也？有犬为独，无犬为蜀，横目苟身，虫入其腹。'奉曰：'不当复列君吴邪？'综应声曰：'无口为天，有口为吴，君临万

①（唐）房玄龄等撰：《晋书》卷九十五《列传第六十五·艺术》，北京：中华书局，1974年，第2478–2479页。

②（南宋）曾慥编纂，王汝涛等校注：《类说校注》卷三十五《酒令》，福州：福建人民出版社，1996年，第1070页。

③（宋）范晔撰，（唐）李贤等注：《后汉书》卷三十六《郑范陈贾张列传第二十六·贾逵》，北京：中华书局，1965年，第1240页。

④（唐）段成式撰，许逸民校笺：《酉阳杂俎校笺》前集卷七《酒食》，北京：中华书局，2015年，第565页。

邦，天子之都。'于是众坐喜笑，而奉无以对。其枢机敏捷，皆此类也。"①文字令内涵丰富，千变万化，可以彰显行酒令者的幽默与机智。东晋时，桓玄与殷仲堪、顾恺之先后作"了语"和"危语"的文字令，导致人际关系紧张。了语指表示事情了结的机智语言游戏，危语是指形容事情危急的文字令。据《世说新语》载："桓南郡与殷荆州语次，因共作了语。顾恺之曰：'火烧平原无遗燎。'桓曰：'白布缠棺竖旒旐。'殷曰：'投鱼深渊放飞鸟。'次复作危语。桓曰：'矛头淅米剑头炊。'殷曰：'百岁老翁攀枯枝。'顾曰：'井上辘轳卧婴儿。'殷有一参军在坐，云：'盲人骑瞎马，夜半临深池。'殷曰：'咄咄逼人！'仲堪眇目故也。"②从这则故事中可见，文字令有时玩笑开得过大，会造成人际关系的紧张局面。参军用"盲人骑瞎马"作文字令的做法，直接刺激了殷仲堪因幼时为父煎药，不慎弄瞎一目的敏感神经。后来顾恺之也因此被罢免。北魏时期，孝文帝元宏在宴会上即兴出文字令字谜，要臣子竞猜："高祖大笑。因举酒曰：'三三横，两两纵，谁能辨之，赐金钟。'御史中尉李彪曰：'沽酒老妪瓮注瓨，屠儿割肉与秤同。'尚书左丞甄琛曰：'吴人浮水自云工，妓儿掷绳在虚空。'彭城王勰曰：'臣始解此字是"习"字。'高祖即以金钟赐彪。朝廷服彪聪明有智，甄琛和之亦速。"③后来御史中丞李彪猜中，获得金钟（一种酒器）赏赐。南朝时酒令并不盛行，南朝梁王规就曾言，江左并无酒令的说法："王规字威明，琅邪临沂人。……湘东王时为京尹，与朝士宴集，属规为酒令。规从容对曰：'自江左以来，未有兹举。'"④这一说法虽然有失偏颇，但是反映了时人对酒令文化的陌生。由三国至北朝，宴饮场合劝酒行酒盛行文字令，发展出了了语、危语及字谜等多种形式。

---

① （晋）陈寿撰，（南朝宋）裴松之注，陈乃乾校点：《三国志》卷五十三《吴书八·张严程阚薛传第八·薛综》，北京：中华书局，1982 年，第 1250–1251 页。

② （南朝宋）刘义庆著，（南朝梁）刘孝标注，余嘉锡笺疏，周祖谟等整理：《世说新语笺疏》卷下之下《排调第二十五》，北京：中华书局，2007 年，第 964 页。

③ （北魏）杨衒之撰，周祖谟校释：《洛阳伽蓝记校释》卷第三《城南》，北京：中华书局，2010 年，第 110–111 页。

④ （唐）姚思廉撰：《梁书》卷四十一《列传第三十五·王规》，北京：中华书局，1973 年，第 581–582 页。

5. 北朝出现"舞胡子"这一新的劝酒方式。北齐兰陵王为了劝同坐宾客饮酒，特意设置一名舞者，时称"舞胡子"。当得到兰陵王的授意后，此舞者便走到对应宾客的面前，劝其饮酒，"北齐兰陵王有巧思，为舞胡子。王意所欲劝，胡子则捧盏以揖之，人莫知其所由也"[①]。后来唐朝人由此发明出"酒胡子"，用来随机指定宴饮者。据《唐摭言》载："卢汪门族，甲于天下。……晚年失意，因赋《酒胡子》长歌一篇甚著，叙曰：'二三子逆旅相遇，贳酒于旁舍，且无丝竹，以用娱宾友。'兰陵掾淮南王探囊中得酒胡子，置于座上，拱而立，令曰：'巡觞之胡人，心俯仰旋转，所向者举杯。'胡貌类人，亦有意趣。然而倾侧不定，缓急由人，不在酒胡也。"[②]由此可知，酒胡子是一种类似于陀螺的工具，通过旋转后立定的方向来决定轮到饮酒的人。以"舞胡子"决定饮酒之人，为后世酒令的发展提供了新的方式。

汉魏晋南北朝，在罚酒令基础上发展而来的酒令，衍生出许多有趣的新形式，如藏钩、射覆、卷白波、文字令、舞胡子等。魏晋时期玄学盛行，士人崇尚自然，反对礼教束缚，放浪形骸，从而为酒令文化的发展提供了前所未有的契机，具有显著的时代特点。汉魏晋南北朝时，还有与六博相关的骰子（又称五木或琼），通过掷出的不同花色，来决定喝酒的形式。汉魏晋南北朝时期，宴饮中的娱乐节目逐渐呈现相互借鉴与融合的趋势，酒令渐渐吸收六博中的博具玩法而不断发展，更加适合普通人在宴饮活动中的娱乐需求。

二、宴饮中的六博

"上金殿，著玉樽。延贵客，入金门。入金门，上金堂。东厨具肴膳，椎牛烹猪羊。主人前进酒，弹瑟为清商。……清樽发朱颜，四座乐且康。今日乐相乐，延年寿千霜。"[③]这是一首描写古代宴会场景的古诗，从摆器具到上佳肴，从鼓瑟琴音到投壶弹棋，无一不从这首诗歌中展露出来，可见当时人们宴会上流行着投

---

①　（唐）张𬸚撰，赵守俨点校：《朝野佥载》，北京：中华书局，1979 年，第 141 页。

②　（五代）王定保撰，陶绍清校证：《唐摭言校证》卷十《海叙不遇》，北京：中华书局，2021 年，第 88 页。

③　逯钦立辑校：《先秦汉魏晋南北朝诗》之汉诗卷十《杂曲古辞·古歌》，北京：中华书局，1983 年，第 289 页。

壶、弹棋、博弈之类的娱乐活动。其中六博是汉魏晋南北朝时期宴饮中的娱乐活动之一。

六博，又作陆博，是一种棋类游戏，因其玩法随时演变，后来逐渐出现与之类似的博戏项目，如象棋前身的格五、拐捕、双陆等。本处所讨论的六博是广义上的六博，包括由六博衍生出来的一系列新的博戏种类。六博传说由乌曹所造，因对弈双方各执六子而得名，"今双陆，古谓之十二棋，又谓之六博，又谓之五白。博雅云：投六着，行六棋，故为六。博，箸塞也。今名骰子，自幺至六曰六着。棋局齿也，内外各六曰六。棋，此六博之义也"①。六博的核心是博具，最初的博具是箸和琼，后来演变为五木或骰子。因此六博因博具的不同有着不同的玩法，如只有行棋的格五、以五木投掷的拐捕等。汉魏晋南北朝时，六博的博具历经了由箸—琼—五木—骰子的变化。据《博经》载："用十二棋，六棋白，六棋黑。所掷投谓之琼。琼有五采，刻为一画者谓之塞，刻为两画者谓之白，刻为三画者谓之黑，一边不刻者五塞之间，谓之五塞。"②由上可知，琼是指断定六博行棋的辅助工具，有五种图案，分别为塞、白、黑、五、五塞（未刻面）。五木是指一套共五个具有两面的木制的类似骰子的博具。《酉阳杂俎》有载："五子之形，两头尖锐，中间平广，状似今之杏仁。惟其尖锐，故可转跃；惟其平广，故可以镂采也。凡一子悉为两面，其一面涂黑，黑之上，画牛犊以为之草，犊者牛子也。一面涂白，白之上，即画雉，雉者野鸡也。凡投子者，五皆现黑，则其名卢，卢者黑也，言五子皆黑也。五黑皆现，则五犊随现，从可知矣。此在拐捕为最高之采。"③可见，五木两头尖锐，中间较平，类似杏仁形状，且每面图案不同，黑面是牛犊，白面是野鸡。当五子都出现黑色牛犊一面时称为卢。骰子与五木的最大区别是面数不同，五木每子只有两面，而骰子则有六面："五木止有两面，骰子则有六面，故骰子著齿，自一至六，为采亦益多。率其大而言之，则是裁去五木

---

① （明）周祈撰：《名义考》卷八《博弈》，《四库提要著录丛书·子部》第55册，北京：北京出版社，2010年，第65页。

② （南朝宋）范晔撰，（唐）李贤等注：《后汉书》卷三十四《梁统列传第二十四·梁冀》，北京：中华书局，1965年，第1178页。

③ （唐）段成式撰，许逸民校笺：《酉阳杂俎校笺》前集卷五《怪术》，北京：中华书局，2015年，第519页。

两头尖锐，而麼长为方，既有六面，又著六数，不比五木但有白黑两面矣。"①五木出现在两晋时期，主要用在摴蒲游戏中。骰子的出现时间尚有争议，但真正盛行则在唐代。②

　　1. 两汉时，宾客经常玩耍的博戏是六博和格五。西汉时六博较为盛行。一位叫许博昌的人十分擅长六博之术，窦婴因此常与他玩耍切磋。不仅如此，许博昌还创造了六博之术的口诀，并撰写有《大博经》："许博昌，安陵人也，善陆博。窦婴好之，常与居处。其术曰：'方畔揭道张，张畔揭道方，张究屈玄高，高玄屈究张。'又曰：'张道揭畔方，方畔揭道张，张究屈玄高，高玄屈究张。'三辅儿童皆诵之。法用六箸，或谓之究，以竹为之，长六分。或用二箸。博昌又作《大博经》一篇，今世传之。"③可惜，他流传下来的口诀现在很难理解。西汉时人对六博的痴迷甚至引发命案，如太子刘启和吴国太子贤相对而坐玩六博，太子刘启因贤有所不恭竟顺手用棋盘打死了吴国太子贤，后将其尸体遣发归葬，遭到吴王怨恨，为七国之乱埋下祸种："孝文时，吴太子入见，得侍皇太子饮博。吴太子师傅皆楚人，轻悍，又素骄。博争道，不恭，皇太子引博局提吴太子，杀之。于是遣其丧归葬吴。吴王愠曰：'天下一宗，死长安即葬长安，何必来葬！'复遣丧之长安葬。吴王由是怨望，稍失藩臣礼，称疾不朝。"④除了因六博引发惨剧，六博还会带来新的机会与际遇。吾丘寿王因善于格五之术后被封为待诏，"吾丘寿王字子赣，赵人也。年少，以善格五召待诏"⑤。待诏是指通过某项出众的才技而被征召的人员。可见，西汉对于擅长六博人士的重视，还特意设立专门官职用来招揽奇才。东汉宴饮场合中也常常出现博戏，东汉中后期的著名权臣梁冀喜爱饮酒，

　　① （宋）程大昌撰，许逸民校证：《演繁露校证》卷六《投·五木·琼橛·玖骰》，北京：中华书局，2018 年，第 382 页。

　　② 苏同炳：《书蠹余谈》，北京：紫禁城出版社，2013 年，第 75—77 页。

　　③ （晋）葛洪撰，周天游校注：《西京杂记》卷第四《博昌陆博术》，西安：三秦出版社，2006 年，第 204 页。

　　④ （汉）班固撰，（唐）颜师古注：《汉书》卷三十五《荆燕吴传第五·吴王刘濞》，北京：中华书局，1962 年，第 1904 页。

　　⑤ （汉）班固撰，（唐）颜师古注：《汉书》卷六十四上《严朱吾丘主父徐严终王贾传第三十四上·吾丘寿王》，北京：中华书局，1962 年，第 2794 页。

爱好广泛，会射箭、弹棋、格五、六博等："（梁）冀字伯卓。为人鸢肩豺目，洞精睒晔，口吟舌言，裁能书计。少为贵戚，逸游自恣。性嗜酒，能挽满、弹棋、格五、六博、蹴鞠、意钱之戏，又好臂鹰走狗，骋马斗鸡。"①可见东汉时期宴饮娱乐活动的丰富以及对于六博的喜爱。两汉时期六博的场景在汉画像中可见一斑，图6-13中，有两人相对而坐，对弈六博。

图6-13 东汉六博画像石（南阳汉画馆藏）

2.三国时，宴饮中的娱乐活动以双陆居多。双陆是指以两个骰子投出的点数行棋的游戏："余谓双陆之制，初不用棋，俱以黑白小棒槌，每边各十二枚，主客各一色，以骰子两只掷之，依点数行，因有客主相击之法。"②据说双陆是由三国时期魏国的曹植所创，《世说新语》注曰："《说郛》引《声谱》：'博陆，采名也。魏陈思王曹子建制双陆局，置骰子二。'"③曹植创长行局，双陆开始出现并流行起来。曹丕写给吴质的信中写道："季重无恙！途路虽局，官守有限，愿言之怀，良不可任。足下所治僻左，书问致简，益用增劳。每念昔日南皮之游，诚不可忘。既妙思六经，逍遥百氏，弹棋间设，终以博弈，高谈娱心，哀筝顺耳。"④可见曹丕对于弹棋六博的喜爱，就连书信之中也不忘提及一二。

---

① （南朝宋）范晔撰，（唐）李贤等注：《后汉书》卷三十四《梁统列传第二十四·梁冀》，北京：中华书局，1965年，第1178页。

② （清）何文焕辑：《历代诗话》卷第十七《韵语阳秋》，北京：中华书局，2004年，第625-626页。

③ （南朝宋）刘义庆撰，（梁）刘孝标注，杨勇校笺：《世说新语校笺》上《政事第三》，北京：中华书局，2006年，第160页。

④ （晋）陈寿撰，（南朝宋）裴松之注，陈乃乾校点：《三国志》卷二十一《魏书二十一·王卫二刘傅传第二十一·吴质》，北京：中华书局，1982年，第608页。

3. 两晋时期，宴饮中六博娱乐逐渐消失，摴蒱兴起。摴蒱游戏主要呈现出两个特点：其一，最初的六博戏受到社会人士的批评，逐渐消失。据《格致镜原》辑录留存的《晋中兴书》载："陶侃为荆州，见佐史博具投之于江，曰：'博，殷纣所造，诸君并国器，何以为至。'将吏则加鞭扑。曰：'摴蒱者，牧猪奴戏耳。'"①东晋时陶侃见博具十分生气，将博具等扔到江中，还惩罚了玩耍之人。由于博戏常受到批评和禁止，一种新兴的六博形式——摴蒱渐渐兴起，成为宴饮中的重要博戏种类。摴蒱传言为老子所造。另一说法认为摴蒱始于晋，源于六博："博者，孔、老皆尝言之，而摴蒱之名，至晋始著，不知起于何代，要其流派，必自博出也。"②书法家王献之年少时就爱观人玩摴蒱，遭到他人的质疑与不屑："献之字子敬。少有盛名，而高迈不羁，虽闲居终日，容止不怠，风流为一时之冠。年数岁，尝观门生摴蒱，曰：'南风不竞。'门生曰：'此郎亦管中窥豹，时见一斑。'献之怒曰：'远惭荀奉倩，近愧刘真长。'遂拂衣而去。"③东晋时刘毅参加皇帝在东府举办的宴会时，曾参加摴蒱游戏："初，裕征卢循，凯归，帝大宴于西池，有诏赋诗。毅诗云：'六国多雄士，正始出风流。'自知武功不竞，故示文雅有余也。后于东府聚摴蒱大掷，一判应至数百万，余人并黑犊以还，唯刘裕及毅在后。毅次掷得雉，大喜，褰衣绕床，叫谓同坐曰：'非不能卢，不事此耳。'裕恶之，因接五木久之，曰：'老兄试为卿答。'既而四子俱黑，其一子转跃未定，裕厉声喝之，即成卢焉。毅意殊不快，然素黑，其面如铁色焉。"④刘毅先掷出优胜的五木采色，后又投出雉，高兴得手舞足蹈，致刘裕厌恶，后刘裕投出的卢取胜。虽是游戏，但玩摴蒱时时人重输赢，容易导致气氛紧张。

4. 南朝依旧流行摴蒱。南朝梁时卞彬嗜好饮酒，穿戴旧衣帽，家里喜欢置办一些怪物什。后来有人向他建议说："卿都不持操，名器何由得升？"卞彬回复

---

① （清）陈云龙撰：《格致镜原》卷五十九《玩戏器物类·摴蒱》，清文渊阁《四库全书》本。

② （宋）程大昌撰，许逸民校证：《演繁露校证》卷六《摴蒱》，北京：中华书局，2018年，第378页。

③ （唐）房玄龄等撰：《晋书》卷八十《列传第五十·王羲之·王献之》，北京：中华书局，1974年，第2104页。

④ （唐）房玄龄等撰：《晋书》卷八十五《列传第五十五·刘毅》，北京：中华书局，1974年，第2210—2211页。

道："掷五木子，十掷辄鞬，岂复是掷子之拙。吾好掷，政极此耳。"①卞彬喜爱摴蒲，对结果输赢坦然面对，看待晋升也是如此。时人对博戏的喜爱有时超出想象，南朝梁鲍泉与方诸听闻敌情仍喝酒下双陆，竟被俘沉江而亡，《梁书》记载："鲍泉字润岳，东海人也。……郢州平，元帝以长子方诸为刺史，泉为长史，行府州事。侯景密遣将宋子仙、任约率精骑袭之，方诸与泉不恤军政，唯蒲酒自乐，贼骑至，百姓奔告，方诸与泉方双陆，不信，曰：'徐文盛大军在东，贼何由得至？'既而传告者众，始令阖门，贼纵火焚之，莫有抗者，贼骑遂入，城乃陷。执方诸及泉送之景所。后景攻王僧辩于巴陵，不克，败还，乃杀泉于江夏，沉其尸于黄鹄矶。"②这个代价就太惨重了。

5. 北朝宴会上的六博游戏，主要是握槊和摴蒲。握槊主要盛行于北魏。握槊据说源于西域游戏。《魏书》记载："高祖时，有范宁儿者善围棋。曾与李彪使萧赜，赜令江南上品王抗与宁儿。制胜而还。又有浮阳高光宗善摴蒲。赵国李幼序、洛阳丘何奴并工握槊。此盖胡戏，近入中国，云胡王有弟一人遇罪，将杀之，弟从狱中为此戏以上之，意言孤则易死也。世宗以后，大盛于时。"③北魏宣武帝元恪时期，握槊颇为流行。此外，五胡十六国中的后燕以及北朝的北周盛行摴蒲。《格致镜原》引《晋载记》曰："慕容宝与韩黄、李根等宴，因举摴蒲，危坐整冠，誓曰：'摴蒲有神，岂虚言哉。若富贵可期，频得三卢。'于是三掷，俱得卢。宝拜而受赐。《异苑》有人乘马，山行见二老翁相对摴蒲，遂下马以策，挂地而观之，自谓俄顷，视其马鞭，灌然已烂，顾瞻其马，鞍骸枯朽。"④后燕慕容宝曾举办宴会，玩摴蒲时连掷三卢，技艺高超。另外，有人见老翁下摴蒲，便下马观看，不久马死鞍坏，竟未察觉出时间飞逝。这则略带神话色彩的故事，反映了当时人们对于摴蒲的喜爱达到了废寝忘食的地步。北周时期，还出现用摴蒲表

---

①（南朝梁）萧子显撰：《南齐书》卷五十二《列传第三十三·文学·卞彬》，北京：中华书局，1972年，第893页。

②（唐）姚思廉撰：《梁书》卷三十《列传第二十四·鲍泉》，北京：中华书局，1973年，第448–449页。

③（北齐）魏收撰：《魏书》卷九十一《列传第七十九·蒋少游》，北京：中华书局，1974年，第1972页。

④（清）陈云龙撰：《格致镜原》卷五十九《玩戏器物类·摴蒲》，清文渊阁《四库全书》本。

明忠心的做法。周文帝设宴，提出与宴者握蒲获胜者便赏赐一座玛瑙钟。《北史》记载了北周开国功臣之一、正直用人的薛端玩握蒲的巧事："端字仁直，本名沙陁。有志操……梁主萧詧曾献马瑙钟，周文帝执之顾丞郎曰：'能掷握蒲头得卢者，便与钟。'已经数人不得。顷至端，乃执握蒲头而言曰：'非为此钟可贵，但思露其诚耳。'便掷之，五子皆黑。文帝大悦，即以赐之。"①玩握蒲中，薛端获胜，嘴巧会说，言明参加比赛非为赢玛瑙钟，只为表忠心，讨得文帝的欢心。后来五代十国的后汉刘信通过丢出六个红色骰子以表明忠心，正如《说郛》所载："刘信攻南康，终月不下。义祖遣信使者而杖之。罾曰：'语刘信要背即背，何疑之甚也。'信闻命大怖，并力急攻，次宿而下。凯旋之日，师至新林浦犒锡，不至亦无所存，劳他日谒见义祖，命诸元勋为六博之戏，以纾前意。信酒酣，掬六骰于手曰：'令公疑信欲背者，倾西江之水终难自涤，不负公当一掷遍赤，诚如前旨，则众彩而已。信当自拘，不烦刑吏耳。'义祖免释，不暇投之于盆，六子皆赤。义祖赏其精诚，昭感复待以忠贞焉。"②成语"六子皆赤"便来自刘信投握蒲。

汉魏晋南北朝，六博经历了一系列的演变，玩法上由两汉时期的六博发展为三国时期的双陆，从两晋时候出现的握蒲发展为北魏时期的握槊，但这些发展并非单线条的，几种不同类型的玩法在同一时期并存。从博具的演变而言，汉魏晋南北朝时期主要经历了由箸到琼，由琼到五木，乃至于到后来骰子的出现。这些玩法和博具的变化，一定程度上反映了当时的流行风尚，丰富了宴饮娱乐活动的内容。

汉魏晋南北朝，酒令和六博是宴饮中比较常见的娱乐活动。酒令在此期间经历了由雅到俗的转变，阳春白雪的酒令包括三国时期的赋诗罚酒、文字令、碧筒饮及曲水流觞，下里巴人的酒令包括孕育于两汉、盛行于魏晋南北朝及唐代的藏钩、射覆及卷白波，以及借助博具进行的简单易玩的酒令等形式。藏钩、卷白波、碧筒饮、文字令、曲水流觞等富有时代特色。酒令在发展中逐渐吸收了六博中的

---

① （唐）李延寿撰：《北史》卷三十六《列传第二十四·薛端》，北京：中华书局，1974年，第1327-1328页。

② （明）陶宗仪等编：《说郛三种》卷三十九《南唐近事》，上海：上海古籍出版社，1988年，第1795-1796页。

博具，从而更加适合市井之民的娱乐需求。与此同时，六博在汉魏晋南北朝时期也逐渐呈现消涨变化，两汉时期最早形式的六博玩法——六博和格五，两晋后渐渐退出宴饮嬉戏的舞台，取而代之的是更加多样化的拇蒲、握槊、双陆等。而格五在后来更是从六博中逐渐分离出来，形成单独的游戏种类，即象棋。

第四节　汉魏晋南北朝宴饮娱乐的时代特点及历史影响

汉魏晋南北朝时期的宴饮娱乐活动主要包含百戏、投壶、宴射、酒令、六博等，这些娱乐活动在漫长的历史时期成为宴饮欢聚中的重要环节。汉代结束了分裂割据的局面，形成大一统的中央集权国家。汉初战乱凋敝，百业待兴，为扭转这一困局，规范化地管理宴饮娱乐成为恢复礼制的应有之义。由此官方开始设置管理百戏的专门机构，加强对百戏等演出人员的管理与训练，以满足宴饮活动需求。三国及魏晋时期，时局动荡不堪，战争成为常态，耗费人力、恩威异邦的大型娱乐节目百戏退出了宴饮助兴项目圈，一些新的娱乐方式，如莲花骁、碧筒饮、曲水流觞、拇蒲、双陆等简便易行、小巧新颖的娱乐方式成为席间助兴新宠。汉朝丝绸之路开启了华夏民族与周边少数民族的文化交流之路，此时宴会娱乐吸收了西域和少数民族的娱乐项目，如幻术、杂技、骑射技艺等，日益丰富多彩。此外，魏晋风骨与士人心态在一定程度上助推了文字酒令的发展。与此同时，宴饮助娱呈现出由礼教到游戏的转变，以投壶和宴射为代表。

汉魏晋南北朝宴饮娱乐文化的发展产生了一些重要的历史影响。从变幻莫测的百戏到考验臂力和眼力的投壶与宴射，从千奇百态的酒令到考验运气与智力的六博，极大地丰富了人们的精神生活。汉魏晋南北朝时期，与西域及其他少数民族的交流和融合，为席间娱乐注入了新鲜的血脉，游牧文化与农耕文化在娱乐活动中相互借鉴与吸收，丰富了宴饮间的娱乐内容。此外，以宴饮为契机，各种异彩纷呈的娱乐活动，借此向邻国传播。汉魏晋南北朝宴饮娱乐活动的变化与发展，为后世隋唐及宋明清新的娱乐方式的出现、发展与繁荣奠定了基础。

一、汉魏晋南北朝宴饮娱乐的时代特点

两汉时期，大一统的国家政权以尊崇儒术为主流思想。三国魏晋时期，社会动荡，人们转而崇尚玄学。南北朝划江而治，农耕文化与草原文化特色分明，为不同时代、不同地域的宴饮娱乐刻下了难以磨灭的印记。

1.规模盛大：百戏表演的种类不断丰富

汉魏晋南北朝时期，宴饮娱乐活动种类繁多。投壶逐渐发展出更加复杂和难度较高的形式，如莲花骁、隔屏投壶、闭目投壶等。酒令也逐渐衍生出卷白波、藏钩、文字令等形式。六博则更加蔓延，逐渐生出格五、摴蒱、双陆、握槊等多种类型。其中最具代表性的是百戏。百戏的类型不断丰富，包括马戏、动物戏、滑稽戏、傀儡戏、幻术等诸多名目。

根据《史记·大宛列传》等记载可知，当时的角抵等百戏演出，与中原文化迥异，以其规模大、内容奇、动作险等特点，成为盛大演出的压轴戏。两汉时期接待外来使臣，也成为彰显国力的重要时机，引得诸国使臣围观赞叹。此时，百戏种类也逐渐丰富，正如《史记》所描述的"及加其眩者之工，而觳抵奇戏岁增变，甚盛益兴，自此始"①。在留存下来的汉画像石中，常常出现汉代百戏表演的场景，如前文提及的策马倒立的马戏表演和变幻莫测的易牛马头的幻术表演。此外，为了吸引宾客，在宴饮时常常会上演颇具难度的杂技，如高空走索之类："梁有高组伎云。今戏绳者，世谓上索者是也。亦踏索之事云，非自梁始也。又有弄碗诸伎。后汉天子正旦受贺，以大绳系两柱，相去数丈，两倡女对舞，行于绳上，相逢比肩而不倾"②。这些不同种类的百戏在宴会上往往不是单独出现，而是以系列组合出现，种类丰富，既有轻松的滑稽娱乐表演，又有惊心动魄的幻术和高空杂技表演，有的更是将多种形式相结合，如跳丸和跳剑。三国魏晋南北朝时，宴饮中的百戏内涵逐渐扩大，百戏种类不断丰富，兼具歌舞与情节。

简而言之，两汉时期大一统的王朝孕育了规模盛大的百戏表演，丰富了百戏

---

① （汉）司马迁撰，（南朝宋）裴骃集解，（唐）司马贞索隐，（唐）张守节正义：《史记》卷一百二十三《大宛列传第六十三》，北京：中华书局，1982年，第3173页。

② （宋）高承撰，（明）李果订，金圆等点校：《事物纪原》卷九《博弈嬉戏部·高组》，北京：中华书局，1989年，第494页。

的种类，增添了宴饮的政治含义与娱乐色彩，三国魏晋时期，由于时局动荡，宴饮间规模宏大的百戏风光不再，宴饮助兴逐渐转为户外的曲水流觞。

2.井然有序：出现管理百戏的专门机构

西汉时期，官方设置乐府，隶属于其中的黄门倡主要负责管理百戏，这一方面是为了便于服务宫廷宴饮活动，另一方面是为了规范化管理从事百戏管理的人员。到了东汉时期，官方设立少府，其中的属官承华令主管百戏事宜："后汉少府属官有承华令，典黄门鼓吹百三十五人、百戏师二十七人。"[①]

魏晋南北朝，管理百戏的机构主要是太常，具体执行的官员是鼓吹署或清商令丞。北齐时期，清商令丞掌管百戏和鼓吹乐，"北齐清商令丞掌百戏及鼓吹乐"[②]。梁、陈两朝的百戏管理机构几乎相同，即隶属于太常寺的鼓吹署，"至梁，太常卿统鼓吹令、丞及清商署，陈因之"[③]。

汉魏晋南北朝时期逐渐建立起管理宴饮娱乐活动的专门机构，反映了当政者对这些活动的重视，也反映了宴饮娱乐活动规模的不断扩大。这些专门负责管理百戏机构的出现，是汉魏晋南北朝时期宴饮娱乐活动的重要特征，为井然有序的百戏表演提供了制度保障。

3.蔚然成风：魏晋士人的风气与酒令文化的发展

魏晋时期的酒令别具特色，三国曹魏时期出现的碧筒饮，两晋时盛行曲水流觞。碧筒饮清新自然，别具一格。曲水流觞时人取酒饮而酬。当然作不出诗会被罚酒。魏晋时期别具特色的酒令，一方面得益于魏晋时期繁多的酒类品种和盛行的饮酒之风，另一方面，还受社会上广泛弥漫的玄学思想和魏晋士人的风气影响。在分裂动荡的年代，朝堂风险大大增加，士人转而追求更加恬静、自由的生活方式，以竹林七贤为代表的魏晋士人纵情山水，放浪形骸，饮酒高歌，淡泊名利，

---

① （唐）李林甫等撰，陈仲夫点校：《唐六典》卷第十四《太常寺·鼓吹署》，北京：中华书局，1992年，第406页。

② （元）马端临著，上海师范大学古籍研究所等点校：《文献通考》卷一百四十七《乐考二十·散乐百戏》，北京：中华书局，2011年，第4420页。

③ （唐）李林甫等撰，陈仲夫点校：《唐六典》卷第十四《太常寺·鼓吹署》，北京：中华书局，1992年，第406页。

追求内心的精神享受。这为酒令品种的丰富与酒的文化意蕴增添注入了无限生机与活力。不管是碧筒饮，还是曲水流觞，时人就地取材，因地制宜，充分利用大自然，山水与宴饮融为一体。蔚然成风的酒令娱乐、饮酒活动与魏晋士人所独具的风气和所推崇的玄学思想息息相关，他们逐渐摆脱名教束缚，拥抱自然，追求无拘无束的心态，为酒令文化的发展提供了重要土壤。

4.由礼趋乐：投壶娱乐化的发展态势

投壶和宴射在春秋战国时期都是宴会上的一些特殊礼节，包含奏乐等诸多环节，主要起礼教作用。

两汉魏晋南北朝时期，投壶的礼教成分不断衰减，呈现出更多的娱乐气息，日益成为民众热慕的事项，出现莲花骁、隔屏投壶、闭目投壶等难度日益复杂的玩法。无论是王公大臣还是贩夫走卒，都喜欢玩耍投壶，如汉武帝时期的郭舍人就十分擅长投壶。此外在宴饮中，女性也参与投壶、宴射等娱乐活动。班固《西都赋》里不仅描绘了天子巡视三军、将士射猎后宴饮等壮观场面，还有后宫女眷们宴射和钓鱼的欢乐自由景象。

宴射在春秋时期是四大射礼之一，到了汉魏晋南北朝时期，成为宴会上重要的娱乐项目之一。如上文所提及，西晋时，应贞参加华林园宴射活动并赋诗，得到君主的称赞，可见西晋时期宴射活动的一些形式和内容。此外，宴射在北朝大多数政权中极为风靡，如元景安在参加宫廷宴射活动中凭借射中兽鼻的精湛射艺而获得丰厚的赏赐。

投壶、宴射，经过汉魏晋南北朝时期的发展，逐渐褪去礼教外衣，朝着世俗的娱乐方向发展，变成一种纯粹的游戏种类。宴饮活动由礼趋娱，成为汉魏晋南北朝宴饮文娱活动的鲜明特色和趋势。

5.嗜赌成风：六博赌注加码

汉魏晋南北朝，六博是世人宴饮娱乐中的重要项目之一，六博逐渐衍生出诸多的玩法，如后期流行的撘捕、握槊、双陆等。

六博在两汉时期的赌注并未被过多提及，只提及胜负，如西汉时期陈遂，曾与汉宣帝一起玩六博之戏，多次输给汉宣帝，由此欠下赌债。后宣帝即位，任其为太原太守，并戏称其可还清赌债："遂，字长子，宣帝微时与有故，相随博弈，数负进。及宣帝即位，用遂，稍迁至太原太守，乃赐遂玺书曰：'制诏太原太守：官尊禄厚，可以偿博进矣……' "①

到了魏晋南北朝时期，六博之戏的赌资逐渐加大。东晋时期，袁耽，字彦道，擅长赌博之技，曾为桓温所邀与其债主对赌，在赌局上，一掷十万，一局累积至百万，"遂就局，十万一掷，直上百万"②，由此可见，东晋时期六博赌注就呈现出增大趋势，而这一风气也逐渐浸染到宴饮娱乐中。东晋时期将领刘毅，一次在相府举办的宴会上参加摴蒲游戏，一次输赢可达数百万钱："后于东府聚摴蒲大掷，一判应至数百万。"③可见以刘毅为代表的摴蒲赌注增大的宴饮娱乐活动仅是冰山一角。南朝宋时期大臣谢弘微的妹夫殷睿痴迷摴蒲，欠下巨额赌债，无力偿还，后来竟独吞岳父家产以还赌债："（元嘉）九年（432），东乡君薨，资财巨万，园宅十余所……混女夫殷睿素好摴蒲，闻弘微不取财物，乃滥夺其妻妹及伯母两姑之分以还戏责。"④南朝宋开国皇帝刘裕，年少时以卖鞋为生，嗜好摴蒲，以至倾家荡产，曾欠下三万赌债，为乡人所鄙。西魏时期名将王思政，太原祁人，在参加宇文泰召集的宴会上，参与摴蒲之戏。此次摴蒲的赌注为锦罽、绫罗绸缎，后赌注消耗殆尽，宇文泰解下自己的金腰带作为赌注，而王思政赢得此条腰带。史载王思政"太原祁人。……太祖曾在同州，与群公宴集，出锦罽及杂绫绢数段，命诸将摴蒲取之。物既尽，太祖又解所服金带，令诸人遍掷，曰：'先得卢者，即与之。'群公将遍，莫有得者。次至思政，乃敛容跪坐而自誓曰：'王思政羁旅归朝，蒙宰相国士之遇，方愿尽心效命，上报知己。若此诚有实，令宰相赐知者，愿掷即为卢；若内怀不尽，神灵亦当明之，使不作也，便当杀身以谢所奉。'辞气慷慨，一坐尽惊。即拔所佩刀，横于膝上，揽摴蒲，拊髀掷之。比太祖止之，

①（汉）班固撰，（唐）颜师古注：《汉书》卷九十二《游侠传第六十二·陈遵》，北京：中华书局，1962年，第3709页。

②（唐）房玄龄等撰：《晋书》卷八十三《列传第五十三·袁瓌·袁耽》，北京：中华书局，1974年，第2170页。

③（唐）房玄龄等撰：《晋书》卷八十五《列传第五十五·刘毅》，北京：中华书局，1974年，第2210页。

④（梁）沈约撰：《宋书》卷五十八《列传第十八·谢弘微》，北京：中华书局，1974年，第1593页。

已掷为卢矣。徐乃拜而受。自此之后，太祖期寄更深"[1]。可见，在宫廷宴会上樗蒲赌注常被不断加码，可获得极大推崇，甚至出现以个人身家性命作为赌注的局面。魏晋南北朝时期宴饮娱乐活动中的六博赌注之大可见一斑。

简而言之，两汉时期六博之戏的赌注并不大，到了魏晋南北朝时期，出现"一掷十万"的巨额赌注，在帝王之宴上，赌注有层层加码的现象。这一方面反映了时人痴迷六博之戏的程度，另一方面也映射出宴饮娱乐的奢靡表征。

二、汉魏晋南北朝宴饮娱乐的历史影响

汉魏晋南北朝时期宴饮娱乐活动的发展，一方面极大丰富了人们的日常生活，另一方面加强了不同民族与文化之间的交流。此外，这些娱乐活动还对周边地区如朝鲜产生了一定吸引力，并为后世隋唐、宋明清时期的马吊、杂技等娱乐活动的发展奠定了基础。

1.增进民族交流，宴饮娱乐逐渐打破夷夏之别

丰富多彩的宴饮娱乐活动，为汉魏晋南北朝时期的人们带来了耳目一新的体验，从视觉盛宴的百戏到较量体力和巧力的投壶和宴射，从比拼酒量和反应能力的酒令到谋划布局的六博，无不让人们感受到真实可触的娱乐快感。此外，这个时期的宴饮娱乐，一定程度上广泛吸收了来自西域的幻术和少数民族骑射传统的宴射活动。

张骞出使西域打通了汉朝与西域诸国之间的联系，为幻术等西域娱乐活动的传播提供了前提条件。幻术是由西域传来的百戏类型之一，极大扩充了百戏规模，增添了异域色彩。伴随着佛教传入和道教的发展，幻术表演逐渐夹杂着宗教色彩。此外，区域之间的往来，为幻术的传播提供了绝妙平台。东汉安帝年间，西南夷的掸国（今缅甸东北）再次朝贺，贡献音乐、幻术及杂技，如吐火、跳丸、换牛马头等，规模大至千人，自言来自海西大秦（古罗马帝国）。可见中原和欧洲，早期通过西面、西南等贸易通道，就有规模较大的文化交流。在宴射节目上，魏晋及北朝时期游牧民族擅长射箭和骑术，为宴射活动注入了新的活力，在当时极为盛

---

① （唐）令狐德棻等撰：《周书》卷十八《列传第十·王思政》，北京：中华书局，1971年，第293-294页。

行。西晋实现了短暂统一，出现了北方少数民族内迁的趋势，其中匈奴、羯、鲜卑、氐、羌等少数民族迁居生活在东北、西北及河套以北的区域，这些游牧民族擅长骑射，一定程度上推动了宴射活动的流行。宴射活动，在北朝时期吸纳少数民族文化特色，促进了各民族在宴饮娱乐上的交流与融合，逐渐打破夷夏之别。

游牧文化与农耕文化之间通过宴饮娱乐这一桥梁，在相互碰撞和借鉴中不断发展。

2.汉魏晋南北朝宴饮娱乐活动逐渐向周边地区传播

汉魏晋南北朝时期的宴饮娱乐在当时世界上属于领先水平，并不断向周边地区传播。如六博在南北朝时期逐渐传播至印度，据释道朗的《大般涅槃经》载，"樗蒲围棋、波罗塞戏、狮子象斗、弹棋六博……一切戏笑，悉不观作"[①]。释道朗为十六国时期的北凉僧人，曾考订梵文经书，并撰写《涅槃经序》，可见当时的六博已传至印度。再如北周时期，投壶、摴蒲等娱乐活动传播到百济，"百济者……有投壶、樗蒲等杂戏"[②]。

后至唐朝时，投壶游戏随文化传播传至日本已如前所述。国内如吐蕃等地也出现围棋、六博等活动："吐蕃，本汉西羌之地，在长安之西。其种落不知节候，以麦熟为岁首，围棋六博，吹蠡鸣鼓，以为戏乐焉。"[③]可见，汉魏晋南北朝宴饮娱乐活动逐渐向周边地区传播，并对后世产生影响，反映了当时各种宴饮娱乐活动在时空方面的辐射作用。

3.为酒令、马吊在唐宋元明清的盛行奠定了基础

汉魏晋南北朝时期是宴饮文化发展的重要奠基阶段。尽管有些娱乐活动后来渐渐消失，却成为唐宋元明清一些娱乐活动的滥觞。如酒令在汉魏晋南北朝时期获得了发展，但是真正盛行则发生在唐代，出现了更加复杂多样的酒令形式。六博在汉魏晋南北朝时期的发展，衍生出了摴蒲、双陆等多种玩法，其中重要的博

---

① 李松福编:《象棋史话》，北京：人民体育出版社，1981年，第25页。

·②（唐）令狐德棻等撰:《周书》卷四十九《列传第四十一·异域上·百济》，北京：中华书局，1971年，第886-887页。

③（宋）陈旸撰，蔡堂根、束景南点校:《中华礼藏·礼乐卷·乐典之属》第二册《乐书》，杭州：浙江大学出版社，2016年，第889页。

具也由琼发展为五木，这为唐代以后骰子的盛行奠定了基础，也为马吊、麻将等娱乐节目提供了重要素材。此外博戏中的骰子逐渐与酒令相结合，在唐代衍生出骰盘令的酒令形式。所谓骰盘令，是指利用博戏中的骰子而进行的酒令形式，"大凡初筵，皆先用骰子。盖欲微酣，然后迤逦入酒令"[①]。马吊是一种在明清两代较为流行的纸牌游戏，吸取了博戏中的赌博元素。《日知录》记载："万历之末，太平无事，士大夫无所用心，间有相从赌博者。至天启中，始行马吊之戏，而今之朝士，若江南、山东，几于无人不为。"[②]推其源流，顾炎武指出马吊的源头当属博戏，因其"皆戏而赌取财物"。因此，汉魏晋南北朝时期的宴饮娱乐活动为唐乃至明清盛行的马吊、酒令等的盛行奠定了基础。

汉魏晋南北朝，宴饮中的娱乐活动项目较多，不仅有眼花缭乱的百戏团体表演，还有展现个人才艺的投壶与宴射，以及兴之所致的酒令游戏和雅俗共赏的六博。宴饮中的百戏在汉魏晋南北朝时期呈现出不同的面相，从名称的不同到百戏内涵的不断丰富，从百戏种类的逐渐增多到百戏表演形式的逐渐交融与复杂化，这些驱使官方设立切合实际的百戏管理机构，从而进一步规范和适应日益频繁和盛大的宴饮百戏等活动的有序举行。

汉魏晋南北朝在分分合合的历史进程之中，孕育出了如此繁盛的宴饮娱乐，"规模盛大""井然有序""蔚然成风""由礼趋乐"等时代特点反映出承前启后的发展脉络。春秋战国时期，等级森严，大型的娱乐节目表演一般出现在宫廷宴会之上，且由于当时诸侯纷争不断，娱乐节目的规模有限。到了两汉时期，天下一统，多国来朝，以百戏为典型的大型宴饮娱乐节目的规模空前盛大，各类表演层出不穷，由此逐渐发展出专门管理百戏表演的机构，从而使得百戏表演秩序井然，异彩纷呈。此外，春秋战国时期，投壶作为一种宴会礼节出现，到了汉魏晋南北朝时期，出现莲花跷、闭目投壶等种类多样的玩法，从而逐渐褪去重礼节的外衣，展现出娱乐众人的新鲜面貌。三国魏晋南北朝时期，战乱频仍，士人们逐渐打破

---

① （明）陶宗仪等编：《说郛三种》卷九十四《醉乡日月·五》，上海：上海古籍出版社，1988年，第4322页。

② （清）顾炎武撰，严文儒、戴扬本校点：《日知录》卷二十八《赌博》，上海：上海古籍出版社，2012年，第1096页。

名教束缚，转向玄学寻求精神支柱，流行纵情山水，放浪形骸，出现了一批以阮籍、嵇康为代表的魏晋士人。饮酒之风以及酒令文化在魏晋时期得到空前发展，为宴饮活动增添更多的娱乐因子和文化内涵。汉魏晋南北朝时期的宴饮娱乐不仅增进了民族之间的交流，打破区域限制，而且为后来盛行于宋元明清时期的酒令和马吊活动奠定了基础，并凭借强大的文化辐射力，逐渐向外传播。一言以蔽之，汉魏晋南北朝时期的宴饮娱乐活动在中国宴饮文化中占有重要位置。

第七章　汉魏晋南北朝的宴饮方式及风气演变

宴饮，不仅仅是珍馐佳酿的色香味意、丝竹管弦的一觞一咏、抃风舞润的羽衣蹁跹，更是主贤宾嘉的左右秩秩、佳客相从的行歌相答。和乐相融、情欢意畅的宴饮氛围，是具有广泛文化内涵的社交方式。汉魏晋南北朝，宴饮文化继续发展，在继承先秦礼仪的君臣有别、尊卑有序的礼义核心外，在仪式上有所精简和规范。随着时代的发展，汉魏晋南北朝具有自己相应的礼仪文化，呈现出不同的精神风貌。

一、汉魏晋南北朝的餐制

餐制，是指每日饮食次数和饮食时间。现代社会，相对规律的社会生活，一般是一日三餐，作息自由的，一日两餐也不少见。定时就餐，是文明社会的一种进步，意味着规律、定时。

史家认为，原始社会并无"一日三餐"的概念，与"饥则求食，饱则弃余"的动物饮食习惯无异。"定时吃饭"是人们饮食文明进步的标志，中国最晚在上古商朝时已形成"定时吃饭"的习俗。周朝，对于周天子等贵族而言，餐食已是一日三餐，《周礼·天官·膳夫》载："王齐，日三举。"齐，斋之假字。汉朝的上层社会，多为三餐。《后汉书·五行志》刘昭注引《洪范五行传》郑玄注："平旦至食时，为日之朝；禺中至日昳，为日之中；下侧至黄昏，为日之夕。"[①]三餐

---

① （清）孙诒让著，汪少华整理：《周礼正义》卷七《天官·膳夫》，北京：中华书局，2015年，第297–298页。

制的时间，一是日之朝，即平旦至食时的时段，大体时间是上午五时至九时之间；二是日之中，禺中至日昳的时段，大体时间是十一时至十五时之间；三是日之夕，晡时至黄昏时段，大体时间在下午五时至九时。夕食，也称为"飧"，《周礼·天官·宰夫》郑司农注："飧，夕食也。"①这和我们现在的饮食时间大致相同。一日三餐，时间不同，对应的食物也不相同，《史记·天官书》："旦至食，为麦；食至日昳，为稷；昳至铺，为黍。"②"铺"同"晡"。早吃麦、午吃稷、晚吃黍。从中可以看出早餐最为重要，管饱耐饿，晚餐多是粥类。这种饮食方式，既健康又经济。

对普通百姓而言，一日两餐仍很普遍。据《礼记》记载，民一日两餐，分别是朝食（饔）、夕食，两餐之外可有加食。两餐中，朝食是"大食"，夕食是"小食"，商朝已有明确区分，殷墟甲骨卜辞中发现有"大食""小食"的相关记载。《墨子·杂守》言，兵士每天吃两餐，食量分为五个等级。《论语》云"失饪，不食。不时，不食"③，不应进餐的时间用餐，要么是犒赏，要么是越礼。

餐食的具体时间。两餐的时间形成惯制时被纳为时辰专名。古代没有钟表记时，日出而作，日落而息，就餐时间根据太阳的运行轨迹大致确定。一天有十二个时辰，按十二地支命名，太阳运行到东南方，大致辰时吃第一餐饭，称为"食时"，相当于上午的七时至九时。太阳运行到西南方谓之申时，食第二餐饭，大致相当于十五时至十七时，也称"晡时""夕时"。东汉许慎《说文解字·食部》称："餐，铺也。"④餐通飧，申时进食。

秦汉时期，农民劳作，多为两餐，普通人或是级别较低官员多为"两餐制"，但在贵族中间已普遍实行"三餐制"。淮南王刘长谋反获罪，汉文帝刘恒是特批

---

① （清）孙诒让著，汪少华整理：《周礼正义》卷六《天官·宰夫》，北京：中华书局，2015年，第247页。

② （汉）司马迁撰，（南朝宋）裴骃集解，（唐）司马贞索隐，（唐）张守节正义：《史记》卷二十七《天官书第五》，北京：中华书局，1982年，第1340页。

③ 程树德撰，程俊英、蒋见元点校：《论语集释》卷二十《乡党中》，北京：中华书局，1990年，第690页。

④ 王平、李建廷编著：《〈说文解字〉标点整理本附分类检索》弟五《食部》，上海：上海书店出版社，2016年，第129页。

他仍可享受诸侯王的生活待遇，允许一天供应三顿饭，《汉书·厉王刘长传》中记载："皆日三食，给薪菜盐炊食器席蓐。制曰：'食长，给肉日五斤，酒二斗。'"[1]每日三餐，每天有肉有酒有数量，文帝对待谋反获罪的同父异母弟是宽宏大量的，只可惜这个唯一的为人刚烈的弟弟，最后竟不食而死，酿成悲剧，为辉煌灿烂的"文景之治"蒙上了一层阴霾。

四餐制，在古代属于"帝王餐"，汉朝时被制度化。汉朝皇帝的四餐，分别是"旦食""昼食""夕食""暮食"，相当于我们所说的早餐、午餐、晚餐、夜宵。中国古代饮食制度具有明显的等级色彩和礼仪特征，贵为天子的皇帝，饮食安排自然也与众不同，以"别尊卑"。对汉朝君王一日四餐，汉朝班固在《白虎通·礼乐》中解释："王者所以日四食何？明有四方之物，食四时之功也。四方不平，四时不顺，有彻膳之法焉。"[2]时人认为地是方的，有四海之称，天时有四季，天子与之相应，日食四餐，与"四方""四时"相对应。"四餐制"在汉代被严格执行，即使帝王死后，祭祀时也要"日上四食"。但"四餐制"也并非一成不变，在特殊时候要"减餐"。比如国家遭遇严重的天灾人祸时，皇帝就得减少饮食量和次数，以此自我惩罚，响应上苍给人间的警示。

关于一日三餐的饮食风俗普及于何时，目前学界有不同看法，有认为战国末期的、魏晋时期的和隋唐时期的。个人认为，一天吃几餐饭，很大程度上受到物质条件和社会行为的制约。先秦，囿于经济制约，普通民众一般是一日两食。汉初，一日两食比较普遍，随着经济发展，生活水平逐渐提高，酒与普通百姓的生活结合紧密，一日三食已不少见，基本确立。魏晋之后，民众基本是一日三食，受经济影响时有时无。

二、汉魏晋南北朝的节令习俗

古人所谓的"节"，并非现在的"节日"，而主要指二十四节气中的立春、春分、立夏、夏至、立秋、秋分、立冬、冬至八个节气，以及一年伊始、年中、岁

---

① （汉）班固撰，（唐）颜师古注：《汉书》卷四十四《淮南衡山济北王传第十四·淮南厉王刘长》，北京：中华书局，1962年，第2142页。

② （汉）班固撰集，（清）陈立疏证，吴则虞点校：《白虎通疏证》卷三《礼乐·论侑食之乐》，北京：中华书局，1994年，第118页。

尾及祭祀等重大日子。我国传统上属于农业社会，农业与节气密切相关，节气日饮酒啖食，成为汉民的生活乐事。在此基础上，特殊日子的庆祝还演变成节日。汉代的大一统，使先秦时期齐鲁、秦晋、吴越、荆楚、巴蜀等不同属地的风俗逐渐传播、融合。汉武帝在元封七年（前104），修改历法，启用太初历，规定以十二月为岁尾，正月为岁首，将我国特有的指导农业生产的二十四节气分布于十二个月，使月份与季节配合更为合理。先秦时，节日数量较少，且时间不固定。汉时太初历丰富了人们对自然物候的认识，淡化了先秦时的原始崇拜信仰，加之受儒学伦理观念的影响，东汉初期，岁时节日如正旦、社日、上巳、寒食（清明）、端午、夏至、伏日、重阳、冬至、腊日等，其用酒择食登高等习俗在汉代已大体定型，逐渐形成了相对固定的主题，如祭奠、祈福、纪念、庆祝、聚饮等，奠定了我国传统节日习俗的基础，节日与宴饮更紧密地结合在一起。魏晋南北朝在传承的基础上有所发展和变化。

　　1.正旦饮柏叶酒、椒酒及屠苏酒。现代的春节是农历正月初一，古代叫正旦或正日。农历正月初一，不同时期日期不一，夏代为正月初一，殷代为十二月初一，周代为十一月初一，秦始皇定为十月初一。汉初承秦制，以十月为正，即十月初一为正旦，武帝行太初历，将正旦日确定为夏历（农历）的正月初一，以后历代相沿。自此，具有重要意义的"三元"之日即日之元、月之元、岁之元的"正旦"日或元日，成为新年伊始的标志，举国上下举行盛大隆重的庆典仪式。朝廷于该日"大朝受贺"及举行朝贺礼，皇帝接受百官朝贺，并大宴群臣，"杂会万人以上"，场面壮观。"正月旦，天子御德阳殿，临轩。公、卿、大夫、百官各陪位朝贺。蛮、貊、胡、羌朝贡毕，见属郡计吏，皆陛觐。宗室诸刘杂会，皆冠两梁冠，单衣。既定，计吏中庭北向坐。大官上食，赐群臣酒食，作九宾，撤乐。……正旦，饮柏叶酒，上寿。"[1]朝贺之礼，普饮柏叶酒，其乐融融。"柏叶酒"因柏叶长青寓长寿，正旦是新的一年开始，天增岁月人增寿。民间则饮椒酒。东汉崔寔的《四民月令》记载了民间正日景象："正月之旦，是谓'正日'，躬率妻孥，洁祀祖祢。前期三日，家长及执事，皆致斋焉。及祀日，进酒降神。毕，乃家室尊卑，无小无大，以次列坐于先祖之前；子、妇、孙、曾，各上椒酒于其家长，称觞举寿，欣欣如也。谒贺君、师、故将、宗人、父兄、父友、友、亲、乡党耆老。"①汉代人认为椒是玉衡星的精灵，吃了不易衰老；柏是一种仙药，可免除百病。正日一早，阖家祭祀，献酒于祖先，祈求新的一年风调雨顺，之后儿孙辈按"自幼及长"之序，依次向家长敬奉椒酒，祝愿健康长寿。屠苏酒属于药酒，不同于其他酒，是先从小起，晚辈优先，依据《礼记·曲礼下》记载是"君有疾饮药，臣先尝之；亲有疾饮药，子先尝之"②，故药酒是小辈先饮。椒酒芬芳，寓意吉祥、长寿。

2. 魏晋南北朝元日饮屠苏酒流行，用以预防瘟疫。元日饮屠苏酒，东汉已出现此俗，魏晋南北朝时饮用较为普遍，唐以后更为流行。《荆楚岁时记》中记载屠苏酒的饮用方式："进屠苏酒，胶牙饧。下五辛盘。……董勋（北魏议郎）云：'俗有岁首用椒酒。椒花芳香，故采花以贡尊。正月饮酒先小者，以小者得岁，先酒贺之；老者失岁，故后与酒。'"③屠苏酒经唐名医孙思邈广泛应用而流传开来，宋王安石《元日》诗句"爆竹声中一岁除，春风送暖入屠苏"流传至今。清以后此俗失传，日本、韩国还保留有我国唐朝传过去的元日饮屠苏酒的习俗。曹植《正会诗》描写了元日饮宴的丰盛："初岁元祚，吉日惟良。乃为嘉会，宴此高堂。尊卑列叙，典而有章。衣裳鲜洁，黼黻玄黄。清酤盈爵，中坐腾光。珍膳杂遝，充溢圆方。笙磬既设，筝瑟俱张。悲歌厉响，咀嚼清商。俯视文轩，仰瞻华梁。愿保兹善，千载为常。欢笑尽娱，乐哉未央！皇家荣贵，寿考无疆。"④晋傅玄《元日朝会赋》云："前三朝之夜中，庭燎晃以舒光。华灯若乎火树，炽百

---

① （汉）崔寔撰，石声汉校注：《四民月令校注·正月》，北京：中华书局，2013年，第1页。

② （清）孙希旦撰，沈啸寰、王星贤点校：《礼记集解》卷六《曲礼下第二之二》，北京：中华书局，1989年，第147页。

③ （南朝梁）宗懔撰，（隋）杜公瞻注，姜彦稚辑校：《荆楚岁时记》，北京：中华书局，2018年，第2—3页。

④ （三国魏）曹植著，赵幼文校注：《曹植集校注》卷三《元会》，北京：中华书局，2016年，第731页。

枝之煌煌。……六钟隐其骇奋，鼓吹作乎云中。”①元日的华灯绚烂、钟鼓悦耳。

3. 人日节戴人胜食羹登高赋诗。农历正月初七也称“人胜节”“人七节”。传说女娲在第七天造出人类，故称“人日节”。《事物纪原》引汉代东方朔《占书》中言：“岁正月一日占鸡，二日占狗，三日占羊，四日占猪，五日占牛，六日占马，七日占人，八日占谷。”②汉代开始过人日节俗，主要是戴人胜、赠花胜。人胜，也叫彩胜，用彩纸、丝帛、软金银等材料制成小人样的头饰，贴在屏风或女子头上作饰品。魏晋南北朝，人日食羹登高赋诗流行。《荆楚岁时记》记载了南方人过人日的情形：“正月七日为人日，以七种菜为羹。剪彩为人，或镂金薄（箔）为人，以贴屏风，亦戴之头鬓。又造华胜以相遗。登高赋诗。按董勋《问礼俗》曰：‘正月一日为鸡，二日为狗，三日为羊，四日为猪，五日为牛，六日为马，七日为人。正旦画鸡于门，七日帖人于帐。’”③七宝羹，即用七种时鲜蔬菜如芹菜、韭菜、蒜等加米粉做成。北方也有人日登高赋诗习俗，《北齐书·崔瞻传》：“魏孝静帝以人日登云龙门，其父㥄侍宴，又敕瞻令近御坐，亦有应诏诗。”④崔瞻父子曾在人日席上赋诗。北朝人阳休之《正月七日登高侍宴诗》云：“广殿丽年辉，上林起春色。风生拂雕辇，云回浮绮席。”⑤唐代之后更加重视，皇帝会赐群臣彩缕人胜，又登高大宴群臣。唐以后人日节渐趋衰落。现代，我们对人日已颇陌生。

4. 社日民间凑钱集体饮酒。我国是传统的农业社会，从土地获取衣、食、住、行等日常生活所需，因而先民对土地有所崇敬和膜拜，所谓后土为社，是一种自然崇拜。致祭土地（神）的日子，称为社日。社日起源于三代，初兴于秦汉，传承于魏晋南北朝，兴盛于唐宋，衰微于元明及清。汉以前，仅有春社，汉以后有春、秋二社日，春社又称“春祭”“春祈”，秋社又称“秋祭”“秋报”，春社在白天，

①（清）严可均编：《全上古三代秦汉三国六朝文》之《全晋文》卷四十五《傅玄·元日朝会赋》，北京：中华书局，1958 年，第 1714 页。

②（宋）高承撰，（明）李果订，金圆等点校：《事物纪原》卷一《正朔历数部·人日》，北京：中华书局，1989 年，第 10 页。

③（南朝梁）宗懔撰，（隋）杜公瞻注，姜彦稚辑校：《荆楚岁时记》，北京：中华书局，2018 年，第 11 页。

④（唐）李百药撰：《北齐书》卷二十三《列传第十五·崔瞻》，北京：中华书局，1972 年，第 336 页。

⑤（唐）徐坚等著：《初学记》卷第四《岁时部下·人日第二》，北京：中华书局，2004 年，第 65 页。

秋社在晚上，目的是"春以祈谷，秋以谢神"。《四民月令》："二月祠太社之日，荐韭、卵于祖祢。"①"（八月）祠日，荐黍、豚于祖祢"②。社日当天，官府及民间都会祭社神，内容是祈求丰收和丰收后回报神灵，人们之间互赠礼物及自酿的社酒，后面是共同饮酒、分肉。《史记·货殖列传》曰："若至家贫亲老，妻子软弱，岁时无以祭祀进醵，饮食被服不足以自通，如此不惭耻，则无所比矣。"③进醵，即合醵，社日大家凑钱饮酒。《汉书·食货志》亦云："除社闾尝新春秋之祠，用钱三百。"④大家共同分担祭社负担。陈平在跟刘邦起事前，社日分肉公平得大家称赞。《史记·陈丞相世家》载："里中社，平为宰，分肉食甚均。"⑤社日大家共祀土地神，然后宴饮祭祀酒肉，邻里欢庆，呈现出严谨、丰收、热闹的节日氛围。

魏晋南北朝仍是二月、八月进行春祈秋祭。《荆楚岁时记》记载："社日，四邻并结综会社，牲醪。为屋于树下，先祭神，然后飨其胙。"⑥社祭时间，晋稽含的《社赋序》记载，汉在二月卜丙午日，魏在二月择丁未日，晋是一月酉日为社，各有不同。《魏书·礼志》载魏春秋社则是在戊月。隋唐继承了北魏这一规定。宋朝规定立春和立秋后的第五个戊日为社，春秋社大约在春分或秋分后五天之内，元明清实行唐宋旧制。就春社而言，基本在二月举行。我国自2018年起，将每年秋分设立为"中国农民丰收节"，作为农耕文化的传承创新。

5. 上巳节临水饮宴。上巳是汉魏晋南北朝时重大的民间传统节日，是举行"祓除衅浴"活动的最重要节日，《周礼·春官·女巫》云："女巫掌岁时祓除、衅浴。"郑玄注："岁时祓除，如今三月上巳如水上之类。"⑦人们结伴在水边洗濯，

① （汉）崔寔撰，石声汉校注：《四民月令校注·二月》，北京：中华书局，2013年，第19页。

② （汉）崔寔撰，石声汉校注：《四民月令校注·八月》，北京：中华书局，2013年，第60页。

③ （汉）司马迁撰，（南朝宋）裴骃集解，（唐）司马贞索隐，（唐）张守节正义：《史记》卷一百二十九《货殖列传第六十九》，北京：中华书局，1982年，第3272页。

④ （汉）班固撰，（唐）颜师古注：《汉书》卷二十四上《食货志第四上》，北京：中华书局，1962年，第1125页。

⑤ （汉）司马迁撰，（南朝宋）裴骃集解，（唐）司马贞索隐，（唐）张守节正义：《史记》卷五十六《陈丞相世家第二十六》，北京：中华书局，1982年，第2052页。

⑥ （南朝梁）宗懔撰，（隋）杜公瞻注，姜彦稚辑校：《荆楚岁时记》，北京：中华书局，2018年，第28页。

⑦ （清）孙诒让著，汪少华整理：《周礼正义》卷十五《春官·女巫》，北京：中华书局，2015年，第2495页。

去除宿垢，袚除不祥，有祈福之意，这种习俗称为袚禊。《论语》中"莫春者，春服既成，冠者五六人，童子六七人，浴乎沂，风乎舞雩，咏而归"①描述的就是袚禊归来的情形。汉以前，"上巳"的具体日期尚不固定，多在三月上旬的第一个巳日，魏晋时正式固定为三月初三。汉代把袚除与祈福、踏青、宴饮、登高等娱乐结合起来。《汉书·外戚传》记载"帝袚霸上，还过平阳主"②。《后汉书·周举传》载大将军梁商："三月上巳日，商大会宾客，宴于洛水。"③东汉杜笃《袚禊赋》描述了富贵者袚禊宴饮："旨酒嘉肴，方丈盈前。浮枣绛水，酹酒酾川。"④人们进餐饮酒，还往水中投入些许酒水和食物，祭祀神灵。两汉时期，官民都兴修禊，《后汉书·礼仪志》云："是月上巳，官民皆洁于东流水上，曰洗濯袚除去宿垢疢（热病）为大洁。洁者，言阳气布畅，万物讫出，始洁之矣。"刘昭注曰："后汉有郭虞者，三月上巳产二女，二日中并不育，俗以为大忌，至此月日讳止家，皆于东流水上为祈禳自洁濯，谓之禊祠。引流行觞，遂成曲水。"刘昭引述此传说后驳斥："郭虞之说，良为虚诞。假有庶民旬内夭其二女，何足惊彼风俗，称为世忌乎？"⑤无独有偶，南朝梁沈约的《宋书·礼志》、南朝梁吴均的《续齐谐记》等书中，也有类似故事："晋武帝问尚书挚虞曰：'三日曲水，其义何指？'答曰：'汉章帝时，平原徐肇以三月初生三女，而三日俱亡。一村以为怪，乃相携之水滨盥洗，遂因流水以滥觞。曲水之义起于此。'"⑥可见东晋南朝类似故事已流传甚广。有人认为它反映了古人视三月初三为"恶日"，乃将孪生女婴视为"不祥"

①　程树德撰，程俊英、蒋见元点校：《论语集释》卷二十三《先进下》，北京：中华书局，1990年，第806页。

②　（汉）班固撰，（唐）颜师古注：《汉书》卷九十七上《外戚传第六十七上·孝武卫皇后》，北京：中华书局，1962年，第3949页。

③　（南朝宋）范晔撰，（唐）李贤等注：《后汉书》卷六十一《左周黄列传第五十一·周举》，北京：中华书局，1965年，第2028页。

④　（清）严可均编：《全上古三代秦汉三国六朝文》之《全后汉文》卷二十八《杜笃·袚禊赋》，北京：中华书局，1958年，第626页。

⑤　（南朝宋）范晔撰，（唐）李贤等注：《后汉书》志第四《礼仪上·袚禊》，北京：中华书局，1965年，第3110—3111页。

⑥　（南朝梁）宗懔撰，（隋）杜公瞻注，姜彦稚辑校：《荆楚岁时记》，北京：中华书局，2018年，第33页。

的迷信观念，因之曲水流觞本义是被除邪祟。

　　魏晋南北朝时，修禊大流行，并固定在三月三日举行，地点或在野外、或在苑囿之水畔。《晋书·礼志》记载："汉仪，季春上巳，官及百姓皆禊于东流水上，洗濯被除去宿垢。而自魏以后，但用三日，不以上巳也。晋中朝公卿以下至于庶人，皆禊洛水之侧。"①魏晋以后，上巳日日期固定为农历三月三日。魏晋时，崇尚自然、纵情山水的风尚兴起，上巳节被除之意减少，代之而来的是迎春赏游、临水饮宴，西晋《夏仲御别传》形容上巳时的洛阳是"男则朱服耀路，女则锦绮粲烂"②，陆机诗"迟迟暮春日，天气柔且嘉。元吉隆初巳，濯秽游黄河"③，是人们上巳被禊、踏青的生动写照，上巳日禊饮已逐渐演化为皇室贵族、公卿大臣、文人雅士临水而宴的盛大节日，曲水流觞成为当时的重要活动和鲜明特色。魏晋时上巳节不仅日期固定，活动地点不局限于洛水之湄、黄河之侧，人们将曲水引入了苑囿殿堂，《宋书·礼志》言："魏明帝天渊池南，设流杯石沟，燕群臣。晋海西钟山后流杯曲水，延百僚，皆其事也。官人循之至今。"④陆翙《邺中记》中的曲水流杯是"华林园中千金堤。作两铜龙，相向吐水，以注天泉池，通御沟中。……水之北有积石坛，云三月三日御坐流杯之处"⑤。上巳活动已转移到人工曲水之旁，宴请环境更加轻松、自然。东晋王羲之等人著名的兰亭雅集，就是修禊活动的禊饮之礼与"曲水流觞"的完美结合。魏晋游宴盛行，文人将集会、游宴与被禊相结合，可以踏青游玩，可以欣赏美景，还可以饮酒赋诗，开辟了文人的曲水流觞之风，这种风雅活动受到后世人们的青睐。唐宋之后，文人雅士"曲水流觞"诗会更为兴盛，庭院人工曲渠处或清音山泉边，都是好去处。汉代上巳日是被禊祈福、祈健康吉祥、饮酒助兴的欢乐节日，魏晋时发展成"曲水流

---

　　① （唐）房玄龄等撰：《晋书》卷二十一《志第十一·礼下》，北京：中华书局，1974年，第671页。

　　② 熊明辑校：《汉魏六朝杂传集》之《两晋杂传（上）》卷二《夏仲御别传》，北京：中华书局，2017年，第925页。

　　③ （宋）郭茂倩编：《乐府诗集》卷第四十《相和歌辞十五·同前》，北京：中华书局，1979年，第593页。

　　④ （南朝梁）沈约撰：《宋书》卷十五《志第五·礼二》，北京：中华书局，1974年，第386页。

　　⑤ （唐）徐坚等著：《初学记》卷第四《岁时部下·三月三日第六》，北京：中华书局，2004年，第69页。

觞"的风俗。这一天，也可以说是中国的情人节，男女互表爱慕之情，并在唐朝杜甫的名句"三月三日天气新，长安水边多丽人"中达到顶峰。魏晋南北朝，上巳节增加祈婚求子之意，晋张协《洛禊赋》云："浮素卵以蔽水，洒玄醪于中河。……水禽为之骇踊，阳侯为之动波。"[①]这是文献中关于"曲水浮素卵"的最早记载。"曲水浮素卵"和曲水浮绛枣之戏，是将鸡蛋或枣子放入水中，漂浮到谁面前谁取食，以此为戏。南朝梁庾肩吾《三日侍兰亭曲水宴诗》载浮枣之戏情景："踊跃赪鱼醉，参差绛枣浮。"[②]宋明后理学盛行，礼教渐趋森严，上巳的情人节风俗日渐式微，上巳节亦渐销声匿迹，少见于文献记载。

6.寒食节融入清明节，冷食祭祀。寒食节也叫"禁烟节""冷节"，最早时间是冬至后一百零五日，又名"百五节"。寒食节是汉族传统节日中唯一以饮食习俗命名的节日，重缅怀追远，轻酒淡食。寒食节源自远古的改火旧习，《周礼·秋官·司烜氏》记载："司烜氏掌以夫遂取明火于日……中春，以木铎修火禁于国中。"注文中曰："夫遂，阳遂也。"[③]取火，可从太阳或钻木取火，称阳遂或木遂。初春气候燥易着火，古人在这个季节举行隆重的祭祀活动，熄灭上年留存的火种，谓"禁火"，然后为新一年生产与生活钻燧新火，谓之"改火"或"请新火"，相沿成俗，成为禁火节。禁火期间吃冷食、寒食。"寒食节"源自春秋时介子推，汉末，蔡邕《琴操》将介子推的传说与寒食禁火联系在一起，赋予寒食节对死者缅怀之新意。东汉时《后汉书·周举传》记载了对太原地区禁火纪念介子推改革一事："举稍迁并州刺史。太原一郡，旧俗以介子推焚骸，有龙忌之禁。至其亡月，咸言神灵不乐举火，由是士民每冬中辄一月寒食，莫敢烟爨，老小不堪，岁多死者。举既到州，乃作吊书以置子推之庙，言盛冬去火，残损民命，非贤者之意，以宣示愚民，使还温食。于是众惑稍解，风俗颇革。"[④]隆冬季节，天寒地

---

① （清）严可均编:《全上古三代秦汉三国六朝文》之《全晋文》卷八十五《张协·洛禊赋》，北京:中华书局，1958年，第1951页。

② （唐）徐坚等著:《初学记》卷第四《岁时部下·三月三日第六》，北京:中华书局，2004年，第72页。

③ （清）孙诒让著，汪少华整理:《周礼正义》卷七十《秋官·司烜氏》，北京:中华书局，2015年，第3505、3510页。

④ （南朝宋）范晔撰，（唐）李贤等注:《后汉书》卷六十一《左周黄列传第五十一·周举》，北京:中华书局，1965年，第2024页。

冻，禁火长达一个月，冷食给日常生活带来严重不便，还常威胁老幼病弱之性命，周举针对禁火习俗进行改革。此后，曹操、后赵石勒、北魏孝文帝拓跋宏等都曾下令禁止寒食。根据寒食纪念情况，后人进行了调和折衷，减少禁食时间。晋朝，寒食定在清明前一日。《酉阳杂俎》引《邺中记》曰："并州俗，冬至后百五日，为介子推断火，冷食三日，作干粥，今之糗也。"①南朝梁宗懔《荆楚岁时记》曰："去冬至节一百五日，即有疾风甚雨，谓之寒食。禁火三日，造饧大麦粥。"②缩短禁火时间，减少寒食伤害，各地遂普及。

7. 清明节气融合寒食，官方定为清明节。清明节日是我国二十四节气之一，《淮南子·天文训》云"（春分）加十五日指乙则清明风至"③，万物皆洁齐且显故清明。清明扫墓据传始于古代帝王将相"墓祭"，最初墓祭活动伴随着扫墓，四季皆可，《后汉书·祭肜传》曰："令近遵坟墓，四时奉祠之。"④约自汉代后，寒食节扫墓之俗渐起。魏晋南北朝时，寒食祭扫与清明前后连接，融合了祓禊、郊游踏青等内容。唐代玄宗开元二十年（732），朝廷将寒食扫墓列入五礼之中，将寒食禁火减为一天，寒食节与清明节连接，官方规定全国统一放假。至此，寒食、祭扫、清明、祓禊与郊游踏青等习俗在全国兴盛起来，统一融汇到清明节中，作为全国范围内的传统节日——清明节在唐代最终定型。冷食终究不利健康，宋代寒食节与清明节彻底融为一体，并增加些许新内容。清明节既有慎终追远的感伤，也有清新赏春的景象，延续着我们不忘血脉、注重当下的生活智慧。经过历史的发展与演变，唐宋时期，清明节融汇寒食节与上巳节习俗，杂糅多地多种民俗为一体，承载着极为丰富的文化内涵。

8. 端午节避恶备黄酒、挂艾叶辟瘟、祭祀屈原投粽民俗大致形成。农历五月初五为端午节，又称端阳节、午日节、五月节、艾节、端五、重午、午日、沐兰

---

① （唐）段成式撰，许逸民点校：《酉阳杂俎校笺》前集卷一《忠志》，北京：中华书局，2015年，第18页。

② （南朝梁）宗懔撰，（隋）杜公瞻注，姜彦稚辑校：《荆楚岁时记》，北京：中华书局，2018年，第29页。

③ （汉）刘安编，何宁撰：《淮南子集释》卷三《天文训》，北京：中华书局，1998年，第215页。

④ （南朝宋）范晔撰，（唐）李贤等注：《后汉书》卷二十《铫期王霸祭遵列传第十·祭肜》，北京：中华书局，1965年，第744页。

节、夏节等，是我国名称最多的一个传统节日。端是"开端""初始"之意，初五又称端五。农历以地支纪月，正月建寅，二月为卯，顺次至五月为午，故五月称午月，"五"与"午"通，"五"又为阳数，午时为"阳辰"，所以端五也叫"端阳"。端午时近夏至，午日太阳行至中天，达到最高点，阳气至极万物茂盛，故称"中天节"。"端午"二字，最早见于西晋名臣周处《风土记》云："仲夏端午，烹鹜角黍。"①端午节俗称"恶月恶日"，五月处春夏之交，气候湿润多变，蚊蝇滋生，伴有湿热之毒，常会生病，甚或死去，久之被视为恶月，五月五日更是恶月恶日。端午上古时即有兰浴。战国时《大戴礼记》就有"五月五日蓄兰，为沐浴"②。蓄兰沐浴，就是当天蓄采众药，以蠲除毒气。《楚辞》中有"浴兰汤兮沐芳"③之句。秦以后国家统一，南北方端午习俗进一步融合，主要风俗是避瘟消灾。汉代应劭《风俗通义》记载："五月五日，以五彩丝系臂，名长命缕，一名续命缕，一名辟兵缯，一名五色缕，一名朱索，辟兵及鬼，命人不病温。又曰，亦因屈原。"④五彩丝中有白、青、黑、红和黄色，分别对应五行。农历五月初五正值蛇虫等五毒开始大量出没，为驱赶毒虫，备雄黄酒以疗蛇虫咬伤。端午节，时人祈求禳灾避瘟、祈求健康，方法有以红色桃符装饰大门，悬挂艾叶，手戴五彩丝绳等。浴兰、悬艾，都是为避毒，用五彩丝线绕臂、缠头，俗称"续命缕"，为益人命。

以粽子祭屈原。《史记》记载："屈原以五月五日投汨罗而死，楚人哀之，每于此日以竹筒贮米投水祭之。汉建武中，长沙区回白日忽见一人，自称三闾大夫，谓回曰：'闻君常见祭，甚善。但常年所遗，并为蛟龙所窃，今若有惠，可以练树叶塞上，以五色丝转缚之，此物蛟龙所惮。'回依其言。世人五月五日作粽，并

---

① （唐）徐坚等著：《初学记》卷第四《岁时部下·五月五日第七》，北京：中华书局，2004年，第73页。

② 黄怀信主撰，孔德立、周海生参撰：《大戴礼记汇校集注》卷二《夏小正第四十七》，西安：三秦出版社，2005年，第256页。

③ （宋）朱熹集注，夏剑钦等校点：《楚辞集注》卷第二《九歌第二·云中君》，长沙：岳麓书社，2013年，第27页。

④ （汉）应劭撰，王利器校注：《风俗通义校注·佚文·辨惑》，北京：中华书局，1981年，第605页。

带五色丝及练叶，皆汨罗之遗风。"①汉代，民间已开始用粽子祭祀屈原，舟楫竞渡，也一起逐渐流传开来。晋代，粽子正式成为端午节食品，又称粽子节。此时，包粽子的原料除糯米外，还添加有中药益智仁之类，煮熟的粽子称"益智粽"。《齐民要术》引《风土记》注云："俗，先以二节日，用菰叶裹黍米，以淳浓灰汁煮之令烂熟。于五月五日、夏至啖之。黏黍一名'粽'，一曰'角黍'。"②这就是"仲夏端午，烹鹜角黍"的由来。粽子、角粽、角黍等，与端午紧密结合在一起。南北朝时，糯米中掺杂之物增多，有板栗、赤豆、肉食等，谓之杂粽。南北朝以后，特别在南方地区，端午节的神秘恐怖气氛减弱，踏青游乐活动流行，隋唐以后，端午演变成以娱乐为主的综合性游艺节日，宋朝追封屈原为忠烈公，定端午节为全国性正式节日。端午节是我国别称最多、传说最多、纪庆意义最复杂、食俗事象最丰富的特殊节日。

9.夏至早归饮春酒。夏至之日，昼最长，夜最短，《礼记·月令》曰："是月也，日长至。阴阳争，死生分。"③人们认为此日阴阳相争，主凶，要早归，举行相应的祭祀活动以消灾祈福。《四民月令》记载，"夏至之日，荐麦、鱼于祖祢。厥明，祠。前期一日，馔具、齐、扫，如荐韭、卵"；"命典馈酿春酒，必躬亲洁敬，以供夏至初伏之祀。"④夏至日前一天人们精心准备，当天以春酒祭祀祖先，春酒属于酿造时间较长的好酒，酒质清醇。夫妻相对，设酒备肴，宴请邻里，是汉代民间夏至日习俗的普遍景象。《汉书·东方朔传》记载东方朔传伏日早归一事："久之，伏日，诏赐从官肉。大官丞日晏不来，朔独拔剑割肉，谓其同官曰：'伏日当蚤归，请受赐。'即怀肉去。"⑤东方朔违犯制度，私自割肉回家的理由是

　　①（汉）司马迁撰，（南朝宋）裴骃集解，（唐）司马贞索隐，（唐）张守节正义：《史记》卷八十四《屈原贾生列传第二十四》，北京：中华书局，1982年，第2491页。

　　②（北魏）贾思勰著，石声汉校释：《齐民要术今释》卷九《粽糫法第八十三》，北京：中华书局，2009年，第934页。

　　③（清）孙希旦撰，沈啸寰、王星贤点校：《礼记集解》卷十六《月令第六之二》，北京：中华书局，1989年，第453页。

　　④（汉）崔寔撰，石声汉校注：《四民月令校注》，北京：中华书局，2013年，第41、16页。

　　⑤（汉）班固撰，（唐）颜师古注：《汉书》卷六十五《东方朔传第三十五》，北京：中华书局，1962年，第2846页。

"伏日当蚤归"。《汉书·薛宣传》载薛宣语："日至,吏以令休,所繇来久。曹虽有公职事,家亦望私恩意。掾宜从众,归对妻子,设酒肴,请邻里,壹关相乐,斯亦可矣!"①《后汉书·和帝纪》载永元六年(94)己酉"初令伏闭尽日",李贤注引《汉官仪》曰"伏日万鬼行,故尽日闭,不干它事"。②夏至之日,官府也会停止公事,官吏早归避"万鬼行"之不吉。魏晋南北朝,夏至日有了食粽习俗,《荆楚岁时记》载:"夏至节日,食粽。……民斩新竹笋为筒粽。……按周处谓为角黍。屈原以夏至赴湘流,百姓竞以食祭之。"③

10.重阳日饮菊花酒食蓬饵,登高辟邪。重阳节在农历九月九日,《易经》中把"九"定为阳数,谓"阳爻为九",九又称"极数",因天之高为"九重"。九是阳极数,双阳极数重叠谓重阳,吉祥之日,值得庆贺。农历九月初九,月与日皆逢九,是谓"两九相重",故曰"重九""重阳"。重阳节源自天象崇拜,由上古时秋季丰收、谢天地、感恩德的祭祀活动演变而来,九九归真,一元肇始,兆示吉祥。屈原《楚辞》中有"集重阳入帝宫兮"④句。汉代重阳节民间有戴茱萸、饮菊酒、求长寿之俗,并进一步普及全国。《西京杂记》记载:"戚夫人侍儿贾佩兰,后出为扶风人段儒妻。说在宫内时……九月九日,佩茱萸,食蓬饵,饮菊华酒,令人长寿。菊华舒时,并采茎叶,杂黍米酿之,至来年九月九日始熟,就饮焉,故谓之菊华酒。"⑤南朝梁吴均《续齐谐记》中记载了东汉费长房重阳节登高避祸的故事:"汝南桓景随费长房游学累年,长房谓曰:'九月九日,汝家当有灾厄。急宜去,令家人各作绛囊,盛茱萸,以系臂,登高饮菊花酒,此祸可除。'

---

① (汉)班固撰,(唐)颜师古注:《汉书》卷八十三《薛宣朱博传第五十三·薛宣》,北京:中华书局,1962年,第3390页。

② (南朝宋)范晔撰,(唐)李贤等注:《后汉书》卷四《孝和孝殇帝纪第四·和帝》,北京:中华书局,1965年,第179页。

③ (南朝梁)宗懔撰,(隋)杜公瞻注,姜彦稚辑校:《荆楚岁时记》,北京:中华书局,2018年,第52-53页。

④ (宋)朱熹集注,夏剑钦等校点:《楚辞集注》卷第五《远游第五》,长沙:岳麓书社,2013年,第88页。

⑤ (晋)葛洪撰,周天游校注:《西京杂记》卷第三《戚夫人侍儿言宫中事》,西安:三秦出版社,2006年,第146页。

景如言，齐家登山。夕还，见鸡犬牛羊一时暴死。长房闻之曰：'此可代也。'今世人九日登高饮酒，妇人带茱萸囊，盖始于此。"①费长房在《后汉书》中有传。东汉时，重阳节增加了登高避祸之意。汉代，重阳节带茱萸、赏菊、登高、饮菊酒、食蓬饵等节俗大致定型。

魏晋南北朝，登高野宴驱邪避灾流行。九月九日重阳节令，菊花最为艳丽、茂盛，是登高野宴、赏菊赋诗的大好时机。魏文帝曹丕在《九日与钟繇书》中说："岁往月来，忽复九月九日。九为阳数，而日月并应，俗嘉其名，以为宜于长久，故以享宴高会。"②《晋书·孟嘉传》记载了东晋桓温九月九日在龙山（今安徽当涂东南）大宴僚佐一事："时佐吏并着戎服，有风至，吹嘉帽堕落，嘉不之觉。温使左右勿言，欲观其举止。嘉良久如厕，温令取还之，命孙盛作文嘲嘉，著嘉坐处。嘉还见，即答之，其文甚美，四坐嗟叹。"③这段记载形象描绘了重阳聚饮中文人孟嘉的敏捷才思，亦可见九九登高野宴人数众多。刘裕任宋公时，在彭城于九月九日登临项羽戏马台，《南齐书》记载，齐武帝"九月己丑，诏曰：'九日出商飙馆登高宴群臣。'辛卯，车架幸商飙馆。馆，上所立，在孙陵岗，世呼为'九日台'者也"④。魏晋南北朝，登高辟邪，野宴饮酒赋诗等娱乐已成为风气。

11. 十月旦饮酒共贺。汉初承前，以十月旦为岁首，朝廷百官朝会，民间举家庆祝，隆重迎新。武帝改历后，正旦为岁首，十月旦不再迎新，但庆贺的传统保留下来，《后汉书·礼仪志》载："其每朔，唯十月旦从故事者，高祖定秦之月，元年岁首也。"⑤东汉朝廷仍延续十月旦宴群臣之俗，《后汉书·郅恽传》载："汝

① （南朝梁）吴均撰，王根林校点：《续齐谐记》，上海：上海古籍出版社，2012年，第229页。

② （清）严可均编：《全上古三代秦汉三国六朝文》之《全三国文》卷七《文帝·九日与钟繇书》，北京：中华书局，1958年，第1088页。

③ （唐）房玄龄等撰：《晋书》卷九十八《列传第六十八·桓温·孟嘉》，北京：中华书局，1974年，第2581页。

④ （南朝梁）萧子显撰：《南齐书》卷三《本纪第三·武帝》，北京：中华书局，1972年，第54页。

⑤ （南朝宋）范晔撰，（唐）李贤等注：《后汉书》志第五《礼仪中·朝会》，北京：中华书局，1965年，第3130页。

南旧俗，十月飨会，百里内县皆赍牛酒到府宴饮。"①民间十月乡饮酒与十月旦饮酒相结合，以明长幼之序，具伦理教育之意。汉之后，随太初历的施行该俗渐为正月旦所替代。

12.冬至日饮酒。冬至日同夏至日相反，太阳运行到最南边，此日阳气最弱，应当静养生息。《后汉书·礼仪志》言："冬至阳气起，君道长，故贺。"②冬至日是重要的节气，在汉代还成为"冬至节"，官府要举行祝贺仪式称为"贺冬"，例行放假。《白虎通·论冬至休兵》言："冬至所以休兵不举事，闭关商旅不行何？此日阳气微弱，王者承天理物，故率天下静，不复行役，扶助微气，成万物也。故《孝经谶》曰：'夏至阴气始动，冬至阳气始萌。'"③冬至日朝廷放假，边塞闭关，商旅停业，皇帝祭天，群臣朝贺，百姓祭祖后敬酒成礼，庆祝俱欢。《四民月令》载："十一月，冬至之日，荐黍、羔；先荐玄冥于井，以及祖祢。齐、馔、扫、涤，如荐黍、豚。其进酒尊长，及修刺谒贺君、师、耆老，如正月。"④祭祀过后是宴饮，晚辈依次敬酒，而后拜谒乡里长辈，节日氛围浓郁。冬至过后，新年就在眼前，又有"冬节大如年"之说。冬至在魏晋六朝被称为亚岁，曹植《冬至献履袜颂表》曰："亚岁迎祥，履长纳庆。"⑤"亚岁"别称"冬至"，《宋书》释因为："魏、晋则冬至日受万国及百僚称贺，因小会。其仪亚于岁旦"⑥。冬至日当时颇受重视。

南朝时冬至日称为冬节。南朝梁宗懔《荆楚岁时记》记载："去冬至节一百五日，即有疾风甚雨，谓之寒食。"⑦《世说新语》引《还冤志》笺疏："晋时

———————————

① （南朝宋）范晔撰，（唐）李贤等注：《后汉书》卷二十九《申屠刚鲍永郅恽列传第十九·郅恽》，北京：中华书局，1965年，第1027页。

② （南朝宋）范晔撰，（唐）李贤等注：《后汉书》志第五《礼仪中·冬至》，北京：中华书局，1965年，第3127页。

③ （汉）班固撰集，（清）陈立疏证，吴则虞点校：《白虎通疏证》卷五《诛伐·论冬至休兵》，北京：中华书局，1994年，第217–219页。

④ （汉）崔寔撰，石声汉校注：《四民月令校注·十一月》，北京：中华书局，2013年，第71页。

⑤ （清）严可均编：《全上古三代秦汉三国六朝文》之《全三国文》卷十五《陈王植·冬至献履袜颂表》，北京：中华书局，1958年，第1137页。

⑥ （南朝梁）沈约撰：《宋书》卷十四《志第四·礼一》，北京：中华书局，1974年，第345–346页。

⑦ （南朝梁）宗懔撰，（隋）杜公瞻注，姜彦稚辑校：《荆楚岁时记》，北京：中华书局，2018年，第29页。

庾亮诛陶称。后咸康五年（339）冬节会，文武数十人忽然悉起向阶拜揖。"①隋唐时没有继承南朝的"冬节"，而用北朝的"冬至"。冬至日过节之俗，源于汉代，盛于魏晋六朝，唐宋以后式微，现代南方某些地方特别是闽地等仍较重视。

13.腊日以酒肉自劳。汉代，腊日在十二月年终时节，在冬至后三戌，也是腊祭拜神的日子，距正旦日很近，又是家人团聚、祭祀祖先、吏民宴饮节日。《后汉书·礼仪志》载"季冬之月，星回岁终，阴阳以交，劳农大享腊"②，腊日宫廷举行大宴，以酒肉犒劳百官、侍卫，民间百姓也举行祭祖祀神、进酒尊长、宴请宾朋等，用酒量大，需早日备酿。东汉初年细阳令虞延"每至岁时伏腊，辄休遣徒系，各使归家，并感其恩德，应期而还"③。腊日允许刑徒回家团聚，受到时人称赞，亦可见腊日之受重视。《四民月令》载："十二月日，荐稻、雁。前期五日，杀猪，三日，杀羊。前除二日，齐、馔、扫、涤，遂腊先祖五祀。其明日，是谓'小新岁'，进酒降神。一其进酒尊长，及修刺贺君、师、耆老，如正日。其明日，又祀；是谓'蒸祭'。后三日，祀家事毕，乃请召宗、亲、婚姻、宾旅，讲好和礼，以笃恩纪。休农息役，惠必下洽。"④十二月腊日，是大祭之日，祭祀的对象是百神和先祖，目的是祈求来年的收成和息农。这一天，家人也借机团聚。值年终岁尾，百姓对一年来的辛劳成果进行分享、祈福和感恩活动，此时感谢祭祀之礼规格高、时间长，杀猪宰羊，阖家团聚，拉开了正旦庆祝的序幕，隆重祭祀，纵情饮宴，慰劳一年的付出，开启新年祝福。

伏日与腊日分别位于年中和岁尾，两汉时往往并称为伏腊，以酒肉慰劳，正如时歌所言："岁时伏腊，亨羊炰羔，斗酒自劳。"⑤南北朝时，"腊日"与"腊月

①（南朝宋）刘义庆著，（南朝梁）刘孝标注，余嘉锡笺疏，周祖谟等整理：《世说新语笺疏》卷下之上《伤逝第十七》，北京：中华书局，2007年，第754页。

②（南朝宋）范晔撰，（唐）李贤等注：《后汉书》志第五《礼仪中·腊》，北京：中华书局，1965年，第3027页。

③（南朝宋）范晔撰，（唐）李贤等注：《后汉书》卷三十三《朱冯虞郑周列传第二十三·虞延》，北京：中华书局，1965年，第1151页。

④（汉）崔寔撰，石声汉校注：《四民月令校注·十二月》，北京：中华书局，2013年，第74页。

⑤（汉）班固撰，（唐）颜师古注：《汉书》卷六十六《公孙刘田王杨蔡陈郑传第三十六·杨恽》，北京：中华书局，1962年，第2896页。

初八"混合，沐浴去邪。腊日在冬至后三戌，日期并不固定，以祭祀劳农为主。南朝佛教兴盛，受佛教腊八浴佛之俗影响，腊八兴起沐浴驱邪，此后又有食粥之俗。南朝梁宗懔在《荆楚岁时记》中记载："十二月八日为腊日。"①腊日与腊八日期一致，原有祭祀等俗因其他节令祭祀较多而弱化，腊日杂糅了腊八的浴佛习俗，腊八遂成为腊月里的重要节日。宋以后腊日消失，而腊八日浴佛食粥之风则流传至今。

14. 除夕饮柏叶酒。年的最后一天谓之岁除，也叫"除日""岁暮"，意味着旧岁至此除，来日换新岁，晚上谓除夕，民间俗称"大年三十"。除夕节日由先秦的逐除演变而来，逐除是指古人在旧年的最后一天，以击鼓声逐疠鬼，驱不祥，这是"除夕"节令的由来。除夕记载，《梦窗词集》注引最早见于西晋周处的《风土记》："蜀之风俗，晚岁相与馈问，谓之馈岁；酒食相邀为别岁；至除夕达旦不眠，谓之守岁。"②《风土记》的内容现今大多散失，但因其他书籍多有征引而得以保留。因而有人认为，守岁之俗可能源于蜀地。魏晋南北朝时期，已有守岁、吃宿岁饭、饮柏叶酒等。宿岁饭（即今之"团圆饭"），也叫隔年陈，指的是除夕期间多备饭菜，可吃多天的现象。《荆楚岁时记》载："岁暮，家家具肴蔌，谓宿岁之储，以迎新年。相聚酣饮，请为送岁。留宿岁饭，至新年十二日，则弃之街衢，以为去故纳新，除贫取富也。"③南朝梁庾肩吾《岁尽应令诗》云："岁序已云殚，春心不自安。聊开柏叶酒，试奠五辛盘。金薄（箔）图神燕，朱泥印鬼丸。梅花应可折，惜为雪中看。"④除日守岁，有驱邪祛病、消灾祈福、除旧布新等意。魏晋南北朝时，除夕有年夜饭、守岁、饮柏叶酒之俗，唐宋之际内容更多，演变成我们今天华人最看重的团圆节日。

汉魏晋南北朝以来，一年中绝大多数节日或节俗都与酒或食相关，个别特殊

---

① （南朝梁）宗懔撰，（隋）杜公瞻注，姜彦稚辑校:《荆楚岁时记》，北京：中华书局，2018年，第71页。

② （宋）吴文英撰，孙虹、谭学纯校笺:《梦窗词集校笺》，北京：中华书局，2014年，第277页。

③ （南朝梁）宗懔撰，（隋）杜公瞻注，姜彦稚辑校:《荆楚岁时记》，北京：中华书局，2018年，第77页。

④ （唐）徐坚等著:《初学记》卷第四《岁时部下·岁除第十四》，北京：中华书局，2004年，第86页。

日子与饮食无关，如农历七月七日主要是晒物（衣物或书籍）、牛郎织女相会有关的乞巧、守夜（女工女红、祈情）；农历七月十五，道教称中元节（也称鬼节，意祭祀），佛教称盂兰盆节（意报养育恩），始于梁武帝，后演变为民间祭祖节日。这些节日或与饮食关联小、或缘起晚、或影响力弱，不再赘述。

汉代，科学发展及其在日常生活中的应用，特别是"太初历"的确立和推行，将原来以冬十月为岁首恢复为以夏历正月为岁首，以二十四节气来指导农事，这调整了太阳周天与阴历纪月不相合的矛盾，使历书与农时季节更为适应，破除了先秦时期的原始崇拜，汉代尊崇儒术，儒家伦理道德观念对节令风俗也产生了深远影响，节日习俗增添了新的内容与活力。经济的发展和生活的富足，满足了汉人的口腹之欲，酒从之前的贵族饮品逐渐走进民众生活，成为特殊日子中祭祀、祈福、感恩、防疫、酬劳、娱乐的常用媒介和日常生活可酿可饮的"天之美禄"。上面我们提到，绝大多数节令活动，都离不开酒的影子。汉朝，我国农业生产不断总结前朝经验，节气与生产大致规范，农事、劳作、祭祀、饮食相对固定，很多节日活动与习俗大致定型，以后各朝各代是在汉代基础上进行增减变化。春节（正旦）、清明、端午、中秋我国古代传统的四大节日中，除了中秋节于后来的唐代大致形成，春节、清明、端午三大节及其他节令的民俗活动在汉代已大致定型。

魏晋南北朝处于节令文化承上启下的转折时期，在发展中有所变化。战争、灾害和贫穷等困扰着芸芸众生，生命脆弱，生命无常，佛教兴盛并深入日常生活，人们开始寻找现实外的寄托，节日、酒、食、宴成了百姓精神快乐与寄托的载体之一。节日庆祝虽然短暂欢娱，但心理补偿得到一定满足，精神得到某种慰藉。魏晋南北朝，节令活动增多，如冬节、乞巧节、腊八节、佛诞节兴起，从祭神娱神向自娱和娱人转变，由迷信色彩向娱乐属性转变，端午由避疫驱毒的紧张心态向龙舟、食粽的纪念、娱乐转变，心态渐趋轻松，传承着华人感念上苍与先祖、追求健康与团圆、寄托趋善求吉的美好愿望，形成了中华绚烂多彩的节日文化。

三、汉魏晋南北朝的宴饮方式

现今我国的宴饮多以高桌立椅、围桌合食的方式进行，这与我国古代席地而坐、分餐进食的方式大不相同。古代的宴饮，最初在筵席上进行，故又称筵席、筵宴，成为后世宴请的代名词。随着坐具、家具、服饰、庭院结构以及经济等的发展变化，原先席地而坐、分餐进食的就餐方式逐步演变成今天高桌立椅、围桌合食的宴饮方式。细究这一演变过程，我国的宴饮方式大致可分为三个时期：初始时期——铺筵设席、席坐分食的筵席阶段，过渡时期——以胡床（榻）为中心、围坐分食的床榻阶段，定型时期——高桌立椅、围坐合食的桌椅阶段。秦汉及以前，宴饮处于筵席阶段，当时没有高凳大椅，人们设筵铺席，席地而坐，分餐进食；魏晋南北朝及之后的隋唐，室内坐具开始增高，床、榻慢慢兴起，人们的生活起居过渡到以床榻为中心，围合就餐；北宋以后，垂足坐取代席地坐，人们的生活起居开始以桌椅为中心，宴饮方式逐渐固定为围桌合餐。两汉魏晋南北朝，处于筵席阶段、筵席阶段向床榻阶段过渡，并逐步向桌案阶段过渡的时期，相应地，人们的坐姿、坐具、宴饮方式等也随之变化，并各具特点。

（一）两汉宴饮方式：由席坐分食的席居阶段向汉末魏晋南北朝围坐分食的床榻阶段转变

汉时的饮宴为席坐分餐，遵循先秦的传统，席地而坐，一人或两人一案。入席脱屦，以示敬意和正式。宴会的规模、档次大致与客人的身份地位相称，但等级差别已经与前有天壤之别，尤其不以食饮多寡、贵贱作别，平民肉食增多，酒饮普遍，甚至东汉光武帝因考虑珍禽异味会耗费大量的人力财力而将之取消。班固的《东都赋》、张衡的《东京赋》中，也不再有前期描绘的奇珍为贵的饮宴现象，淡写珍馐美馔，重绘宾主之欢。

此后，受西域、佛教影响，胡床、床榻等坐具增高并开始普遍使用，人们的坐姿发生了改变，在保持席间礼节的同时，进餐方式亦发生变化。东汉末期，升高的坐具胡床（榻）的出现和普遍使用，标志着我国起居习俗演变的开始，此后，席子逐渐隐退，胡床（榻）逐渐成为人们的活动中心，一人一席的分坐分餐方式，逐渐过渡为多人围合进餐方式，遂有了桌次和席次之别。席次尊卑，逐渐由堂室有别的方位尊卑，过渡到面门为上，正中定位、远离档口（上菜口）的席位为上，主宾关系以与主宴者的距离远近及左右方位差异来体现。

筵席是我国最早的坐卧用具，人们的起居饮食都在席上进行，因而产生了与其相应的坐具坐姿。先秦及秦汉时期宴饮主要在筵席上进行，此时坐具平铺，肴馔等美味主要是摆在就坐人面前的筵席上。

1. 坐具及其使用

席是我国最早最原始的坐卧用具，即"寝不安席"之席。商周时期，凡祭祀以及朝聘、封国、册封诸侯、飨燕国宾等礼仪场合都铺筵设席。《周礼·春官宗伯·司几筵》郑玄注曰："筵亦席也。铺陈曰筵，藉之曰席。然其言之筵席通矣。"①筵与席俱为坐具，铺在下面的叫筵，加铺在上面的为席。筵大席小，筵一般用料较粗如蒲、苇等，较宽大；席一般用料较细，较窄小，周边多以丝帛围缀。

席在形式上，有单席、连席、对席和专席之分。单席为尊者而设，连席一般可容四人，长者居席端，如汉高祖刘邦因其在沛县令"重客"的群豪宴会上旁若无人占"上坐"而得到吕公的青睐，当时宴席尊位位于"席端"。对席为互相讲学而设，专席为有病或有丧事者所用。入席时由下升席，离席时由前方下席。

2. 席地而居的坐姿

古人席地的"坐"同我们今天的坐区别巨大，相当于今天的"跪"。古人的坐姿主要有坐、跪、跽、踞等，其区别主要在于身体纵向方面，如图7-1所示。

坐　　　　　　　跪　　　　　　　跽

图7-1 坐、跪、跽三种不同坐姿

坐。古人的坐姿是两膝相并，双足在后，脚心斜后上，臀部落在脚跟上。现在日本、朝鲜仍保留着这种坐法。根据腰部的不同状态坐分为危坐、安坐和凭坐三种。危坐即直腰端坐，也是最正统的坐相，即成语"正襟危坐"的本意。安坐时腰部较放松，不如危坐严谨；凭坐则是凭几而坐，相对随意。

---

① （清）孙诒让著，汪少华整理:《周礼正义》卷三十二《春官·叙官》，北京:中华书局，2015年，第1505页。

跪。与坐类似,《说文解字》曰:"跪,拜也。"①与坐不同的是臀部不落在脚后跟上。跪是一种重要的礼节,如《史记·廉颇蔺相如列传》:"于是相如前进缶,因跪请秦王。"②

跽。与跪类似,《说文解字》:"跽,长跪也。"③长是耸身,身体加长,与跪不同的是膝盖以上部分直起,也是一种由坐到站的过渡状态。如鸿门宴上"项王按剑而跽曰:'客何为者。'"④即为此种状态。

踞。《说文解字》:"踞,蹲也。"⑤即两足及臀部着地或物,两膝上耸。踞时两腿靠拢为蹲踞,分开是箕踞,姿态不雅,不合礼节。古人的服装是上衣下裳和深衣制,裳即裙子,裳内着胫衣(一种没有裤裆和裤腰的筒),着装限制说明了箕踞无礼的原因。

3.宴饮礼仪特点

(1)席坐分餐。先秦时期,先民习惯席地而坐,凭俎案而食,人各一份。汉朝仍旧遵循先前传统,席地而坐,一人或两人一案。最初食器直接放在席上,后来放进托盘再端入席内。秦汉时期食案、食盘非常流行,有足称"案",无足谓"盘"。东汉"举案齐眉"中的案即此种矮且小的长方形或圆形托盘,有三足或四足易托举。分餐制形式在许多汉代壁画及画像砖中得以印证,如图7-2所示河南密县打虎亭二号汉墓北壁《宴饮百戏图》壁画,图中人物席地坐于场地两侧,每位宾客面前盛放相同器皿,宴饮观戏,场面盛大。

(2)堂室不同的座次尊卑。古时建筑分堂室结构,清学者凌廷堪《礼经释例》谓:"盖堂上以南乡为尊,故拜以北面为敬。室中以东乡为尊,故拜以西面

---

① 王平、李建廷编著:《〈说文解字〉标点整理本附分类检索》弟二《足部》,上海:上海书店出版社,2016年,第48页。

② (汉)司马迁撰,(南朝宋)裴骃集解,(唐)司马贞索隐,(唐)张守节正义:《史记》卷八十一《廉颇蔺相如列传第二十一》,北京:中华书局,1982年,第2442页。

③ 王平、李建廷编著:《〈说文解字〉标点整理本附分类检索》弟二《足部》,上海:上海书店出版社,2016年,第48页。

④ (汉)司马迁撰,(南朝宋)裴骃集解,(唐)司马贞索隐,(唐)张守节正义:《史记》卷七《项羽本纪第七》,北京:中华书局,1982年,第313页。

⑤ 王平、李建廷编著:《〈说文解字〉标点整理本附分类检索》弟二《足部》,上海:上海书店出版社,2016年,第50页。

图 7-2 汉代宴饮观戏图局部（河南密县打虎亭壁画）

为敬。"①堂上的座位或单列的位置是上坐，堂下的为下坐。皇帝聚会群臣，坐北朝南而坐，其堂下左手东面为上、右手西为下。《史记·项羽本纪》描述了著名的鸿门宴中室内座次尊卑："项王、项伯东向坐，亚父南向坐。亚父者，范增也。沛公北向坐，张良西向侍。"②项羽安排谋士范增席次高于宾客刘邦，张良只能西向侍，了了几笔刻画了项羽刚愎自用、妄自尊大的性格。主人设宴招待，一般居中，客列两侧。《汉书》记载，丞相田蚡宴请时，"召客饮，坐其兄盖侯北乡，自坐东乡，以为汉相尊，不可以兄故私桡"③。可见宴请时以官职为先而不以长幼论。

（3）宴饮注重酒礼。春秋战国礼崩乐坏，汉初叔孙通采用古礼并参照秦仪法而制礼，朝仪简明易行，强调君臣礼节，适应了强化皇权的需要。朝廷举行大礼时设宴进酒，不同人等的进出次序、座位方向、膳馔种类、敬酒顺序、斟酒次数

① （清）凌廷堪著，纪健生点校：《礼经释例》卷一《通例上》，合肥：黄山书社，2009 年，第 39 页。

② （汉）司马迁撰，（南朝宋）裴骃集解，（唐）司马贞索隐，（唐）张守节正义：《史记》卷七《项羽本纪第七》，北京：中华书局，1982 年，第 312 页。

③ （汉）班固撰，（唐）颜师古注：《汉书》卷五十二《窦田灌韩传第二十二·田蚡》，北京：中华书局，1962 年，第 2380 页。

等均有规定，称为"法酒"，以体现尊卑有别，突出皇权的至尊地位。汉初高祖刘邦初登大宝，朝臣饮酒作乐，互争功劳，醉时有的狂呼乱叫，有的以剑击柱，场面混乱，没有君臣礼节，刘邦深感苦恼。儒生叔孙通自告奋勇牵头制朝仪，高祖七年（前200）的岁首大典，新朝仪效果显著。据《史记·叔孙通传》记载："汉七年，长乐宫成，诸侯群臣皆朝十月。仪：先平明，谒者治礼，引以次入殿门……功臣列侯诸将军军吏以次陈西方，东乡；文官丞相以下陈东方，西乡。……于是皇帝辇出房，百官执职传警，引诸侯王以下至吏六百石以次奉贺。自诸侯王以下莫不振恐肃敬。至礼毕，复置法酒。诸侍坐殿上皆伏抑首，以尊卑次起上寿。觞九行，谒者言'罢酒'。御史执法举不如仪者辄引去。竟朝置酒，无敢喧哗失礼者。于是高帝曰：'吾乃今日知为皇帝之贵也。'"①新朝仪对百官的站位、敬酒次序等安排井然有序，强调和突出了君主的威严，也奠定了宴饮的礼仪基调。

席间敬酒不饮或不饮尽是为不敬。西汉名游侠郭解之姐的儿子，性格霸道，"与人饮，使之釂，非其任，强灌之"②。汉成帝的男宠张放入侍禁中，"设宴饮之会，及赵、李诸侍中皆引满举白，谈笑大噱"③。不斟满或不饮尽是为不敬，现代依然有此意。

（4）宴饮间"酒史"纠察失礼并行处罚。同前朝一样，汉代酒宴上也设有专门巡视礼仪的官员，称为"酒史"，对不遵循礼仪的人员有处罚权。朱虚侯刘章曾借酒史之衔斩杀了对头吕氏家族一人，成为著名的"酒史"。刘邦死后，吕后掌权，一次大宴群臣时以刘章为"酒史"，席间刘章发现"诸吕有一人醉，亡酒，章追，拔剑斩之而还，报曰：'有亡酒一人，臣谨行法斩之。'太后左右皆大惊。业已许其军法，无以罪也。因罢"④。刘章以"酒史"之名，斩杀了一个厌恶的吕

---

① （汉）司马迁撰，（南朝宋）裴骃集解，（唐）司马贞索隐，（唐）张守节正义：《史记》卷九十九《刘敬叔孙通列传第三十九》，北京：中华书局，1982年，第2723页。

② （汉）班固撰，（唐）颜师古注：《汉书》卷九十二《游侠传第六十二·郭解》，北京：中华书局，1962年，第3702页。

③ （汉）班固撰，（唐）颜师古注：《汉书》卷一百上《叙传第七十上》，北京：中华书局，1962年，第4200页。

④ （汉）司马迁撰，（南朝宋）裴骃集解，（唐）司马贞索隐，（唐）张守节正义：《史记》卷五十二《齐悼惠王世家第二十二》，北京：中华书局，1982年，第2001页。

姓逃酒之人而未获吕后怪罪。

（5）接受别人敬酒要"膝席"表敬意。"膝席"，即上身直立，膝盖着席，类似前面提到的跪座。比膝席更恭敬的是"避席"且伏地，即离开坐席，伏地感谢以示恭敬。《史记·魏其武安侯列传》记载，在武安侯田蚡娶妻的婚宴上，"武安起为寿，坐皆避席伏。已魏其侯为寿，独故人避席耳，余半膝席"①。武安侯是当时丞相，国舅爷，权重一时，所以当他敬酒时，客人们都避席且伏地；魏其侯窦婴虽也贵为外戚，也曾当过丞相，但当他敬酒时，只有旧交避席伏地，余皆半膝席，膝不离席不如避席伏恭敬，故魏其侯的朋友灌夫大为生气。一个动作，传神地显示出世态炎凉。

（6）饮酒需尽，否则受罚。饮酒不尽，会被对方理解为态度傲慢，这在饮宴间是不礼貌的行为。武安侯田蚡的婚宴上，"灌夫不悦。起行酒，至武安，武安膝席曰：'不能满觞。'夫怒，因嘻笑曰：'将军贵人也，属之！'时武安不肯"②。灌夫为武安侯敬酒，武安侯既膝席又推脱不能喝满杯，这种轻慢之举惹得灌夫大怒。《汉书·叙传》载："入侍禁中，设宴饮之会，及赵、李诸侍中皆饮满举白。"孟康注解曰："举白，见验饮酒尽不也。"相当于今天的饮酒后倒杯示人，以见其尽也。颜师古曰："一说，白者，罚爵之名也。饮有不尽者，则以此爵罚之。"③可见，席间饮酒不尽是大事，表示对人不敬，需要罚杯或以其他方式处罚。

（7）宴饮间常以歌舞助兴，舞不相属也失仪。《周礼》早有"以乐侑食"的记载。"项庄舞剑，意在沛公"的鸿门宴，就是席间的一种助兴活动，符合礼仪。宴饮中的歌舞，既有专人歌舞，如《盐铁论》所言"富者钟鼓五乐，歌儿数曹。中者鸣竽调瑟，郑舞赵讴"④，也包括宾主的以舞相属，即主人先行起舞，舞完再请

———————————

① （汉）司马迁撰，（南朝宋）裴骃集解，（唐）司马贞索隐，（唐）张守节正义：《史记》卷一百七《魏其武安侯列传第四十七》，北京：中华书局，1982 年，第 2849 页。

② （汉）司马迁撰，（南朝宋）裴骃集解，（唐）司马贞索隐，（唐）张守节正义：《史记》卷一百七《魏其武安侯列传第四十七》，北京：中华书局，1982 年，第 2849 页。

③ （汉）班固撰，（唐）颜师古注：《汉书》卷一百上《叙传第七十上》，北京：中华书局，1962 年，第 4200–4201 页。

④ （汉）桓宽撰集，王利器校注：《盐铁论校注》卷第六《散不足第二十九》，北京：中华书局，1992 年，第 353 页。

别的客人起舞，不舞就是失礼。刘邦平叛后在沛县老家父老乡亲宴饮时，喝到尽兴处更是引吭高唱"大风歌"，唱还不尽兴，还要翩翩起舞。在平恩侯许伯乔迁新居的庆贺宴上，也起舞助兴，"酒酣乐作，长信少府檀长卿起舞，为沐猴与狗斗，坐皆大笑"①。魏其侯窦婴宴请武安侯田蚡时，饮酒至半酣，灌夫也邀请田蚡起舞，田不舞为报，灌夫便不顾礼仪当众责骂。东汉时，"以舞相属"渐渐成为文人宴集时的重要交流形式。东汉蔡邕在太守王智为己的践行宴上，未起舞属智为报，遭王智诬陷而被迫流亡吴地多年。可见，宴席间的以舞相属，不仅仅是即兴娱乐的小事，还是重要的社交手段，被邀者不起舞被视为大不敬，严重者还会横遭祸事。

（二）魏晋南北朝宴饮方式：以胡床（榻）为中心围坐的床榻阶段逐渐向围坐会食的桌案阶段过渡

从汉末到南北朝，室内家具开始转型，床、榻兴起并增高，隋唐之后高足家具兴盛，魏晋南北朝，人们的饮宴方式由筵席阶段转向以床榻为中心，呈现出从社会上层到底层、从都市到乡村的演进过程。胡床的出现和使用，标志着我国起居习俗发生改变，与席子一起成为主要坐具，此后席子逐渐隐退，床榻逐渐成为人们的活动中心。

1.胡床、床榻、桌等新型坐具和配套家具出现

胡床。《后汉书·五行志》载："灵帝好胡服、胡帐、胡床、胡坐、胡饭、胡空侯、胡笛、胡舞，京都贵戚皆竞为之。"②这是胡床的最早记载。胡床由北方游牧民族为迁徙方便而创制，中原地区在民族交往中引进，又称绳床、交椅。因为胡床轻巧便于搬动，早期在军事中大量使用，后推广至宫廷、民间。后来的木质交椅，今之折叠椅、凳，即由胡床发展而来。

床榻。魏晋南北朝时期，虽然人们生活还是席地而坐，但床榻较为盛行，出现了独坐式小榻、尖顶或平顶榻帐的床榻以及凭几、床帐与床体相连的床榻（架子床的最早实例），可坐可卧（大榻）。隋唐五代，人们的起居活动以床榻为中心，

---

① （汉）班固撰，（唐）颜师古注：《汉书》卷七十七《盖诸葛刘郑孙毋将何传第四十七·盖宽饶》，北京：中华书局，1962年，第3245页。

② （南朝宋）范晔撰，（唐）李贤等注：《后汉书》志第十三《五行一·服妖》，北京：中华书局，1965年，第3272页。

其显著变化是床面增高。

椅子。椅子的称谓最早始于唐代，但实物早于名称，南北朝时期就已存在。佛教东传，将佛国的高型坐具如椅、凳、墩等传入中原，并为人们所接受。

案。魏晋南北朝，案逐渐增高，低矮的案几已不能搭配增高的家具使用。隋唐之后，高足家具种类逐渐齐全，高型桌案迅速流行。

2. 坐姿：由跪坐向垂足坐过渡

魏晋南北朝佛教流行，佛教画像的跏趺坐引起了人们的兴趣并随之模仿，类跏趺的盘腿坐成为较舒适的坐姿；高型家具的发展使人们由席坐转向垂足坐。

跏趺坐。跏趺是随着佛教的传入兴起而逐渐流行的一种坐姿。其坐法是臀部着地或着蒲团，两脚交叉，足心向上，左、右脚盘放于右、左大腿内上侧，又叫结跏趺坐或双跏趺坐。这种坐法世俗化后（脚心外向），就成为盘腿坐。

垂足坐。时人坐姿随家具增高由席地而坐过渡为垂足坐。《梁书·侯景传》记载"辇上置筌蹄、垂脚坐"[1]。垂足坐首先是在上层社会的小范围流行，后逐渐向民间传播。唐代是高型家具的形成期，垂足坐已非常普遍。

3. 宴饮礼仪特点

（1）由席榻分食向围坐会食过渡。随着民族大融合及受佛教、道教、玄学等因素影响，魏晋南北朝及隋唐时期，汉人的坐姿、坐具及服饰形制都发生了较大变化：较秦汉袖裾紧窄的衣饰便于围合就坐，榻、案增高增大便于摆放较大食物餐具，垂足坐便于取食等，使得围桌分食更为方便，也为围桌合食创造了有利条件。南北朝时仍为分餐，如《陈书·徐孝克传》载："孝克每侍宴，无所食啖，至席散，当其前膳羞损减，高宗密记以问中书舍人管斌，斌不能对。自是斌以意伺之，见孝克取珍果内绅带中，斌当时莫识其意，后更寻访，方知还以遗母。斌以实启，高宗嗟叹良久，乃敕所司，自今宴享，孝克前馔，并遣将还，以饷其母，时论美之。"[2]当皇帝得知徐孝克是将食物悄悄带回家孝敬老母后很感动，下令以

---

① （唐）姚思廉撰：《梁书》卷五十六《列传第五十·侯景》，北京：中华书局，1973 年，第 859 页。

② （唐）姚思廉撰：《陈书》卷二十六《列传第二十·徐孝克》，北京：中华书局，1972 年，第 337—338 页。

后参加御宴摆在他案前的食物他可以堂而皇之地带回家中。由此可见南北朝时分食的大致情景。

（2）宴饮用料扩大。民族融合使得食物种类丰富多样，北方的少数民族食物酪饮、南方的素食腊味，江浙的脍鱼莼羹、西南滇蜀的蒟酱等，丰富了民众的膳食结构，食品加工、保存及食用方法多样化，延长了食材寿命。此外，素食也蔚然兴盛。宴席用料已从山珍扩大到海味，由畜禽拓展到异物，出现了"炒"这一烹制方法，烹调技艺日益精细。魏晋南北朝时，出现的酿制醋被视为当时的奢侈品，席间用醋是筵席上档次的一个参照。《齐民要术》中还有我国现存史料中对粮食酿醋的最早记载。

（3）注重宴饮自然环境的优美。魏晋南北朝，游宴流行，饮宴环境由室内转向室外，七贤的竹林宴、富豪的金谷园宴、帝王的华林园宴、文人的曲水流觞雅宴、民众重阳日的登高野宴、南朝的舟船宴、北朝的黄山宫游宴等，讲究宴饮的自然环境，注重环境所带来的情感愉悦和心理调适，追求自然情趣与情感的融合。正所谓美食不如美器，美器不如美景。

（4）围坐会食的座次以席口位置为贵。这与我们今天的座次安排不同。高启安先生认为原因有二：一是靠席口的位置便于观看歌舞。主要受坐具（由早期的榻演变而来）的限制及不受遮挡便于观看考虑。二是席口位置最先得到食物。初期的围坐会食与今天大相径庭，席口的位置是最先得到食物的位置。[①]床榻阶段的宴饮礼仪，一方面与筵席阶段一脉相承，另一方面受民族融合及佛教、玄学影响，繁复礼节有所简化，娱乐性不断增强。

我国宴饮礼仪发展的第三个阶段是桌案阶段，此时以桌椅家具组合为中心围坐合食已经定型。北宋以后，垂足坐取代席地而坐的生活方式，使人们的生活起居以桌椅为中心，这也促进了高型家具的变革和发展，人们的宴饮方式逐渐固定为围桌合食，与现代社会相差无几。

我国由席地而坐筵席阶段的分餐方式，发展到桌案阶段围坐会食合餐的就餐方式，经历了漫长的历史时期，与此同时，我国的宴饮礼仪也走过了从繁到简、

---

① 高启安著：《唐五代敦煌饮食文化研究》，北京：民族出版社，2004 年，第 273-274 页。

从官方到民间、从单一到多元、由明尊卑等级到重情感交往的发展历程，并与异域文化不断融合，形成了我国绚丽多姿又前后传承的宴饮礼仪文化。

四、汉魏晋南北朝的宴饮风气演变

英国学者罗伊·斯特朗的《欧洲宴会史》指出："每个时代都有其可以称作原型的宴会……无论在何种社会结构下，筵席以及与之相关的一切都一直是而且在很大程度上还仍然是一种决定地位和所属阶级的媒体，同时也是决定一个时代的人梦想和希冀的媒体。"[①]汉魏晋南北朝时期的饮宴就是这样的媒体。两汉的大一统带来的相对富庶、稳定，使得消费模式呈现出奢侈靡丽的特征，不仅贵族富人，就是一般民众也沉溺于这样的生活风习之中。魏晋时期是我国历史上一个特殊的社会阶段，争斗不绝，和平一时，它既是秦统一中国之后的第一个乱世，亦是董仲舒"罢黜百家，独尊儒术"后儒学与释、道共分一羹、此消彼长的时代，此时的宴饮风气也呈现出独特的时代风貌。

先秦时期的宴饮主要负载着礼乐教化，汉代则赋之以更多的政治因素，魏晋则承载着时人的政治理想和人物品行，表达出对自身、生活和社会的一种态度和看法，一定程度上反映了当时的政治文化及社会风俗。魏晋时期的宴饮，在其演进过程中，呈现出不同的阶段性和时代特征。

1. 两汉宴饮：由饮食富庶而趋休闲娱乐

两汉生产力较前得到大力发展，食材、酒饮、饮食器具等物资随之充盈，"文景之治"后社会物质财富虽增加较快，一般民众消费还是有所滞后，仍处于饭菽饮水、布衣蔬食的水平，多一日二食，是"人情，一日不再食则饥"[②]；文人或官员大多一日两餐，"诸侯三饭，卿大夫再饭，尊卑之差也"[③]。富贵人家是一日三餐，他们已不满足"黍食稗"，沉溺于"益树莲菱，以食鳖鱼，鸿鹄鹔鹅，稻粱

---

① ［英］罗伊·斯特朗著，陈法春、李晓霞译：《欧洲宴会史》，天津：百花文艺出版社，2006年，第6页。

② （汉）班固撰，（唐）颜师古注：《汉书》卷二十四上《食货志第四上》，北京：中华书局，1962年，第1131页。

③ （汉）班固撰集，（清）陈立疏证，吴则虞点校：《白虎通疏证》卷三《礼乐·论侑食之乐》，北京：中华书局，1994年，第119页。

饶余"①，普遍"重五味方丈于前"②，有"三牲之肉，臭而不可食；清醇之酎，败而不可饮"③之说。朝廷的宴请，规模宏大，不计费用："设酒池肉林以飨四夷之客，作《巴俞》都卢、海中《砀极》、漫衍鱼龙、角抵之戏以观视之。及赂遗赠送，万里相奉，师旅之费，不可胜计。至于用度不足，乃榷酒酤，筦盐铁，铸白金，造皮币，算至车船，租及六畜。民力屈，财用竭，因之以凶年，寇盗并起，道路不通，直指之使始出，衣绣杖斧，断斩于郡国，然后胜之。"④奢侈的宴饮场景及消费，全由百姓买单，说到底，是由当时的国力及皇权的喜好决定。这与西汉建立之初的情景自不可同日而语。史学大家吕思勉曾说："汉人饮食，渐较古代为奢，而视后世则犹俭。"⑤汉代的宴饮文化，在饮食丰饶的基础上，趋于休闲娱乐。

民众节日聚饮，离劳食丰而休闲。汉代社日聚会，即使是穷鄙之社，也"叩盆拊瓴，相和而歌，自以为乐矣"⑥。汉代的节令习俗大致定型，岁时节日宴饮的增多，带来了吃肉饮酒的机会增多，把酒言欢，共享福胙等习俗，能使日常无肉食者或少食者通过口腹之欲的满足达到休闲状态，陈平曾因"分肉甚均"被父老称善。东汉时蜀地居民正旦欢聚宴饮，"若其旧俗，终冬始春，吉日良辰，置酒高堂，以御嘉宾"⑦。平民在正旦等类节日宴中，暂离劳作，得到了较平日更丰盛的食材和酒饮，基本的口腹之欲得到满足，进而带来精神上的愉悦。

文士席间辞赋带来心理愉悦。梁王文人集团的兔园宴饮，以席间辞赋闻名，聚集了羊胜、公孙诡、枚乘、邹阳、庄忌和司马相如等文人雅士，他们各展才华，各自为赋，同题创作，同台比竞，集体创作，游于忘忧，满足了以才华获得认可、

---

① （汉）刘安编，何宁撰：《淮南子集释》卷八《本经训》，北京：中华书局，1998年，第592页。

② （汉）班固撰，（唐）颜师古注：《汉书》卷六十四下《严朱吾丘主父徐严终王贾传第三十四下·严安》，北京：中华书局，1962年，第2809页。

③ （南朝宋）范晔撰，（唐）李贤等注：《后汉书》卷四十九《王充王符仲长统列传第三十九·仲长统》，北京：中华书局，1965年，第1648页。

④ （汉）班固撰，（唐）颜师古注：《汉书》卷九十六下《西域传第六十六下·车师后国》，北京：中华书局，1962年，第3928–3929页。

⑤ 吕思勉著：《秦汉史》，上海：上海人民出版社，2018年，第435页。

⑥ （汉）刘安编，何宁撰：《淮南子集释》卷七《精神训》，北京：中华书局，1998年，第541页。

⑦ （清）严可均编：《全上古三代秦汉三国六朝文》之《全晋文》卷七十四《左思·蜀都赋》，北京：中华书局，1958年，第1883页。

拥有一席之地的心理需求。兔园宴饮，通过才华展示、交流和切磋，带动了文人雅士更高精神层面的富足和满意。梁王兔园赋的集体创作，为文坛培养、输送了人才，也开启了汉代的大赋先声，推动了西汉文化的发展。

方士的席间表演，举座皆惊。东汉名士蓟子训，精通幻术，以善神异之道闻名，他在京师宴请，"公卿以下候之者，坐上恒数百人，皆为设酒脯，终日不匮"①。众目睽睽之下，蓟子训以取之不竭、饮之不尽的酒脯，在席间展示他的神奇之术，使得京师之人大惊异。东汉方士左慈，更是通过在曹操宴饮中现场钓出鲈鱼而举座皆惊。这种魔术加幻术的才艺表演，带给人强烈的视觉冲击和别样的精神欢悦。

汉代宴饮中，席间乐舞、投壶、博弈等游艺活动的增加和发展，进一步带动了宴饮文化的休闲和娱乐性。汉代俗乐上升转化为雅乐，俗乐舞增多且更受欢迎，文化下移且雅俗共赏，席间随性起舞，以舞助兴，以舞相属，主宾互娱互赏，逐渐摆脱先秦"礼乐"的束缚，政治属性降低，席间乐舞雅俗互融，成为新的宴饮风尚。宴饮中投壶出现的频率增多，仍披有礼教的外衣，是一种高雅项目，但内核的娱乐性已大为增加。武帝时郭舍人以竹为矢，不用棘，发明"骁"这种投壶玩法。东汉名将祭遵，虽为武将，但与儒生设酒对饮，必行雅歌投壶。两汉时期的投壶不再拘泥于投壶礼，玩法和形式趋于俗化和多样化，在原有礼的基础上逐渐延伸出娱乐因素。此外，俳戏、跳丸等席间游艺项目，多为伎人表演，常以宴饮助兴的形式出现，成为主人显示实力和审美品味的重要体现。主人与宾客等预宴人员，通过席间口腹、心理、视觉、游艺、审美等活动，得到物质与精神上的满足与享受，把酒言欢，使得宴饮文化愉悦身心的休闲性和娱乐性大大增加。

两汉的节日宴饮仍具有一定教化功能。如十月举行的乡饮酒礼"复尊卑长幼之义"②；正旦日的祭祀仪式结束后举行的丰盛宴会中，家人"以次列坐于先祖之

---

① （南朝宋）范晔撰，（唐）李贤等注：《后汉书》卷八十二下《方术列传第七十二下·蓟子训》，北京：中华书局，1965年，第2745页。

② （汉）班固撰集，（清）陈立疏证，吴则虞点校：《白虎通疏证》卷五《乡射·论乡饮酒》，北京：中华书局，1994年，第247页。

前；子、妇、孙、曾，各上椒酒于其家长，称觞举寿"①。随着饮食的富庶，聚饮机会的增多，席间乐舞、辞赋、投壶、博弈等游艺活动的发展，汉代宴饮在保留教化底色的基础上，往休闲娱乐的方向发展。

2. 汉魏公宴：礼衰酒起人格平

汉末大统一政权灭亡，统治者提倡的儒术失去了尊崇地位，人们的束缚也逐渐轻松。建安时期，从帝王到文士多饮酒违礼，先秦儒家形成的酒以成礼的传统观念自上而下地被打破，士人们由"修身治国"转而开始注重个体生活、关注自我，于是"被经学僵化了的内心世界，到底已经让位于一个感情丰富细腻的内心世界了"②。曹操统一北方之后，统治辖区相对稳定，屯田兴农等政策使得经济好转，贵族们不再四处征战，生活上相对安逸，他们有了更多时间走马户外、宴聚叙谈。建安公宴兴盛与时局有着密切联系，一是戎马倥偬的户外活动使得游宴盛行；二是文人集团的领袖多爱宴饮集会，如三曹及邺下集团；三是文学地位有所提升，不再是汉代扬雄所论的"雕虫小技"，而成为曹丕所言的"经国之大业"，文人个体创作欲望强烈；四是战争频仍，生命短暂，宴聚使人放松，暂时脱离现实纷扰。

文士参与公宴，宴间诗赋是展现个人才华、表达政治憧憬和人生抱负的重要场所。建安时期，公宴盛行，以三曹及建安七子为代表的邺下文士集团，为宴饮注入了鲜活的文化特色：一是宴饮成为赋诗主体。如曹操《善哉行》："朝日乐相乐，酣饮不知醉。悲弦激新声，长笛吹清气。弦歌感人肠，四坐皆欢悦。"③曹丕《大墙上蒿行》："排金铺，坐玉堂……酌桂酒，鲙鲤鲂，与佳人期，为乐康。前奉玉卮，为我行觞。"④曹植《箜篌引》："置酒高殿上，亲交从我游，中厨办丰膳，烹羊宰肥牛。……乐饮过三爵，缓带倾庶羞。主称千金寿，宾奉万年酬。久要不

① （汉）崔寔撰，石声汉校注：《四民月令校注·正月》，北京：中华书局，2013年，第1页。

② 罗宗强著：《魏晋南北朝文学思想史》，北京：中华书局，2016年，第26页。

③ （宋）郭茂倩编：《乐府诗集》卷第三十六《相和歌辞十一·瑟调曲一·同前五解》，北京：中华书局，1979年，第537页。

④ （宋）郭茂倩编：《乐府诗集》卷第三十九《相和歌辞十四·大墙上蒿行》，北京：中华书局，1979年，第569-570页。

可忘，薄终义所尤。"①他们描写了宴会的丰膳佳肴、良辰美景、声色犬马，再现了公宴的热闹和乐氛围。二是游宴居多。如曹植诗写"清夜游西园，飞盖相追随……秋兰被长坂，朱华冒绿池"②；刘桢诗言"永日行游戏，欢乐犹未央"③；王粲"常闻诗人语，不醉且无归"④等。三是将宴饮联系到人生短暂，抒发生命忧思。如曹操《短歌行》的名句"慨当以慷，忧思难忘"⑤；曹丕《大墙上蒿行》"今日乐，不可忘，乐未央。为乐常苦迟，岁月逝，忽若飞，何为自苦，使我心悲"⑥；曹植《野田黄雀行》："惊风飘白日，光景驰西流。盛时不可再，百年忽我遭。生存华屋处，零落归山丘。先民谁不死，知命亦何忧。"⑦公宴活动的频繁，使得宴饮成为文人集团进行创作的重要场合，其内容与思想走向也成为这一时期的独特标志。《文心雕龙》评价其"怜风月，狎池苑，述恩荣，叙酣宴，慷慨以任气，磊落以使才"⑧，真实描述了建安时期繁荣的宴饮场面，以及君臣和文人间的关系、生活。建安宴饮的即兴赋诗，开启了中国古代的游宴文学。

建安席间也有歌功颂德的，如应玚"巍巍主人德，嘉会被四方"⑨，王粲"愿

① （宋）郭茂倩编：《乐府诗集》卷第三十九《相和歌辞十四·野田黄雀行四解》，北京：中华书局，1979 年，第 571 页。

② （南朝梁）钟嵘著，王叔岷笺证：《钟嵘诗品笺证稿·附录一·诗选·魏·陈思王曹植·公宴诗》，北京：中华书局，2007 年，第 453 页。

③ （南朝梁）钟嵘著，王叔岷笺证：《钟嵘诗品笺证稿·附录一·诗选·魏·刘桢·公宴诗一首》，北京：中华书局，2007 年，第 459 页。

④ （南朝梁）钟嵘著，王叔岷笺证：《钟嵘诗品笺证稿·诗品卷上·魏侍中王粲诗》，北京：中华书局，2007 年，第 162 页。

⑤ （宋）郭茂倩编：《乐府诗集》卷第三十《相和歌辞五·平调曲一·短歌行二首六解》，北京：中华书局，1979 年，第 447 页。

⑥ （宋）郭茂倩编：《乐府诗集》卷第三十九《相和歌辞十四·大墙上蒿行》，北京：中华书局，1979 年，第 570 页。

⑦ （宋）郭茂倩编：《乐府诗集》卷第三十九《相和歌辞十四·野田黄雀行四解》，北京：中华书局，1979 年，第 571 页。

⑧ （南朝梁）刘勰著，陆侃如、牟世金译注：《文心雕龙译注·译注六·明诗》，济南：齐鲁书社，2009 年，第 144 页。

⑨ （三国）孔融等著，俞绍初辑校：《建安七子集》卷六《应玚集·诗·公宴诗》，北京：中华书局，2005 年，第 171 页。

我贤主人，与天享巍巍"①；也有斗鸡之类的刺激性玩乐，如曹植"斗鸡东郊道，走马长楸间"②。然而历经苦难的建安文人，始终难以摆脱内心深处对生命的悲哀，三曹及邺下文人这些名士精英，继承了汉代文人对生命的悲凉感觉和慨叹，并传给其后的正始文人。他们在短暂的宴饮欢娱中，转而想起人生的苦短和悲凉，在历经动荡后重新思考生命的价值并积极实践，这是渴求安定的心理表现，也是推动魏晋时期"文学的自觉时代"的内在精神动力。汉末魏初，先前"酒食者，所以合欢也。乐者，所以象德也。礼者，所以缀淫也"③的儒家所谓酒以成礼的宴饮礼已没落，沦为形式。《三国志·王粲传》裴注引《吴质别传》："帝尝召质及曹休欢会，命郭后出见质等。帝曰：'卿仰谛视之。'"④公宴之间，君臣关系和睦，人格平等，在当时是难能可贵的。宴饮礼虽已疏落，但作为一种约定俗成的规范始终存在。汉末魏初公宴呈现的新风气，将酒与诗更加紧密地联系起来，开启了后世魏晋的宴饮雅集。

建安游宴与文学在当权者的主持和倡导中走向繁盛，体现了文以才显的文化职能。曹氏父子与臣僚文士一起宴聚，一起享用佳肴，一起诗赋酬唱，并以宽容、尊敬的胸襟对待，呈现出热烈欢快的宴饮场面。汉末魏初的公宴，不同于先前的礼乐教化和政治等级，开越礼教的风气之先，增添了参宴者之间人格平等的亮丽色彩，并为后世的宴饮酬唱起到了示范作用。

3. 魏晋酒饮：蔑礼法而崇放达

高平陵事变后，曹氏衰微，司马氏大权独揽，打着名教旗号，大肆杀戮曹魏名士，名士多罹其祸，少有全者。为掩饰自己的行为，并为夺取政权制造舆论，司马氏集团竭力提倡儒家礼法，造成严重的道德虚位现象。面对恐怖和虚伪的社

---

① （三国）孔融等著，俞绍初辑校：《建安七子集》卷三《王粲集·诗·公宴诗》，北京：中华书局，2005 年，第 89 页。

② 王友怀、魏全瑞主编：《昭明文选注析·诗·乐府·乐府四首·名都篇》，西安：三秦出版社，2000 年，第 346 页。

③ （清）孙希旦撰，沈啸寰、王星贤点校：《礼记集解》卷三十七《乐记第十九之一》，北京：中华书局，1989 年，第 997 页。

④ （晋）陈寿撰，（南朝宋）裴松之注，陈乃乾校点：《三国志》卷二十一《魏书二十一·王卫二刘傅传第二十一·吴质》，北京：中华书局，第 609 页。

会现实，士人阶层陷入精神痛苦，他们逃避时政，泯灭了建功立业、走向政治的理想，将视野从远方转向眼前的苟且，关注个体的命运，并从老庄思想汲取生存智慧。他们以酒为载体，极尽醉酒之能事，或借酒浇愁，或醉酒避事，或醺然远政，或纵酒享受，以此消极抵抗，放任自我，形成了我国历史上怪诞、乖张、放达的士人人格和群体文化特征。竹林七贤为其代表。竹林七贤由在野文士组成，他们饮酒集会，无酒不欢；他们赤身裸形，狂饮烂醉，放纵自我；他们激辩论理，清谈玄学，远离时政；他们纵酒酣畅，一醉数日，逃祸全身。文士们以疯癫醉酒的形式，表达着对司马氏名教政权的另类抗议。

借酒越礼情循礼。《世说新语·任诞》记载着名士阮籍两则违礼之事：一是醉卧美妇侧："阮公邻家妇有美色，当垆酤酒。阮与王安丰常从妇饮酒，阮醉，便眠其妇侧。夫始殊疑之，伺察，终无他意。"①二是丧母间饮酒食肉："阮籍当葬母，蒸一肥豚，饮酒二斗，然后临诀，直言：'穷矣！'都得一号，因吐血，废顿良久。"②母亲出殡，阮籍悲痛得吐血。阮籍行为看似违礼，实又属于不惟礼，这是更深层次的爱，更是礼之真义。

借酒任诞远名利。竹林七贤多喜老庄，追求老庄率真、自然的境界，认为借助饮酒可达到形神相离、超脱现实的意境，可表达越名教、任自然的精神追求，正如刘伶《酒德颂》言："无思无虑，其乐陶陶。兀然而醉，恍尔而醒。静听不闻雷霆之声，熟视不睹泰山之形。不觉寒暑之切肌，利欲之感情。俯观万物，扰扰焉若江海之载浮萍。"③刘伶渲染了酒醉后的怡然陶醉之感，表明了一种随心所欲、纵意所如的生活态度，视缙绅公子们如虫豸一般，于不动声色之中进行嘲讽。《世说新语·任诞》篇载有多例，如刘伶病酒，置酒于命不顾，山涛更是八斗不醉。西晋文学家张翰就认为身后名不如眼前一杯酒，左持蟹右持杯的毕卓满足于

---

① （南朝宋）刘义庆撰，（梁）刘孝标注，杨勇校笺：《世说新语校笺》下《任诞第二十三》，北京：中华书局，2006年，第658页。

② （南朝宋）刘义庆撰，（梁）刘孝标注，杨勇校笺：《世说新语校笺》下《任诞第二十三》，北京：中华书局，2006年，第658—659页。

③ （唐）房玄龄等撰：《晋书》卷四十九《列传第十九·刘伶》，北京：中华书局，1974年，第1376页。

喝酒吃蟹。少有美誉的东晋孝武帝皇后之兄王恭问曾裸体而游的王忱，如何看待阮籍和司马相如，王忱曰："（阮籍）胸中垒块，故须酒浇之。"①阮籍心中有太多的抱负、压抑和悲愤，需以酒浇之。竹林七贤借助宴饮，含蓄表达不满时政的心意，显示出违礼任诞、风流自适的精神追求。

竹林七贤醉酒任诞的行为很快广为传布，饮酒成为士人不可或缺的生活内容，酒成为醉酒越礼、反叛道统、借酒避祸、彰显个性、借酒反抗的最好工具。至此，一些礼教和禁欲主义精神被打破，被束缚的思想得到很大解脱，时人除了借酒越礼、远祸全身，还注重酒食美饮的味觉享受。如三国时博学有奇志的酒中奇人郑泉，愿望是与酒为伴，有香甜爽脆的下酒菜，随吃随饮，不亦快乎。随着人们观念上的转变，酒也离最初的"酒以礼成"越来越远。

在朝不保夕、生死难料的境况下，魏晋名士对礼不断质疑、形弃，他们勇于创新，以鹤立独出的方式，饮酒任诞，及时行乐，并引领时尚，正如古诗中的形象描述："服食求神仙，多为药所误。不如饮美酒，被服纨与素。"②基于时代特性，魏晋时人在思想上冲破精神枷锁，追求人性，崇尚自由，置礼法而不顾，以实际行动质疑着礼制文化，用饮酒的世俗性取代尊礼的神圣性，将酒拉下神圣的祭祀神坛，他们借助饮酒的物质需求，彰显饮酒的精神内核。这也正是魏晋宴饮文化有别于前朝最为显著的精神内核。最终，酒由礼而上的制走向礼而下的俗，进入魏晋时人的日常生活。

4. 西晋盛世：华林禊宴归尚雅

随着司马氏代魏建晋、平定东吴，结束了自东汉以来百余年的分裂局面，西晋王朝得到短暂的统一和平，文化政策较为宽松，崇儒兴学，还为因反对司马氏政变而被杀的一些名士变相恢复名誉并任用其后人等，文士们在时局明朗及"邦有道，则仕；邦无道，则可卷而怀之"③的思想指导下，开始出仕。至此，西晋太

① （南朝宋）刘义庆撰，（梁）刘孝标注，杨勇校笺：《世说新语校笺》下《任诞第二十三》，北京：中华书局，2006年，第685页。

② （宋）郭茂倩编：《乐府诗集》卷第六十一《杂曲歌辞一·驱车上东门行》，北京：中华书局，1979年，第889页。

③ 程树德撰，程俊英、蒋见元点校：《论语集释》卷三十一《卫灵公上》，北京：中华书局，1990年，第1068页。

康时期开启了游宴的又一个繁荣时期，以在皇家宫苑华林园举行的最为有名。晋武帝继位初、平吴及之后多次组织华林园游宴，其中以平吴后上巳节举行的祓禊宴最为有名。泰始四年（268），武帝指定应贞《华林园集诗》赋诗"最美"，诗赋用庄重的四言雅体颂扬主人的恩德，将宴饮的场面和意义无限放大，且全诗篇制宏大，风格典雅，内容以颂美训诫为主，翩翩颂礼乐。程咸《华林园诗序》云："平原后三月三日从华林园作坛。宣宫张朱幕，有诏乃延群臣。"① 王济《平吴后三月三日华林园诗》曰："修罍泫鳞，大庖妙馔。物以时序，情以化宣。终温且克，有肃初筵。嘉宾在兹，干禄永年。"② 荀勖《从武帝华林园宴诗》云："外纳要荒，内延卿士。箫管咏德，八音咸理。凯乐饮酒，莫不宴喜。"③ 诗赋称赞了主上的威仪，描绘了游宴的园林景物、游乐活动、音乐美食等，以及臣子的心态。张华《太康六年三月三日后园会诗》："宴及群辟，乃命乃筵。合乐华池，被濯清川。泛彼龙舟，溯游洪源。"④ 描绘了武帝与君臣泛舟清川、列坐文茵、共饮美酒、品尝时珍的情景，反映了君臣雅正、愉悦的宴饮场景。其中，"被濯清川"反映出河洛地区上巳节临水修禊习俗的雅化。参宴文士往往用炫技和辞藻的华美来博得统治者的欢心，如葛晓音先生所云："西晋的庙堂雅乐歌辞，一般文人的应酬赠答之作，大都采用典重奥博的四言雅颂体。……每逢王宫上寿举食、庆祝大小节令、进献祥瑞之物，四言颂诗更是不可或缺。"⑤ 世家大族的司马氏集团尚经义儒术，把侍宴赋诗作为仪礼的环节之一，在大一统的皇权治势下，侍宴的文化功能变成"或以抒下情而通讽喻，或以宣上德而尽忠孝"⑥。晋武帝一生多次组织华

---

①（清）严可均编：《全上古三代秦汉三国六朝文》之《全晋文》卷四十四《程咸·华林园诗序》，北京：中华书局，1958年，第1709页。

②（唐）徐坚等著：《初学记》卷第十四《礼部下·飨宴第五》，北京：中华书局，2004年，第348页。

③（唐）欧阳询等编纂，汪绍楹校：《艺文类聚》卷三十九《礼部中·燕会》，上海：上海古籍出版社，1965年，第714页。

④（唐）徐坚等著：《初学记》卷第四《岁时部下·三月三日第六》，北京：中华书局，2004年，第70页。

⑤ 葛晓音著：《汉唐文学的嬗变》，北京：北京大学出版社，1990年，第24页。

⑥（南朝梁）萧统编，（唐）李善注：《文选》卷第一《赋甲·京都上》，上海：上海古籍出版社，1986年，第3页。

林园祓禊宴集，参加人员主要有应贞、荀勖、程咸、王济、张华等文士亲贵，留下了一百三十余首作品，远多于建安游宴之作，其文辞雍容、华美，多逢迎、颂美之言，表现出与宴饮相应的筵席丰盛、宾主融洽、礼仪有序、文化昌明、政治太平等内容。这些作品除了传达政治和文化用意，还复归于君威臣恭、诗赋侍宴的尚雅传统，但缺少汉魏文士的独立人格及真情风骨。

5. 西晋后期：汰侈歌钟败风气

平吴之后，天下乂安，晋武帝开始怠于政治，耽于游宴。其本人荒淫无度，参与赛富，对属下的荒淫奢侈失以矫正，纵容、助长了皇亲贵戚、官僚大臣浮夸斗富、荒淫奢侈的社会风气，为社会动荡埋下隐患。他资助舅父王恺与石崇争豪，助长了社会斗富、靡奢风气。他手下臣子的宴饮更出其右。少时至孝、好学的何曾，成年后依附司马家拥立司马炎上位后，位兼丞相，待遇极高，自己厨膳滋味过于王者不说，其子何劭骄奢高贵，食必尽四方珍异，奢靡更过其父。西晋末年名将苟晞，字道将，河南山阳人，喜食珍美之物，"每得珍物，即贻都下亲贵。兖州去洛五百里，恐不鲜美，募得千里牛，每遣信，旦发暮还"[1]，确保食材鲜美，不亚于杨贵妃的"一骑红尘妃子笑"。《晋书·王敦传》记载了王恺杀女伎和美人的悲情故事："时王恺、石崇以豪侈相尚，恺尝置酒，敦与导俱在坐，有女伎吹笛小失声韵，恺便驱杀之，一坐改容，敦神色自若。他日，又造恺，恺使美人行酒，以客饮不尽，辄杀之。酒至敦、导所，敦故不肯持，美人悲惧失色，而敦傲然不视。导素不能饮，恐行酒者得罪，遂勉强尽觞。"[2]宴饮时，王恺因女伎吹笛走调即杀之；又一次，王恺因美人劝酒客不饮尽也欲杀。武帝舅王恺与石崇比富，武帝不仅不制止，还助舅比富取胜；王恺等人视女伎为财物、视人命如儿戏的社会风气，与武帝脱不了关系。社会豪奢堕落风气，甚于天灾。西晋年间，权臣石崇组织的金谷宴集开启了雅集盛事。其《金谷诗序》介绍说金谷园除了有泉林果树药草，还有大量鸡猪鹅鸭羊之类，娱目欢心之物皆备，金谷宴参与者有潘岳、

① （唐）房玄龄等撰：《晋书》卷六十一《列传第三十一·苟晞》，北京：中华书局，1974年，第1667页。

② （唐）房玄龄等撰：《晋书》卷九十八《列传第六十八·王敦》，北京：中华书局，1974年，第2553页。

王诩、苏绍、潘豹、刘遂等逐利之辈，其中"感性命之不永，惧凋落之无期"①的感叹，延续着东汉末年以来对于生命的忧患意识。金谷园里，山水美景成为荣华富贵的帮衬，虽使人娱目欢心，却又不具独立的审美价值，在污浊的社会风气中，文士宴聚多见物质享乐，难言精神节操。

西晋后期，士人丑饮邀名取利之风复起。士人追求声名的风气起自东汉末年，时皇权衰微，宦官当道，文人察举难出，官僚中的"清流"和太学生为主体的士人阶层互扬声名，结成政治同盟，以扩大、增强在士林的号召力和凝聚力，便于察举易出。曹魏虽确定了九品中正制的选人标准，但后期已是"上品无寒门，下品无士族"。西晋在门阀政治下，士人求名之风复起，西晋文士也思慕竹林七贤的纵酒风流，但仅是模仿外在形式的荒诞饮酒，并以此标新立异邀取声名。据《晋书·五行志上》载："惠帝元康中，贵游子弟相与为散发裸身之饮，对弄婢妾，逆之者伤好，非之者负讥，希世之士耻不与焉。"②对于文中的"贵游子弟"，《世说新语·德行》刘注引王隐《晋书》中曰："魏末，阮籍嗜酒荒放，露头散发，裸袒箕踞。其后贵游子弟阮瞻、王澄、谢鲲、胡毋辅之之徒，皆祖述于籍，谓得大道之本。故去巾帻，脱衣服，露丑恶，同禽兽。"③其不着一物，丑态百出，毫无独立人格的精神和魅力，成为流俗之弊。

东晋时期，会籍山阴人孔琳之曾极力反对当时的宴饮娱乐奢靡风气，他指出时人多以饮食朴素为耻，饮食尚奢的风气已经盛行多时，虽有所改正，但此风未能尽革。人们真正所食不过几种菜肴，但设宴者往往张罗满桌佳肴，不仅为满足口腹之欲，还为了赏心悦目。富人以此作为夸耀资本，穷人因此耗费家财。此风虽为人所痛恨，但潮流之下人们亦很难标新立异。有鉴于此，孔琳之提出应该制定出一个奢俭适宜的规则，并配套一定的奖惩措施，由此才能从根本上移风易俗："夫不耻恶食，唯君子能之。肴馔尚奢，为日久矣。今虽改张是弘，而此风未革。

---

① （清）严可均编：《全上古三代秦汉三国六朝文》之《全晋文》卷三十三《石崇·金谷诗序》，北京：中华书局，1958年，第1651页。

② （唐）房玄龄等撰：《晋书》卷二十七《志第十七·五行上》，北京：中华书局，1974年，第820页。

③ （南朝宋）刘义庆撰，（梁）刘孝标注，杨勇校笺：《世说新语校笺》上《德行第一》，北京：中华书局，2006年，第23页。

所甘不过一味，而陈必方丈，适口之外，皆为悦目之费，富者以之示夸，贫者为之殚产，众所同鄙，而莫能独异。愚谓宜粗为其品，使奢俭有中，若有不改，加以贬黜，则德俭之化，不日而流。"①由上可知，魏晋南北朝时期饮食奢靡成风，从而为宴饮娱乐的奢靡与攀比之风的盛行埋下了伏笔。吃喝玩乐的奢靡风气常常相伴而生。

魏晋南北朝时期，宴饮娱乐崇尚奢华，攀比之风盛行，统治阶级上层、大地主集团在休闲娱乐方面的消费呈现奢华之风。

6.东晋雅宴：曲水流觞有清音

晋经过"八王之乱"后，国力大衰，在北方的匈奴等势力打击下，南迁建康，史称"东晋"，偏安一隅。以世家大族为代表的士人享有政治、经济特权，他们远离政治核心，依靠门阀位至公卿，经济富裕，不谙事务，且注重高雅的生活情趣，其宴聚活动也一扫前朝的奢靡与怪诞，转而在精神世界中追求自我身心愉悦和满足，带来一股清雅闲适风，其中以王羲之与亲友幕僚间的兰亭私宴最负盛名。

永和九年（353）上巳祓禊，王羲之与谢安、王凝之等文人于山阴兰亭宴集，曲水流觞，赏景吟咏，列坐其次，一觞一咏，畅叙幽情。王羲之为此作的《兰亭集序》，文笔清新自然，满含对宇宙人生的哲理思考，反映了贵游阶层新的精神风貌。东晋玄谈盛行，兰亭雅集所成之诗也有着浓重的玄学色彩，席间氛围与赋诗呈现出不同的特点。一是重山水清音而非管弦之乐。如王羲之《兰亭诗二首（其二）》云"虽无丝与竹，玄泉有清声。虽无啸与歌，咏言有余馨"②；谢万《兰亭诗二首（其二）》"谷流清响，条鼓鸣音"③。二是畅想古人，心游神往。如谢安《兰亭诗二首（其二）》云"醇醪陶玄府，兀若游羲唐"④；孙嗣《兰亭诗》曰"望岩怀

---

①（南朝梁）沈约撰：《宋书》卷五十六《列传第十六·孔琳之》，北京：中华书局，1974年，第1563页。

②（宋）桑世昌集，白云霜点校：《兰亭考》卷十《咏赞》，杭州：浙江人民美术出版社，2019年，第133页。

③（宋）桑世昌集，白云霜点校：《兰亭考》卷一《诗·司徒左西属谢万》，杭州：浙江人民美术出版社，2019年，第14页。

④（宋）桑世昌集，白云霜点校：《兰亭考》卷一《诗·司徒谢安》，杭州：浙江人民美术出版社，2019年，第14页。

逸许，临流想奇庄"[1]；虞说《兰亭诗》云"寄畅须臾欢，尚想味古人"[2]。三是追求闲适平和的心境。如孙绰《兰亭诗二首（其二）》："时珍岂不甘，忘味在闻韶"[3]；王涣之《兰亭诗》："去来悠悠子，被褐良足钦。"[4]可见，东晋雅宴呈现由物欲满足转向追求和平宁静的心境。兰亭雅集中，以即兴作诗为主，饮、宴为辅，雅集诗歌已非一般意义的上巳诗集，而是抒发情志、阐发玄理的心声，曲水流觞间的潇洒和清雅，正是东晋贵游们人文精神的体现。王羲之与贵游们游宴山水，将对山水的审美融进对生命意识的感知和体悟，延续着正始以来的玄学精神在贵游生活中的渗透。在山水游宴、上巳祓禊的文化背景下，加上东晋盛行的玄学思想，王羲之"固知一死生为虚诞，齐彭殇为妄作"[5]的观点具有直面虚妄的现实力量。

两晋时期饮宴的不同，正如罗宗强所做的精确总结："东晋中期以后，士人的人生理想转向追求宁静、闲逸，追求一种脱俗的潇洒风神。西晋时期那种歌钟宴饮，对弄婢妾的风气是从士人的生活中消退尽光华了。他们不再以此为荣。他们也宴饮，但已去掉喧哗；他们也携妓东山，但已经带上了名士情趣。他们的生活趣味是转移了，从物欲的满足，转向了重和平宁静心境的追求。"[6]

7.南北朝宴饮：地域色彩浓厚，奢俭兼而有之

南北朝政权长期分裂对峙，更迭速度加快。晋政权南迁，大量士族百姓由中原南迁，与当地民众融合，以汉民为主体，历经宋、齐、梁、陈四朝。少数民族鲜卑政权统一北方后，提倡与汉人士族通婚，之后北魏分裂为东魏、西魏，北齐、北周代之而起，民族间交流和融合仍得到发展。南北朝时期佛教盛行，素食兴起，

---

① （宋）桑世昌集，白云霜点校：《兰亭考》卷一《诗·前中军参军孙嗣》，杭州：浙江人民美术出版社，2019年，第20页。

② （宋）桑世昌集，白云霜点校：《兰亭考》卷一《诗·镇军司马虞说》，杭州：浙江人民美术出版社，2019年，第19页。

③ （宋）桑世昌集，白云霜点校：《兰亭考》卷一《诗·左司马孙绰》，杭州：浙江人民美术出版社，2019年，第15页。

④ （宋）桑世昌集，白云霜点校：《兰亭考》卷一《诗·王涣之》，杭州：浙江人民美术出版社，2019年，第21页。

⑤ （宋）桑世昌集，白云霜点校：《兰亭考》卷一《兰亭修禊序》，杭州：浙江人民美术出版社，2019年，第12页。

⑥ 罗宗强著：《魏晋南北朝文学思想史》，北京：中华书局，2016年，第157–158页。

上层社会对素食的倡导和嗜好，风靡社会，波及各阶层，成为引人注目的风景线。

北方尚武鄙南，以宴射为荣。南朝梁武帝萧衍派名将陈庆之出使北朝，北朝设宴款待，席间遇到中原士人杨元慎，他面对陈庆之嘲笑南人道："吴人之鬼，住居建康。小作冠帽，短制衣裳。自呼阿侬，语则阿傍。菰稗为饭，茗饮作浆。呷啜莼羹，唼嗍蟹黄。手把豆蔻，口嚼槟榔。乍至中土，思忆本乡。急手速去，还尔丹阳。"①在北方士族看来，江南民众着吴楚短装、说"阿侬""阿傍"等南方吴语，有别于北方"洛下之音"的语言正统，还饮茶、吃蟹、嚼槟榔等稀奇古怪的东西，是文化"蛮夷"的表现。北方宴席以"宴射"为荣，如《颜氏家训·杂艺》所言："弧矢之利，以威天下，先王所以观德择贤，亦济身之急务也。江南谓世之常射，以为兵射，冠冕儒生，多不习此；别有博射，弱弓长箭，施于准的，揖让升降，以行礼焉。防御寇难，了无所益。乱离之后，此术遂亡。河北文士，率晓兵射，非直葛洪一箭，已解追兵，三九宴集，常縻荣赐。"②南朝士人多不习"兵射"，所习的是一种与战争无甚关系的"博射"，用于演礼；北朝士人则以习"兵射"为荣，以雄兵尚武为荣，在北朝的宴饮中表现至为明显，这也是北朝最终灭亡南朝的一个重要原因。得益于军力和经济的雄厚，北齐勋臣子弟韩晋明，宴饮花费靡奢，"好酒诞纵，招引宾客，一席之费，动至万钱，犹恨俭率"③。

南方饮宴由奢转俭。唐长孺先生认为："东晋南朝，各个领域大致沿着魏晋形成的道路继续发展。"④中原名士带去的魏晋风流余韵，极大改变了南方原有的文化状况，玄学——这一魏晋文化的主流，其中心从洛阳转到建康，江南玄风浸染。南朝梁政权存续时间相对较长，达五十五年，全盛之时，贵族子弟延续之前魏晋风气，喜务虚空谈，注重外表，傅粉施朱，着高齿屐，腹中空疏但生活奢华，

―――――――――

① （北魏）杨衒之撰，周祖谟校释：《洛阳伽蓝记校释》卷第二《城东》，北京：中华书局，2010年，第92页。

② （北齐）颜之推撰，王利器整理：《颜氏家训集解》卷第七《杂艺第十九》，北京：中华书局，1993年，第581页。

③ （唐）李百药撰：《北齐书》卷十五《列传第七·韩轨》，北京：中华书局，1972年，第200页。

④ 唐长孺著：《唐长孺社会文化史论丛·论南朝文学的北传》，武汉：武汉大学出版社，2001年，第205页。

"今北土风俗，率能躬俭节用，以赡衣食；江南奢侈，多不逮焉"①。当权时的门阀士族，随着朝代变换，其社会地位一蹶不振，"及离乱之后，朝市迁革，铨衡选举，非复曩者之亲；当路秉权，不见昔时之党"②。《颜氏家训》中记载了当时一位南阳人，为人节俭吝啬，当女婿到家中拜访时，"乃设一铜瓯酒，数脔獐肉"，其女婿"恨其单率，一举尽之"。③招待简陋不说，还对女儿说女婿爱喝酒把她家都喝穷了，情比纸薄，令人不堪。

南北朝就军事实力总体而言，其趋势是北强南弱，最终以北方一统建立隋朝而告终。在经历了长期割据与民族纷乱之后，北魏最终选择了汉化道路，将北方的少数民族文化纳入到汉文化体系中来，为民族融合、文化交流奠定了基础，基本实现了文化层面的认同，宴饮文化就是其表现窗口和载体之一。通过宴饮，可以窥见南北朝时富有地域色彩、奢俭兼而有之的社会生活和习俗风尚。

①（北齐）颜之推撰，王利器整理：《颜氏家训集解》卷第一《治家第五》，北京：中华书局，1993年，第43页。

②（北齐）颜之推撰，王利器整理：《颜氏家训集解》卷第三《勉学第八》，北京：中华书局，1993年，第148页。

③（北齐）颜之推撰，王利器整理：《颜氏家训集解》卷第一《治家第五》，北京：中华书局，1993年，第46页。

结　语

　　经过春秋战国的"礼崩乐坏"，秦汉进入大一统时代。两汉在政治、思想、历法、文化等方面形成大一统，各民族政治经济联系加强，生产发展，对外交往扩大，"儒学"成为正统思想。两汉时主粮是五谷，北麦南稻的主粮格局大体形成；副食中蔬菜品种增多，且多数为人工栽培，这是时代进步；瓜果类品种丰富，西域、南方的瓜果品种进入中原，扩大了汉人的饮食范围；肉类比重上升，猪肉成为肉类主角，饮食结构得到改进。汉朝调味品生产规模扩大，酱由配食品变成了调味品，出现了植物酱，为后世酱油的出现奠定了基础。汉代时已注重对原料的处理加工，烹饪方法中在原有的煮、蒸、煎、熬、腊、脯等制作基础上，新增了由"夷"入"华"的炙法；食材增多，汉人更加注重食物的保存，以蜜藏、盐藏、曝藏、脱水、酱藏、醋藏等不同方式保存。相较于先秦，两汉时期，麦饭地位下降，饼食快速发展，与饭、粥三分天下；肉食比重上升，可饭可菜的羹食尤其肉羹品类增多；酒由贵族饮品发展为民众的日常生活饮品。东汉后期，饮茶在南方上层社会兴起，食、酒等市场的形成和发展，奠定了华夏饮食的偏好格局。一度作为礼制载体的饮食器具，在汉代还原为日常生活的普通用具。东汉后期瓷器登上历史舞台，开拓了饮食器具使用的广阔空间。汉代在承前基础上，不断拓展、创新，扬弃笨拙的青铜礼器，流行新颖的漆器，出现了青瓷等新材质。东汉的青瓷是真正意义上的瓷器，成为中国陶瓷史上的一个重要转折点。由西域而来的珍稀玻璃饮食器等外来器具，是中西文化交流的滥觞。珍稀精美的金银玉石器，承载着统治阶层延年长生的思想。汉代宴饮器具的品类超过前代，造型丰富多彩，是汉代物质文化的重要组成部分，为汉代物质文化增添了一抹靓丽色彩。民间饮宴用具逐渐以陶瓷器为主，上层社会则以漆器、瓷器及金银玉石为主，铜器仍有但已少见。来自异域的琉璃颜色鲜亮，色泽透明，光彩照人，受到时人喜爱。来自西域的琉璃之成分相当于现代意义上的玻璃，与中原本土的玻璃不同。据现代专家的光谱鉴定，中国本土的玻璃是"铅钡玻璃"，与西方琉璃的"钠钙玻璃"不同，是两个不同的玻璃系统。中国古代玻璃器制作追求"真玉"境界，器物不进行"退火"处理，易裂，不透明；西域琉璃以其透明、色泽好而更受欢迎。汉代饮食器的礼制规范降低，并逐渐退出历史舞台；饮食器具材质齐全多样，现代所有的材质汉代已大致具备。汉代是我国历史上最富有朝气的朝代之一，也是我国民俗礼仪形成的重要时期，汉民族许多重要的礼仪和习俗都起源或成型于汉。

魏晋南北朝，政权更迭频繁，朝廷宣扬的"忠孝节义"儒家思想走下神坛，两汉经学走向崩溃，华夏进入中国历史上一段漫长且较为黑暗的大纷争时期。晋朝南迁使江南地区得到开发，庄园经济和寺院经济成为重要的新经济形态，南北文化碰撞交流，北方少数民族饮食广受汉人欢迎，乳酪成为食物新宠和饮品，茶从药引走向日常保健饮品，酒成为反礼教、蔑礼法的重要载体，各阶层嗜酒成瘾，以辨味、知味而闻达成为一种社会现象，饮食著作大量出现。魏晋南北朝时，随着植物油的出现和使用，"炒"这一中华特色烹饪技法出现。随外来佛教兴盛和本土道教发展，素食及养生延寿思想发展，形成了我国历史上素食发展的第一个高峰期。在饮食器具方面，釉下彩技术以其不褪色在东晋南北朝饮宴器具中具于主流地位，外来器具带动了本土烧造技术的进步。东汉出现的瓷器在三国时期继续发展，出现了鸡首壶、扁壶等新器型。东晋南方地区瓷器普遍使用，并出现了黑瓷，丰富了瓷器种类。魏晋南北朝佛教盛行，受其思想影响，饮食器具多饰以莲花纹、忍冬纹等，造型更注重实用性。新型的茶具异军突起，逐渐从饮食器中分离出来。鲜卑族拓跋部建立的北魏王朝，在汉化过程中不仅从事农业生产，还汲取南方经验，烧制出北方特色的青瓷，粗壮挺拔，朴素浑厚，北齐还烧制出白瓷、黑瓷和彩瓷，成为中国瓷器发展史上的又一个高峰。金银玉石琉璃器等珍贵的饮食器具，一直是上层社会的最爱。魏晋游宴兴盛，文人雅士的碧筒饮充满了自然气息与风雅氛围，为唐宋衍生出碧筒杯、荷杯、荷盏、象鼻杯等酒具奠定了基础。

魏晋南北朝时饮食器趋于精巧实用，实用与审美并存。青瓷作为现代意义上的瓷器走上历史舞台，成为"中国"的代名词。不同材质的饮食器具，见证了新材质、新技术、新工艺的出现和发展。宴饮这一社交场合，见证了不同时期的社会风尚和审美追求。对饮食器具的追求是饮食文化成熟的重要表现，正如古语所言"美食不如美器"①。

汉代宴饮百戏乐舞助娱，大型宴饮显威异邦，臣僚士人以舞相属答谢往来。大量的宴饮场合，为士大夫提供了表意平台，席间饮酒赋诗成为后来宴饮为文之滥觞。汉末魏晋复杂的生存环境，促使士人将对外朝堂的关注，转向内省，对生命本身进行深层思考，在自然与性情中寻找生命的价值，士人精神进入极自由、极解放、极富艺术精神的时代，这使得蔑视礼法、违背礼教、挣脱礼教束缚的任诞行为风靡一时，反映在宴饮诗赋上，是走进山水亲近自然休闲的园宴与游宴流行，席间人际交流更趋于自然和娱乐。建安以来文人的自觉从文学内部推动了文学的发展，游宴推动了宴饮诗赋的兴盛，形成"宴饮为文"的时代特色。魏晋南北朝，帝王公宴、文人雅宴、望族家宴、宫体诗宴等蓬勃发展，宴饮为文发展成游戏为文，成为新的社会风尚。由此可见，宴饮促进了宴饮诗赋和席间艺术的发展，宴饮诗赋重现了当时的宴饮习俗和社会风气。

春秋战国以来"礼崩乐坏"的局面，导致传统"礼"主导下的社会秩序、等级制度被打乱。因此汉朝建立后的首要任务是重建礼乐，在民间广泛搜集曲目，推动了大批民间俗乐"以俗入雅"，文化开始下移，汉代宫廷出现雅俗共赏的乐舞情况，礼乐制度逐渐松动，宴饮曲目逐渐追求感官体验。与汉代宴饮中的乐舞相比，曹魏宴饮中的乐舞更明显地成为君臣士大夫们通过乐舞抒发情感表达意见的窗口。晋代奢靡之风渐起，以乐舞为代表的宴饮功能性降低，进一步追求娱乐性观赏性，对南朝诸国产生了重要影响。南北朝时，对民族乐舞文化融合持相对开放的态度，特别是北朝大力推动汉化，积极吸纳其他民族乐舞文化，"华胡兼采"成为时代特色，极大地丰富了宴饮者的精神世界。至此，宴饮乐舞由先秦的等级教化、礼乐和同发展到汉代的以俗入雅、雅俗共赏再到魏晋南北朝的"华胡

---

① （清）袁枚著，别曦注译：《随园食单》，西安：三秦出版社，2005年，第16页。

兼采"，礼制约束松动，转而被寻求愉悦的全新乐舞形式所替代，这是民间文化、多民族文化、异域文化融合互通的结果，也为隋唐盛世那种气势磅礴、多文化融合的文化盛况奠定了基础。

两汉天下一统，多方来朝，以百戏为典型的大型宴饮娱乐节目规模空前，马戏、滑稽戏、杂技等层出不穷，出现了专门的管理机构。先秦投壶作为一种宴会礼节出现，到了汉魏晋南北朝，出现莲花跷、闭目投壶等种类多样的玩法，从而逐渐褪去礼教外衣，展现出娱乐众人的新鲜面貌。三国魏晋南北朝，战乱频仍，士人们逐渐打破名教束缚，转向玄学寻求精神支柱，纵情山水，放浪形骸，饮酒之风以及酒令文化在魏晋时期得到空前发展，酒令在发展中还逐渐吸收了六博中的博具玩法，从而更加适合市井之民的娱乐需求，为宴饮活动增添更多的娱乐因子。汉魏晋南北朝时期的宴饮娱乐，不仅增进了民族之间的文化交流，打破"华夷"之别，而且为后来盛行于宋元明清时期的酒令和马吊活动奠定了基础，还凭借着强大的文化辐射力，逐渐向邻近地区传播。汉魏晋南北朝在分分合合的历史进程中，孕育了繁盛的宴饮娱乐活动，具有"规模盛大""井然有序""蔚然成风""由礼趋乐""嗜赌成风"等时代特点，呈现出由礼趋娱的鲜明特色和趋势。

汉初民众一日两食较普遍，中后期酒成为日常生活饮品后一日三餐基本确立。魏晋后受经济影响，一日三食时有时无。汉代，绝大多数节日或节俗都与酒食相关，并与劳作、祭祀、饮食等关系相对固定，中华节俗在汉代大致定型。魏晋南北朝处于节俗文化承上启下的转折期，增加了佛教等有关内容。汉魏晋南北朝，我国宴饮方式处于由汉时席坐分食的席居阶段过渡到魏晋南北朝围坐分食的床榻阶段，及由床榻阶段向宋代高桌立椅围坐合食的宴饮方式过渡时期。在两个过渡期中，其坐具、坐姿和用餐方式随之变化。席居阶段的宴饮礼仪特点主要有席坐分餐、堂室不同座次尊卑有别、宴饮注重酒礼、"酒史"进行纠察并处罚失礼行为，宴饮间常以歌舞助兴，舞不相属失仪等；床榻阶段主要有由席榻分食向围坐会食过渡，宴饮用料扩大，注重宴饮环境的优美，围坐会食的座次以席口位置为贵等。由汉而魏晋南北朝，宴饮风气呈现出不同风格：两汉由饮食富庶而宴饮趋休闲娱乐，汉魏之际公宴是礼衰酒起人格平，魏晋酒饮则蔑礼法而崇放达，西晋盛世是华林禊宴归尚雅，西晋后期则汰侈歌钟败风气，东晋雅宴是曲水流觞有清音，南北朝时的宴饮是地域色彩浓厚，奢俭兼而有之。通过宴饮这一窗口，展示出了汉魏晋南北朝不同时代社会风尚的迁移变化及审美旨趣的演变过程。

宴饮聚会是常见的社会交往形式，通过对汉魏晋南北朝宴饮文化的探讨，我们可以一窥当时的食材、酒饮、器具等世俗饮食，以及诗赋唱和、乐舞表演、投壶娱戏等文化生活，见证其礼制伦理、社会习俗、精神风貌等意识形态的演变过程，了解时代风尚的迁移及审美旨趣的变化。正如宗白华先生在《艺境》中所言："魏晋六朝是一个转变的关键，划分了两个阶段。从这个时候起，中国人的美感走到了一个新的方面，表现出一种新的美的理想。那就是认为'初发芙蓉'比之于'错彩镂金'是一种更高的美的境界。"[①]

---

① 宗白华著：《艺境》，北京：北京大学出版社，1987 年，第 325 页。

参考文献

一、古典文献

（战国）列御寇撰，张湛注：《列子》，北京：中华书局，1985年。

（秦）吕不韦编，许维遹集释，梁运华整理：《吕氏春秋集释》，北京：中华书局，2009年。

（汉）班固撰，（唐）颜师古注：《汉书》，北京：中华书局，1962年。

（汉）班固撰，王继如主编：《汉书今注》，南京：凤凰出版社，2013年。

（汉）史游著，曾仲珊校点：《急就篇》，长沙：岳麓书社，1989年。

（汉）桓宽撰集，王利器校注：《盐铁论校注》，北京：中华书局，1992年。

（汉）王符撰，汪继培笺，彭铎校正：《潜夫论笺校正》，北京：中华书局，1985年。

（汉）刘安编，何宁撰：《淮南子集释》，北京：中华书局，1998年。

（汉）应劭撰，王利器校注：《风俗通义校注》，北京：中华书局，1981年。

（汉）刘熙撰，（清）毕沅疏证，（清）王先谦补，祝敏彻等点校：《释名疏证补》，北京：中华书局，2008年。

（汉）司马迁撰，（南朝宋）裴骃集解，（唐）司马贞索隐，（唐）张守节正义：《史记》，北京：中华书局，1982年。

（汉）刘向撰，（晋）顾凯之图画：《古列女传》，北京：中华书局，1985年。

（汉）王充著，黄晖撰：《论衡校释》，北京：中华书局，1990年。

（汉）崔寔撰，石声汉校注：《四民月令校注》，北京：中华书局，2013年。

（汉）崔寔撰，孙启治校注：《政论校注》，北京：中华书局，2012年。

（汉）刘珍等撰，吴树平校注：《东观汉记校注》，北京：中华书局，2008年。

（汉）班固撰集，（清）陈立疏证，吴则虞点校：《白虎通疏证》，北京：中华书局，1994年。

（汉）赵岐撰，（晋）挚虞注，（清）张澍辑，陈晓捷注：《三辅决录》，西安：三秦出版社，2006年。

（三国）孔融等著，俞绍初辑校：《建安七子集》，北京：中华书局，2005年。

（三国）诸葛亮著，段熙仲、闻旭初编校：《诸葛亮集》，北京：中华书局，1960年。

（三国魏）嵇康著，戴明扬校注：《嵇康集校注》，北京：中华书局，2014年。

（三国魏）曹植著，黄节笺注：《曹子建诗注》，北京：中华书局，2008年。

（三国魏）阮籍著，陈伯君校注：《阮籍集校注》，北京：中华书局，2012年。

（三国魏）吴普等述，（清）孙星衍、孙冯翼撰，戴铭等点校：《神农本草经》，南宁：广西科学技术出版社，2016年。

（晋）张华著，唐子恒点校：《博物志》，南京：凤凰出版社，2017年。

（晋）葛洪撰，周天游校注：《西京杂记》，西安：三秦出版社，2006年。

（晋）袁宏撰，张烈点校：《后汉纪》，北京：中华书局，2002年。

（晋）葛洪著，杨明照撰：《抱朴子外篇校笺》，北京：中华书局，1991年。

（晋）葛洪著，王明校释：《抱朴子内篇校释》，北京：中华书局，1985年。

（晋）崔豹撰，焦杰校点：《古今注》，沈阳：辽宁教育出版社，1998年。

（晋）陈寿撰，（南朝宋）裴松之注，陈乃乾校点：《三国志》，北京：中华书局，1982年。

（南朝宋）谢灵运著，黄节注：《谢康乐诗注》，北京：中华书局，2008年。

（南朝宋）范晔撰，（唐）李贤等注：《后汉书》，北京：中华书局，1965年。

（南朝宋）刘义庆撰，（梁）刘孝标注，杨勇校笺：《世说新语校笺》，北京：中华书局，2006年。

（南朝宋）刘义庆著，（南朝梁）刘孝标注，余嘉锡笺疏，周祖谟等整理：《世说新语笺疏》，北京：中华书局，2007年。

（南朝梁）刘勰著，陆侃如、牟世金译注：《文心雕龙译注》，济南：齐鲁书社，

2009年。

（南朝梁）陶弘景集，尚志钧辑校：《名医别录》（辑校本），北京：人民卫生出版社，1986年。

（南朝梁）陶弘景集，王家葵校注：《养性延命录校注》，北京：中华书局，2014年。

（南朝梁）沈约撰：《宋书》，北京：中华书局，1974年。

（南朝梁）宗懔撰，（隋）杜公瞻注，姜彦稚辑校：《荆楚岁时记》，北京：中华书局，2018年。

（南朝梁）萧统编，（唐）李善注：《文选》，上海：上海古籍出版社，1986年。

（南朝梁）释慧皎撰，汤用彤校注，汤一玄整理：《高僧传》，北京：中华书局，1992年。

（南朝梁）萧子显撰：《南齐书》，北京：中华书局，1972年。

（南朝梁）钟嵘著，王叔岷笺证：《钟嵘诗品笺证稿》，北京：中华书局，2007年。

（南朝梁）吴均撰，王根林校点：《续齐谐记》，上海：上海古籍出版社，2012年。

（南朝梁）萧绎撰，许逸民校笺：《金楼子校笺》，北京：中华书局，2011年。

（南朝陈）徐陵撰，许逸民校笺：《徐陵集校笺》，北京：中华书局，2008年。

（南朝陈）徐陵编，（清）吴兆宜注，程琰删补，穆克宏点校：《玉台新咏笺注》，北京：中华书局，1985年。

（北魏）郦道元著，陈桥驿校证：《水经注校证》，北京：中华书局，2007年。

（北魏）贾思勰著，石声汉校释：《齐民要术今释》，北京：中华书局，2009年。

（北魏）杨衒之撰，周祖谟校释：《洛阳伽蓝记校释》，北京：中华书局，2010年。

（北齐）颜之推撰，王利器整理：《颜氏家训集解》，北京：中华书局，1993年。

（北齐）魏收撰：《魏书》，北京：中华书局，1974年。

（北周）庾信撰，（清）倪璠注，许逸民点校：《庾子山集注》，北京：中华书局，1980年。

（隋）巢元方等著：《诸病源候论》影印本，北京：人民卫生出版社，1955年。

（隋）虞世南编：《北堂书钞》，天津：天津古籍出版社，1988年。

（唐）房玄龄等撰：《晋书》，北京：中华书局，1974年。

（唐）姚思廉撰：《梁书》，北京：中华书局，1973年。

（唐）姚思廉撰：《陈书》，北京：中华书局，1972年。

（唐）李百药撰：《北齐书》，北京：中华书局，1972年。

（唐）李延寿撰：《北史》，北京：中华书局，1974年。

（唐）许嵩撰，张忱石点校：《建康实录》，北京：中华书局，1986年。

（唐）魏徵等撰：《隋书》，北京：中华书局，1973年。

（唐）陆羽著：《茶经》，北京：中国工人出版社，2003年。

（唐）欧阳询等编纂，汪绍楹校：《艺文类聚》，上海：上海古籍出版社，1965年。

（唐）元稹著，吴伟斌辑佚编年笺注：《新编元稹集》，西安：三秦出版社，2015年。

（唐）皮日休、陆龟蒙等撰，王锡九校注：《松陵集校注》，北京：中华书局，2018年。

（唐）徐坚等著：《初学记》，北京：中华书局，2004年。

（唐）杜佑撰，王文锦等点校：《通典》，北京：中华书局，1988年。

（唐）段成式撰，许逸民校笺：《酉阳杂俎校笺》，北京：中华书局，2015年。

（唐）李延寿撰：《南史》，北京：中华书局，1975年。

（唐）白居易撰，顾学颉校点：《白居易集》，北京：中华书局，1979年。

（唐）令狐德棻等撰：《周书》，北京：中华书局，1971年。

（唐）李林甫等撰，陈仲夫点校：《唐六典》，北京：中华书局，1992年。

（唐）张鷟撰：《朝野佥载》，北京：中华书局，1979年。

（五代）王定保撰，陶绍清校证：《唐摭言》，北京：中华书局，2021年。

（后晋）刘昫等撰：《旧唐书》，北京：中华书局，1975年。

（南唐）徐铉著，李振中校注：《徐铉集校注》，北京：中华书局，2016年。

（宋）王钦若等编纂，周勋初等校订：《册府元龟》，南京：凤凰出版社，

2006年。

（宋）沈括撰，金良年点校：《梦溪笔谈》，北京：中华书局，2015年。

（宋）吴文英撰，孙虹、谭学纯校笺：《梦窗词集校笺》，北京：中华书局，2014年。

（宋）朱熹集注，夏剑钦等校点：《楚辞集注》，长沙：岳麓书社，2013年。

（宋）李昉等编：《太平广记》，北京：中华书局，1961年。

（宋）乐史撰，王文楚等点校：《太平寰宇记》，北京：中华书局，2007年。

（宋）吴淑撰注，冀勤等点校：《事类赋注》，北京：中华书局，1989年。

（宋）郭茂倩编：《乐府诗集》，北京：中华书局，1979年。

（宋）任广撰：《书叙指南》，北京：中华书局，1985年。

（宋）曾慥编纂，王汝涛等校注：《类说校注》，福州：福建人民出版社，1996年。

（宋）罗愿撰，石云孙校点：《尔雅翼》，合肥：黄山书社，2013年。

（宋）高承撰，（明）李果订，金圆等点校：《事物纪原》，北京：中华书局，1989年。

（宋）陈旸撰，蔡堂根、束景南点校：《中华礼藏·礼乐卷·乐典之属》第二册《乐书》，杭州：浙江大学出版社，2016年。

（宋）程大昌撰，许逸民校证：《演繁露校证》，北京：中华书局，2018年。

（宋）王益之撰，王根林点校：《西汉年纪》，北京：中华书局，2018年。

（宋）洪迈撰，孔凡礼点校：《容斋随笔》，北京：中华书局，2005年。

（宋）桑世昌集，白云霜点校：《兰亭考》，杭州：浙江人民美术出版社，2019年。

（宋）司马光编著，（元）胡三省音注：《资治通鉴》，北京：中华书局，1956年。

（宋）李石撰，（清）陈逢衡疏证：《续博物志疏证》，南京：凤凰出版社，2017年。

（元）马端临著，上海师范大学古籍研究所等点校：《文献通考》，北京：中华书局，2011年。

（明）周祈撰：《四库提要著录丛书·子部》第55册《名义考》，北京：北京出版社，2011年。

（明）陈耀文辑：《四库提要著录丛书·子部》第92册《天中记》，北京：北京出版社，2010年。

（明）徐应秋辑：《四库提要著录丛书·子部》第172册《玉芝堂谈荟》，北京：北京出版社，2010年。

（明）方以智撰，诸伟奇等整理：《通雅》，合肥：黄山书社，2019年。

（明）王夫之著，杨坚总修订：《古诗评选》，长沙：岳麓书社，2011年。

（明）陶宗仪等编：《说郛三种》，上海：上海古籍出版社，1988年。

（明）朱权编纂：《琴书集成》第一册《神奇秘谱》，北京：中华书局，2010年。

（清）程瑶田撰，陈冠明等点校：《通艺录》，合肥：黄山书社，2008年。

（清）郝懿行著，吴庆峰等点校：《尔雅义疏》，济南：齐鲁书社，2010年。

（清）邵晋涵撰，李嘉翼、祝鸿杰点校：《尔雅正义》，北京：中华书局，2017年。

（清）沈德潜选：《古诗源》，北京：中华书局，1963年。

（清）汤球辑，吴振清校注：《三十国春秋》，天津：天津古籍出版社，2009年。

（清）洪亮吉撰，李解民点校：《春秋左传诂》，北京：中华书局，1987年。

（清）陈云龙撰：《格致镜原》，清文渊阁《四库全书》本。

（清）凌廷堪著，纪健生点校：《礼经释例》，合肥：黄山书社，2009年。

（清）孙希旦撰，沈啸寰、王星贤点校：《礼记集解》，北京：中华书局，1989年。

（清）郝懿行著，李念孔等点校，管谨讷通校：《证俗文》，济南：齐鲁书社，2010年。

（清）王先慎撰，钟哲点校：《韩非子集解》，北京：中华书局，1998年。

（清）梁章钜撰，陈铁民点校：《浪迹三谈》，北京：中华书局，1981年。

（清）郎廷极著：《胜饮编》，上海：进步书局，1919年。

（清）董诰等编：《全唐文》，北京：中华书局，1983年。

（清）何文焕辑：《历代诗话》，北京：中华书局，2004年。

（清）顾炎武撰，严文儒、戴扬本校点：《日知录》，上海：上海古籍出版社，

2012年。

（清）杭世骏撰：《三国志补注》，北京：中华书局，1985年。

（清）孙星衍等辑，周天游点校：《汉官六种》，北京：中华书局，1990年。

（清）钱大昭撰，黄建中、李发舜点校：《广雅疏义》，北京：中华书局，2016年。

（清）孙诒让著，汪少华整理：《周礼正义》，北京：中华书局，2015年。

（清）孙诒让撰，孙启治点校：《墨子间诂》，北京：中华书局，2001年。

（清）梁启超著：《饮冰室文集》，北京：中华书局，2015年。

（清）郝懿行著，管谨切点校：《郑氏礼记笺》，济南：齐鲁书社，2010年。

（清）孙星衍撰，陈抗等点校：《尚书今古文注疏》，北京：中华书局，2004年。

（清）钱大昕著，杨勇军整理：《十驾斋养新录新注》，上海：上海书店出版社，2011年。

（清）严可均编：《全上古三代秦汉三国六朝文》，北京：中华书局，1958年。

（清）翟灏撰，颜春峰点校：《通俗编附直语补证》，北京：中华书局，2013年。

（清）阮元校刻：《十三经注疏》，北京：中华书局，2009年。

二、今人研究论著

黄怀信主撰，孔德立、周海生参撰：《大戴礼记汇校集注》，西安：三秦出版社，2005年。

王叔岷撰：《史记斠证》，北京：中华书局，2007年。

黎翔凤撰，梁运华整理：《管子校注》，北京：中华书局，2004年。

河北医学院校释：《灵枢经校释》（下册），北京：人民卫生出版社，1982年。

何建章注释：《战国策注释》，北京：中华书局，1990年。

周振甫译注：《诗经译注》，北京：中华书局，2010年。

程俊英、蒋见元著：《诗经注析》，北京：中华书局，1991年。

周兴陆辑著：《世说新语汇校汇注汇评》，南京：凤凰出版社，2017年。

胡平生译注：《孝经译注》，北京：中华书局，2009年。

程树德撰，程俊英、蒋见元点校：《论语集释》，北京：中华书局，1990年。

刘庆柱辑注：《关中记辑注》，西安：三秦出版社，2006年。

何清谷校释：《三辅黄图校释》，北京：中华书局，2005年。

王平、李建廷编著：《〈说文解字〉标点整理本附分类检索》，上海：上海书店出版社，2016年。

周祖谟校笺：《方言校笺》，北京：中华书局，1993年。

华学诚汇证，王智群、谢荣娥、王彩琴协编：《扬雄方言校释汇证》，北京：中华书局，2006年。

张传官撰：《急就篇校理》，北京：中华书局，2017年。

鲁迅著：《汉文学史纲要》，北京：人民文学出版社，1973年。

关剑平著：《茶与中国文化》，北京：人民出版社，2001年。

汪恦尘著，赵灿鹏、刘佳校注：《苦榴花馆杂记》，北京：中华书局，2013年。

逯钦立辑校：《先秦汉魏晋南北朝诗》，北京：中华书局，1983年。

赵荣光主编，姚伟钧、刘朴兵著：《中国饮食文化史》（黄河中游地区卷），北京：中国轻工业出版社，2013年。

龚克昌等评注：《全三国赋评注》，济南：齐鲁书社，2013年。

蔡尚思主编：《中国酒文化史话》，合肥：黄山书社，1997年。

熊明辑校：《汉魏六朝杂传集》，北京：中华书局，2017年。

丘光明著：《中国古代度量衡》，北京：商务印书馆，1996年。

余太山撰：《两汉魏晋南北朝正史西域传要注》，北京：中华书局，2005年。

张曙霄著：《中国古代审美文化论·史论卷》，北京：中国经济出版社，2003年。

张景明、王雁卿著：《中国饮食器具发展史》，上海：上海古籍出版社，2011年。

萧亢达编著：《汉代乐舞百戏艺术研究》（修订版），北京：文物出版社，2010年。

中华人民共和国体育运动委员会运动技术委员会编：《中国体育史参考资料》（第3辑），北京：人民体育出版社，1958年。

王克芬著：《万舞翼翼：中国舞蹈图史》，北京：中华书局，2012年。

田青著：《中华艺术通史·三国两晋南北朝卷》，北京：北京师范大学出版社，2006年。

李松福编:《象棋史话》,北京:人民体育出版社,1981年。

王明编:《太平经合校》,北京:中华书局,1960年。

中华文化通志编委会编,汪子春、范楚玉撰:《中华文化通志·农学与生物学志》,上海:上海人民出版社,1998年。

李蔚然著:《南京六朝墓葬的发现与研究》,成都:四川大学出版社,1998年。

修海林、李吉提著:《中国音乐的历史与审美》,北京:中国人民大学出版社,2015年。

罗宗强著:《玄学与魏晋士人心态》,天津:天津教育出版社,2005年。

罗宗强著:《魏晋南北朝文学思想史》,北京:中华书局,2016年。

王瑶著:《中古文学史论集》,上海:古典文学出版社,1956年。

国家计量总局主编:《中国古代度量衡图集》,北京:文物出版社,1981年。

李泽厚著:《华夏美学》(修订插图本),天津:天津社会科学院出版社,2001年。

彭卫、杨振红著:《中国风俗通史》(秦汉卷),上海:上海文艺出版社,2002年。

葛晓音著:《汉唐文学的嬗变》,北京:北京大学出版社,1990年。

赵逵夫主编:《历代赋评注》,成都:巴蜀书社,2010年。

文物编辑委员会编:《文物考古工作十年(1979~1989)》,北京:文物出版社,1991年。

吕思勉著:《秦汉史》,上海:上海人民出版社,2018年。

[英]罗伊·斯特朗著,陈法春、李晓霞译:《欧洲宴会史》,天津:百花文艺出版社,2006年。

高启安著:《唐五代敦煌饮食文化研究》,北京:民族出版社,2004年。

宗白华著:《美学散步》,上海:上海人民出版社,1981年。

任继愈著:《任继愈学术论著自选集》,北京:北京师范学院出版社,1991年。

李养正著:《道教概说》,北京:中华书局,1989年。

唐长孺著:《唐长孺社会文化史论丛》,武汉:武汉大学出版社,2001年。

贺强:《马王堆汉墓遣策整理研究》,西南大学硕士学位论文,2006年。

黄秋凤：《魏晋六朝饮食文化与文学》，上海师范大学硕士学位论文，2013年。

李华：《汉魏六朝宴饮文学研究》，山东大学博士学位论文，2011年。

桑晓菲：《汉代饮食审美文化研究》，山东师范大学硕士学位论文，2019年。

任静：《北朝三种酒器特色探析》，山西大学硕士学位论文，2013年。

李吕婷：《魏晋南北朝百戏研究》，武汉音乐学院硕士学位论文，2007年。

秦冬梅：《略论六朝时期农产品的交换》，《中国农史》1997年第4期。

王伟萍：《药与魏晋南北朝山水诗之关系》，《上海师范大学学报（哲学社会科学版）》2007年第1期。

徐少华：《中国酒与传统文化概论（五）》，《酿酒》2000年第5期。

陈顺容：《从马王堆汉墓遣策中管窥汉代饮食文化》，《中华文化论坛》2015年第3期。

蒋廷瑜、邱钟崙等：《广西贵县罗泊湾一号墓发掘简报》，《文物》1978年第9期。

吴燕飞：《建安七子公宴诗的价值》，《现代语文（学术综合版）》2014年第2期。

常乐：《魏晋南北朝百戏的演出与禁毁》，《河北北方学院学报（社会科学版）》2009年第3期。

魏兆惠：《论汉代的酒器量词——兼谈汉代酒器文化》，《兰州学刊》2011年第11期。

修海林：《郑风郑声的文化比较及其历史评价》，《音乐研究》1992年第1期。

魏兆惠：《论汉代酒器量词——兼谈汉代酒器文化》，《兰州学刊》2011年第11期。

陈敏学：《秦汉时期华夷之间饮食交流的途径和方式》，《美食研究》2016年第2期。

汤用彤、任继愈：《魏晋玄学中的社会政治思想和它的政治背景》，《历史研究》1954年第3期。

王小盾：《原始佛教的音乐及其在中国的影响》，《中国社会科学》1999年第2期。

顾晓苏：《中国古代"坐"姿与坐具形式的演变》，《家具与室内装饰》2007年第5期。

叶静渊：《我国茄果类蔬菜引种栽培史略》，《中国农史》1983年第2期。

韩启超：《"以舞相属"考》，《南京艺术学院学报（音乐与表演版）》2014年第2期。

夏鼐：《北魏封和突墓出土萨珊银盘考》，《文物》1983年第8期。

林梅村：《中国境内出土带铭文的波斯和中亚银器》，《文物》1997年第9期。

黄胜桥：《宣城出土的西晋漆木器》，《美与时代（上旬）》2014年第8期。

庄华峰：《汉魏两晋南北朝胡汉饮食文化交流述论》，《安徽广播电视大学学报》2015年第2期。

后 记

2014 年 9 月，笔者主笔的《大羹玄酒：先秦的宴饮礼仪文化》（北京市教育委员会社会科学计划项目）出版。乘着兴趣正浓，笔者就想顺着这一研究主线进一步探索，之后申报了"汉魏六朝宴饮文化研究"课题，幸运得到了北京市社会科学基金一般项目立项（项目编号：16WXB013）。经过数年的辛苦耕耘和等待，研究成果《汉魏晋南北朝的宴饮文化》得以完成并出版，可以和读者见面了。

由于笔者学识所限，兴趣浓而底子薄，故而进展较慢，幸有课题组成员彭笑远博士等的支持和鼓励，以及暨南大学罗志欢研究馆员、首都师范大学踪训国教授等的指导和帮助，笔者得以坚定信心，坚持下去。

写作过程中，笔者突遭家庭变故，至亲兄长罹难离世，痛失亲人的巨大打击，使得探索与笔耕一度中断，最后在家人的关怀、包容和温暖下，在时间的流逝中，才能够平复心绪，走出阴霾，继续落笔。在此，谨向我的家人们表达我心中积累已久的感激和谢意。

本书由北京青年政治学院学术著作出版基金资助出版，其间得到了北京青年政治学院科研处等部门的大力支持，得到了齐鲁书社责任编辑刘强、刘晨专业细致的校对和编辑，在此，一并表示诚挚的谢意！